教科書ガイド 数研出版版 数[illegible]

本書は，数研出版が発行する教科書「数学 C[数 C/708]」に沿って編集された，教科書の **公式ガイドブック** です。教科書のすべての問題の解き方と答えに加え，例と例題の解説動画も付いていますので，教科書の内容がすべてわかります。また，巻末には，オリジナルの演習問題も掲載していますので，これらに取り組むことで，更に実力が高まります。

本書の特徴と構成要素

1　教科書の問題の解き方と答えがわかる。予習・復習にピッタリ！

2　オリジナル問題で演習もできる。定期試験対策もバッチリ！

3　例・例題の解説動画付き。教科書の理解はバンゼン！

まとめ　各項目の冒頭に，公式や解法の要領，注意事項をまとめてあります。

指針　問題の考え方，解法の手がかり，解答の進め方を説明しています。

解答　指針に基づいて，できるだけ詳しい解答を示しています。

別解　解答とは別の解き方がある場合は，必要に応じて示しています。

注意　問題の考え方，解法の手がかり，解答の進め方で，特に注意すべきことを，必要に応じて示しています。

演習編　巻末に教科書の問題の類問を掲載しています。これらに取り組むことで，教科書で学んだ内容がいっそう身につきます。また，章ごとにまとめの問題も取り上げていますので，定期試験対策などにご利用ください。

デジタルコンテンツ　2 次元コードを利用して，教科書の例・例題の解説動画や，巻末の演習編の問題の詳しい解き方などを見ることができます。

目　次

第2節　媒介変数表示と極座標

第5章　数学的な表現の工夫

＜デジタルコンテンツ＞

次のものを用意しております。　　デジタルコンテンツ ➡

① 教科書「数学Ｃ［数Ｃ/708］」の例・例題の解説動画

② 演習編の詳解

③ 教科書「数学Ｃ［数Ｃ/708］」と青チャート，黄チャートの対応表

第 1 章　平面上のベクトル

第 1 節　平面上のベクトルとその演算

1　平面上のベクトル

まとめ

1　有向線分とベクトル

① 右の図のように，向きを指定した線分を **有向線分** という。有向線分 AB において，A をその **始点**，B をその **終点** という。
また，線分 AB の長さを，有向線分 AB の大きさ，または長さという。

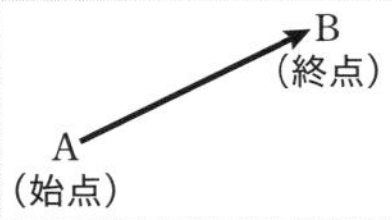

② 有向線分は位置と，向きおよび大きさで定まる。その位置を問題にしないで，向きと大きさだけで定まる量を **ベクトル** という。
注意 今後，この章では平面上のベクトルを考える。

③ 1 つのベクトルを有向線分を用いて表すとき，その始点は平面上のどの点にとってもよい。

④ 有向線分 AB で表されるベクトルを，$\overrightarrow{\mathbf{AB}}$ と書き表す。
また，ベクトルは，1 つの文字と矢印を用いて，$\vec{\boldsymbol{a}}$，$\vec{\boldsymbol{b}}$ のように表すこともある。

⑤ ベクトル $\overrightarrow{\mathrm{AB}}$，$\vec{a}$ の大きさを，それぞれ $|\overrightarrow{\mathbf{AB}}|$，$|\vec{\boldsymbol{a}}|$ と書く。このとき，$|\overrightarrow{\mathrm{AB}}|$ は線分 AB の長さに等しい。

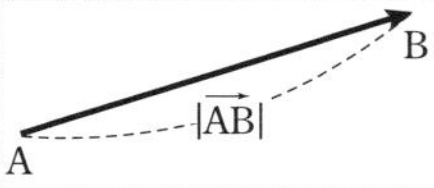

⑥ 特に，大きさが 1 であるベクトルを **単位ベクトル** という。

2　ベクトルの相等

① $\vec{a}$ と $\vec{b}$ の向きが同じで大きさが等しいとき，2 つのベクトル $\vec{a}$，$\vec{b}$ は **等しい** といい，$\vec{\boldsymbol{a}}=\vec{\boldsymbol{b}}$ と書く。

② $\vec{a}=\vec{b}$ ならば，それらを表す有向線分を平行移動して，重ね合わせることができる。
また，このことの逆も成り立つ。

A 有向線分とベクトル

教 p.8

深める 四角形 ABDC において，有向線分 AB と有向線分 CD がベクトルとして同じであるとき，四角形 ABDC はどのような四角形だろうか。

指針 **有向線分とベクトル**

ベクトルとして同じ ⟺ 向きが同じで大きさが等しい

である。

解答 線分 AB と線分 CD は平行で長さが等しい。

よって，四角形 ABDC は **平行四辺形** である。 答

B ベクトルの相等

教 p.9

問 1 右の図において，大きさが等しいベクトル，向きが同じベクトル，等しいベクトルを表す有向線分は，それぞれ，どれとどれか。

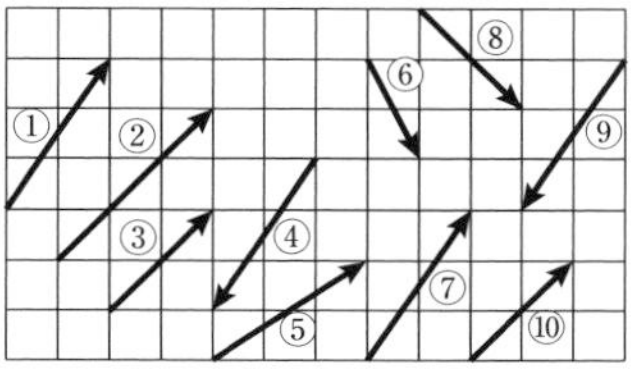

指針 **有向線分とベクトル** ベクトルは向きと大きさだけで定まる量であり，ベクトルの向きが同じで大きさが等しいとき，ベクトルは等しいという。

解答 大きさが等しいベクトルは，線分の長さが等しい。

したがって

①と④と⑤と⑦と⑨，　③と⑧と⑩ 答

同じ向きのベクトルは，線分が平行で，向きが同じである。

したがって

①と⑦，　②と③と⑩，　④と⑨ 答

等しいベクトルは，ベクトルの向きが同じで大きさが等しい。

したがって

①と⑦，　③と⑩，　④と⑨ 答

2 ベクトルの演算

まとめ

1 ベクトルの加法

① 2つのベクトル $\vec{a}$, $\vec{b}$ があるとき，1点Oを任意に定めて

$$\vec{a}=\overrightarrow{\mathrm{OA}},\quad \vec{b}=\overrightarrow{\mathrm{AC}}$$

となる点A，Cをとり，ベクトル $\vec{c}=\overrightarrow{\mathrm{OC}}$ を考える。この $\vec{c}$ を $\vec{a}$ と $\vec{b}$ の **和** といい，$\vec{\boldsymbol{c}}=\vec{\boldsymbol{a}}+\vec{\boldsymbol{b}}$ で表す。すなわち

$$\overrightarrow{\mathbf{OA}}+\overrightarrow{\mathbf{AC}}=\overrightarrow{\mathbf{OC}}$$

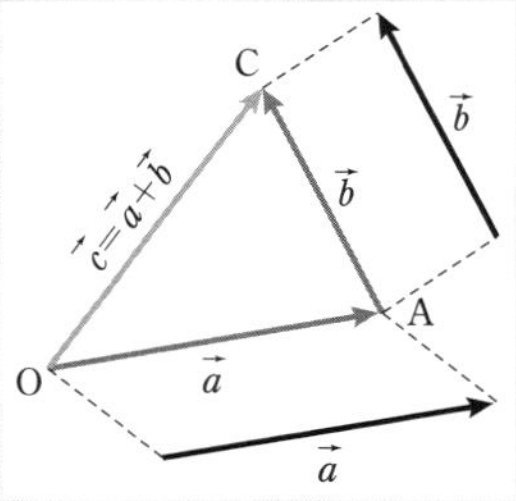

注意 上の定義は，点Oのとり方に無関係である。

② ベクトルの加法については，次の法則が成り立つ。

ベクトルの加法

1 交換法則 $\quad \vec{\boldsymbol{a}}+\vec{\boldsymbol{b}}=\vec{\boldsymbol{b}}+\vec{\boldsymbol{a}}$

2 結合法則 $\quad (\vec{\boldsymbol{a}}+\vec{\boldsymbol{b}})+\vec{\boldsymbol{c}}=\vec{\boldsymbol{a}}+(\vec{\boldsymbol{b}}+\vec{\boldsymbol{c}})$

2 逆ベクトルと零ベクトル

① ベクトル $\vec{a}$ と大きさが等しく，向きが反対であるベクトルを $\vec{a}$ の **逆ベクトル** といい，$-\vec{\boldsymbol{a}}$ で表す。
$\vec{a}=\overrightarrow{\mathrm{AB}}$ とすると，$-\vec{a}=\overrightarrow{\mathrm{BA}}$ である。すなわち

$$\overrightarrow{\mathbf{BA}}=-\overrightarrow{\mathbf{AB}}$$

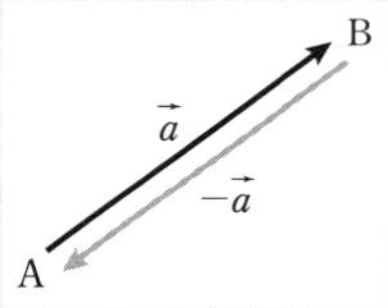

② 有向線分ABの始点Aと終点Bが一致すると，ABはAAとなる。このとき，$\overrightarrow{\mathrm{AA}}$ を大きさが0のベクトルと考え，**零ベクトル** といい，$\vec{\mathbf{0}}$ で表す。すなわち，任意の点Aに対して，$\overrightarrow{\mathrm{AA}}=\vec{0}$ である。零ベクトルの向きは考えない。

③ 逆ベクトルと零ベクトルには，次の性質がある。

逆ベクトルと零ベクトル

1 $\vec{\boldsymbol{a}}+(-\vec{\boldsymbol{a}})=\vec{\mathbf{0}}$ 　　　 2 $\vec{\boldsymbol{a}}+\vec{\mathbf{0}}=\vec{\boldsymbol{a}}$

3 ベクトルの減法

① 2つのベクトル $\vec{a}$, $\vec{b}$ があるとき，点Oを任意に定めて，$\vec{a}=\overrightarrow{\mathrm{OA}}$, $\vec{b}=\overrightarrow{\mathrm{OB}}$ となる2点A，Bをとると，$\vec{b}+\overrightarrow{\mathrm{BA}}=\vec{a}$ である。
そこでベクトル $\overrightarrow{\mathrm{BA}}$ を，$\vec{a}$ から $\vec{b}$ を引いた **差** といい，$\vec{\boldsymbol{a}}-\vec{\boldsymbol{b}}$ で表す。
すなわち $\quad \overrightarrow{\mathbf{OA}}-\overrightarrow{\mathbf{OB}}=\overrightarrow{\mathbf{BA}}$

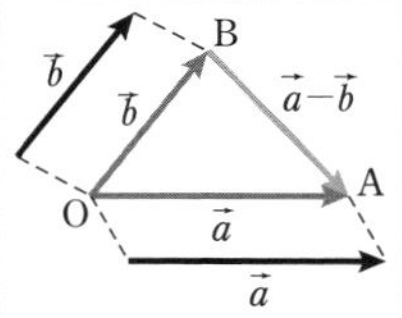

② また，$\overrightarrow{\mathrm{OA}}+\overrightarrow{\mathrm{AB}}=\overrightarrow{\mathrm{OB}}$ から

$$\overrightarrow{\mathbf{AB}}=\overrightarrow{\mathbf{OB}}-\overrightarrow{\mathbf{OA}}$$

が成り立つ。更に，右の図から次の等式が成り立つ。

$$\vec{a}-\vec{b}=\vec{a}+(-\vec{b})$$

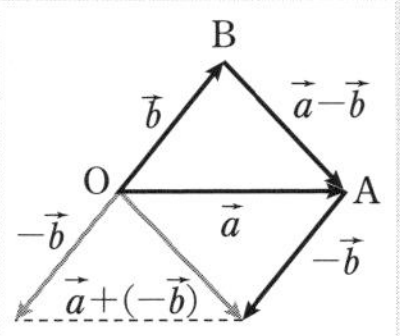

4　ベクトルの実数倍

① ベクトル $\vec{a}$ と実数 k に対して，$\vec{a}$ の k 倍 $\boldsymbol{k\vec{a}}$ を次のように定める。

[1] $\vec{a}\neq\vec{0}$ のとき

$k>0$ の場合　$\vec{a}$ と向きが同じで，大きさが $|\vec{a}|$ の k 倍であるベクトル。

特に　$\boldsymbol{1\vec{a}=\vec{a}}$

$k<0$ の場合　$\vec{a}$ と向きが反対で，大きさが $|\vec{a}|$ の $|k|$ 倍であるベクトル。

特に　$\boldsymbol{(-1)\vec{a}=-\vec{a}}$

$k=0$ の場合　零ベクトル。

すなわち　$0\vec{a}=\vec{0}$

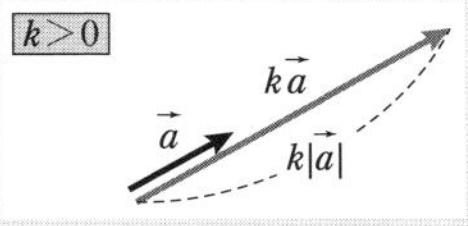

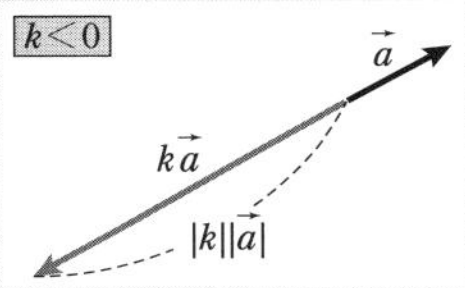

[2] $\vec{a}=\vec{0}$ のとき　　任意の実数 k に対して　$k\vec{0}=\vec{0}$

② 上の定義から，$(-k)\vec{a}=-(k\vec{a})$ が成り立つから，これらを単に $-k\vec{a}$ と書く。

③ ベクトルの実数倍については，次の 3 つの法則が成り立つ。

ベクトルの実数倍

k，l を実数とするとき

1　$\boldsymbol{k(l\vec{a})=(kl)\vec{a}}$　　2　$\boldsymbol{(k+l)\vec{a}=k\vec{a}+l\vec{a}}$　　3　$\boldsymbol{k(\vec{a}+\vec{b})=k\vec{a}+k\vec{b}}$

注意 ベクトルの加法，減法，実数倍の計算は，多項式の場合と同じように行える。

5　ベクトルの平行

① $\vec{0}$ でない 2 つのベクトル $\vec{a}$，$\vec{b}$ の向きが同じであるか，または反対であるとき，$\vec{a}$ と $\vec{b}$ は **平行** であるといい，$\boldsymbol{\vec{a}\parallel\vec{b}}$ と書く。

② ベクトルの平行について，実数倍の定義から，次のことが成り立つ。

ベクトルの平行条件

$\vec{a}\neq\vec{0}$，$\vec{b}\neq\vec{0}$ のとき

$$\vec{a}\parallel\vec{b} \iff \vec{b}=k\vec{a} \text{ となる実数 } k \text{ がある}$$

③ **$\vec{a}\neq\vec{0}$ のとき，$\vec{a}$ と平行な単位ベクトルは，$\dfrac{\vec{a}}{|\vec{a}|}$ と $-\dfrac{\vec{a}}{|\vec{a}|}$**

6　ベクトルの分解

① **ベクトルの分解**

2 つのベクトル $\vec{a}$，$\vec{b}$ は $\vec{0}$ でなく，また平行でないとする。このとき，任意のベクトル $\vec{p}$ は，次の形にただ 1 通りに表すことができる。

$$\vec{p}=s\vec{a}+t\vec{b}\qquad\text{ただし } s,\ t \text{ は実数}$$

A ベクトルの加法

教 p.10

問 2 次のベクトル $\vec{a}$, $\vec{b}$ について, $\vec{a}+\vec{b}$ をそれぞれ図示せよ。

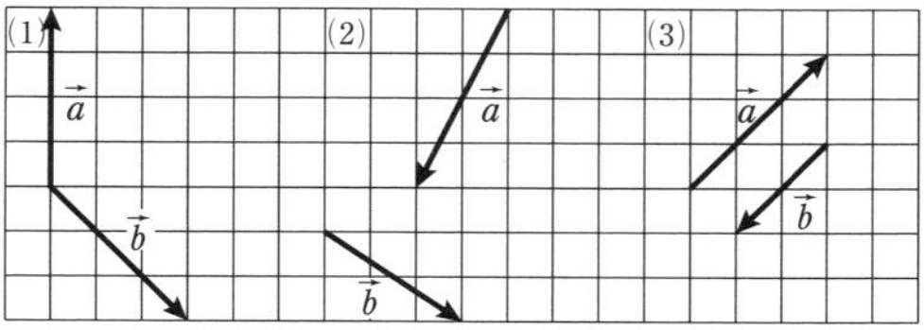

指針 **ベクトルの加法**　2 つのベクトル $\vec{a}$, $\vec{b}$ の和 $\vec{a}+\vec{b}$ は, $\vec{b}$ の始点 P が $\vec{a}$ の終点 A に一致するように $\vec{b}$ を平行移動させ, $\vec{a}$ の始点 O から $\vec{b}$ の終点 C に向きを指定した線分を引くと得られる。

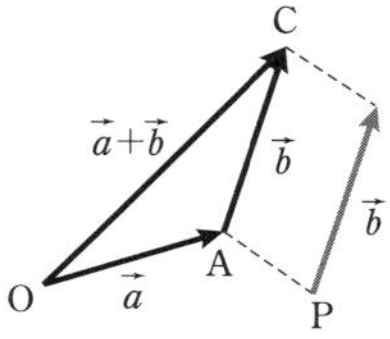

解答

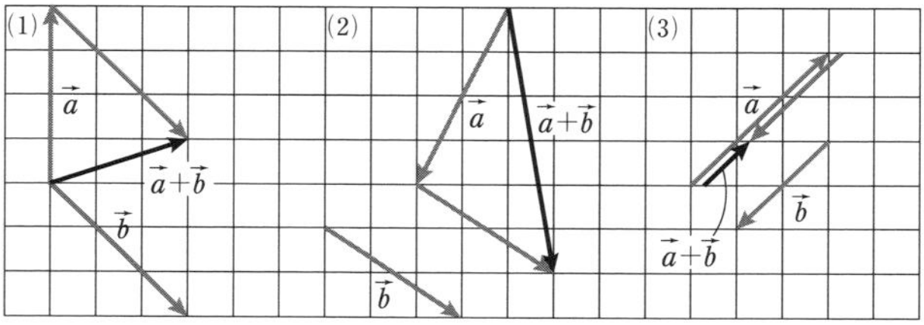

教 p.11

問 3 右の図において, 次の法則 2 が成り立つことを確かめよ。

2　結合法則

$(\vec{a}+\vec{b})+\vec{c}=\vec{a}+(\vec{b}+\vec{c})$

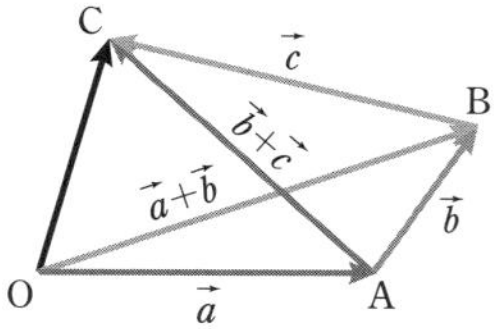

指針 **ベクトルの加法**　ベクトルの加法について, 結合法則が成り立つことの証明である。ベクトルを有向線分で表して証明する。このとき, ベクトルの始点は平面上のどの点にとってもよいことを利用し, 両辺の表すベクトルが同じ有向線分で表されることを示す。

解答 図から　$\vec{a}+\vec{b}=\overrightarrow{OA}+\overrightarrow{AB}=\overrightarrow{OB}$

よって　$(\vec{a}+\vec{b})+\vec{c}=\overrightarrow{OB}+\overrightarrow{BC}$

$=\overrightarrow{OC}$

また　$\vec{b}+\vec{c}=\overrightarrow{AB}+\overrightarrow{BC}=\overrightarrow{AC}$

ゆえに　$\vec{a}+(\vec{b}+\vec{c})=\overrightarrow{OA}+\overrightarrow{AC}$

$=\overrightarrow{OC}$

したがって　$(\vec{a}+\vec{b})+\vec{c}=\vec{a}+(\vec{b}+\vec{c})$　終

注意 等式 $(\vec{a}+\vec{b})+\vec{c}=\vec{a}+(\vec{b}+\vec{c})$ が成り立つから，これらの和を単に $\vec{a}+\vec{b}+\vec{c}$ と書く。

B 逆ベクトルと零ベクトル

教 p.12

練習 1

4点A，B，C，Dについて，次の等式が成り立つことを示せ。

(1)　$\overrightarrow{AB}+\overrightarrow{BC}+\overrightarrow{CD}=\overrightarrow{AD}$

(2)　$\overrightarrow{AB}+\overrightarrow{BC}+\overrightarrow{CD}+\overrightarrow{DA}=\vec{0}$

指針 **ベクトルの計算**　ベクトルの加法について，結合法則 $(\vec{a}+\vec{b})+\vec{c}=\vec{a}+(\vec{b}+\vec{c})$ が成り立つから，3つ以上のベクトルの和は，どの順に加えてもよいことになる。

このようなベクトルの和については，公式

$\overrightarrow{AB}+\overrightarrow{BC}=\overrightarrow{AC}$　　$\overrightarrow{AA}=\vec{0}$

が基本である。すなわち　$\overrightarrow{P\square}+\overrightarrow{\square Q}=\overrightarrow{PQ}$　$\overrightarrow{\square\square}=\vec{0}$

解答 (1)　$\overrightarrow{AB}+\overrightarrow{BC}+\overrightarrow{CD}=(\overrightarrow{AB}+\overrightarrow{BC})+\overrightarrow{CD}$

$=\overrightarrow{AC}+\overrightarrow{CD}$

$=\overrightarrow{AD}$　終

(2)　$\overrightarrow{AB}+\overrightarrow{BC}+\overrightarrow{CD}+\overrightarrow{DA}=(\overrightarrow{AB}+\overrightarrow{BC})+(\overrightarrow{CD}+\overrightarrow{DA})$

$=\overrightarrow{AC}+\overrightarrow{CA}$

$=\overrightarrow{AA}=\vec{0}$　終

C ベクトルの減法

教 p.12

問 4

教科書10ページの問2のベクトル $\vec{a}$，$\vec{b}$ について，$\vec{a}-\vec{b}$ をそれぞれ図示せよ。

指針 **ベクトルの差**　まず，1つの点を始点として，$\vec{a}$，$\vec{b}$ をかく。それから，始点が $\vec{b}$ の終点，終点が $\vec{a}$ の終点であるベクトルをかく。

解答

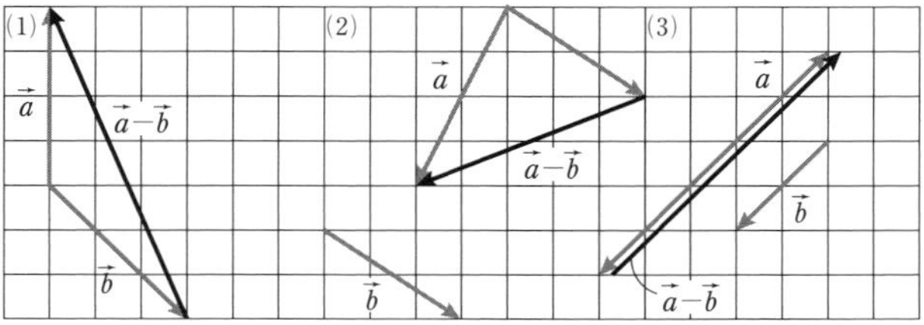

教 p.12

問5 長方形 ABCD において，$\overrightarrow{AB}=\vec{b}$，$\overrightarrow{AD}=\vec{d}$ とする。次のベクトルを $\vec{b}$，$\vec{d}$ を用いて表せ。

(1) $\overrightarrow{BD}$　　(2) $\overrightarrow{DB}$

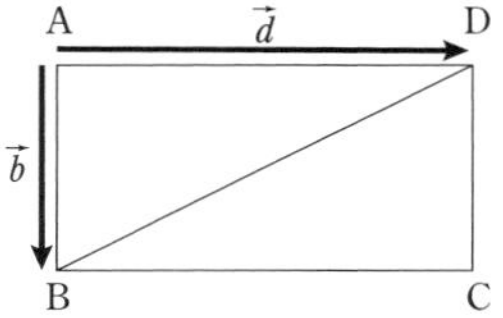

指針 **ベクトルの減法**　任意のベクトル $\overrightarrow{XY}$ は，始点の一致している 2 つのベクトル $\overrightarrow{\square Y}$，$\overrightarrow{\square X}$ の差 $\overrightarrow{\square Y}-\overrightarrow{\square X}$ で表すことができる。
引く順序は $\overrightarrow{XY}$ の終点から始点と覚える。

$$\overrightarrow{XY}=\overrightarrow{X\square}+\overrightarrow{\square Y}$$
$$=(-\overrightarrow{\square X})+\overrightarrow{\square Y}$$
$$=\overrightarrow{\square Y}-\overrightarrow{\square X}$$

解答 (1) $\overrightarrow{BD}=\overrightarrow{AD}-\overrightarrow{AB}=\boldsymbol{\vec{d}-\vec{b}}$ 答

(2) $\overrightarrow{DB}=\overrightarrow{AB}-\overrightarrow{AD}=\boldsymbol{\vec{b}-\vec{d}}$ 答

(1)
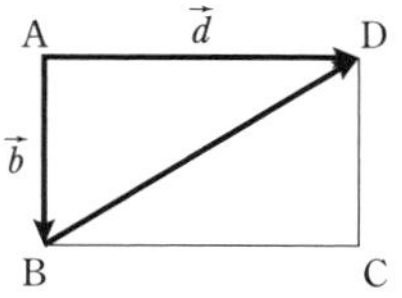

(2)
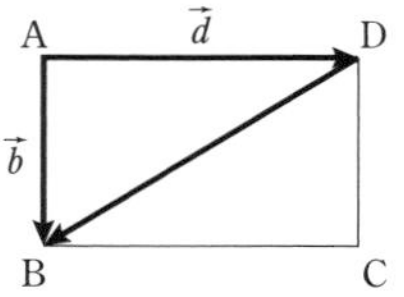

教 p.12

練習 2 平行四辺形 ABCD の対角線の交点を O とし，$\overrightarrow{OA}=\vec{a}$，$\overrightarrow{OB}=\vec{b}$ とするとき，ベクトル $\overrightarrow{OC}$，$\overrightarrow{AB}$，$\overrightarrow{BC}$ を $\vec{a}$，$\vec{b}$ を用いて表せ。

指針 **ベクトルの減法**　任意のベクトル $\overrightarrow{XY}$ は，始点が O のとき，$\overrightarrow{OY}$ と $\overrightarrow{OX}$ の差で，$\overrightarrow{XY}=\overrightarrow{OY}-\overrightarrow{OX}$ と表すことができる。また，平行四辺形の性質より，対角線はそれぞれの中点で交わることから，$\overrightarrow{OC}$ を $\vec{a}$ で表す。

解答 $\overrightarrow{\mathbf{OC}}=-\overrightarrow{\mathrm{OA}}=-\vec{\boldsymbol{a}}$ 答
$\overrightarrow{\mathbf{AB}}=\overrightarrow{\mathrm{OB}}-\overrightarrow{\mathrm{OA}}=\vec{\boldsymbol{b}}-\vec{\boldsymbol{a}}$ 答
$\overrightarrow{\mathbf{BC}}=\overrightarrow{\mathrm{OC}}-\overrightarrow{\mathrm{OB}}=(-\overrightarrow{\mathrm{OA}})-\overrightarrow{\mathrm{OB}}$
$=-\vec{\boldsymbol{a}}-\vec{\boldsymbol{b}}$ 答

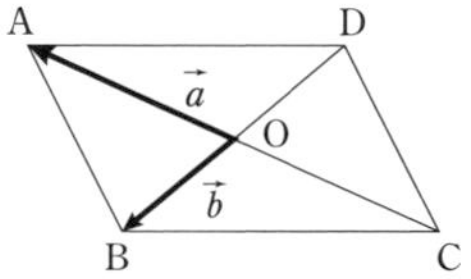

D ベクトルの実数倍

教 p.13

練習 3

右の図のベクトル $\vec{a}$, $\vec{b}$ について，次のベクトルを点 O を始点とする有向線分で表せ。

(1) $\frac{1}{2}\vec{a}$　(2) $2\vec{b}$　(3) $-2\vec{b}$

(4) $\frac{1}{2}\vec{a}+2\vec{b}$　(5) $\frac{1}{2}\vec{a}-2\vec{b}$

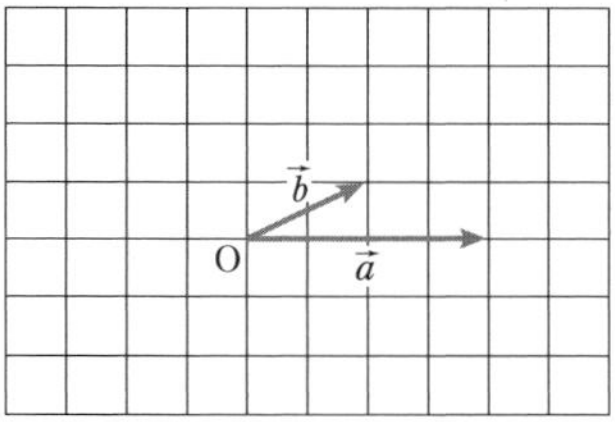

指針 **ベクトルの図示**　まず，$\vec{a}$, $\vec{b}$ のそれぞれを実数倍したベクトルを作図する。
(4), (5) ベクトルの加法，減法の定義から向きを決定し，求めるベクトルを作図する。(1)〜(3) の結果が利用できる。

解答 図のように，$\vec{a}=\overrightarrow{\mathrm{OA}}$, $\vec{b}=\overrightarrow{\mathrm{OB}}$ とする。

(1) 線分 OA の中点を C とすると　$\frac{1}{2}\vec{a}=\overrightarrow{\mathrm{OC}}$

(2) 線分 OB の延長上に，OD＝2OB となる点 D をとると
$2\vec{b}=\overrightarrow{\mathrm{OD}}$

(3) 線分 BO の延長上に，OE＝2OB となる点 E をとると
$-2\vec{b}=\overrightarrow{\mathrm{OE}}$

(4) $\frac{1}{2}\vec{a}+2\vec{b}=\overrightarrow{\mathrm{OC}}+\overrightarrow{\mathrm{OD}}=\overrightarrow{\mathrm{OF}}$

(5) $\frac{1}{2}\vec{a}-2\vec{b}=\frac{1}{2}\vec{a}+(-2\vec{b})=\overrightarrow{\mathrm{OC}}+\overrightarrow{\mathrm{OE}}=\overrightarrow{\mathrm{OG}}$

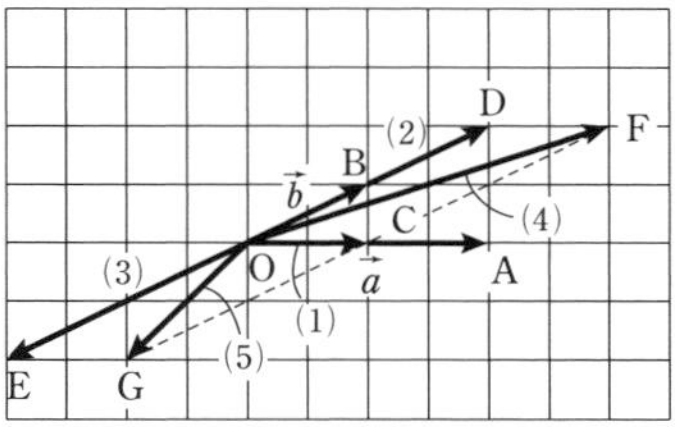

問 6

教 p.14

右の図において，次の法則 3 が成り立つことを確かめよ。

3　$k(\vec{a}+\vec{b})=k\vec{a}+k\vec{b}$

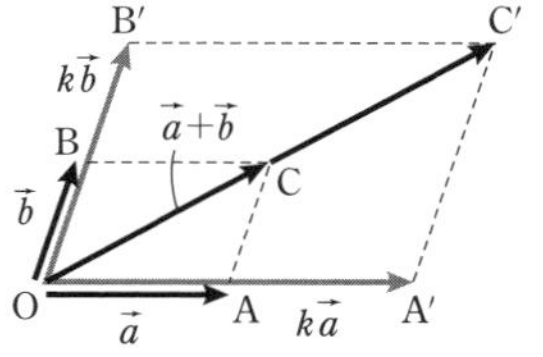

指針　**ベクトルの実数倍の法則**　$k\vec{a}+k\vec{b}$ が $\vec{a}+\vec{b}$ の k 倍に等しくなることを確かめる。

解答　四角形 OACB と四角形 OA′C′B′ は相似な平行四辺形であり，相似比は 1：k である。

また，3 点 O，C，C′ は一直線上にあり，OC′$=k\times$OC である。

$\overrightarrow{OC'}=k\overrightarrow{OC}$，$\overrightarrow{OC}=\overrightarrow{OA}+\overrightarrow{OB}$ より

$\overrightarrow{OC'}=k\overrightarrow{OC}=k(\overrightarrow{OA}+\overrightarrow{OB})=k(\vec{a}+\vec{b})$

また　$\overrightarrow{OC'}=\overrightarrow{OA'}+\overrightarrow{OB'}=k\vec{a}+k\vec{b}$

よって　$k(\vec{a}+\vec{b})=k\vec{a}+k\vec{b}$　終

練習 4

教 p.14

次の式を簡単にせよ。

(1)　$(2\vec{a}-3\vec{b})+(3\vec{a}+4\vec{b})$

(2)　$2(-\vec{a}+2\vec{b})-4(\vec{a}-3\vec{b})+3\vec{a}$

指針　**ベクトルの式の計算**　計算法則により，多項式と同様に計算する。

解答　(1)　$(2\vec{a}-3\vec{b})+(3\vec{a}+4\vec{b})=2\vec{a}-3\vec{b}+3\vec{a}+4\vec{b}$

$=(2+3)\vec{a}+(-3+4)\vec{b}=\boldsymbol{5\vec{a}+\vec{b}}$　答

(2)　$2(-\vec{a}+2\vec{b})-4(\vec{a}-3\vec{b})+3\vec{a}=-2\vec{a}+4\vec{b}-4\vec{a}+12\vec{b}+3\vec{a}$

$=(-2-4+3)\vec{a}+(4+12)\vec{b}$

$=\boldsymbol{-3\vec{a}+16\vec{b}}$　答

問 7

教 p.14

次の等式を満たすベクトル $\vec{x}$ を $\vec{a}$，$\vec{b}$ を用いて表せ。

$$3\vec{x}-4\vec{a}=6\vec{b}+\vec{x}$$

指針　**$\vec{x}$ を求める計算**　1 次方程式を解く場合と同様に計算する。

解答　$3\vec{x}-4\vec{a}=6\vec{b}+\vec{x}$ より　$3\vec{x}-\vec{x}=4\vec{a}+6\vec{b}$

よって　$2\vec{x}=4\vec{a}+6\vec{b}$

ゆえに　$\boldsymbol{\vec{x}=2\vec{a}+3\vec{b}}$　答

練習 5 教 p.14

次の等式を満たすベクトル $\vec{x}$ を $\vec{a}$, $\vec{b}$ を用いて表せ。

(1) $2\vec{x}-3\vec{a}=6\vec{b}-\vec{x}$

(2) $\vec{x}+\vec{a}-3\vec{b}=2(\vec{x}-2\vec{a}-3\vec{b})$

指針 **等式を満たす $\vec{x}$ を求める** ベクトルの計算法則により，多項式と同じように計算できるから，x の 1 次方程式を解く場合と同様にして $\vec{x}$ を求める。

解答 (1) $2\vec{x}-3\vec{a}=6\vec{b}-\vec{x}$ より $2\vec{x}+\vec{x}=3\vec{a}+6\vec{b}$

よって $3\vec{x}=3\vec{a}+6\vec{b}$

ゆえに $\boldsymbol{\vec{x}=\vec{a}+2\vec{b}}$ 答

(2) $\vec{x}+\vec{a}-3\vec{b}=2(\vec{x}-2\vec{a}-3\vec{b})$ より

$\vec{x}+\vec{a}-3\vec{b}=2\vec{x}-4\vec{a}-6\vec{b}$

よって $\vec{x}-2\vec{x}=-4\vec{a}-\vec{a}-6\vec{b}+3\vec{b}$

ゆえに $-\vec{x}=-5\vec{a}-3\vec{b}$

したがって $\boldsymbol{\vec{x}=5\vec{a}+3\vec{b}}$ 答

E ベクトルの平行

練習 6 教 p.15

次の問いに答えよ。

(1) $\vec{e}$ を単位ベクトルとするとき，$\vec{e}$ と平行で，大きさが 3 のベクトルを求めよ。

(2) $|\vec{a}|=5$ のとき，$\vec{a}$ と平行な単位ベクトルを求めよ。

指針 **平行な単位ベクトル**

(1) $\vec{a}$ と平行で大きさが k であるベクトル $\vec{b}$ は

$\vec{b}=k\dfrac{\vec{a}}{|\vec{a}|}$ と $\vec{b}=-k\dfrac{\vec{a}}{|\vec{a}|}$ で表される。

(2) $\vec{a}$ と同じ向きに平行な単位ベクトルは $\dfrac{\vec{a}}{|\vec{a}|}$

$\vec{a}$ と反対の向きに平行な単位ベクトルは $-\dfrac{\vec{a}}{|\vec{a}|}$

解答 (1) 求めるベクトルは $\boldsymbol{3\vec{e}}$ と $\boldsymbol{-3\vec{e}}$ 答

(2) 求める単位ベクトルは $\boldsymbol{\dfrac{\vec{a}}{5}}$ と $\boldsymbol{-\dfrac{\vec{a}}{5}}$ 答

F ベクトルの分解

教 p.16

練習 7

正六角形 ABCDEF において，$\overrightarrow{AB}=\vec{a}$，$\overrightarrow{AF}=\vec{b}$ とするとき，ベクトル $\overrightarrow{AD}$，$\overrightarrow{DF}$，$\overrightarrow{CE}$ を $\vec{a}$，$\vec{b}$ を用いて表せ。

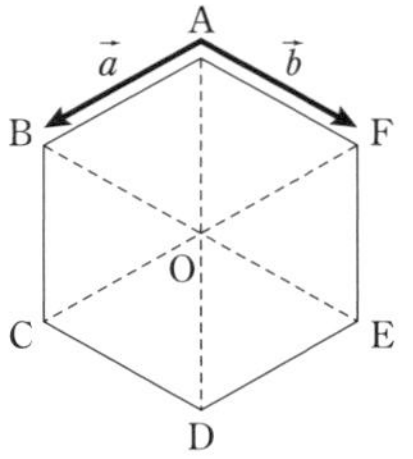

指針 **ベクトルの分解**　正六角形の性質を利用する。

四角形 ABOF は平行四辺形で $\overrightarrow{AB}=\overrightarrow{FO}$，$\overrightarrow{AF}=\overrightarrow{BO}$ であるから

$$\overrightarrow{AO}=\vec{a}+\vec{b}$$

また　　$\overrightarrow{DF}=\overrightarrow{DA}+\overrightarrow{AF}$，　　$\overrightarrow{CE}=\overrightarrow{BF}$

解答 $\overrightarrow{\mathbf{AD}}=2\overrightarrow{AO}$

$=2(\vec{a}+\vec{b})=\mathbf{2\vec{a}+2\vec{b}}$　答

$\overrightarrow{\mathbf{DF}}=\overrightarrow{DA}+\overrightarrow{AF}$

$=-\overrightarrow{AD}+\overrightarrow{AF}$

$=-(2\vec{a}+2\vec{b})+\vec{b}$

$=\mathbf{-2\vec{a}-\vec{b}}$　答

$\overrightarrow{\mathbf{CE}}=\overrightarrow{BF}$

$=\overrightarrow{AF}-\overrightarrow{AB}$

$=\mathbf{\vec{b}-\vec{a}}$　答

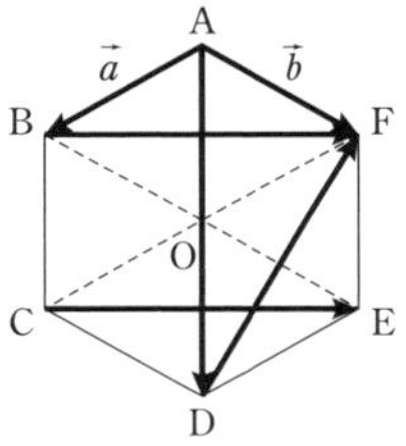

教 p.16

深める

教科書の例 5 で $\overrightarrow{AE}=\overrightarrow{AD}+\overrightarrow{DE}$ と考えても，例 5 と同じ結果になることを確かめよう。

指針 **ベクトルの分解**　どのように分解しても，結果は 1 通りに表される。

解答 $\overrightarrow{AE}=\overrightarrow{AD}+\overrightarrow{DE}$

$=2\overrightarrow{AO}+\overrightarrow{BA}$

$=2\overrightarrow{AO}+(-\overrightarrow{AB})$

$=2(\vec{a}+\vec{b})-\vec{a}$

$=\vec{a}+2\vec{b}$　終

3 ベクトルの成分

まとめ

1 ベクトルの成分

① 座標平面の原点をOとし，ベクトル $\vec{a}$ に対して $\vec{a}=\overrightarrow{OA}$ となる点Aをとり，Aの座標を $(a_1,\ a_2)$ とする。Aから x 軸，y 軸に，それぞれ垂線AH，AKを下ろすと

$$\overrightarrow{OA}=\overrightarrow{OH}+\overrightarrow{OK}$$

ここで，x 軸上に点E(1, 0)，y 軸上に点F(0, 1)をとり，$\vec{e_1}=\overrightarrow{OE}$，$\vec{e_2}=\overrightarrow{OF}$ とする。$\vec{e_1}$，$\vec{e_2}$ を座標軸に関する **基本ベクトル** という。このとき

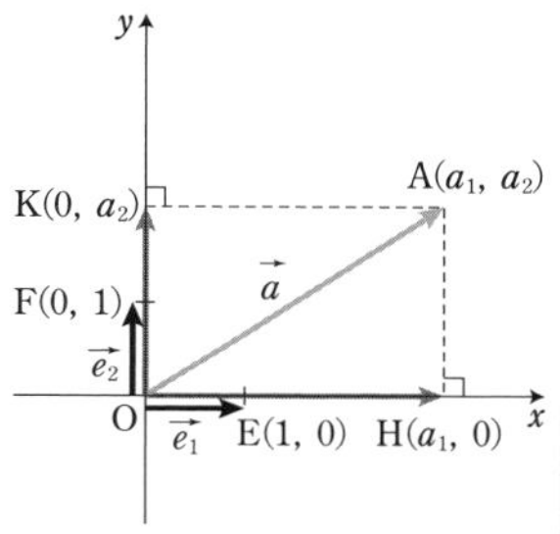

$$\overrightarrow{OH}=a_1\overrightarrow{OE}=a_1\vec{e_1},\qquad \overrightarrow{OK}=a_2\overrightarrow{OF}=a_2\vec{e_2}$$

となるから，上のベクトル $\vec{a}$ は，基本ベクトル $\vec{e_1}$，$\vec{e_2}$ を用いて

$$\boldsymbol{\vec{a}=a_1\vec{e_1}+a_2\vec{e_2}}\qquad \leftarrow \vec{a}\text{ の}\textbf{基本ベクトル表示}$$

の形にただ1通りに表すことができる。この実数 a_1，a_2 をベクトル $\vec{a}$ の **成分** といい，a_1 を **x 成分**，a_2 を **y 成分** という。

② ベクトルは，その成分を用いて，次のようにも書き表す。これを $\vec{a}$ の **成分表示** という。

$$\boldsymbol{\vec{a}=(a_1,\ a_2)}\qquad \leftarrow \vec{a}\text{ の}\textbf{成分表示}$$

特に　$\boldsymbol{\vec{e_1}=(1,\ 0)}$，$\boldsymbol{\vec{e_2}=(0,\ 1)}$，$\boldsymbol{\vec{0}=(0,\ 0)}$

③ ベクトル $\vec{a}$ を，原点Oを始点とする有向線分を用いて，$\vec{a}=\overrightarrow{OA}$ と表すと，$\vec{a}$ の成分の組 $(a_1,\ a_2)$ は，終点Aの座標と一致する。

④ 2つのベクトル $\vec{a}=(a_1,\ a_2)$，$\vec{b}=(b_1,\ b_2)$ について，次のことが成り立つ。

$$\boldsymbol{\vec{a}=\vec{b}\iff a_1=b_1,\ a_2=b_2}$$

⑤ **ベクトルの成分と大きさ**

$$\vec{a}=(a_1,\ a_2)\text{ のとき}\qquad \boldsymbol{|\vec{a}|=\sqrt{a_1^2+a_2^2}}$$

2 成分によるベクトルの演算

① **成分によるベクトルの演算**

1　$\boldsymbol{(a_1,\ a_2)+(b_1,\ b_2)=(a_1+b_1,\ a_2+b_2)}$

2　$\boldsymbol{k(a_1,\ a_2)=(ka_1,\ ka_2)}$　　ただし k は実数

一般に，k，l を実数とするとき，次のことが成り立つ。

$$\boldsymbol{k(a_1,\ a_2)+l(b_1,\ b_2)=(ka_1+lb_1,\ ka_2+lb_2)}$$

特に，$k=1$，$l=-1$ とすると，次のようになる。

$$\boldsymbol{(a_1,\ a_2)-(b_1,\ b_2)=(a_1-b_1,\ a_2-b_2)}$$

3　点の座標とベクトルの成分

①　$\overrightarrow{\mathrm{AB}}$ の成分と大きさ

2点 $\mathrm{A}(a_1,\ a_2)$, $\mathrm{B}(b_1,\ b_2)$ について

$$\overrightarrow{\mathrm{AB}}=(b_1-a_1,\ b_2-a_2)$$
$$|\overrightarrow{\mathrm{AB}}|=\sqrt{(b_1-a_1)^2+(b_2-a_2)^2}$$

A ベクトルの成分

教 p.18

練習 8

右の図のベクトル $\vec{b}$, $\vec{c}$, $\vec{d}$, $\vec{e}$ を成分表示せよ。また，それぞれの大きさを求めよ。

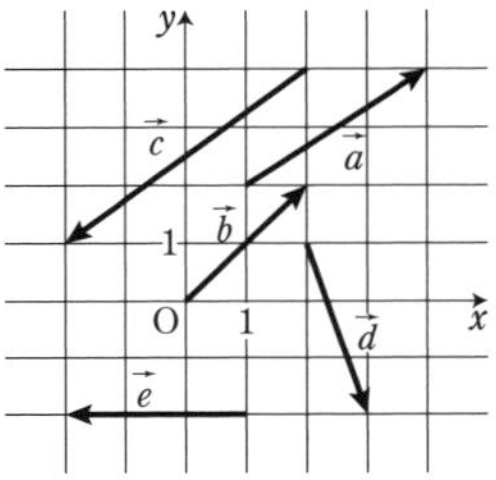

指針 **ベクトルの成分と大きさ**　$\vec{b}$ のように原点が始点である場合は終点の座標がそのまま $\vec{b}$ の成分となる。

ベクトルの始点が原点でない場合は，始点が原点にくるように平行移動した場合の終点の座標が求めるベクトルの成分である。

解答
$\vec{b}=(2,\ 2)$,　$|\vec{b}|=\sqrt{2^2+2^2}=2\sqrt{2}$　答

$\vec{c}=(-4,\ -3)$,　$|\vec{c}|=\sqrt{(-4)^2+(-3)^2}=5$　答

$\vec{d}=(1,\ -3)$,　$|\vec{d}|=\sqrt{1^2+(-3)^2}=\sqrt{10}$　答

$\vec{e}=(-3,\ 0)$,　$|\vec{e}|=\sqrt{(-3)^2+0^2}=3$　答

B 成分によるベクトルの演算

教 p.19

練習 9

$\vec{a}=(2,\ 1)$, $\vec{b}=(-2,\ 3)$ のとき，次のベクトルを成分表示せよ。

(1)　$\vec{a}+\vec{b}$　　(2)　$\vec{a}-\vec{b}$　　(3)　$4\vec{a}$　　(4)　$2\vec{a}-3\vec{b}$

指針 **成分によるベクトルの演算**　$\vec{a}=(a_1,\ a_2)$, $\vec{b}=(b_1,\ b_2)$ とする。

(1) は $\vec{a}+\vec{b}=(a_1+b_1,\ a_2+b_2)$, (2) は $\vec{a}-\vec{b}=(a_1-b_1,\ a_2-b_2)$,

(3) は $k\vec{a}=(ka_1,\ ka_2)$, (4) は $k\vec{a}+l\vec{b}=(ka_1+lb_1,\ ka_2+lb_2)$ が成り立つことを利用する。

解答 (1) $\vec{a}+\vec{b}=(2,\ 1)+(-2,\ 3)$

$=(2+(-2),\ 1+3)$

$=\mathbf{(0,\ 4)}$ 答

(2) $\vec{a}-\vec{b}=(2,\ 1)-(-2,\ 3)$

$=(2-(-2),\ 1-3)$

$=\mathbf{(4,\ -2)}$ 答

(3) $4\vec{a}=4(2,\ 1)=(4\cdot 2,\ 4\cdot 1)=\mathbf{(8,\ 4)}$ 答

(4) $2\vec{a}-3\vec{b}=2(2,\ 1)-3(-2,\ 3)$

$=(2\cdot 2-3(-2),\ 2\cdot 1-3\cdot 3)$

$=\mathbf{(10,\ -7)}$ 答

別解 (4) $2\vec{a}-3\vec{b}=2(2,\ 1)-3(-2,\ 3)$

$=(4,\ 2)-(-6,\ 9)$

$=\mathbf{(10,\ -7)}$ 答

練習 10 教 p.19

$\vec{a}=(2,\ 1)$, $\vec{b}=(-1,\ 1)$ のとき，次のベクトルを $s\vec{a}+t\vec{b}$ の形に表せ。

(1) $\vec{p}=(4,\ 5)$　　(2) $\vec{q}=(5,\ -2)$

指針 **$\vec{p}=s\vec{a}+t\vec{b}$ の形**　任意のベクトル $\vec{p}$ は，互いに平行でないベクトル $\vec{a}$, $\vec{b}$ ($\vec{a}\neq\vec{0}$, $\vec{b}\neq\vec{0}$) により，実数 s, t を用いて，$\vec{p}=s\vec{a}+t\vec{b}$ の形にただ1通りに表される。

(1) $(4,\ 5)=s(2,\ 1)+t(-1,\ 1)$ とおき，s と t の連立方程式を導いて解く。

(2) (1) と同様にすればよい。

解答 (1) $\vec{p}=s\vec{a}+t\vec{b}$ とおくと

$(4,\ 5)=s(2,\ 1)+t(-1,\ 1)$

$=(2s-t,\ s+t)$

よって　$2s-t=4$,　$s+t=5$

これを解いて　$s=3$, $t=2$

したがって　$\boldsymbol{\vec{p}=3\vec{a}+2\vec{b}}$ 答

(2) $\vec{q}=s\vec{a}+t\vec{b}$ とおくと

$(5,\ -2)=s(2,\ 1)+t(-1,\ 1)$

$=(2s-t,\ s+t)$

よって　$2s-t=5$,　$s+t=-2$

これを解いて　$s=1$, $t=-3$

したがって　$\boldsymbol{\vec{q}=\vec{a}-3\vec{b}}$ 答

教 p.20

練習 11

ベクトル $\vec{a}=(x,\ -1)$，$\vec{b}=(3,\ x+4)$ が平行になるように，x の値を定めよ。

指針 **ベクトルの平行** $\vec{a}\parallel\vec{b}$ であるとき，$\vec{b}=k\vec{a}$ となる実数 k が存在する。$k\vec{a}$，$\vec{b}$ の成分表示から k，x についての連立方程式を作る。

解答 $\vec{a}\neq\vec{0}$，$\vec{b}\neq\vec{0}$ であるから，$\vec{a}$ と $\vec{b}$ が平行になるための必要十分条件は $\vec{b}=k\vec{a}$ を満たす実数 k が存在することである。

$\vec{b}=k\vec{a}$ から

$$(3,\ x+4)=k(x,\ -1)$$

よって　$3=kx$ …… ①

$x+4=-k$ …… ②

② から　$x=-k-4$ …… ③

③ を ① に代入して整理すると

$k^2+4k+3=0$　すなわち　$(k+1)(k+3)=0$

よって　$k=-1,\ -3$

③ から　$k=-1$ のとき $x=-3$，

$k=-3$ のとき $x=-1$

答 $\boldsymbol{x=-3,\ -1}$

C 点の座標とベクトルの成分

教 p.21

練習 12

4 点 O(0, 0)，A(4, 0)，B(3, 5)，C(−2, −5) について，次のベクトルを成分表示せよ。また，その大きさを求めよ。

(1) $\overrightarrow{OB}$　(2) $\overrightarrow{AB}$　(3) $\overrightarrow{BC}$　(4) $\overrightarrow{CA}$

指針 **ベクトルの成分と大きさ**

(1) $B(b_1,\ b_2)$ のとき

$$\overrightarrow{OB}=(b_1,\ b_2),\ |\overrightarrow{OB}|=\sqrt{b_1^2+b_2^2}$$

(2) $A(a_1,\ a_2)$，$B(b_1,\ b_2)$ のとき

$$\overrightarrow{AB}=(b_1-a_1,\ b_2-a_2),$$
$$|\overrightarrow{AB}|=\sqrt{(b_1-a_1)^2+(b_2-a_2)^2}$$

教科書 p.21

解答 (1) B(3, 5) であるから

$\overrightarrow{\mathbf{OB}}=\mathbf{(3,\ 5)}$ 答

$|\overrightarrow{\mathbf{OB}}|=\sqrt{3^2+5^2}=\sqrt{\mathbf{34}}$ 答

(2) $\overrightarrow{\mathbf{AB}}=(3-4,\ 5-0)=\mathbf{(-1,\ 5)}$ 答

$|\overrightarrow{\mathbf{AB}}|=\sqrt{(-1)^2+5^2}=\sqrt{\mathbf{26}}$ 答

(3) $\overrightarrow{\mathbf{BC}}=(-2-3,\ -5-5)=\mathbf{(-5,\ -10)}$ 答

$|\overrightarrow{\mathbf{BC}}|=\sqrt{(-5)^2+(-10)^2}=\mathbf{5\sqrt{5}}$ 答

(4) $\overrightarrow{\mathbf{CA}}=(4-(-2),\ 0-(-5))=\mathbf{(6,\ 5)}$ 答

$|\overrightarrow{\mathbf{CA}}|=\sqrt{6^2+5^2}=\sqrt{\mathbf{61}}$ 答

練習 13 教 p.21

教科書の例題 3 の 3 点 A, B, C に対して，四角形 ABEC が平行四辺形になるような点 E の座標を求めよ。

指針 **平行四辺形とベクトル** 平行四辺形 ABEC では，$\overrightarrow{\mathrm{AC}}=\overrightarrow{\mathrm{BE}}$ が成り立つ。

解答 四角形 ABEC が平行四辺形であるための必要十分条件は $\overrightarrow{\mathrm{AC}}=\overrightarrow{\mathrm{BE}}$ である。

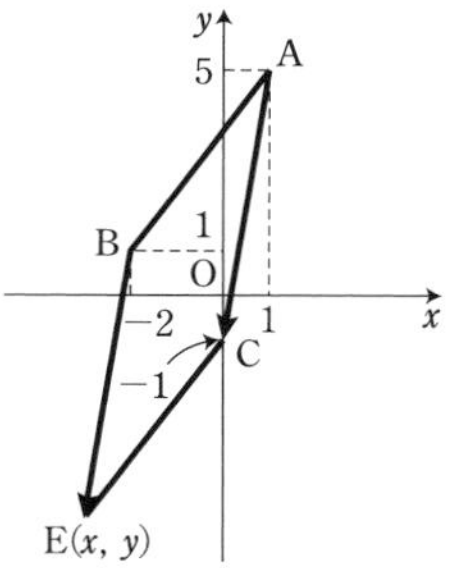

頂点 E の座標を $(x,\ y)$ とすると

$\overrightarrow{\mathrm{AC}}=(0-1,\ -1-5)$

$=(-1,\ -6)$

$\overrightarrow{\mathrm{BE}}=(x-(-2),\ y-1)$

$=(x+2,\ y-1)$

であるから

$(-1,\ -6)=(x+2,\ y-1)$

よって $-1=x+2,\quad -6=y-1$

これを解いて $x=-3,\ y=-5$

したがって，頂点 E の座標は

$\mathbf{(-3,\ -5)}$ 答

4 ベクトルの内積

まとめ

1 ベクトルの内積

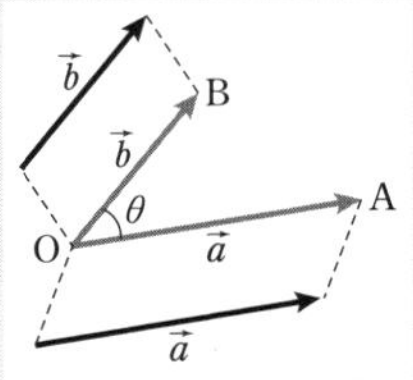

① $\vec{0}$ でない2つのベクトルを $\vec{a}$，$\vec{b}$ とする。
1点Oを定め，$\vec{a}=\overrightarrow{OA}$，$\vec{b}=\overrightarrow{OB}$ となる点A，Bをとる。このとき，半直線OA，OBのなす角 θ のうち，$0°\leqq\theta\leqq180°$ であるものを，ベクトル $\vec{a}$，$\vec{b}$ **のなす角**という。

② $\vec{0}$ でない2つのベクトル $\vec{a}$，$\vec{b}$ のなす角を θ とする。
このとき，積 $|\vec{a}||\vec{b}|\cos\theta$ を $\vec{a}$ と $\vec{b}$ の **内積** といい，記号 $\vec{a}\cdot\vec{b}$ で表す。すなわち

$$\vec{a}\cdot\vec{b}=|\vec{a}||\vec{b}|\cos\theta$$

③ $\vec{a}=\vec{0}$ または $\vec{b}=\vec{0}$ のときは，$\vec{a}$ と $\vec{b}$ の内積を $\vec{a}\cdot\vec{b}=0$ と定める。

注意 2つのベクトルの内積は，ベクトルではなく，実数である。

④ $\vec{0}$ でない2つのベクトル $\vec{a}$，$\vec{b}$ のなす角を θ とすると

$$\vec{a}\,/\!/\,\vec{b} \iff 「\theta=0° \quad \text{または} \quad \theta=180°」$$

が成り立つ。ここで
　$\theta=0°$ のときは　$\vec{a}$ と $\vec{b}$ は同じ向きに平行である。
　$\theta=180°$ のときは　$\vec{a}$ と $\vec{b}$ は反対の向きに平行である。

⑤ $\vec{a}\neq\vec{0}$，$\vec{b}\neq\vec{0}$ のとき，次のことが成り立つ。

$$\vec{a}\,/\!/\,\vec{b} \iff 「\vec{a}\cdot\vec{b}=|\vec{a}||\vec{b}| \quad \text{または} \quad \vec{a}\cdot\vec{b}=-|\vec{a}||\vec{b}|」$$

⑥ $\theta=90°$ のとき，$\vec{a}$ と $\vec{b}$ は **垂直** であるといい，$\vec{a}\perp\vec{b}$ と書く。

⑦ **ベクトルの垂直と内積**
$\vec{a}\neq\vec{0}$，$\vec{b}\neq\vec{0}$ のとき　　$\vec{a}\perp\vec{b} \iff \vec{a}\cdot\vec{b}=0$

2 内積と成分

① **内積と成分**
$\vec{a}=(a_1,\ a_2)$，$\vec{b}=(b_1,\ b_2)$ のとき　　$\vec{a}\cdot\vec{b}=a_1b_1+a_2b_2$

3 ベクトルのなす角

① **ベクトルのなす角**
$\vec{0}$ でない2つのベクトル $\vec{a}$，$\vec{b}$ のなす角を θ とすると

$$\cos\theta=\frac{\vec{a}\cdot\vec{b}}{|\vec{a}||\vec{b}|} \qquad \text{ただし} \quad 0°\leqq\theta\leqq180°$$

② **ベクトルの垂直条件**
$\vec{a}\neq\vec{0}$，$\vec{b}\neq\vec{0}$ で，$\vec{a}=(a_1,\ a_2)$，$\vec{b}=(b_1,\ b_2)$ のとき

$$\vec{a}\perp\vec{b} \iff a_1b_1+a_2b_2=0$$

4 内積の性質

① ベクトルの内積について，次のことが成り立つ。

内積の性質 I

1 $\vec{a}\cdot\vec{b}=\vec{b}\cdot\vec{a}$

2 $(\vec{a}+\vec{b})\cdot\vec{c}=\vec{a}\cdot\vec{c}+\vec{b}\cdot\vec{c}$,　$\vec{a}\cdot(\vec{b}+\vec{c})=\vec{a}\cdot\vec{b}+\vec{a}\cdot\vec{c}$

3 $(k\vec{a})\cdot\vec{b}=\vec{a}\cdot(k\vec{b})=k(\vec{a}\cdot\vec{b})$　ただし k は実数

注意 3 が成り立つから，$k(\vec{a}\cdot\vec{b})$ を単に $k\vec{a}\cdot\vec{b}$ と書く。

② 内積の定義から，ベクトル $\vec{a}$ について，次のことが成り立つ。

内積の性質 II

1 $\vec{a}\cdot\vec{a}=|\vec{a}|^2$　　2 $|\vec{a}|=\sqrt{\vec{a}\cdot\vec{a}}$

A ベクトルの内積

練習 14 教 p.22

$|\vec{a}|=4$, $|\vec{b}|=5$ とし，$\vec{a}$ と $\vec{b}$ のなす角を θ とする。次の各場合について，内積 $\vec{a}\cdot\vec{b}$ を求めよ。

(1) $\theta=30°$　(2) $\theta=120°$　(3) $\theta=90°$　(4) $\theta=180°$

指針 **ベクトルの内積**　内積 $\vec{a}\cdot\vec{b}=|\vec{a}||\vec{b}|\cos\theta\ (0°\leqq\theta\leqq180°)$ より求める。

解答 (1) $\vec{a}\cdot\vec{b}=|\vec{a}||\vec{b}|\cos 30°=4\times5\times\dfrac{\sqrt{3}}{2}=\mathbf{10\sqrt{3}}$ 答

(2) $\vec{a}\cdot\vec{b}=|\vec{a}||\vec{b}|\cos 120°=4\times5\times\left(-\dfrac{1}{2}\right)=\mathbf{-10}$ 答

(3) $\vec{a}\cdot\vec{b}=|\vec{a}||\vec{b}|\cos 90°=4\times5\times0=\mathbf{0}$ 答

(4) $\vec{a}\cdot\vec{b}=|\vec{a}||\vec{b}|\cos 180°=4\times5\times(-1)=\mathbf{-20}$ 答

注意 2 つのベクトルの内積は実数である。
$90°<\theta\leqq180°$ のとき，$\cos\theta<0$ であるから，内積は負になる。

問 8 教 p.23

右の図の直角三角形 OAB について，次の内積を求めよ。

(1) $\overrightarrow{OA}\cdot\overrightarrow{OB}$　(2) $\overrightarrow{OA}\cdot\overrightarrow{AB}$

(3) $\overrightarrow{OB}\cdot\overrightarrow{AB}$

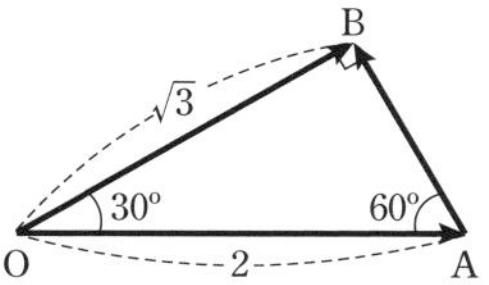

教科書 p.23

指針 **図形と内積**　内積 $\vec{a}\cdot\vec{b}=|\vec{a}||\vec{b}|\cos\theta\ (0^\circ\leqq\theta\leqq180^\circ)$ を適用する。
したがって，各ベクトルの大きさとそれらのなす角を求める。

(1)　図から　　$|\overrightarrow{OA}|=2$，$|\overrightarrow{OB}|=\sqrt{3}$，$\theta=30^\circ$

(2)　$\overrightarrow{OA}$，$\overrightarrow{AB}$ の始点をそろえて，$\overrightarrow{OA}\cdot\overrightarrow{AB}=\overrightarrow{OA}\cdot\overrightarrow{OC}$ と考える。
このとき，$\overrightarrow{OA}$ と $\overrightarrow{OC}$ のなす角は 120° である。

解答 (1)　$|\overrightarrow{OA}|=2$，$|\overrightarrow{OB}|=\sqrt{3}$，$\overrightarrow{OA}$ と $\overrightarrow{OB}$ のなす角は 30° であるから

$$\overrightarrow{OA}\cdot\overrightarrow{OB}=|\overrightarrow{OA}||\overrightarrow{OB}|\cos 30^\circ$$
$$=2\times\sqrt{3}\times\frac{\sqrt{3}}{2}=\mathbf{3}$$ 答

(2)　$|\overrightarrow{OA}|=2$，$|\overrightarrow{AB}|=|\overrightarrow{OA}|\cos 60^\circ=2\times\frac{1}{2}=1$，

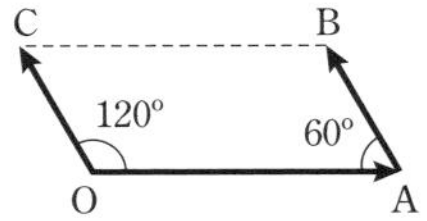

$\overrightarrow{OA}$ と $\overrightarrow{AB}$ のなす角は 120° であるから

$$\overrightarrow{OA}\cdot\overrightarrow{AB}=|\overrightarrow{OA}||\overrightarrow{AB}|\cos 120^\circ$$
$$=2\times1\times\left(-\frac{1}{2}\right)=\mathbf{-1}$$ 答

(3)　$|\overrightarrow{OB}|=\sqrt{3}$，$|\overrightarrow{AB}|=1$，$\overrightarrow{OB}$ と $\overrightarrow{AB}$ のなす角は 90° であるから

$$\overrightarrow{OB}\cdot\overrightarrow{AB}=|\overrightarrow{OB}||\overrightarrow{AB}|\cos 90^\circ$$
$$=\sqrt{3}\times1\times0=\mathbf{0}$$ 答

練習 15　　教 p.23

教科書の問 8 の直角三角形 OAB において，次の内積を求めよ。

(1)　$\overrightarrow{AB}\cdot\overrightarrow{AO}$　　　(2)　$\overrightarrow{OA}\cdot\overrightarrow{BO}$

指針 **図形と内積**

(1)　$\overrightarrow{AB}$ と $\overrightarrow{AO}$ のなす角は 60° である。

(2)　$\overrightarrow{OA}$ と $\overrightarrow{BO}$ のなす角は $180^\circ-30^\circ=150^\circ$ である。

解答 (1)　$|\overrightarrow{AB}|=1$，$|\overrightarrow{AO}|=2$，$\overrightarrow{AB}$ と $\overrightarrow{AO}$ のなす角は 60° であるから

$$\overrightarrow{AB}\cdot\overrightarrow{AO}=|\overrightarrow{AB}||\overrightarrow{AO}|\cos 60^\circ$$
$$=1\times2\times\frac{1}{2}=\mathbf{1}$$ 答

(2)　$|\overrightarrow{OA}|=2$，$|\overrightarrow{BO}|=\sqrt{3}$，$\overrightarrow{OA}$ と $\overrightarrow{BO}$ のなす角は
150° であるから

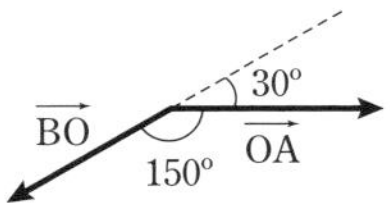

$$\overrightarrow{OA}\cdot\overrightarrow{BO}=|\overrightarrow{OA}||\overrightarrow{BO}|\cos 150^\circ$$
$$=2\times\sqrt{3}\times\left(-\frac{\sqrt{3}}{2}\right)=\mathbf{-3}$$ 答

B 内積と成分

教 p.24

練習 16

次のベクトル $\vec{a}$, $\vec{b}$ の内積を求めよ。

(1) $\vec{a}=(2,\ -1)$, $\vec{b}=(1,\ 3)$

(2) $\vec{a}=(2,\ 3)$, $\vec{b}=(-6,\ 4)$

指針 **内積と成分** $\vec{a}=(a_1,\ a_2)$, $\vec{b}=(b_1,\ b_2)$ とすると，内積は，$\vec{a}\cdot\vec{b}=a_1b_1+a_2b_2$ により求められる。

解答 (1) $\vec{a}\cdot\vec{b}=2\times1+(-1)\times3=\mathbf{-1}$ 答

(2) $\vec{a}\cdot\vec{b}=2\times(-6)+3\times4=\mathbf{0}$ 答

C ベクトルのなす角

教 p.25

練習 17

次のベクトル $\vec{a}$, $\vec{b}$ のなす角 θ を求めよ。

(1) $\vec{a}=(1,\ \sqrt{3})$, $\vec{b}=(3,\ \sqrt{3})$

(2) $\vec{a}=(-1,\ 2)$, $\vec{b}=(3,\ -1)$

指針 **ベクトルのなす角** $\vec{0}$ でない 2 つのベクトル $\vec{a}=(a_1,\ a_2)$, $\vec{b}=(b_1,\ b_2)$ のなす角 θ の余弦は $\cos\theta=\dfrac{\vec{a}\cdot\vec{b}}{|\vec{a}||\vec{b}|}=\dfrac{a_1b_1+a_2b_2}{\sqrt{a_1^2+a_2^2}\sqrt{b_1^2+b_2^2}}$ により求められる。

解答 (1) $\vec{a}\cdot\vec{b}=1\times3+\sqrt{3}\times\sqrt{3}=6$

$|\vec{a}|=\sqrt{1^2+(\sqrt{3})^2}=2$, $|\vec{b}|=\sqrt{3^2+(\sqrt{3})^2}=2\sqrt{3}$

よって　$\cos\theta=\dfrac{\vec{a}\cdot\vec{b}}{|\vec{a}||\vec{b}|}=\dfrac{6}{2\times2\sqrt{3}}=\dfrac{\sqrt{3}}{2}$

$0^\circ\leqq\theta\leqq180^\circ$ であるから　$\boldsymbol{\theta=30^\circ}$ 答

(2) $\vec{a}\cdot\vec{b}=(-1)\times3+2\times(-1)=-5$

$|\vec{a}|=\sqrt{(-1)^2+2^2}=\sqrt{5}$, $|\vec{b}|=\sqrt{3^2+(-1)^2}=\sqrt{10}$

よって　$\cos\theta=\dfrac{\vec{a}\cdot\vec{b}}{|\vec{a}||\vec{b}|}=\dfrac{-5}{\sqrt{5}\sqrt{10}}=-\dfrac{1}{\sqrt{2}}$

$0^\circ\leqq\theta\leqq180^\circ$ であるから　$\boldsymbol{\theta=135^\circ}$ 答

注意 2 つのベクトルのなす角 θ の範囲は $0^\circ\leqq\theta\leqq180^\circ$ であることに注意する。

練習 18 教 p.26

ベクトル $\vec{a}=(2,\ -1)$ に垂直な単位ベクトル $\vec{e}$ を求めよ。

指針 **垂直な単位ベクトル** $\vec{e}=(x,\ y)$ として，$\vec{a}\cdot\vec{e}=0$，$|\vec{e}|=1$ から，x，y についての連立方程式を作り，解く。

解答 $\vec{e}=(x,\ y)$ とする。

$\vec{a}\perp\vec{e}$ であるから　$\vec{a}\cdot\vec{e}=0$　すなわち　$2x-y=0$

よって　$y=2x$ …… ①

また，$|\vec{e}|^2=1^2$ から　$x^2+y^2=1$ …… ②

① と ② から　$5x^2=1$　ゆえに　$x=\pm\dfrac{1}{\sqrt{5}}$

① から　$x=\dfrac{1}{\sqrt{5}}$ のとき $y=\dfrac{2}{\sqrt{5}}$，$x=-\dfrac{1}{\sqrt{5}}$ のとき $y=-\dfrac{2}{\sqrt{5}}$

よって　$\vec{e}=\left(\dfrac{1}{\sqrt{5}},\ \dfrac{2}{\sqrt{5}}\right),\ \left(-\dfrac{1}{\sqrt{5}},\ -\dfrac{2}{\sqrt{5}}\right)$ 答

練習 19 教 p.26

$\vec{0}$ でないベクトル $\vec{a}=(a_1,\ a_2)$ とベクトル $\vec{b}=(a_2,\ -a_1)$ は垂直であることを示せ。また，このことを利用して，ベクトル $\vec{c}=(3,\ 2)$ に垂直な単位ベクトル $\vec{e}$ を求めよ。

指針 **垂直であることの証明** 2 つの $\vec{0}$ でないベクトル $\vec{a}$，$\vec{b}$ が垂直であることを示すには，$\vec{a}\cdot\vec{b}=0$ であることを示せばよい。また，ベクトル $\vec{c}$ に垂直なベクトルを $\vec{d}$ とすると，$\vec{e}$ は $\vec{e}=\dfrac{\vec{d}}{|\vec{d}|}$，$-\dfrac{\vec{d}}{|\vec{d}|}$ から求めることができる。

解答 $\vec{a}=(a_1,\ a_2)$，$\vec{b}=(a_2,\ -a_1)$ のとき

$$\vec{a}\cdot\vec{b}=a_1a_2+a_2(-a_1)=0$$

したがって，$\vec{0}$ でないベクトル $\vec{a}=(a_1,\ a_2)$ とベクトル $\vec{b}=(a_2,\ -a_1)$ は垂直である。 終

また，ベクトル $\vec{c}=(3,\ 2)$ に垂直なベクトルを $\vec{d}=(2,\ -3)$ とすると，

$|\vec{d}|=\sqrt{2^2+(-3)^2}=\sqrt{13}$ であるから

$$\vec{e}=\left(\frac{2}{\sqrt{13}},\ -\frac{3}{\sqrt{13}}\right),\ \left(-\frac{2}{\sqrt{13}},\ \frac{3}{\sqrt{13}}\right)$$ 答

D 内積の性質

教 p.27

問 9 教科書 26 ページのまとめの **1**，**3** を証明せよ。

指針 **内積の性質の証明**　$\vec{a}=(a_1,\ a_2)$，$\vec{b}=(b_1,\ b_2)$ として，内積を成分で表すことにより等しいことを証明する。

解答 **1 の証明**　$\vec{a}=(a_1,\ a_2)$，$\vec{b}=(b_1,\ b_2)$ とすると

$\vec{a}\cdot\vec{b}=a_1b_1+a_2b_2$

また　$\vec{b}\cdot\vec{a}=b_1a_1+b_2a_2=a_1b_1+a_2b_2$

ゆえに　$\vec{a}\cdot\vec{b}=\vec{b}\cdot\vec{a}$　終

3 の証明　$\vec{a}=(a_1,\ a_2)$，$\vec{b}=(b_1,\ b_2)$ とすると　$k\vec{a}=(ka_1,\ ka_2)$

よって　$(k\vec{a})\cdot\vec{b}=ka_1b_1+ka_2b_2$

また　$k\vec{b}=(kb_1,\ kb_2)$

ゆえに　$\vec{a}\cdot(k\vec{b})=a_1kb_1+a_2kb_2=ka_1b_1+ka_2b_2$

更に　$\vec{a}\cdot\vec{b}=a_1b_1+a_2b_2$

よって　$k(\vec{a}\cdot\vec{b})=k(a_1b_1+a_2b_2)=ka_1b_1+ka_2b_2$

したがって　$(k\vec{a})\cdot\vec{b}=\vec{a}\cdot(k\vec{b})=k(\vec{a}\cdot\vec{b})$　終

教 p.27

問10 教科書 27 ページのまとめの **1**，**2** が成り立つことを示せ。

指針 **内積の性質の証明**　内積の定義 $\vec{a}\cdot\vec{b}=|\vec{a}||\vec{b}|\cos\theta$ において，$\vec{b}=\vec{a}$，$|\vec{b}|=|\vec{a}|$，$\theta=0^\circ$ として **1** を導く。**2** は **1** を利用する。

解答 **1 の証明**　$\vec{a}$ と $\vec{a}$ のなす角は 0° であるから

$\vec{a}\cdot\vec{a}=|\vec{a}||\vec{a}|\cos 0^\circ=|\vec{a}|^2$　終

2 の証明　**1** において，$|\vec{a}|\geqq 0$ であるから　$|\vec{a}|=\sqrt{\vec{a}\cdot\vec{a}}$　終

教 p.27

練習 20 次の等式を証明せよ。

(1)　$(2\vec{a}+3\vec{b})\cdot(\vec{c}-2\vec{d})=2\vec{a}\cdot\vec{c}-4\vec{a}\cdot\vec{d}+3\vec{b}\cdot\vec{c}-6\vec{b}\cdot\vec{d}$

(2)　$|2\vec{a}-3\vec{b}|^2=4|\vec{a}|^2-12\vec{a}\cdot\vec{b}+9|\vec{b}|^2$

指針 **内積を含む等式の証明**　内積の性質を利用して左辺を計算し，右辺に等しくなることを示す。

解答 (1)　$(2\vec{a}+3\vec{b})\cdot(\vec{c}-2\vec{d})=2\vec{a}\cdot(\vec{c}-2\vec{d})+3\vec{b}\cdot(\vec{c}-2\vec{d})$

$=2\vec{a}\cdot\vec{c}-4\vec{a}\cdot\vec{d}+3\vec{b}\cdot\vec{c}-6\vec{b}\cdot\vec{d}$　終

(2) $|2\vec{a}-3\vec{b}|^2=(2\vec{a}-3\vec{b})\cdot(2\vec{a}-3\vec{b})$

$=2\vec{a}\cdot(2\vec{a}-3\vec{b})-3\vec{b}\cdot(2\vec{a}-3\vec{b})$

$=4\vec{a}\cdot\vec{a}-6\vec{a}\cdot\vec{b}-6\vec{b}\cdot\vec{a}+9\vec{b}\cdot\vec{b}$

$=4|\vec{a}|^2-6\vec{a}\cdot\vec{b}-6\vec{a}\cdot\vec{b}+9|\vec{b}|^2$

$=4|\vec{a}|^2-12\vec{a}\cdot\vec{b}+9|\vec{b}|^2$ 終

教 p.28

練習 21

$|\vec{a}|=1$, $|\vec{b}|=2$ で，$\vec{a}$ と $\vec{b}$ のなす角が $120°$ であるとき，ベクトル $2\vec{a}+3\vec{b}$ の大きさを求めよ。

指針 **ベクトルの大きさと内積**　$|2\vec{a}+3\vec{b}|^2$ に内積の性質を利用する。

解答 $|2\vec{a}+3\vec{b}|^2=(2\vec{a}+3\vec{b})\cdot(2\vec{a}+3\vec{b})$

$=2\vec{a}\cdot(2\vec{a}+3\vec{b})+3\vec{b}\cdot(2\vec{a}+3\vec{b})$

$=4\vec{a}\cdot\vec{a}+6\vec{a}\cdot\vec{b}+6\vec{b}\cdot\vec{a}+9\vec{b}\cdot\vec{b}$

$=4|\vec{a}|^2+12\vec{a}\cdot\vec{b}+9|\vec{b}|^2$

$=4|\vec{a}|^2+12|\vec{a}||\vec{b}|\cos 120°+9|\vec{b}|^2$

$=4\times1^2+12\times1\times2\times\left(-\dfrac{1}{2}\right)+9\times2^2=28$

$|2\vec{a}+3\vec{b}|\geqq 0$ であるから　$|2\vec{a}+3\vec{b}|=\sqrt{28}=\mathbf{2\sqrt{7}}$ 答

教 p.28

練習 22

ベクトル $\vec{a}$, $\vec{b}$ について，$|\vec{a}|=1$, $|\vec{b}|=\sqrt{3}$, $|\vec{a}-\vec{b}|=\sqrt{7}$ とする。内積 $\vec{a}\cdot\vec{b}$ を求めよ。また，$\vec{a}$ と $\vec{b}$ のなす角 θ を求めよ。

指針 **ベクトルのなす角と内積**　$|\vec{a}-\vec{b}|^2=|\vec{a}|^2-2\vec{a}\cdot\vec{b}+|\vec{b}|^2$ を利用する。

$\cos\theta=\dfrac{\vec{a}\cdot\vec{b}}{|\vec{a}||\vec{b}|}$ により，なす角 θ の余弦が求められる。

解答 $|\vec{a}-\vec{b}|=\sqrt{7}$ より，$|\vec{a}-\vec{b}|^2=7$ であるから

$(\vec{a}-\vec{b})\cdot(\vec{a}-\vec{b})=7$　　ゆえに　$|\vec{a}|^2-2\vec{a}\cdot\vec{b}+|\vec{b}|^2=7$

ここで，$|\vec{a}|=1$, $|\vec{b}|=\sqrt{3}$ であるから

$1^2-2\vec{a}\cdot\vec{b}+(\sqrt{3})^2=7$　　すなわち　$4-2\vec{a}\cdot\vec{b}=7$

よって　　$\boldsymbol{\vec{a}\cdot\vec{b}=-\dfrac{3}{2}}$ 答

ゆえに　　$\cos\theta=\dfrac{\vec{a}\cdot\vec{b}}{|\vec{a}||\vec{b}|}=\dfrac{-\dfrac{3}{2}}{1\times\sqrt{3}}=-\dfrac{\sqrt{3}}{2}$

$0°\leqq\theta\leqq180°$ であるから　　$\boldsymbol{\theta=150°}$ 答

研究 三角形の面積

まとめ

① △OAB において，$\overrightarrow{OA}=\vec{a}$，$\overrightarrow{OB}=\vec{b}$ とする。
このとき，△OAB の面積 S を，ベクトル $\vec{a}$，$\vec{b}$ で表すと

$$\boldsymbol{S=\frac{1}{2}\sqrt{|\vec{a}|^2|\vec{b}|^2-(\vec{a}\cdot\vec{b})^2}}$$

また，$\overrightarrow{OA}=\vec{a}=(a_1,\ a_2)$，$\overrightarrow{OB}=\vec{b}=(b_1,\ b_2)$ であるとすると　$\boldsymbol{S=\frac{1}{2}|a_1b_2-a_2b_1|}$

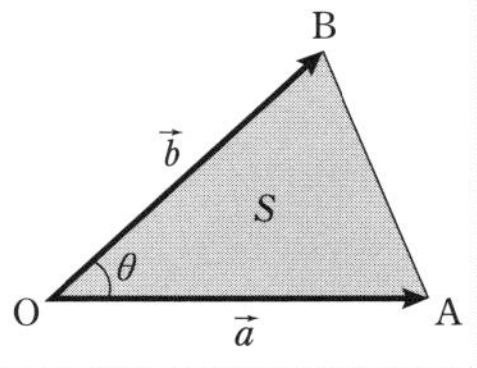

解説　$\angle AOB=\theta$，$0°<\theta<180°$ とすると

$$S=\frac{1}{2}|\vec{a}||\vec{b}|\sin\theta$$

$\sin\theta>0$ であるから　　$\sin\theta=\sqrt{1-\cos^2\theta}$

ゆえに　$S=\frac{1}{2}|\vec{a}||\vec{b}|\sin\theta=\frac{1}{2}|\vec{a}||\vec{b}|\sqrt{1-\cos^2\theta}$

$$=\frac{1}{2}\sqrt{|\vec{a}|^2|\vec{b}|^2-|\vec{a}|^2|b|^2\cos^2\theta}$$

$$=\boldsymbol{\frac{1}{2}\sqrt{|\vec{a}|^2|\vec{b}|^2-(\vec{a}\cdot\vec{b})^2}}$$

また，$\overrightarrow{OA}=\vec{a}=(a_1,\ a_2)$，$\overrightarrow{OB}=\vec{b}=(b_1,\ b_2)$ であるとすると，

$$|\vec{a}|^2=a_1{}^2+a_2{}^2,\ |\vec{b}|^2=b_1{}^2+b_2{}^2,\ \vec{a}\cdot\vec{b}=a_1b_1+a_2b_2$$

であるから

$$|\vec{a}|^2|\vec{b}|^2-(\vec{a}\cdot\vec{b})^2=(a_1{}^2+a_2{}^2)(b_1{}^2+b_2{}^2)-(a_1b_1+a_2b_2)^2$$

$$=a_1{}^2b_2{}^2-2a_1a_2b_1b_2+a_2{}^2b_1{}^2=(a_1b_2-a_2b_1)^2$$

よって　$S=\frac{1}{2}\sqrt{(a_1b_2-a_2b_1)^2}=\boldsymbol{\frac{1}{2}|a_1b_2-a_2b_1|}$

練習 1　教 p.29

次の 3 点を頂点とする三角形の面積を求めよ。

(1)　O(0,　0)，A(3,　−1)，B(4,　2)

(2)　P(1,　0)，Q(−2,　−1)，R(−1,　3)

指針 **三角形の面積**　$\overrightarrow{OA}=\vec{a}=(a_1,\ a_2)$，$\overrightarrow{OB}=\vec{b}=(b_1,\ b_2)$ とすると，△OAB の面積 S は　$S=\dfrac{1}{2}|a_1b_2-a_2b_1|$

解答 (1)　$\overrightarrow{OA}=(3,\ -1)$，$\overrightarrow{OB}=(4,\ 2)$

よって　$\triangle OAB=\dfrac{1}{2}|3\times2-(-1)\times4|=\mathbf{5}$　答

(2)　$\overrightarrow{QP}=(1-(-2),\ 0-(-1))=(3,\ 1)$，
$\overrightarrow{QR}=(-1-(-2),\ 3-(-1))=(1,\ 4)$

よって　$\triangle PQR=\dfrac{1}{2}|3\times4-1\times1|=\mathbf{\dfrac{11}{2}}$　答

第1章 第1節　問　題

教 p.30

1　2つのベクトル $\vec{a}$，$\vec{b}$ において，$\vec{a}+\vec{b}=(1,\ 2)$，$\vec{a}-\vec{b}=(0,\ -1)$ のとき，$\vec{a}$ と $\vec{b}$ を求めよ。また，ベクトル $2\vec{a}-3\vec{b}$ の大きさを求めよ。

指針 **ベクトルの成分と大きさ**　連立方程式を解く要領で $\vec{a}$ と $\vec{b}$ を求める。
$\vec{x}=(x_1,\ x_2)$ のとき，その大きさは，$|\vec{x}|=\sqrt{x_1{}^2+x_2{}^2}$ である。

解答　$\vec{a}+\vec{b}=(1,\ 2)$　…… ①
$\vec{a}-\vec{b}=(0,\ -1)$　…… ②

①＋② より　$2\vec{a}=(1,\ 1)$　ゆえに　$\boldsymbol{\vec{a}=\left(\dfrac{1}{2},\ \dfrac{1}{2}\right)}$　答

①－② より　$2\vec{b}=(1,\ 3)$　ゆえに　$\boldsymbol{\vec{b}=\left(\dfrac{1}{2},\ \dfrac{3}{2}\right)}$　答

また　$2\vec{a}-3\vec{b}=2\left(\dfrac{1}{2},\ \dfrac{1}{2}\right)-3\left(\dfrac{1}{2},\ \dfrac{3}{2}\right)=\left(-\dfrac{1}{2},\ -\dfrac{7}{2}\right)$

よって　$|2\vec{a}-3\vec{b}|=\sqrt{\left(-\dfrac{1}{2}\right)^2+\left(-\dfrac{7}{2}\right)^2}=\mathbf{\dfrac{5\sqrt{2}}{2}}$　答

教 p.30

2　$\vec{a}=(2,\ 3)$，$\vec{b}=(1,\ -2)$ のとき，$|\vec{a}+t\vec{b}|$ の最小値とそのときの実数 t の値を求めよ。

指針 **$|\vec{a}+t\vec{b}|$ の最小値**　$|\vec{a}+t\vec{b}|\geqq0$ であるから，まず，$|\vec{a}+t\vec{b}|^2$ の最小値を考える。$|\vec{a}+t\vec{b}|^2$ は t についての2次式であるから，$k(t-p)^2+q$，$k>0$ の形に変形して求める。

解答 $\vec{a}+t\vec{b}=(2,\ 3)+t(1,\ -2)=(2+t,\ 3-2t)$ であるから

$$|\vec{a}+t\vec{b}|^2=(2+t)^2+(3-2t)^2=5t^2-8t+13$$
$$=5\left(t^2-\frac{8}{5}t\right)+13=5\left(t-\frac{4}{5}\right)^2-5\cdot\left(\frac{4}{5}\right)^2+13=5\left(t-\frac{4}{5}\right)^2+\frac{49}{5}$$

よって，$|\vec{a}+t\vec{b}|^2$ は $t=\frac{4}{5}$ のとき最小値 $\frac{49}{5}$ をとる。

$|\vec{a}+t\vec{b}|\geqq 0$ であるから，このとき $|\vec{a}+t\vec{b}|$ も最小となる。

ゆえに，**$t=\frac{4}{5}$ のとき最小値は** $\sqrt{\frac{49}{5}}=\frac{7}{\sqrt{5}}=\mathbf{\frac{7\sqrt{5}}{5}}$ 答

教 p.30

3 正六角形 ABCDEF において，AB=2 とする。
次の内積を求めよ。

(1) $\overrightarrow{AB}\cdot\overrightarrow{AF}$　　(2) $\overrightarrow{AB}\cdot\overrightarrow{BC}$

(3) $\overrightarrow{AD}\cdot\overrightarrow{AF}$　　(4) $\overrightarrow{AD}\cdot\overrightarrow{BE}$

(5) $\overrightarrow{AD}\cdot\overrightarrow{CE}$　　(6) $\overrightarrow{AC}\cdot\overrightarrow{AE}$

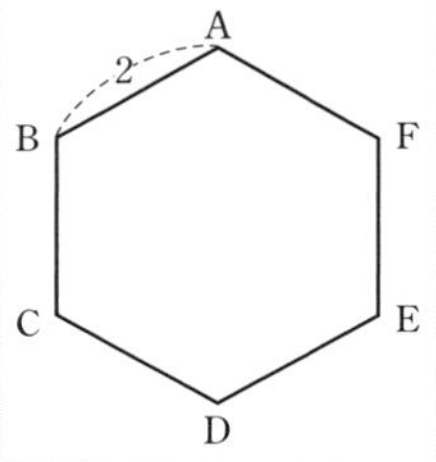

指針 **図形と内積**　六角形 ABCDEF は正六角形であるから，中心を通る対角線を引いてできる三角形は，下の図のように 1 辺の長さが 2 の正三角形である。

解答 この正六角形の中心を O とする。

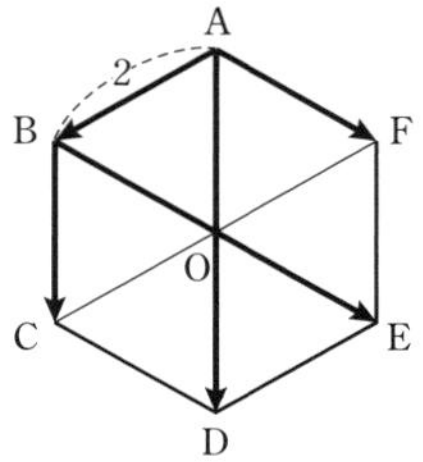

(1) $\angle BAF=120^\circ$ であるから

$$\overrightarrow{AB}\cdot\overrightarrow{AF}=|\overrightarrow{AB}||\overrightarrow{AF}|\cos 120^\circ$$
$$=2\times2\times\left(-\frac{1}{2}\right)=\mathbf{-2}$$ 答

(2) $\overrightarrow{BC}=\overrightarrow{AO}$，$\angle BAO=60^\circ$ であるから

$$\overrightarrow{AB}\cdot\overrightarrow{BC}=\overrightarrow{AB}\cdot\overrightarrow{AO}=|\overrightarrow{AB}||\overrightarrow{AO}|\cos 60^\circ$$
$$=2\times2\times\frac{1}{2}=\mathbf{2}$$ 答

(3) $\overrightarrow{AD}=2\overrightarrow{AO}$，$\angle FAO=60^\circ$ であるから

$$\overrightarrow{AD}\cdot\overrightarrow{AF}=(2\overrightarrow{AO})\cdot\overrightarrow{AF}=2\overrightarrow{AO}\cdot\overrightarrow{AF}=2|\overrightarrow{AO}||\overrightarrow{AF}|\cos 60^\circ$$
$$=2\times2\times2\times\frac{1}{2}=\mathbf{4}$$ 答

(4) $\overrightarrow{AD}=2\overrightarrow{AO}$，$\overrightarrow{BE}=2\overrightarrow{AF}$ であるから

$$\overrightarrow{AD}\cdot\overrightarrow{BE}=(2\overrightarrow{AO})\cdot(2\overrightarrow{AF})=4\overrightarrow{AO}\cdot\overrightarrow{AF}=4|\overrightarrow{AO}||\overrightarrow{AF}|\cos 60^\circ$$
$$=4\times2\times2\times\frac{1}{2}=\mathbf{8}$$ 答

(5) 正六角形であるから $\overrightarrow{AD}\perp\overrightarrow{CE}$ ゆえに $\overrightarrow{AD}\cdot\overrightarrow{CE}=\mathbf{0}$ 答

(6) 1辺の長さが2の正六角形であるから

$$AC=AE=2\sqrt{3} \quad また \quad \angle CAE=60^\circ$$

よって $\overrightarrow{AC}\cdot\overrightarrow{AE}=|\overrightarrow{AC}||\overrightarrow{AE}|\cos 60^\circ$

$$=2\sqrt{3}\times2\sqrt{3}\times\frac{1}{2}=\mathbf{6}$$ 答

別解 (5) $\overrightarrow{AD}\cdot\overrightarrow{CE}=\overrightarrow{AD}\cdot\overrightarrow{BF}=\overrightarrow{AD}\cdot(\overrightarrow{AF}-\overrightarrow{AB})$

$=\overrightarrow{AD}\cdot\overrightarrow{AF}-\overrightarrow{AD}\cdot\overrightarrow{AB}$

ここで，$|\overrightarrow{AD}|=4$，$|\overrightarrow{AF}|=|\overrightarrow{AB}|=2$，$\angle BAD=\angle FAD=60^\circ$ であるから

$\overrightarrow{AD}\cdot\overrightarrow{AF}=\overrightarrow{AD}\cdot\overrightarrow{AB}$ ゆえに $\overrightarrow{AD}\cdot\overrightarrow{CE}=\mathbf{0}$ 答

教 p.30

4 次の等式を証明せよ。

(1) $|\vec{a}+\vec{b}|^2+|\vec{a}-\vec{b}|^2=2(|\vec{a}|^2+|\vec{b}|^2)$

(2) $|\vec{a}+\vec{b}|^2-|\vec{a}-\vec{b}|^2=4\vec{a}\cdot\vec{b}$

指針 **内積と等式の証明** 内積の性質を利用して左辺を計算し，右辺に等しくなることを示す。

解答 (1) $|\vec{a}+\vec{b}|^2+|\vec{a}-\vec{b}|^2=(\vec{a}+\vec{b})\cdot(\vec{a}+\vec{b})+(\vec{a}-\vec{b})\cdot(\vec{a}-\vec{b})$

$=(|\vec{a}|^2+2\vec{a}\cdot\vec{b}+|\vec{b}|^2)+(|\vec{a}|^2-2\vec{a}\cdot\vec{b}+|\vec{b}|^2)$

$=2(|\vec{a}|^2+|\vec{b}|^2)$ 終

(2) $|\vec{a}+\vec{b}|^2-|\vec{a}-\vec{b}|^2=(\vec{a}+\vec{b})\cdot(\vec{a}+\vec{b})-(\vec{a}-\vec{b})\cdot(\vec{a}-\vec{b})$

$=(|\vec{a}|^2+2\vec{a}\cdot\vec{b}+|\vec{b}|^2)-(|\vec{a}|^2-2\vec{a}\cdot\vec{b}+|\vec{b}|^2)$

$=4\vec{a}\cdot\vec{b}$ 終

教 p.30

5 ベクトル $\vec{a}$，$\vec{b}$ について，$|\vec{a}|=5$，$|\vec{b}|=3$，$|\vec{a}-2\vec{b}|=9$ とする。

(1) $\vec{a}$，$\vec{b}$ のなす角を θ とするとき，$\cos\theta$ の値を求めよ。

(2) $\vec{a}+t\vec{b}$ と $\vec{a}-\vec{b}$ が垂直になるように，実数 t の値を定めよ。

指針 **ベクトルのなす角，垂直条件**

(1) $|\vec{a}-2\vec{b}|=9$ より $|\vec{a}-2\vec{b}|^2=81$

よって，$(\vec{a}-2\vec{b})\cdot(\vec{a}-2\vec{b})=81$ より $|\vec{a}|^2-4\vec{a}\cdot\vec{b}+4|\vec{b}|^2=81$

これに $|\vec{a}|=5$，$|\vec{b}|=3$ を代入すると，$\vec{a}\cdot\vec{b}$ の値が求められる。

(2) $(\vec{a}+t\vec{b})\perp(\vec{a}-\vec{b}) \Longrightarrow (\vec{a}+t\vec{b})\cdot(\vec{a}-\vec{b})=0$

解答 (1) $|\vec{a}-2\vec{b}|=9$ から $|\vec{a}-2\vec{b}|^2=81$

よって $(\vec{a}-2\vec{b})\cdot(\vec{a}-2\vec{b})=81$

左辺を展開して整理すると

$$|\vec{a}|^2-4\vec{a}\cdot\vec{b}+4|\vec{b}|^2=81$$

$|\vec{a}|=5$, $|\vec{b}|=3$ であるから

$$25-4\vec{a}\cdot\vec{b}+36=81$$

よって $\vec{a}\cdot\vec{b}=-5$

したがって $\cos\theta=\dfrac{\vec{a}\cdot\vec{b}}{|\vec{a}||\vec{b}|}=\dfrac{-5}{5\times 3}=-\mathbf{\dfrac{1}{3}}$ 答

(2) $\vec{a}+t\vec{b}$ と $\vec{a}-\vec{b}$ が垂直であるから

$$(\vec{a}+t\vec{b})\cdot(\vec{a}-\vec{b})=0$$

よって $|\vec{a}|^2+(t-1)\vec{a}\cdot\vec{b}-t|\vec{b}|^2=0$

$|\vec{a}|=5$, $|\vec{b}|=3$, $\vec{a}\cdot\vec{b}=-5$ であるから

$$25-5(t-1)-9t=0$$

ゆえに $-14t+30=0$

したがって $t=\mathbf{\dfrac{15}{7}}$ 答

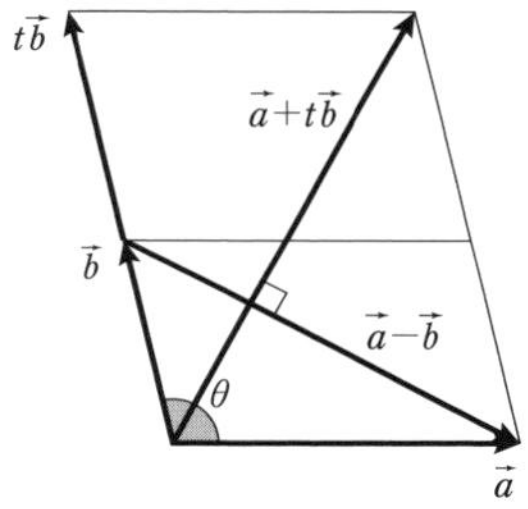

このとき，$\vec{a}+t\vec{b}\neq\vec{0}$，$\vec{a}-\vec{b}\neq\vec{0}$ であり，適する。

教 p.30

6 六角形 ABCDEF において，$\overrightarrow{AB}=\overrightarrow{ED}$，$\overrightarrow{BC}=\overrightarrow{FE}$ であるとする。このとき，CD と AF は平行で，CD=AF であることを示せ。

指針 **ベクトルの計算** ベクトルを変形しながら(ここでは合成)，導き出す CD と AF がどのようなベクトルで表せるかを調べる。四角形 ACDF が平行四辺形になることに着目する。

解答 六角形 ABCDEF において

$$\overrightarrow{AB}+\overrightarrow{BC}+\overrightarrow{CD}+\overrightarrow{DE}+\overrightarrow{EF}+\overrightarrow{FA}=\vec{0}$$

$\overrightarrow{AB}=\overrightarrow{ED}$，$\overrightarrow{BC}=\overrightarrow{FE}$ から

$$\overrightarrow{ED}+\overrightarrow{FE}+\overrightarrow{CD}+\overrightarrow{DE}+\overrightarrow{EF}+\overrightarrow{FA}=\vec{0}$$

よって $\overrightarrow{CD}+\overrightarrow{FA}=\vec{0}$ ゆえに $\overrightarrow{CD}=\overrightarrow{AF}$

したがって，CD と AF は平行で，CD=AF である。 終

別解 $\overrightarrow{AC}=\overrightarrow{AB}+\overrightarrow{BC}$，$\overrightarrow{FD}=\overrightarrow{FE}+\overrightarrow{ED}=\overrightarrow{BC}+\overrightarrow{AB}$

よって $\overrightarrow{AC}=\overrightarrow{FD}$

ゆえに，四角形 ACDF は平行四辺形である。

したがって，CD と AF は平行で，CD=AF である。 終

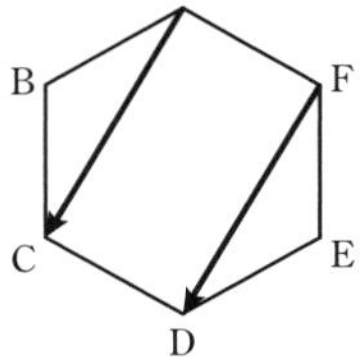

教 p.30

7 $\vec{0}$ でない 2 つのベクトル $\vec{a}=(a_1,\ a_2)$，$\vec{b}=(b_1,\ b_2)$ について，次のことが成り立つことを示せ。

$$\vec{a} /\!/ \vec{b} \iff a_1b_2-a_2b_1=0$$

また，このことを利用して，ベクトル $\vec{m}=(1,\ p)$，$\vec{n}=(p+2,\ 3)$ が平行になるように，p の値を定めよ。

指針 **ベクトルの平行条件**　前半は，$\vec{a}\neq\vec{0}$，$\vec{b}\neq\vec{0}$ のとき

$\vec{a} /\!/ \vec{b} \iff$「$\vec{a}\cdot\vec{b}=|\vec{a}||\vec{b}|$　または　$\vec{a}\cdot\vec{b}=-|\vec{a}||\vec{b}|$」

すなわち　$|\vec{a}\cdot\vec{b}|=|\vec{a}||\vec{b}|$

両辺を 2 乗して成分で表す。

解答 $\vec{a} /\!/ \vec{b}$ のとき，$\vec{a}$ と $\vec{b}$ のなす角を θ とすると

$\theta=0°$　または　$\theta=180°$

$\cos 0°=1$，$\cos 180°=-1$ であるから

$\vec{a}\cdot\vec{b}=|\vec{a}||\vec{b}|$　または　$\vec{a}\cdot\vec{b}=-|\vec{a}||\vec{b}|$

すなわち　$|\vec{a}\cdot\vec{b}|=|\vec{a}||\vec{b}|$

両辺を 2 乗すると　$|\vec{a}\cdot\vec{b}|^2=|\vec{a}|^2|\vec{b}|^2$

$|\vec{a}\cdot\vec{b}|^2=(a_1b_1+a_2b_2)^2$,　$|\vec{a}|^2=a_1{}^2+a_2{}^2$,　$|\vec{b}|^2=b_1{}^2+b_2{}^2$

であるから　$(a_1b_1+a_2b_2)^2=(a_1{}^2+a_2{}^2)(b_1{}^2+b_2{}^2)$

整理すると　$a_1{}^2b_2{}^2-2a_1b_1a_2b_2+a_2{}^2b_1{}^2=0$

よって　$(a_1b_2-a_2b_1)^2=0$

ゆえに　$a_1b_2-a_2b_1=0$

上の式を逆にたどると，$|\vec{a}\cdot\vec{b}|=|\vec{a}||\vec{b}|$ となるから

$a_1b_2-a_2b_1=0 \Longrightarrow \vec{a} /\!/ \vec{b}$　が成り立つ。 終

また，$\vec{m} /\!/ \vec{n}$ から　$1\times3-p\times(p+2)=0$

整理すると　$p^2+2p-3=0$

因数分解して　$(p+3)(p-1)=0$

よって　$\boldsymbol{p=-3,\ 1}$ 答

別解 (前半)　$\vec{c}=(-a_2,\ a_1)$ とする。

$\vec{a}\cdot\vec{c}=a_1(-a_2)+a_2a_1=0$ であるから　$\vec{a}\perp\vec{c}$

$\vec{a}\perp\vec{c}$ であるから，$\vec{a} /\!/ \vec{b}$ のとき　$\vec{b}\perp\vec{c}$

$\vec{a}\perp\vec{c}$ であるから，$\vec{b}\perp\vec{c}$ のとき　$\vec{a} /\!/ \vec{b}$

よって，$\vec{a} /\!/ \vec{b}$ であるための必要十分条件は　$\vec{b}\perp\vec{c}$

すなわち，$\vec{b}\cdot\vec{c}=0$ より　$a_1b_2-a_2b_1=0$　終

教科書 p.31〜34

第2節 ベクトルと平面図形

5 位置ベクトル

まとめ

1 位置ベクトル

① 平面上で，1点Oを固定して考えると，任意の点Pの位置は，ベクトル $\vec{p}=\overrightarrow{\mathrm{OP}}$ によって定められる。このとき，$\vec{p}$ を点Oに関する点Pの**位置ベクトル**という。また，位置ベクトルが $\vec{p}$ である点Pを $\mathrm{P}(\vec{p})$ で表す。

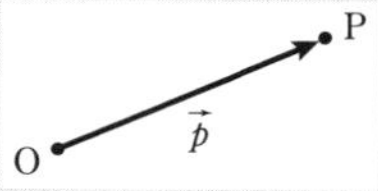

② 2点 $\mathrm{A}(\vec{a})$，$\mathrm{B}(\vec{b})$ に対して，ベクトル $\overrightarrow{\mathrm{AB}}$ は次のように表される。

$$\overrightarrow{\mathrm{AB}}=\vec{b}-\vec{a}$$

③ 2点 $\mathrm{A}(\vec{a})$，$\mathrm{B}(\vec{b})$ に対して，$\vec{a}=\vec{b}$ のとき，AとBは一致する。

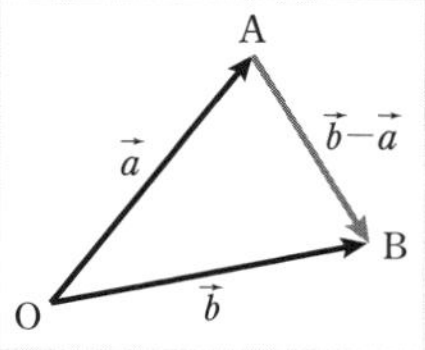

注意 位置ベクトルにおける点Oは平面上のどこに定めてもよい。以下，特に断らない限り，点Oに関する位置ベクトルを考える。

2 線分の内分点・外分点の位置ベクトル

① 線分の内分点・外分点の位置ベクトル

2点 $\mathrm{A}(\vec{a})$，$\mathrm{B}(\vec{b})$ を結ぶ線分ABを $m:n$ に内分する点P，外分する点Qの位置ベクトルを，それぞれ $\vec{p}$，$\vec{q}$ とすると

$$\vec{p}=\frac{n\vec{a}+m\vec{b}}{m+n},\quad \vec{q}=\frac{-n\vec{a}+m\vec{b}}{m-n}$$

特に，線分ABの中点Mの位置ベクトル $\vec{m}$ は

$$\vec{m}=\frac{\vec{a}+\vec{b}}{2}$$

3 三角形の重心の位置ベクトル

① 三角形の重心の位置ベクトル

3点 $\mathrm{A}(\vec{a})$，$\mathrm{B}(\vec{b})$，$\mathrm{C}(\vec{c})$ を頂点とする △ABC の重心Gの位置ベクトル $\vec{g}$ は

$$\vec{g}=\frac{\vec{a}+\vec{b}+\vec{c}}{3}$$

A 位置ベクトル　B 線分の内分点・外分点の位置ベクトル

教 p.32

深める 教科書 32 ページの式 ① について，$m<n$ のときも同じ式が得られることを確かめてみよう。

指針 **外分点の位置ベクトル**　$m<n$ のとき線分 AB と外分点 Q の位置関係は下の図のようになる。

解答 $m<n$ のとき，

$\overrightarrow{AQ}=-\dfrac{m}{n-m}\overrightarrow{AB}$ であるから

$$\vec{q}-\vec{a}=\frac{m}{m-n}(\vec{b}-\vec{a})$$

ゆえに

$$\vec{q}=\left(1-\frac{m}{m-n}\right)\vec{a}+\frac{m}{m-n}\vec{b}$$

よって　$\vec{q}=\dfrac{-n\vec{a}+m\vec{b}}{m-n}$　終

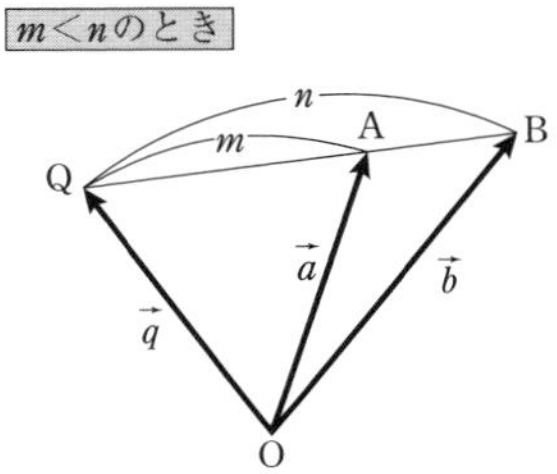

教 p.33

練習 23 2 点 $A(\vec{a})$，$B(\vec{b})$ を結ぶ線分 AB について，次の点の位置ベクトルを $\vec{a}$，$\vec{b}$ を用いて表せ。

(1)　3：2 に内分する点　　(2)　1：3 に外分する点

指針 **線分の内分点・外分点の位置ベクトル**

(1)　線分 AB を $m：n$ に内分する点の位置ベクトルは

$$\frac{n\vec{a}+m\vec{b}}{m+n}$$

(2)　線分 AB を $m：n$ に外分する点の位置ベクトルは

$$\frac{-n\vec{a}+m\vec{b}}{m-n}$$

解答 求める点の位置ベクトルを $\vec{p}$ とする。

(1)　$\vec{p}=\dfrac{2\vec{a}+3\vec{b}}{3+2}=\dfrac{2}{5}\vec{a}+\dfrac{3}{5}\vec{b}$　答

(2)　$\vec{p}=\dfrac{-3\vec{a}+\vec{b}}{1-3}=\dfrac{3}{2}\vec{a}-\dfrac{1}{2}\vec{b}$　答

C 三角形の重心の位置ベクトル

教 p.34

練習 24

△ABC の辺 BC，CA，AB を 1：2 に内分する点を，それぞれ P，Q，R とする。また，△ABC の重心を G，△PQR の重心を G′ とする。このとき，次のことを証明せよ。

(1) G と G′ は一致する。

(2) 等式 $\overrightarrow{GA}+\overrightarrow{GB}+\overrightarrow{GC}=\vec{0}$ が成り立つ。

指針 **三角形の重心の位置ベクトルとベクトルの等式の証明**

A，B，C，G の位置ベクトルを，それぞれ $\vec{a}$，$\vec{b}$，$\vec{c}$，$\vec{g}$ とし，P，Q，R，G′ の位置ベクトルを，それぞれ $\vec{p}$，$\vec{q}$，$\vec{r}$，$\vec{g'}$ とすると

$$\vec{g}=\frac{\vec{a}+\vec{b}+\vec{c}}{3},\quad \vec{g'}=\frac{\vec{p}+\vec{q}+\vec{r}}{3}$$

また，点 P は辺 BC を 1：2 に内分する点であるから

$$\vec{p}=\frac{2\vec{b}+\vec{c}}{1+2}=\frac{2\vec{b}+\vec{c}}{3}$$

と表される。

(1) $\vec{q}$，$\vec{r}$ もそれぞれ $\vec{a}$，$\vec{b}$，$\vec{c}$ で表し，$\vec{g}=\vec{g'}$ となることを示す。

(2) $\overrightarrow{GA}=\vec{a}-\vec{g}$ と表される。$\overrightarrow{GB}$，$\overrightarrow{GC}$ も同様にして位置ベクトルで表すことができる。等式の証明であるから，左辺を計算した結果が $\vec{0}$ になることを示す。

解答 A，B，C，G の位置ベクトルを，それぞれ $\vec{a}$，$\vec{b}$，$\vec{c}$，$\vec{g}$ とし，P，Q，R，G′ の位置ベクトルを，それぞれ $\vec{p}$，$\vec{q}$，$\vec{r}$，$\vec{g'}$ とする。

(1) $\vec{g}=\dfrac{\vec{a}+\vec{b}+\vec{c}}{3},\quad \vec{g'}=\dfrac{\vec{p}+\vec{q}+\vec{r}}{3}$

P，Q，R は，それぞれ辺 BC，CA，AB を 1：2 に内分する点であるから

$$\vec{p}=\frac{2\vec{b}+\vec{c}}{3},\quad \vec{q}=\frac{2\vec{c}+\vec{a}}{3},\quad \vec{r}=\frac{2\vec{a}+\vec{b}}{3}$$

よって　$\vec{g'}=\dfrac{1}{3}\left(\dfrac{2\vec{b}+\vec{c}}{3}+\dfrac{2\vec{c}+\vec{a}}{3}+\dfrac{2\vec{a}+\vec{b}}{3}\right)=\dfrac{\vec{a}+\vec{b}+\vec{c}}{3}$

$\vec{g}=\vec{g'}$ であるから，G と G′ は一致する。 終

(2)
$$\begin{aligned}\overrightarrow{GA}+\overrightarrow{GB}+\overrightarrow{GC}&=(\vec{a}-\vec{g})+(\vec{b}-\vec{g})+(\vec{c}-\vec{g})\\&=(\vec{a}+\vec{b}+\vec{c})-3\vec{g}\\&=3\vec{g}-3\vec{g}=\vec{0}\end{aligned}$$
終

教科書 p.35～37

6 ベクトルと図形

まとめ

1　一直線上の点

①　2 点 A，B が異なるとき

点 P が直線 AB 上にある　⟺　$\overrightarrow{AP}=k\overrightarrow{AB}$ となる実数 k がある

2　2 直線の交点

①　2 つのベクトル $\vec{a}$，$\vec{b}$ は $\vec{0}$ でなく，また平行でないとする。このとき，任意のベクトル $\vec{p}$ は，$\vec{p}=s\vec{a}+t\vec{b}$ の形にただ 1 通りに表される。よって，次のことが成り立つ。

$$s\vec{a}+t\vec{b}=s'\vec{a}+t'\vec{b} \iff s=s',\ t=t'$$

3　内積の利用

①　一般に，三角形の 3 つの頂点から，それぞれの対辺またはその延長上に下ろした垂線は，1 点で交わる。この交点を，その三角形の垂心という。

A 一直線上の点

教 p.35

練習 25

△ABC において，辺 AB を 1：2 に内分する点を D，辺 BC を 4：1 に内分する点を E とし，線分 CD を 3：4 に内分する点を F とする。3 点 A，F，E は一直線上にあることを証明せよ。

指針　**3 点が一直線上にあることの証明**　$\overrightarrow{AB}=\vec{b}$，$\overrightarrow{AC}=\vec{c}$ として，$\overrightarrow{AE}$，$\overrightarrow{AF}$ をそれぞれ $\vec{b}$，$\vec{c}$ で表し，$\overrightarrow{AE}=k\overrightarrow{AF}$ となる実数 k があることを示す。

解答　$\overrightarrow{AB}=\vec{b}$，$\overrightarrow{AC}=\vec{c}$ とすると

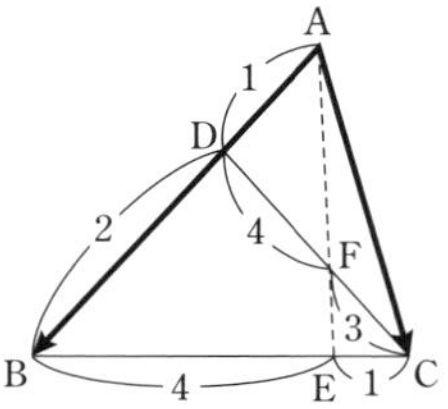

$$\overrightarrow{AD}=\frac{1}{3}\overrightarrow{AB}=\frac{1}{3}\vec{b}$$

また　$$\overrightarrow{AE}=\frac{\overrightarrow{AB}+4\overrightarrow{AC}}{4+1}$$

$$=\frac{\vec{b}+4\vec{c}}{5}$$

すなわち　$$\overrightarrow{AE}=\frac{\vec{b}+4\vec{c}}{5} \quad \cdots\cdots ①$$

次に　$$\overrightarrow{AF}=\frac{4\overrightarrow{AC}+3\overrightarrow{AD}}{3+4}=\frac{4}{7}\overrightarrow{AC}+\frac{3}{7}\overrightarrow{AD}$$

$$=\frac{4}{7}\vec{c}+\frac{3}{7}\left(\frac{1}{3}\vec{b}\right)=\frac{\vec{b}+4\vec{c}}{7}$$

すなわち　$\overrightarrow{AF}=\dfrac{\vec{b}+4\vec{c}}{7}$　…… ②

①，② より　$\overrightarrow{AE}=\dfrac{7}{5}\overrightarrow{AF}$

ゆえに，3 点 A，F，E は一直線上にある。 終

深める 教 p.35

教科書の応用例題 2 において，点 F は線分 AE をどのような比に内分しているだろうか。

指針 **線分の内分点**　$\overrightarrow{AF}=\dfrac{3}{4}\overrightarrow{AE}$ から求める。

解答 $\overrightarrow{AF}=\dfrac{3}{4}\overrightarrow{AE}$ より　　AF：AE＝3：4

すなわち　　AF：FE＝3：1

よって，点 F は線分 AE を **3：1** に内分している。 答

B　2直線の交点

練習 26 教 p.36

△OAB において，辺 OA を 3：2 に内分する点を C，辺 OB を 2：1 に内分する点を D とし，線分 AD と線分 BC の交点を P とする。$\overrightarrow{OA}=\vec{a}$，$\overrightarrow{OB}=\vec{b}$ とするとき，$\overrightarrow{OP}$ を $\vec{a}$，$\vec{b}$ を用いて表せ。

指針 **2直線の交点**　点 P は線分 AD を $s:(1-s)$ に内分する点として，$\overrightarrow{OP}$ を $\vec{a}$，$\vec{b}$ で表す。また，点 P は線分 BC を $t:(1-t)$ に内分する点として，$\overrightarrow{OP}$ を $\vec{a}$，$\vec{b}$ で表す。これらの 2 つの式が一致することから，s，t を求める。

解答　AP：PD＝$s:(1-s)$,

BP：PC＝$t:(1-t)$

とすると

$\overrightarrow{OP}=(1-s)\overrightarrow{OA}+s\overrightarrow{OD}$

$=(1-s)\vec{a}+\dfrac{2}{3}s\vec{b}$　…… ①

$\overrightarrow{OP}=t\overrightarrow{OC}+(1-t)\overrightarrow{OB}$

$=\dfrac{3}{5}t\vec{a}+(1-t)\vec{b}$　…… ②

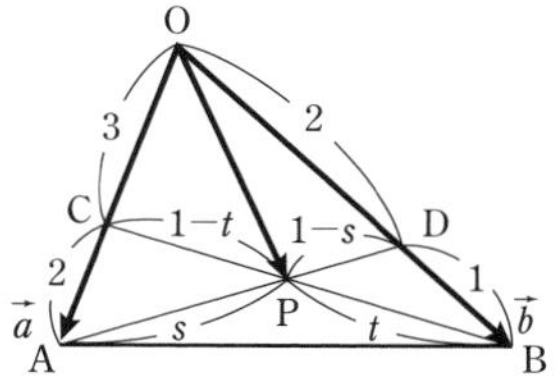

①，② から　　$(1-s)\vec{a}+\dfrac{2}{3}s\vec{b}=\dfrac{3}{5}t\vec{a}+(1-t)\vec{b}$

ここで，$\vec{a}\neq\vec{0}$，$\vec{b}\neq\vec{0}$ で，かつ $\vec{a}$，$\vec{b}$ は平行でないから

$$1-s=\frac{3}{5}t,\quad \frac{2}{3}s=1-t$$

これを解いて　$s=\dfrac{2}{3}$，$t=\dfrac{5}{9}$

$s=\dfrac{2}{3}$ を ① に代入して　$\overrightarrow{\mathbf{OP}}=\dfrac{\mathbf{1}}{\mathbf{3}}\vec{\boldsymbol{a}}+\dfrac{\mathbf{4}}{\mathbf{9}}\vec{\boldsymbol{b}}$　答

C 内積の利用

教 p.37

練習 27

∠A が直角である直角二等辺三角形 ABC の 3 つの辺 BC，CA，AB を 2：1 に内分する点を，それぞれ L，M，N とすると，AL⊥MN であることを証明せよ。

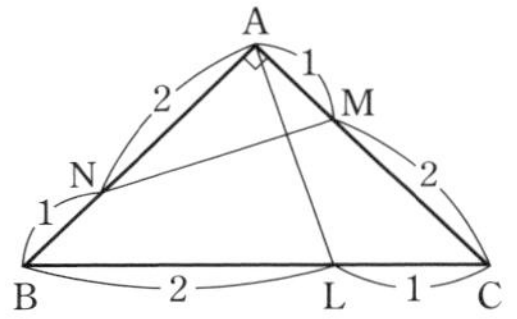

指針　**垂直であることの証明**　$\overrightarrow{AB}=\vec{b}$，$\overrightarrow{AC}=\vec{c}$ として，$\overrightarrow{AL}$，$\overrightarrow{MN}$ をそれぞれ $\vec{b}$，$\vec{c}$ で表し，$\overrightarrow{AL}\cdot\overrightarrow{MN}=0$ となることを示す。

解答　$\overrightarrow{AB}=\vec{b}$，$\overrightarrow{AC}=\vec{c}$ とする。

AB=AC から　　$|\vec{b}|=|\vec{c}|$　…… ①

AB⊥AC から　　$\vec{b}\cdot\vec{c}=0$　…… ②

点 L は線分 BC を 2：1 に内分するから

$$\overrightarrow{AL}=\frac{\overrightarrow{AB}+2\overrightarrow{AC}}{2+1}=\frac{1}{3}\vec{b}+\frac{2}{3}\vec{c}$$

また　　$\overrightarrow{MN}=\overrightarrow{AN}-\overrightarrow{AM}=\dfrac{2}{3}\overrightarrow{AB}-\dfrac{1}{3}\overrightarrow{AC}=\dfrac{2}{3}\vec{b}-\dfrac{1}{3}\vec{c}$

①，② から　　$\overrightarrow{AL}\cdot\overrightarrow{MN}=\left(\dfrac{1}{3}\vec{b}+\dfrac{2}{3}\vec{c}\right)\cdot\left(\dfrac{2}{3}\vec{b}-\dfrac{1}{3}\vec{c}\right)$

$$=\frac{2}{9}|\vec{b}|^2-\frac{2}{9}|\vec{c}|^2+\frac{1}{3}\vec{b}\cdot\vec{c}=0$$

$\overrightarrow{AL}\neq\vec{0}$，$\overrightarrow{MN}\neq\vec{0}$ であるから　　$\overrightarrow{AL}\perp\overrightarrow{MN}$

したがって　　AL⊥MN　終

7 ベクトル方程式

まとめ

1 直線と方向ベクトル

① 点 $\mathrm{A}(\vec{a})$ を通り，$\vec{0}$ でないベクトル $\vec{d}$ に平行な直線を g とし，直線 g 上の任意の点 P の位置ベクトルを $\vec{p}$ とすると　$\boldsymbol{\vec{p}=\vec{a}+t\vec{d}}$ …… Ⓐ

Ⓐ の式を直線 g の **ベクトル方程式** といい，t を **媒介変数** または **パラメータ** という。また，$\vec{d}$ を直線 g の **方向ベクトル** という。

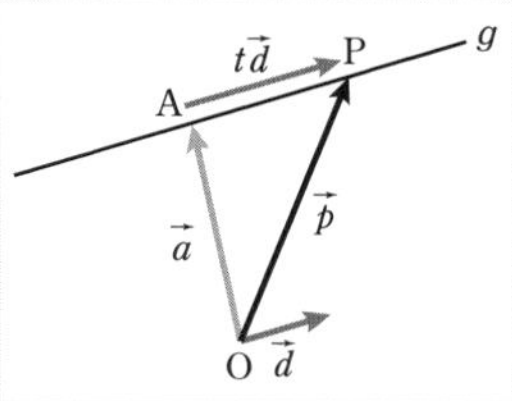

② 点 O を座標平面の原点と考えて，点 A の座標を $(x_1,\ y_1)$，直線 g 上の点 P の座標を $(x,\ y)$ とし，$\vec{d}=(l,\ m)$ とすると

$$\vec{a}=(x_1,\ y_1),\quad \vec{p}=(x,\ y)$$

であるから，直線 g のベクトル方程式 Ⓐ は，次のようになる。

$$(x,\ y)=(x_1,\ y_1)+t(l,\ m)=(x_1+lt,\ y_1+mt)$$

よって　$\begin{cases} \boldsymbol{x=x_1+lt} \\ \boldsymbol{y=y_1+mt} \end{cases}$ …… Ⓑ

媒介変数 t を用いて表された Ⓑ の式を，直線 g の **媒介変数表示** または **パラメータ表示** という。

③ Ⓑ から t を消去すると，次のことが成り立つ。

点 $(x_1,\ y_1)$ を通り，$\vec{d}=(l,\ m)$ が方向ベクトルである直線の方程式は

$$\boldsymbol{m(x-x_1)-l(y-y_1)=0}$$

2 異なる2点を通る直線のベクトル方程式

① **異なる2点を通る直線のベクトル方程式**

異なる 2 点 $\mathrm{A}(\vec{a})$，$\mathrm{B}(\vec{b})$ を通る直線のベクトル方程式は

1　$\boldsymbol{\vec{p}=(1-t)\vec{a}+t\vec{b}}$

2　$\boldsymbol{\vec{p}=s\vec{a}+t\vec{b}}$　　ただし　$\boldsymbol{s+t=1}$

② 異なる 2 点 $\mathrm{A}(x_1,\ y_1)$，$\mathrm{B}(x_2,\ y_2)$ を通る直線は，上の **1** の式において $\vec{p}=(x,\ y)$，$\vec{a}=(x_1,\ y_1)$，$\vec{b}=(x_2,\ y_2)$ として，次のように表される。

$$(x,\ y)=(1-t)(x_1,\ y_1)+t(x_2,\ y_2)$$

3 平面上の点の存在範囲

① **異なる2点 $\mathrm{A}(\vec{a})$，$\mathrm{B}(\vec{b})$ に対して，点 $\mathrm{P}(\vec{p})$ が**

$$\boldsymbol{\vec{p}=s\vec{a}+t\vec{b},\ s+t=1,\ s \geqq 0,\ t \geqq 0}$$

を満たしながら動くとき，点 $\mathrm{P}(\vec{p})$ の存在範囲は，線分 AB である。

② △OAB に対して，点 P が

$$\overrightarrow{\mathrm{OP}}=s\overrightarrow{\mathrm{OA}}+t\overrightarrow{\mathrm{OB}},\ 0\leqq s+t\leqq 1,\ s\geqq 0,\ t\geqq 0$$

を満たしながら動くとき，点 P の存在範囲は，**△OAB の周および内部** である。

4 直線と法線ベクトル

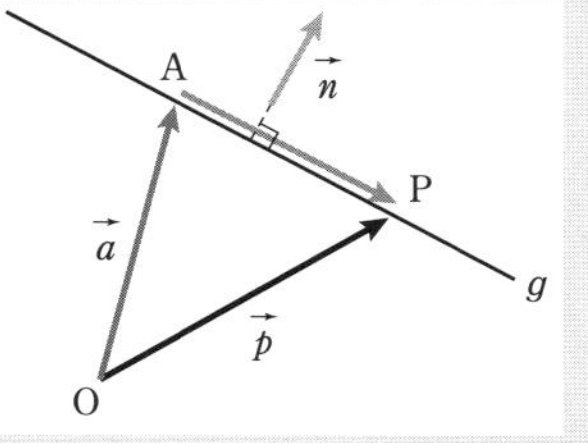

① 点 A($\vec{a}$) を通り，$\vec{0}$ でないベクトル $\vec{n}$ に垂直な直線 g のベクトル方程式は

$$\vec{n}\cdot(\vec{p}-\vec{a})=0$$

② 点 A，P の座標を，それぞれ $(x_1,\ y_1)$，$(x,\ y)$ とし，$\vec{n}=(a,\ b)$ とすると，ベクトル方程式 $\vec{n}\cdot(\vec{p}-\vec{a})=0$ は次のようになる。

$$a(x-x_1)+b(y-y_1)=0$$

この式は，$c=-ax_1-by_1$ とおくと，$ax+by+c=0$ と書き直される。

③ 直線 g に垂直なベクトル $\vec{n}$ を，直線 g の **法線ベクトル** という。

直線とその法線ベクトルについて，次のことが成り立つ。

1 点 $(x_1,\ y_1)$ を通り，$\vec{n}=(a,\ b)$ が法線ベクトルである直線の方程式は

$$a(x-x_1)+b(y-y_1)=0$$

2 直線 $ax+by+c=0$ において，$\vec{n}=(a,\ b)$ はその法線ベクトルである。

5 円のベクトル方程式

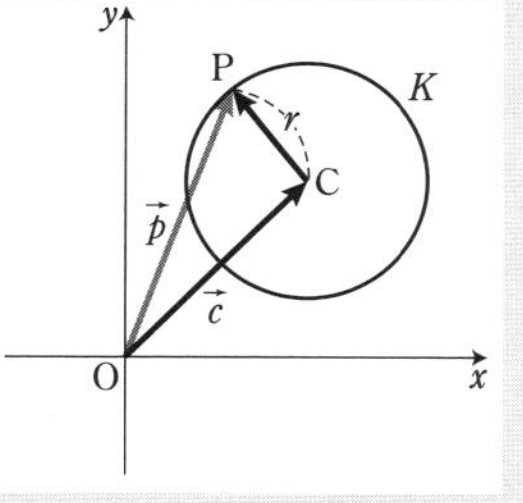

① 点 C($\vec{c}$) を中心とする半径 r の円を K とする。点 P($\vec{p}$) が円 K 上にあることは，$|\overrightarrow{\mathrm{CP}}|=r$ が成り立つことと同値であるから，円 K は次の式で表される。

$$|\vec{p}-\vec{c}|=r$$

これを円 K の **ベクトル方程式** という。

② ベクトルを成分で表して，$\vec{p}=(x,\ y)$，$\vec{c}=(a,\ b)$ とすると，$|\vec{p}-\vec{c}|^2=r^2$ から，円の方程式 $(x-a)^2+(y-b)^2=r^2$ が導かれる。

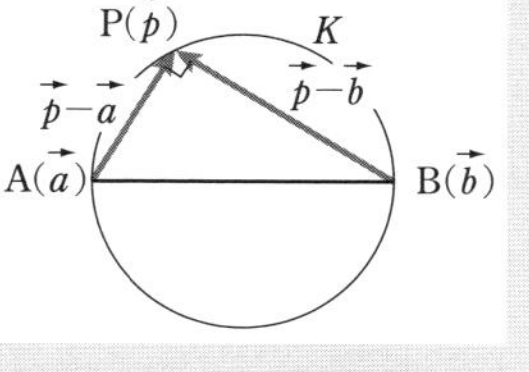

③ 2 点 A($\vec{a}$)，B($\vec{b}$) を結ぶ線分 AB を直径とする円を K とする。点 P($\vec{p}$) を A，B 以外の円 K 上の任意の点とすると，∠APB＝90° であるから

$$\overrightarrow{\mathrm{AP}}\cdot\overrightarrow{\mathrm{BP}}=0$$

が成り立つ。この式は，P が A または B に一致するときにも成り立つ。したがって，円 K のベクトル方程式は

$$(\vec{p}-\vec{a})\cdot(\vec{p}-\vec{b})=0$$

A 直線と方向ベクトル

教 p.39

練習 28

次の点 A を通り，$\vec{d}$ が方向ベクトルである直線の媒介変数表示を求めよ。また，媒介変数を消去した式で表せ。

(1) $A(3,\ 2)$，$\vec{d}=(4,\ 5)$　　(2) $A(1,\ -2)$，$\vec{d}=(-2,\ 3)$

指針 **直線の媒介変数表示**　点 $A(x_1,\ y_1)$ を通り，$\vec{d}=(l,\ m)$ が方向ベクトルである直線の方程式は，媒介変数 t を用いて

$$(x,\ y)=(x_1,\ y_1)+t(l,\ m)$$

解答 媒介変数を t とする。

(1) $(x,\ y)=(3,\ 2)+t(4,\ 5)$

$=(3+4t,\ 2+5t)$

より

$$\begin{cases} \boldsymbol{x=3+4t} \\ \boldsymbol{y=2+5t} \end{cases}$$ 答

この 2 式から t を消去して

$$\boldsymbol{5x-4y-7=0}$$ 答

(2) $(x,\ y)=(1,\ -2)+t(-2,\ 3)$

$=(1-2t,\ -2+3t)$

より

$$\begin{cases} \boldsymbol{x=1-2t} \\ \boldsymbol{y=-2+3t} \end{cases}$$ 答

この 2 式から t を消去して

$$\boldsymbol{3x+2y+1=0}$$ 答

B 異なる 2 点を通る直線のベクトル方程式

教 p.40

問11

次の 2 点を通る直線の媒介変数表示を求めよ。

(1) $A(3,\ -2)$，$B(-2,\ 2)$　　(2) $A(4,\ 0)$，$B(0,\ 5)$

指針 **異なる 2 点を通る直線の媒介変数表示**　2 点 $A(x_1,\ y_1)$，$B(x_2,\ y_2)$ を通る直線上の任意の点を $P(x,\ y)$ とすると，媒介変数 t を用いて

$$(x,\ y)=(1-t)(x_1,\ y_1)+t(x_2,\ y_2)$$

これが 2 点 A，B を通る直線の媒介変数表示である。

解答 媒介変数を t とする。

(1) $(x,\ y)=(1-t)(3,\ -2)+t(-2,\ 2)$
$=(3-3t-2t,\ -2+2t+2t)$
$=(3-5t,\ -2+4t)$

すなわち $\begin{cases} \boldsymbol{x=3-5t} \\ \boldsymbol{y=-2+4t} \end{cases}$ 答

(2) $(x,\ y)=(1-t)(4,\ 0)+t(0,\ 5)$
$=(4-4t+0,\ 0+5t)$
$=(4-4t,\ 5t)$

すなわち $\begin{cases} \boldsymbol{x=4-4t} \\ \boldsymbol{y=5t} \end{cases}$ 答

別解 2点A，Bを通る直線上の任意の点をPとすると，この直線のベクトル方程式は $\overrightarrow{OP}=\overrightarrow{OA}+t\overrightarrow{AB}$

(1) $\overrightarrow{OA}=(3,\ -2)$，$\overrightarrow{AB}=\overrightarrow{OB}-\overrightarrow{OA}=(-5,\ 4)$

であるから

$(x,\ y)=(3,\ -2)+t(-5,\ 4)$

すなわち $\begin{cases} \boldsymbol{x=3-5t} \\ \boldsymbol{y=-2+4t} \end{cases}$ 答

(2) $\overrightarrow{OA}=(4,\ 0)$，$\overrightarrow{AB}=\overrightarrow{OB}-\overrightarrow{OA}=(-4,\ 5)$

であるから

$(x,\ y)=(4,\ 0)+t(-4,\ 5)$

すなわち $\begin{cases} \boldsymbol{x=4-4t} \\ \boldsymbol{y=5t} \end{cases}$ 答

C 平面上の点の存在範囲

練習 29 教 p.41

△OABに対して，点Pが $\overrightarrow{OP}=s\overrightarrow{OA}+t\overrightarrow{OB}$，$s+t=\dfrac{1}{2}$，$s\geqq 0$，$t\geqq 0$ を満たしながら動くとき，点Pの存在範囲を求めよ。

指針 **点の存在範囲** $\vec{p}=s\vec{a}+t\vec{b}$，$s+t=1$，$s\geqq 0$，$t\geqq 0$ のとき，点 $\mathrm{P}(\vec{p})$ は2点 $\mathrm{A}(\vec{a})$，$\mathrm{B}(\vec{b})$ を結ぶ線分AB上にある。

解答 $s+t=\dfrac{1}{2}$ の両辺に2を掛けると

$2s+2t=1$

また $\overrightarrow{OP}=s\overrightarrow{OA}+t\overrightarrow{OB}$

$=2s\left(\dfrac{1}{2}\overrightarrow{OA}\right)+2t\left(\dfrac{1}{2}\overrightarrow{OB}\right)$

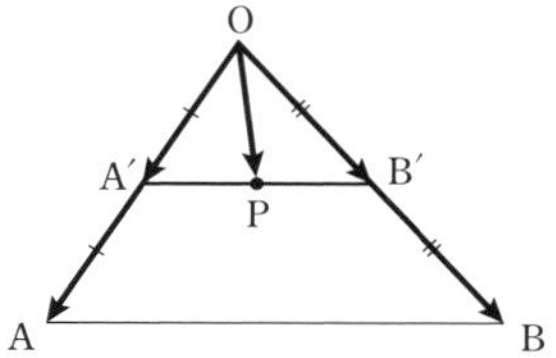

ここで，$2s=s'$，$2t=t'$ とおくと

$$\overrightarrow{OP}=s'\left(\frac{1}{2}\overrightarrow{OA}\right)+t'\left(\frac{1}{2}\overrightarrow{OB}\right),\ s'+t'=1,\ s'\geqq 0,\ t'\geqq 0$$

よって，$\overrightarrow{OA'}=\frac{1}{2}\overrightarrow{OA}$，$\overrightarrow{OB'}=\frac{1}{2}\overrightarrow{OB}$ **を満たす点 A′，B′ をとると，**

点Pの存在範囲は **線分 A′B′** である。 答

教 p.42

問12 △OAB に対して，点Pが

$$\overrightarrow{OP}=s\overrightarrow{OA}+t\overrightarrow{OB},\ 0\leqq s+t\leqq 2,\ s\geqq 0,\ t\geqq 0$$

を満たしながら動くとき，点Pの存在範囲を求めよ。

指針 **点の存在範囲**　$\frac{s}{2}=s'$，$\frac{t}{2}=t'$ とおくと　$0\leqq s'+t'\leqq 1$

解答 $0\leqq s+t\leqq 2$ の各辺を2で割ると

$$0\leqq \frac{s}{2}+\frac{t}{2}\leqq 1$$

また　$\overrightarrow{OP}=s\overrightarrow{OA}+t\overrightarrow{OB}$

$$=\frac{s}{2}(2\overrightarrow{OA})+\frac{t}{2}(2\overrightarrow{OB})$$

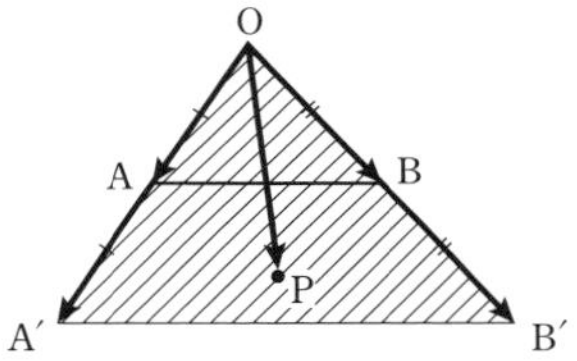

ここで，$\frac{s}{2}=s'$，$\frac{t}{2}=t'$ とおくと

$$\overrightarrow{OP}=s'(2\overrightarrow{OA})+t'(2\overrightarrow{OB}),\ 0\leqq s'+t'\leqq 1,\ s'\geqq 0,\ t'\geqq 0$$

よって，$\overrightarrow{OA'}=2\overrightarrow{OA}$，$\overrightarrow{OB'}=2\overrightarrow{OB}$ **を満たす点 A′，B′ をとると，**

点Pの存在範囲は **△OA′B′ の周および内部** である。 答

教 p.42

練習 30 △OAB に対して，点Pが次の条件を満たしながら動くとき，点Pの存在範囲を求めよ。

(1)　$\overrightarrow{OP}=s\overrightarrow{OA}+t\overrightarrow{OB}$，$0\leqq s+t\leqq 3$，$s\geqq 0$，$t\geqq 0$

(2)　$\overrightarrow{OP}=s\overrightarrow{OA}+t\overrightarrow{OB}$，$0\leqq s+t\leqq \frac{1}{2}$，$s\geqq 0$，$t\geqq 0$

教科書 *p.*42

指針 **点の存在範囲** (1) $\frac{s}{3}=s'$，$\frac{t}{3}=t'$ (2) $2s=s'$，$2t=t'$ とおくと，ともに $0\leqq s'+t'\leqq 1$，$s'\geqq 0$，$t'\geqq 0$ となる。

解答 (1) $0\leqq s+t\leqq 3$ の各辺を 3 で割ると

$$0\leqq \frac{s}{3}+\frac{t}{3}\leqq 1$$

また $\overrightarrow{OP}=s\overrightarrow{OA}+t\overrightarrow{OB}$

$$=\frac{s}{3}(3\overrightarrow{OA})+\frac{t}{3}(3\overrightarrow{OB})$$

ここで，$\frac{s}{3}=s'$，$\frac{t}{3}=t'$ とおくと

$$\overrightarrow{OP}=s'(3\overrightarrow{OA})+t'(3\overrightarrow{OB}) \qquad 0\leqq s'+t'\leqq 1,\ s'\geqq 0,\ t'\geqq 0$$

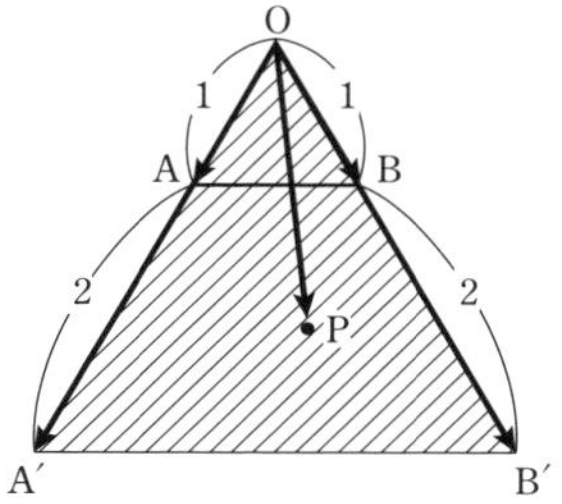

よって，$\boldsymbol{\overrightarrow{OA'}=3\overrightarrow{OA}}$，$\boldsymbol{\overrightarrow{OB'}=3\overrightarrow{OB}}$ **を満たす点 A′，B′ をとると，**
点 P の存在範囲は **△OA′B′ の周および内部** である。 答

(2) $0\leqq s+t\leqq \frac{1}{2}$ の各辺に 2 を掛けると

$$0\leqq 2s+2t\leqq 1$$

また $\overrightarrow{OP}=s\overrightarrow{OA}+t\overrightarrow{OB}$

$$=2s\left(\frac{1}{2}\overrightarrow{OA}\right)+2t\left(\frac{1}{2}\overrightarrow{OB}\right)$$

ここで，$2s=s'$，$2t=t'$ とおくと

$$\overrightarrow{OP}=s'\left(\frac{1}{2}\overrightarrow{OA}\right)+t'\left(\frac{1}{2}\overrightarrow{OB}\right),$$

$$0\leqq s'+t'\leqq 1,\ s'\geqq 0,\ t'\geqq 0$$

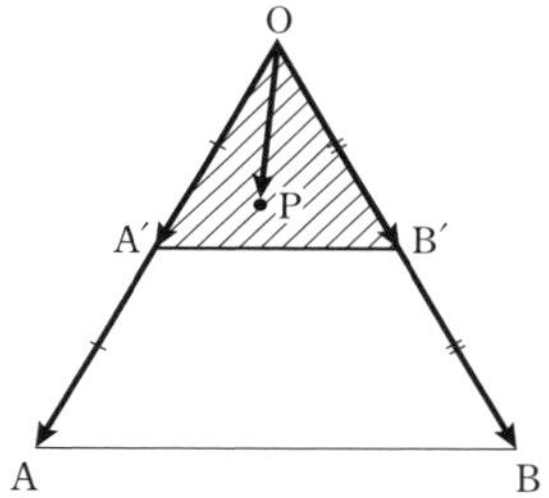

よって，$\boldsymbol{\overrightarrow{OA'}=\frac{1}{2}\overrightarrow{OA}}$，$\boldsymbol{\overrightarrow{OB'}=\frac{1}{2}\overrightarrow{OB}}$ **を満たす点 A′，B′ をとると，**
点 P の存在範囲は **△OA′B′ の周および内部** である。 答

D 直線と法線ベクトル

教 p.44

練習 31

次の点Aを通り，$\vec{n}$ が法線ベクトルである直線の方程式を求めよ。

(1) A(2, 3), $\vec{n}=(5,\ 2)$ (2) A(−1, 2), $\vec{n}=(-3,\ 5)$

指針 **内積による直線のベクトル方程式** 点 $A(x_1,\ y_1)$ を通り $\vec{n}=(a,\ b)$ が法線ベクトルである直線の方程式は $a(x-x_1)+b(y-y_1)=0$

解答 (1) $5(x-2)+2(y-3)=0$

すなわち $\boldsymbol{5x+2y-16=0}$ 答

(2) $-3\{x-(-1)\}+5(y-2)=0$

すなわち $\boldsymbol{3x-5y+13=0}$ 答

教 p.44

問13

2直線 $x+\sqrt{3}\,y-1=0$ …… ①

$x-\sqrt{3}\,y+4=0$ …… ②

について，次のものを求めよ。

(1) 直線①，②の法線ベクトル

$\vec{m}=(1,\ \sqrt{3})$,

$\vec{n}=(1,\ -\sqrt{3})$

のなす角 θ

(2) 直線①，②のなす鋭角 α

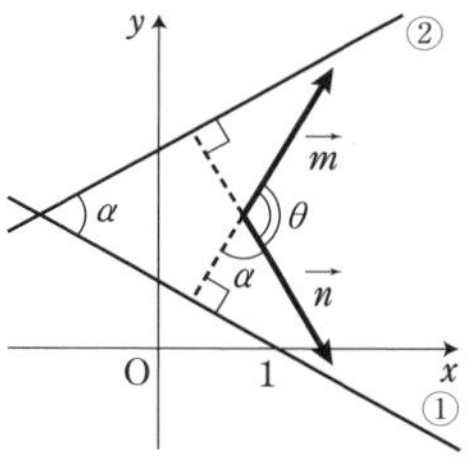

指針 **2直線の法線ベクトルのなす角と2直線のなす角** 2直線の法線ベクトル $\vec{m}$, $\vec{n}$ のなす角を θ とする。

(1) $\cos\theta=\dfrac{\vec{m}\cdot\vec{n}}{|\vec{m}||\vec{n}|}$ から θ を求める。

(2) $0°\leqq\theta\leqq90°$ のとき $\alpha=\theta$

$90°<\theta\leqq180°$ のとき $\alpha=180°-\theta$

解答 (1) $\vec{m}\cdot\vec{n}=1\times1+\sqrt{3}\times(-\sqrt{3})=-2$

$|\vec{m}|=\sqrt{1^2+(\sqrt{3})^2}=2$, $|\vec{n}|=\sqrt{1^2+(-\sqrt{3})^2}=2$

よって $\cos\theta=\dfrac{\vec{m}\cdot\vec{n}}{|\vec{m}||\vec{n}|}=\dfrac{-2}{2\times2}=-\dfrac{1}{2}$

$0°\leqq\theta\leqq180°$ であるから $\boldsymbol{\theta=120°}$ 答

(2) 法線ベクトルのなす角 θ が，$90°<\theta\leqq180°$ のとき，2直線のなす鋭角 α は $\alpha=180°-\theta$ であるから $\boldsymbol{\alpha=60°}$ 答

教 p.44

練習 32

次の 2 直線のなす鋭角 α を求めよ。

$$3x-y-6=0,\quad x-2y+4=0$$

指針 **2直線のなす角**　直線 $ax+by+c=0$ の法線ベクトルの 1 つは $(a,\ b)$ である。2 直線の法線ベクトル $\vec{m}$，$\vec{n}$ のなす角を θ とする。

[1]　$\cos\theta=\dfrac{\vec{m}\cdot\vec{n}}{|\vec{m}||\vec{n}|}$ から θ を求める。

[2]　$0^\circ \leqq \theta \leqq 90^\circ$　のとき　$\alpha=\theta$

$90^\circ<\theta\leqq 180^\circ$ のとき　$\alpha=180^\circ-\theta$

解答 2 直線 $3x-y-6=0$　…… ①,

$x-2y+4=0$　…… ②

の法線ベクトルの 1 つは，それぞれ

$(3,\ -1)$，$(1,\ -2)$

$\vec{m}=(3,\ -1)$，$\vec{n}=(1,\ -2)$ とすると

$\vec{m}\cdot\vec{n}=3\times1+(-1)\times(-2)$

$=5$

$|\vec{m}|=\sqrt{3^2+(-1)^2}$

$=\sqrt{10}$

$|\vec{n}|=\sqrt{1^2+(-2)^2}$

$=\sqrt{5}$

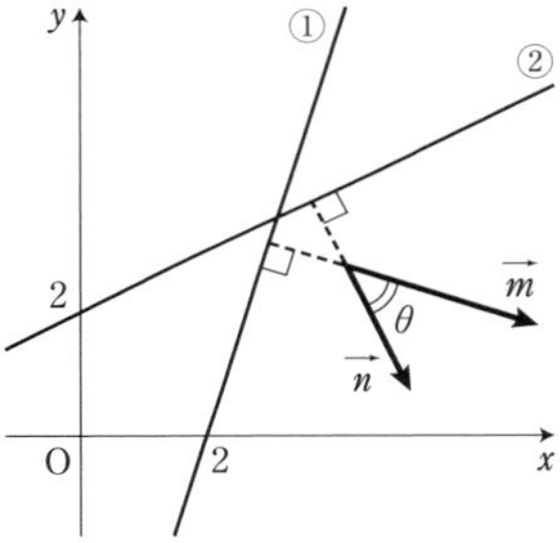

$\vec{m}$，$\vec{n}$ のなす角を θ とすると

$$\cos\theta=\frac{\vec{m}\cdot\vec{n}}{|\vec{m}||\vec{n}|}=\frac{5}{\sqrt{10}\sqrt{5}}$$

$$=\frac{1}{\sqrt{2}}$$

$0^\circ\leqq\theta\leqq180^\circ$ であるから　$\theta=45^\circ$

$0^\circ\leqq\theta\leqq90^\circ$ のとき，法線ベクトルのなす角と 2 直線のなす鋭角は一致するから，求める 2 直線のなす鋭角 α は

$\boldsymbol{\alpha=45^\circ}$　答

E 円のベクトル方程式

教 p.45

練習 33

定点 $A(\vec{a})$ と任意の点 $P(\vec{p})$ に対して，次のベクトル方程式は円を表す。その円の中心の位置ベクトルと半径を求めよ。

(1) $|\vec{p}-2\vec{a}|=1$　　(2) $|3\vec{p}-\vec{a}|=6$

指針 **円のベクトル方程式**　点 $C(\vec{c})$ を中心とする半径 r の円のベクトル方程式は

$$|\vec{p}-\vec{c}|=r$$

解答 (1) 中心の位置ベクトルは $2\vec{a}$，半径は 1 である。 答

(2) $|3\vec{p}-\vec{a}|=6$ から　$3\left|\vec{p}-\frac{\vec{a}}{3}\right|=6$

両辺を 3 で割ると　$\left|\vec{p}-\frac{\vec{a}}{3}\right|=2$

よって，中心の位置ベクトルは $\frac{\vec{a}}{3}$，半径は 2 である。 答

教 p.45

練習 34

点 $C(\vec{c})$ を中心とする半径 r の円上の点を $A(\vec{a})$ とする。点 A におけるこの円の接線のベクトル方程式は，その接線上の任意の点を $P(\vec{p})$ として

$$(\vec{p}-\vec{c})\cdot(\vec{a}-\vec{c})=r^2$$

で与えられることを示せ。

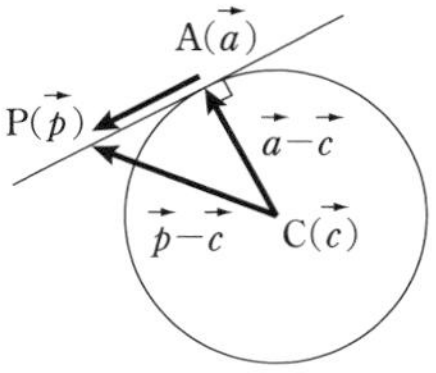

指針 **円の接線のベクトル方程式**　円の接線の性質により　AP⊥CA　これをベクトルで表す。

解答 A と P が一致しないとき，円の接線の性質により　$\overrightarrow{AP}\perp\overrightarrow{CA}$

A と P が一致するとき　$\overrightarrow{AP}=\vec{0}$

いずれの場合も $\overrightarrow{AP}\cdot\overrightarrow{CA}=0$ となる。

よって　$(\vec{p}-\vec{a})\cdot(\vec{a}-\vec{c})=0$　…… ①

一方，CA は半径であるから，$|\overrightarrow{CA}|=r$ より

$$|\vec{a}-\vec{c}|^2=r^2$$

すなわち　$(\vec{a}-\vec{c})\cdot(\vec{a}-\vec{c})=r^2$　…… ②

①＋② より　$\{(\vec{p}-\vec{a})+(\vec{a}-\vec{c})\}\cdot(\vec{a}-\vec{c})=r^2$

ゆえに，この接線のベクトル方程式は

$$(\vec{p}-\vec{c})\cdot(\vec{a}-\vec{c})=r^2$$ 終

教 p.45

深める

2 点 A($\vec{a}$), B($\vec{b}$) を結ぶ線分 AB を直径とする円を K として，次のことを示してみよう。

(1) 円 K のベクトル方程式は，円 K 上の任意の点を P($\vec{p}$) として

$$\left|\vec{p}-\frac{\vec{a}+\vec{b}}{2}\right|=\frac{|\vec{a}-\vec{b}|}{2} \quad \cdots\cdots \text{①}$$

で与えられる。

(2) ① を変形すると，$(\vec{p}-\vec{a})\cdot(\vec{p}-\vec{b})=0$ となる。

指針 **円のベクトル方程式**　点 C($\vec{c}$) を中心とする半径 r の円のベクトル方程式は $|\vec{p}-\vec{c}|=r$ と表されることを利用する。

(1) 円 K の直径が線分 AB であるから，中心は線分 AB の中点，半径は $\dfrac{\text{AB}}{2}$ である。これらを位置ベクトルで表す。

(2) 等式 ① の両辺を 2 乗して変形し，$(\vec{p}-\vec{a})\cdot(\vec{p}-\vec{b})=0$ を導く。

解答 (1) 線分 AB の中点の位置ベクトルは　$\dfrac{\vec{a}+\vec{b}}{2}$

また，$\text{AB}=|\overrightarrow{\text{AB}}|=|\vec{b}-\vec{a}|=|\vec{a}-\vec{b}|$ であるから，半径は $\dfrac{\text{AB}}{2}$

すなわち　$\dfrac{|\vec{a}-\vec{b}|}{2}$

したがって，円 K のベクトル方程式は，次の式で与えられる。

$$\left|\vec{p}-\frac{\vec{a}+\vec{b}}{2}\right|=\frac{|\vec{a}-\vec{b}|}{2}$$ 終

(2) ① の両辺を 2 乗すると

$$\left|\vec{p}-\frac{\vec{a}+\vec{b}}{2}\right|^2=\frac{|\vec{a}-\vec{b}|^2}{4}$$

$$\left(\vec{p}-\frac{\vec{a}+\vec{b}}{2}\right)\cdot\left(\vec{p}-\frac{\vec{a}+\vec{b}}{2}\right)=\frac{|\vec{a}-\vec{b}|^2}{4}$$

$$|\vec{p}|^2-2\vec{p}\cdot\frac{(\vec{a}+\vec{b})}{2}+\frac{|\vec{a}+\vec{b}|^2}{4}=\frac{|\vec{a}-\vec{b}|^2}{4}$$

ここで $|\vec{a}+\vec{b}|^2-|\vec{a}-\vec{b}|^2=4\vec{a}\cdot\vec{b}$ であるから

$$|\vec{p}|^2-\vec{p}\cdot(\vec{a}+\vec{b})+\vec{a}\cdot\vec{b}=0$$

したがって　$(\vec{p}-\vec{a})\cdot(\vec{p}-\vec{b})=0$ 終

教科書 p.46

研究 点と直線の距離

まとめ

① 座標平面上の点 $P(x_1, y_1)$ と直線 $ax+by+c=0$ の距離 d は，次の式で与えられる。

$$d=\frac{|ax_1+by_1+c|}{\sqrt{a^2+b^2}}$$

解説 直線 $ax+by+c=0$ を g とする。

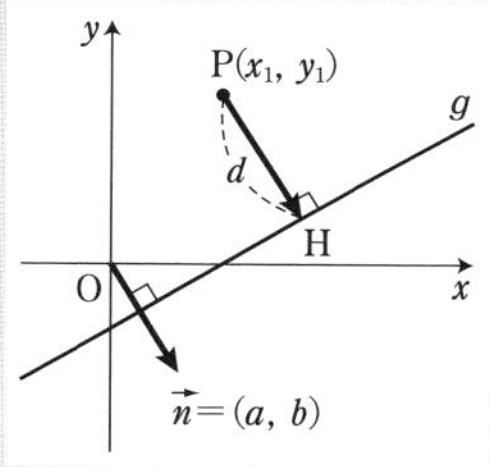

点 P から直線 g に垂線 PH を下ろすと

$$d=|\overrightarrow{PH}|$$

$\vec{n}=(a, b)$ は直線 g の法線ベクトルで，

$\overrightarrow{PH}$ は $\vec{n}$ に平行であるから

$$\overrightarrow{PH}=t\vec{n}=t(a, b)$$

となる実数 t がある。

$\overrightarrow{OH}=\overrightarrow{OP}+\overrightarrow{PH}$ から

$$H(x_1+ta, y_1+tb)$$

点 H は直線 g 上の点であるから

$$a(x_1+ta)+b(y_1+tb)+c=0$$

すなわち $t(a^2+b^2)+(ax_1+by_1+c)=0$

よって $t=-\dfrac{ax_1+by_1+c}{a^2+b^2}$

したがって

$$\begin{aligned} d&=|\overrightarrow{PH}| \\ &=|t||\vec{n}| \\ &=\frac{|ax_1+by_1+c|}{a^2+b^2}\times\sqrt{a^2+b^2} \\ &=\frac{|ax_1+by_1+c|}{\sqrt{a^2+b^2}} \end{aligned}$$

第1章 第2節　問　題

教 p.47

8 △ABC において，辺 BC を 3：1 に内分する点を D とし，線分 AD を 4：1 に内分する点を E とする。$\overrightarrow{AB}$ と $\overrightarrow{AC}$ を用いて $\overrightarrow{AE}$，$\overrightarrow{BE}$ を表せ。

指針 **内分点の位置ベクトル**　点 A に関する位置ベクトルを考えると，点 B の位置ベクトルは $\overrightarrow{AB}$，点 C の位置ベクトルは $\overrightarrow{AC}$ となる。

解答 点 D は辺 BC を 3：1 に内分するから

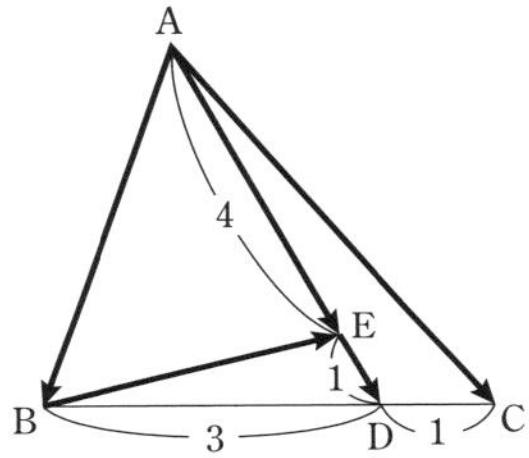

$$\overrightarrow{AD}=\frac{\overrightarrow{AB}+3\overrightarrow{AC}}{4}$$

点 E は線分 AD を 4：1 に内分するから

$$\overrightarrow{AE}=\frac{4}{5}\overrightarrow{AD}=\frac{4}{5}\left(\frac{\overrightarrow{AB}+3\overrightarrow{AC}}{4}\right)$$

$$=\frac{1}{5}\overrightarrow{AB}+\frac{3}{5}\overrightarrow{AC}\quad 答$$

また　$\overrightarrow{BE}=\overrightarrow{AE}-\overrightarrow{AB}$

$$=\left(\frac{1}{5}\overrightarrow{AB}+\frac{3}{5}\overrightarrow{AC}\right)-\overrightarrow{AB}$$

$$=-\frac{4}{5}\overrightarrow{AB}+\frac{3}{5}\overrightarrow{AC}\quad 答$$

教 p.47

9 △ABC において，辺 BC，CA，AB を，$m：n$ に内分する点を，それぞれ D，E，F とするとき，次の等式が成り立つことを証明せよ。

(1)　$\overrightarrow{AD}+\overrightarrow{BE}+\overrightarrow{CF}=\vec{0}$　　(2)　$\overrightarrow{AE}+\overrightarrow{BF}+\overrightarrow{CD}=\vec{0}$

指針 **ベクトルの等式の証明**　頂点 A，B，C の位置ベクトルを，それぞれ $\vec{a}$，$\vec{b}$，$\vec{c}$ として左辺を計算し，$\vec{0}$ となることを示す。

解答 A，B，C の位置ベクトルを，それぞれ $\vec{a}$，$\vec{b}$，$\vec{c}$ とし，D，E，F の位置ベクトルを，それぞれ $\vec{d}$，$\vec{e}$，$\vec{f}$ とすると

$$\vec{d}=\frac{n\vec{b}+m\vec{c}}{m+n},\quad \vec{e}=\frac{n\vec{c}+m\vec{a}}{m+n},\quad \vec{f}=\frac{n\vec{a}+m\vec{b}}{m+n}$$

(1) $\overrightarrow{AD}+\overrightarrow{BE}+\overrightarrow{CF}=(\vec{d}-\vec{a})+(\vec{e}-\vec{b})+(\vec{f}-\vec{c})$

$=\vec{d}+\vec{e}+\vec{f}-\vec{a}-\vec{b}-\vec{c}$

$=\dfrac{n\vec{b}+m\vec{c}}{m+n}+\dfrac{n\vec{c}+m\vec{a}}{m+n}+\dfrac{n\vec{a}+m\vec{b}}{m+n}-\vec{a}-\vec{b}-\vec{c}$

$=\vec{0}$ 終

(2) $\overrightarrow{AE}+\overrightarrow{BF}+\overrightarrow{CD}=(\vec{e}-\vec{a})+(\vec{f}-\vec{b})+(\vec{d}-\vec{c})$

$=\vec{d}+\vec{e}+\vec{f}-\vec{a}-\vec{b}-\vec{c}$

$=\dfrac{n\vec{b}+m\vec{c}}{m+n}+\dfrac{n\vec{c}+m\vec{a}}{m+n}+\dfrac{n\vec{a}+m\vec{b}}{m+n}-\vec{a}-\vec{b}-\vec{c}$

$=\vec{0}$ 終

教 p.47

10 △OAB において，辺 OA を 1：3，辺 OB を 2：1 に内分する点を，それぞれ C，D とし，また，2 線分 AD，BC の交点を P，線分 OP の延長が辺 AB と交わる点を E とする。$\overrightarrow{OA}=\vec{a}$，$\overrightarrow{OB}=\vec{b}$ とするとき，ベクトル $\overrightarrow{OE}$ を $\vec{a}$，$\vec{b}$ を用いて表せ。また，AE：EB を求めよ。

指針 **2直線の交点**　まず，$\overrightarrow{OP}$ を $\vec{a}$，$\vec{b}$ で表す。次に，E は OP の延長上の点であるから，$\overrightarrow{OE}=k\overrightarrow{OP}$ とおいて，$\overrightarrow{OE}$ を $\vec{a}$，$\vec{b}$ で表す。ここで，異なる 2 点 A$(\vec{a})$，B$(\vec{b})$ を通る直線のベクトル方程式は

$\vec{p}=s\vec{a}+t\vec{b}$　　ただし　$s+t=1$

であるから，次のことを利用する。

点 E が直線 AB 上にある　⟺　$\overrightarrow{OE}=s\vec{a}+t\vec{b}$，$s+t=1$

解答　AP：PD$=s：(1-s)$，

BP：PC$=t：(1-t)$

とすると

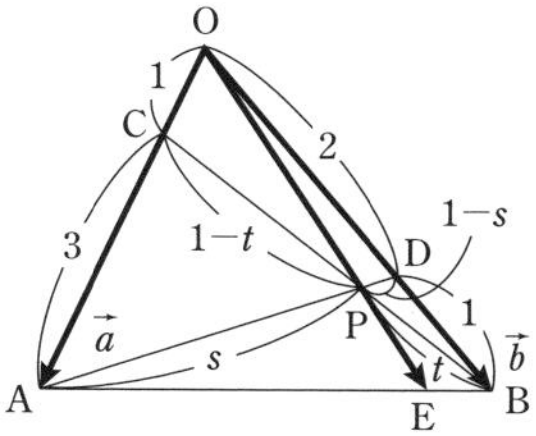

$\overrightarrow{OP}=(1-s)\overrightarrow{OA}+s\overrightarrow{OD}$

$=(1-s)\vec{a}+\dfrac{2}{3}s\vec{b}$ …… ①

$\overrightarrow{OP}=t\overrightarrow{OC}+(1-t)\overrightarrow{OB}$

$=\dfrac{1}{4}t\vec{a}+(1-t)\vec{b}$ …… ②

①, ② から　　$(1-s)\vec{a}+\frac{2}{3}s\vec{b}=\frac{1}{4}t\vec{a}+(1-t)\vec{b}$

ここで，$\vec{a}\neq\vec{0}$，$\vec{b}\neq\vec{0}$ で，かつ $\vec{a}$，$\vec{b}$ は平行でないから

$$1-s=\frac{1}{4}t,\quad \frac{2}{3}s=1-t$$

これを解いて　　$s=\frac{9}{10}$，$t=\frac{2}{5}$

$s=\frac{9}{10}$ を ① に代入して　　$\overrightarrow{\mathrm{OP}}=\frac{1}{10}\vec{a}+\frac{3}{5}\vec{b}$

E は OP の延長上の点であるから，$\overrightarrow{\mathrm{OE}}=k\overrightarrow{\mathrm{OP}}$ とおくと

$$\overrightarrow{\mathrm{OE}}=k\left(\frac{1}{10}\vec{a}+\frac{3}{5}\vec{b}\right)=\frac{1}{10}k\vec{a}+\frac{3}{5}k\vec{b}\quad\cdots\cdots\ ③$$

E は直線 AB 上の点であるから　　$\frac{1}{10}k+\frac{3}{5}k=1$

これを解いて　　$k=\frac{10}{7}$

$k=\frac{10}{7}$ を ③ に代入して　　$\overrightarrow{\mathbf{OE}}=\frac{\mathbf{1}}{\mathbf{7}}\vec{\boldsymbol{a}}+\frac{\mathbf{6}}{\mathbf{7}}\vec{\boldsymbol{b}}$　答

また，$\overrightarrow{\mathrm{OE}}=\frac{\vec{a}+6\vec{b}}{6+1}$ であるから　　AE：EB＝**6：1**　答

教 p.47

11 △ABC の外心を O，重心を G とし，$\overrightarrow{\mathrm{OH}}=\overrightarrow{\mathrm{OA}}+\overrightarrow{\mathrm{OB}}+\overrightarrow{\mathrm{OC}}$ とする。

(1) 点 O，G，H は，一直線上にあることを証明せよ。

(2) H は △ABC の垂心であることを証明せよ。

指針　三角形の外心，重心，垂心

(1) $\overrightarrow{\mathrm{OH}}=k\overrightarrow{\mathrm{OG}}$ (k は実数) の形で表されることを示せばよい。

(2) 垂心は頂点から対辺に下ろした垂線の交点である。
O は △ABC の外心であるから，$|\overrightarrow{\mathrm{OA}}|=|\overrightarrow{\mathrm{OB}}|=|\overrightarrow{\mathrm{OC}}|$ が成り立ち，まず $\overrightarrow{\mathrm{AH}}\perp\overrightarrow{\mathrm{BC}}$ を示す。

解答 (1) G は △ABC の重心であるから

$$\overrightarrow{\mathrm{OG}}=\frac{\overrightarrow{\mathrm{OA}}+\overrightarrow{\mathrm{OB}}+\overrightarrow{\mathrm{OC}}}{3}$$

ゆえに　　$\overrightarrow{\mathrm{OH}}=\overrightarrow{\mathrm{OA}}+\overrightarrow{\mathrm{OB}}+\overrightarrow{\mathrm{OC}}=3\overrightarrow{\mathrm{OG}}$

したがって，3 点 O，G，H は一直線上にある。 終

(2) O は △ABC の外心であるから

$$|\overrightarrow{OA}|=|\overrightarrow{OB}|=|\overrightarrow{OC}| \quad \cdots\cdots ①$$

$$\begin{aligned}\overrightarrow{AH}&=\overrightarrow{OH}-\overrightarrow{OA}\\&=(\overrightarrow{OA}+\overrightarrow{OB}+\overrightarrow{OC})-\overrightarrow{OA}\\&=\overrightarrow{OB}+\overrightarrow{OC}\end{aligned}$$

① から　$\overrightarrow{AH}\cdot\overrightarrow{BC}=(\overrightarrow{OB}+\overrightarrow{OC})\cdot(\overrightarrow{OC}-\overrightarrow{OB})$

$$=|\overrightarrow{OC}|^2-|\overrightarrow{OB}|^2$$

$$=0$$

$\overrightarrow{AH}\neq\vec{0}$, $\overrightarrow{BC}\neq\vec{0}$ であるから　$\overrightarrow{AH}\perp\overrightarrow{BC}$

したがって　AH⊥BC　…… ②

同様にして　BH⊥CA, CH⊥AB　…… ③

②, ③ から, H は △ABC の垂心である。 終

教 p.47

12 △OAB に対して, 点 P が次の条件を満たしながら動くとき, 点 P の存在範囲を求めよ。

$$\overrightarrow{OP}=s\overrightarrow{OA}+t\overrightarrow{OB},\ s+2t=1,\ s\geqq 0,\ t\geqq 0$$

指針 **点の存在範囲**　$2t=t'$ とし, $\overrightarrow{OC}=\dfrac{1}{2}\overrightarrow{OB}$ とおくと

$$\overrightarrow{OP}=s\overrightarrow{OA}+t'\overrightarrow{OC},\ s+t'=1,\ s\geqq 0,\ t'\geqq 0$$

解答

$$\begin{aligned}\overrightarrow{OP}&=s\overrightarrow{OA}+t\overrightarrow{OB}\\&=s\overrightarrow{OA}+2t\left(\frac{1}{2}\overrightarrow{OB}\right)\end{aligned}$$

ここで, $2t=t'$ とおくと

$$\overrightarrow{OP}=s\overrightarrow{OA}+t'\left(\frac{1}{2}\overrightarrow{OB}\right),\ s+t'=1,\ s\geqq 0,\ t'\geqq 0$$

よって, $\overrightarrow{OC}=\dfrac{1}{2}\overrightarrow{OB}$ を満たす点 C をとると, C は線分 OB の中点である。

よって, 点 P の存在範囲は

線分 OB の中点を C とすると線分 AC である。 答

教 p.47

13 海上を航行する2隻（せき）の船A，Bがあり，船Bは船Aから見て西に50 kmの位置にある。船Aは北に，船Bは北東に向かって一定の速さで航行しており，船Aの速さは時速20 kmであるとする。

(1) 船Bも時速20 kmで航行しているとき，船Bが船Aから見てちょうど南東方向に見えるのは何時間後か求めよ。

(2) 衝突を回避するために，2隻の船A，Bが衝突する船Bの速さを事前に求めたい。船Aと衝突してしまう船Bの速さを求めよ。

指針 **ベクトルと座標平面の利用**　x 軸の正の向きを東，y 軸の正の向きを北とする座標平面上で，まず船Bを点(0, 0)，船Aを点(50, 0)にとって考える。

解答 x 軸の正の向きを東，y 軸の正の向きを北にとり，船Bが船Aから見て西に50 kmの位置にあるときのBの位置を原点Oとし，1 kmを距離1とする座標平面を考える。

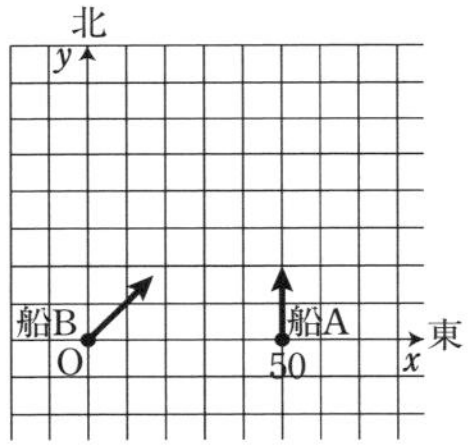

また，t 時間後の2隻の船の位置をA，Bとする。

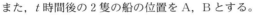

(1) $\overrightarrow{OA}$，$\overrightarrow{OB}$ を成分表示すると

$$\overrightarrow{OA}=(50,\ 20t),\ \overrightarrow{OB}=(10\sqrt{2}\,t,\ 10\sqrt{2}\,t)$$

船Bが船Aから見てちょうど南東方向に見えるとき，
$\overrightarrow{AB}=k(1,\ -1)\ (k>0)$ と表される。

よって　$(10\sqrt{2}\,t-50,\ 10\sqrt{2}\,t-20t)=k(1,\ -1)$

すなわち　$10\sqrt{2}\,t-50=k,\ 10\sqrt{2}\,t-20t=-k$

これを解くと　$t=\dfrac{5\sqrt{2}+5}{2}$，$k=25\sqrt{2}$

よって　$\dfrac{5\sqrt{2}+5}{2}$ **時間後**　答

(2) 船Bの速さを時速 v kmとすると

$$\overrightarrow{OA}=(50,\ 20t),\ \overrightarrow{OB}=\left(\frac{v}{\sqrt{2}}t,\ \frac{v}{\sqrt{2}}t\right)$$

船Aと船Bが衝突するのは，$\overrightarrow{OA}=\overrightarrow{OB}$ のときであるから

$$50=\frac{vt}{\sqrt{2}},\ 20t=\frac{vt}{\sqrt{2}}$$

これを解くと　$v=20\sqrt{2}$，$t=\dfrac{5}{2}$

よって　**時速 $20\sqrt{2}$ km**　答

第1章　演習問題A

教 p.48

1. △ABC と点 P があり，等式 $3\overrightarrow{AP}+2\overrightarrow{BP}+\overrightarrow{CP}=\vec{0}$ が成り立っている。

(1) 辺 BC を 1：2 に内分する点を Q とすると，点 P は線分 AQ の中点であることを示せ。

(2) △PBC：△PCA：△PAB を求めよ。

指針 **等式を満たす点の位置，面積比**

(1) $\overrightarrow{AB}=\vec{b}$，$\overrightarrow{AC}=\vec{c}$，$\overrightarrow{AP}=\vec{p}$ として，等式を利用し，$\vec{p}$ と $\overrightarrow{AQ}$ を $\vec{b}$，$\vec{c}$ で表す。

(2) 高さが等しい三角形の面積は，底辺の比に等しい。たとえば，△PBQ$=S$ として，△PBC，△PCA，△PAB をそれぞれ S で表すことを考える。

解答 (1)

$$3\overrightarrow{AP}+2\overrightarrow{BP}+\overrightarrow{CP}=3\overrightarrow{AP}+2(\overrightarrow{AP}-\overrightarrow{AB})+(\overrightarrow{AP}-\overrightarrow{AC})$$
$$=6\overrightarrow{AP}-2\overrightarrow{AB}-\overrightarrow{AC}$$

$3\overrightarrow{AP}+2\overrightarrow{BP}+\overrightarrow{CP}=\vec{0}$ であるから，$\overrightarrow{AB}=\vec{b}$，$\overrightarrow{AC}=\vec{c}$，$\overrightarrow{AP}=\vec{p}$ とすると

$$6\vec{p}-2\vec{b}-\vec{c}=\vec{0}$$

これを $\vec{p}$ について解いて　　$\vec{p}=\dfrac{2\vec{b}+\vec{c}}{6}$

Q は辺 BC を 1：2 に内分する点であるから

$$\overrightarrow{AQ}=\frac{2\overrightarrow{AB}+\overrightarrow{AC}}{3}=\frac{2\vec{b}+\vec{c}}{3}$$

よって　　$\overrightarrow{AP}=\dfrac{1}{2}\overrightarrow{AQ}$

したがって，点 P は線分 AQ の中点である。 終

(2) △PBQ の面積を S とすると，

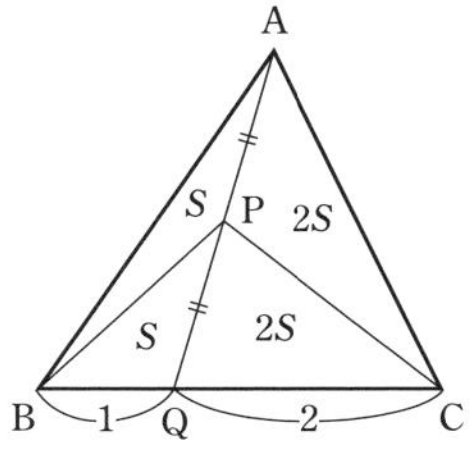

AP＝PQ から　　△PAB$=S$

また，BQ：QC＝1：2 から

△PQC$=2S$

よって　　△PBC＝△PBQ＋△PQC

$=3S$

AP＝PQ から　△PCA＝△PQC$=2S$

ゆえに

△PBC：△PCA：△PAB$=3S:2S:S$

$=$**3：2：1** 答

教 p.48

2. 平行四辺形 OABC において，辺 OA の中点を D，辺 OC を 2：1 に内分する点を E とし，線分 DE を 1：3 に内分する点を P，直線 OP と直線 AB の交点を F とする。

(1) $\overrightarrow{OA}=\vec{a}$，$\overrightarrow{OC}=\vec{c}$ とするとき，$\overrightarrow{OF}$ を $\vec{a}$，$\vec{c}$ を用いて表せ。

(2) 四角形 OAFE の面積は平行四辺形 OABC の面積の何倍であるか。

指針 **内分点の位置ベクトル，面積比**

(1) F は直線 OP 上と直線 AB 上にもあることから，$\overrightarrow{OF}$ は $\vec{a}$，$\vec{c}$ を使って 2 通りに表される。$\vec{a}$，$\vec{c}$ は $\vec{0}$ でなく平行でないから

$$p\vec{a}+q\vec{b}=p'\vec{a}+q'\vec{b} \iff p=p',\ q=q'$$

(2) 四角形 OAFE は △OEF と △OAF に分割して考える。

解答 (1) $\overrightarrow{OD}=\dfrac{1}{2}\vec{a}$，$\overrightarrow{OE}=\dfrac{2}{3}\vec{c}$

よって　$\overrightarrow{OP}=\dfrac{3\overrightarrow{OD}+\overrightarrow{OE}}{1+3}=\dfrac{3}{4}\overrightarrow{OD}+\dfrac{1}{4}\overrightarrow{OE}$

$$=\frac{3}{4}\times\frac{1}{2}\vec{a}+\frac{1}{4}\times\frac{2}{3}\vec{c}=\frac{3}{8}\vec{a}+\frac{1}{6}\vec{c}$$

F は直線 OP 上にあるから，$\overrightarrow{OF}$ は実数 k を用いて $\overrightarrow{OF}=k\overrightarrow{OP}$ と表される。　よって　$\overrightarrow{OF}=\dfrac{3}{8}k\vec{a}+\dfrac{1}{6}k\vec{c}$　…… ①

また，F は直線 AB 上にあるから，実数 s を用いて $\overrightarrow{OF}=\overrightarrow{OA}+s\overrightarrow{AB}$ と表される。　よって　$\overrightarrow{OF}=\vec{a}+s\vec{c}$　…… ②

①，② から　$\dfrac{3}{8}k\vec{a}+\dfrac{1}{6}k\vec{c}=\vec{a}+s\vec{c}$

ここで，$\vec{a}\neq\vec{0}$，$\vec{c}\neq\vec{0}$ で，かつ $\vec{a}$，$\vec{c}$ は平行でないから

$\dfrac{3}{8}k=1$，$\dfrac{1}{6}k=s$　　これを解いて　$k=\dfrac{8}{3}$，$s=\dfrac{4}{9}$

$s=\dfrac{4}{9}$ を ② に代入して　$\boldsymbol{\overrightarrow{OF}=\vec{a}+\dfrac{4}{9}\vec{c}}$ 答

(2) 平行四辺形 OABC の面積を S，四角形 OAFE の面積を S_1 とすると

$$S_1=\triangle OEF+\triangle OAF=\frac{2}{3}\left(\frac{1}{2}S\right)+\frac{4}{9}\left(\frac{1}{2}S\right)=\frac{5}{9}S$$

よって，四角形 OAFE の面積は平行四辺形 OABC の面積の $\boldsymbol{\dfrac{5}{9}}$ **倍** である。 答

教 p.48

3. △ABC において，辺 BC の中点を M とすると，次の等式が成り立つことを証明せよ。

$$AB^2+AC^2=2(AM^2+BM^2)$$

指針 **中線定理の証明**　$\overrightarrow{AB}=\vec{b}$，$\overrightarrow{AC}=\vec{c}$ とおいて，AM^2，BM^2 を内積を利用して計算する。等式は，**パップスの(中線)定理** という。

解答 $\overrightarrow{AB}=\vec{b}$，$\overrightarrow{AC}=\vec{c}$ とすると

$$\overrightarrow{AM}=\frac{\vec{b}+\vec{c}}{2}$$

$$\overrightarrow{BM}=\overrightarrow{AM}-\overrightarrow{AB}=\frac{\vec{b}+\vec{c}}{2}-\vec{b}=\frac{\vec{c}-\vec{b}}{2}$$

ゆえに　$AM^2=|\overrightarrow{AM}|^2=\overrightarrow{AM}\cdot\overrightarrow{AM}=\left(\frac{\vec{b}+\vec{c}}{2}\right)\cdot\left(\frac{\vec{b}+\vec{c}}{2}\right)$

$$=\frac{1}{4}(\vec{b}+\vec{c})\cdot(\vec{b}+\vec{c})$$

$$BM^2=|\overrightarrow{BM}|^2=\overrightarrow{BM}\cdot\overrightarrow{BM}=\left(\frac{\vec{c}-\vec{b}}{2}\right)\cdot\left(\frac{\vec{c}-\vec{b}}{2}\right)$$

$$=\frac{1}{4}(\vec{c}-\vec{b})\cdot(\vec{c}-\vec{b})$$

よって　右辺$=2(AM^2+BM^2)$

$$=2\times\frac{1}{4}\{(\vec{b}+\vec{c})\cdot(\vec{b}+\vec{c})+(\vec{c}-\vec{b})\cdot(\vec{c}-\vec{b})\}$$

$$=\frac{1}{2}(|\vec{b}|^2+2\vec{b}\cdot\vec{c}+|\vec{c}|^2+|\vec{c}|^2-2\vec{c}\cdot\vec{b}+|\vec{b}|^2)$$

$$=|\vec{b}|^2+|\vec{c}|^2$$

$$=AB^2+AC^2=\text{左辺}$$　終

教 p.48

4. $OA=\sqrt{3}$，$OB=2$，$\overrightarrow{OA}\cdot\overrightarrow{OB}=2$ である △OAB の垂心を H とする。$\overrightarrow{OA}=\vec{a}$，$\overrightarrow{OB}=\vec{b}$ とするとき，ベクトル $\overrightarrow{OH}$ を $\vec{a}$，$\vec{b}$ を用いて表せ。

指針 **三角形の垂心**　$\vec{a}\neq\vec{0}$，$\vec{b}\neq\vec{0}$ で，かつ $\vec{a}$，$\vec{b}$ は平行でないから，$\overrightarrow{OH}=s\vec{a}+t\vec{b}$ (s，t は実数) と表すことができる。
$AH\perp OB$，$BH\perp OA$　すなわち　$\overrightarrow{AH}\cdot\overrightarrow{OB}=0$，$\overrightarrow{BH}\cdot\overrightarrow{OA}=0$ であることから，s と t の連立方程式を導く。

解答 $\overrightarrow{OH}=s\vec{a}+t\vec{b}$ (s, t は実数) とおくと，H は△OAB の垂心であるから

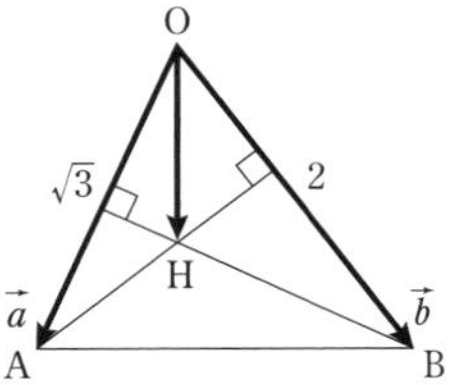

$\quad$AH⊥OB，BH⊥OA

すなわち $\quad \overrightarrow{AH}\cdot\overrightarrow{OB}=0, \quad \overrightarrow{BH}\cdot\overrightarrow{OA}=0$

$\quad \overrightarrow{AH}=\overrightarrow{OH}-\overrightarrow{OA}=s\vec{a}+t\vec{b}-\vec{a}$

$\quad \overrightarrow{BH}=\overrightarrow{OH}-\overrightarrow{OB}=s\vec{a}+t\vec{b}-\vec{b}$

であるから

$\quad (s\vec{a}+t\vec{b}-\vec{a})\cdot\vec{b}=0$ $\quad$ よって $\quad s\vec{a}\cdot\vec{b}+t|\vec{b}|^2-\vec{a}\cdot\vec{b}=0$

$\quad (s\vec{a}+t\vec{b}-\vec{b})\cdot\vec{a}=0$ $\quad$ よって $\quad s|\vec{a}|^2+t\vec{a}\cdot\vec{b}-\vec{a}\cdot\vec{b}=0$

ここで $|\vec{a}|^2=3$，$|\vec{b}|^2=4$，$\vec{a}\cdot\vec{b}=2$ であるから

$\quad 2s+4t-2=0$ $\quad$ すなわち $\quad s+2t-1=0$ …… ①

$\quad 3s+2t-2=0$ …… ②

①，② を解いて $\quad s=\dfrac{1}{2}$，$t=\dfrac{1}{4}$ $\quad$ ゆえに $\quad \boldsymbol{\overrightarrow{OH}=\dfrac{1}{2}\vec{a}+\dfrac{1}{4}\vec{b}}$ 答

第1章　演習問題B

教 p.48

5. $|\vec{a}|=2$，$|\vec{b}|=3$，$|\vec{a}-\vec{b}|=4$ とする。

(1) 内積 $\vec{a}\cdot\vec{b}$ を求めよ。

(2) $|\vec{a}+t\vec{b}|$ を最小にする実数 t の値 t_0 とその最小値を求めよ。

(3) (2) の t_0 に対して，$\vec{a}+t_0\vec{b}$ と $\vec{b}$ は垂直であることを確かめよ。

指針 **内積の性質，ベクトルの最小値とベクトルの垂直**

(1) $|\vec{a}-\vec{b}|=4$ から $\quad |\vec{a}-\vec{b}|^2=16$

左辺を変形して，$|\vec{a}|=2$，$|\vec{b}|=3$ を代入する。

(2) $|\vec{a}+t\vec{b}|\geqq 0$ であるから，$|\vec{a}+t\vec{b}|^2$ の最小値を考える。$|\vec{a}+t\vec{b}|^2$ は t についての 2 次式であるから，$p(t-m)^2+n$ の形に変形する。

(3) $(\vec{a}+t_0\vec{b})\cdot\vec{b}=0$ を示す。

解答 (1) $|\vec{a}-\vec{b}|=4$ から $\quad |\vec{a}-\vec{b}|^2=16$

ここで $\quad |\vec{a}-\vec{b}|^2=(\vec{a}-\vec{b})\cdot(\vec{a}-\vec{b})$

$$=|\vec{a}|^2-2\vec{a}\cdot\vec{b}+|\vec{b}|^2$$

$$=4-2\vec{a}\cdot\vec{b}+9=13-2\vec{a}\cdot\vec{b}$$

よって $\quad 13-2\vec{a}\cdot\vec{b}=16$ $\quad$ ゆえに $\quad \boldsymbol{\vec{a}\cdot\vec{b}=-\dfrac{3}{2}}$ 答

(2) $|\vec{a}+t\vec{b}|^2=(\vec{a}+t\vec{b})\cdot(\vec{a}+t\vec{b})$

$$=|\vec{b}|^2t^2+2\vec{a}\cdot\vec{b}t+|\vec{a}|^2$$

$$=9t^2-3t+4=9\left(t^2-\frac{1}{3}t\right)+4$$

$$=9\left(t-\frac{1}{6}\right)^2-9\cdot\left(\frac{1}{6}\right)^2+4$$

$$=9\left(t-\frac{1}{6}\right)^2+\frac{15}{4}$$

よって，$|\vec{a}+t\vec{b}|^2$ は $t=\frac{1}{6}$ のとき最小値 $\frac{15}{4}$ をとる。

$|\vec{a}+t\vec{b}|\geqq 0$ であるから，$|\vec{a}+t\vec{b}|$ もこのとき最小となる。

ゆえに $t=t_0=\frac{1}{6}$ のとき最小値は $\sqrt{\frac{15}{4}}=\frac{\sqrt{15}}{2}$ 答

(3) $(\vec{a}+t_0\vec{b})\cdot\vec{b}=\left(\vec{a}+\frac{1}{6}\vec{b}\right)\cdot\vec{b}$

$$=\vec{a}\cdot\vec{b}+\frac{1}{6}|\vec{b}|^2$$

$$=-\frac{3}{2}+\frac{1}{6}\times 9=0$$

$\vec{a}+t_0\vec{b}\neq\vec{0}$，$\vec{b}\neq\vec{0}$ であるから　　$(\vec{a}+t_0\vec{b})\perp\vec{b}$ 終

教 p.48

6. △ABC の外心を O とし，辺 AB の中点を D，△ACD の重心を E とする。AB=AC ならば $\overrightarrow{CD}\cdot\overrightarrow{OE}=0$ であることを証明せよ。

指針 **ベクトルの三角形への応用**　　$\overrightarrow{OA}=\vec{a}$，$\overrightarrow{OB}=\vec{b}$，$\overrightarrow{OC}=\vec{c}$ とすると，O は △ABC の外心であるから　　$|\vec{a}|=|\vec{b}|=|\vec{c}|$

また，AB=AC より　　$|\vec{b}-\vec{a}|^2=|\vec{c}-\vec{a}|^2$

これから $\vec{a}\cdot\vec{b}=\vec{c}\cdot\vec{a}$ を導き，このことから $\overrightarrow{CD}\cdot\overrightarrow{OE}=0$ を示す。

解答 $\overrightarrow{OA}=\vec{a}$，$\overrightarrow{OB}=\vec{b}$，$\overrightarrow{OC}=\vec{c}$ とする。

O は △ABC の外心であるから　　$|\vec{a}|=|\vec{b}|=|\vec{c}|$　…… ①

AB=AC であるから　　$|\overrightarrow{AB}|=|\overrightarrow{AC}|$

よって　　$|\vec{b}-\vec{a}|^2=|\vec{c}-\vec{a}|^2$

すなわち　$|\vec{b}|^2-2\vec{b}\cdot\vec{a}+|\vec{a}|^2=|\vec{c}|^2-2\vec{c}\cdot\vec{a}+|\vec{a}|^2$

① から　　$\vec{a}\cdot\vec{b}=\vec{c}\cdot\vec{a}$　…… ②

D は辺 AB の中点であるから　　$\overrightarrow{OD}=\frac{\vec{a}+\vec{b}}{2}$

よって　$\overrightarrow{CD}=\overrightarrow{OD}-\overrightarrow{OC}=\dfrac{\vec{a}+\vec{b}}{2}-\vec{c}=\dfrac{1}{2}(\vec{a}+\vec{b}-2\vec{c})$

E は △ACD の重心であるから

$$\overrightarrow{OE}=\frac{1}{3}\left(\vec{a}+\vec{c}+\frac{\vec{a}+\vec{b}}{2}\right)=\frac{1}{6}(3\vec{a}+\vec{b}+2\vec{c})$$

ゆえに　$\overrightarrow{CD}\cdot\overrightarrow{OE}=\dfrac{1}{2}(\vec{a}+\vec{b}-2\vec{c})\cdot\dfrac{1}{6}(3\vec{a}+\vec{b}+2\vec{c})$

$$=\frac{1}{12}(3|\vec{a}|^2+|\vec{b}|^2-4|\vec{c}|^2+4\vec{a}\cdot\vec{b}-4\vec{c}\cdot\vec{a})$$

①，② から　$\overrightarrow{CD}\cdot\overrightarrow{OE}=0$　終

研究　教 p.49

7. △OAB に対して，点 P が次の条件を満たしながら動くとき，点 P の存在範囲を求めよ。

(1) $\overrightarrow{OP}=s\overrightarrow{OA}+t\overrightarrow{OB}$，$0\leqq s\leqq 1$，$0\leqq t\leqq 1$

(2) $\overrightarrow{OP}=s\overrightarrow{OA}+t\overrightarrow{OB}$，$1\leqq s+t\leqq 3$，$s\geqq 0$，$t\geqq 0$

指針　**点の存在範囲**

(1) t を固定して，s を 0 から 1 まで変化させる。

(2) $s+t=k$ とおいて，k を 1 から 3 まで変化させる。

解答　(1) t を，$0\leqq t'\leqq 1$ を満たすある値 t' に固定して，

$\overrightarrow{OB'}=t'\overrightarrow{OB}$ で定まる点 B′ をとると

$$\overrightarrow{OP}=s\overrightarrow{OA}+t'\overrightarrow{OB}$$
$$=s\overrightarrow{OA}+\overrightarrow{OB'}\quad(0\leqq s\leqq 1)$$

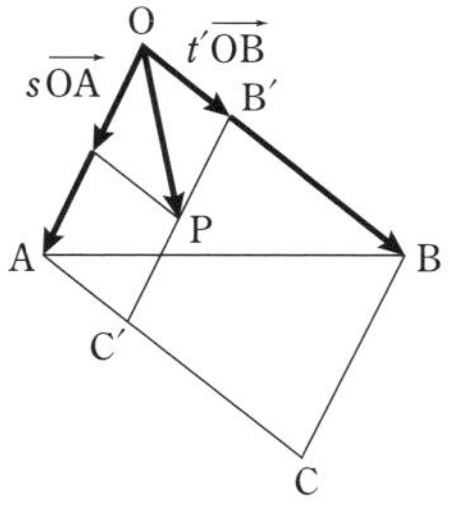

で表される点 P は，線分 B′C′ 上(B′C′＝OA，B′C′∥OA)にある。

ここで，t' の値が 0 から 1 まで変化すると，点 B′，C′ は，B′C′＝OA，B′C′∥OA の状態を保ちながら，それぞれ辺 OB，AC(四角形 AOBC は平行四辺形)上を，O から B，A から C まで動く。

よって，点 P の存在範囲は，

2 つの線分 OA，OB を隣り合う 2 辺とする平行四辺形の周および内部 である。　答

(2)　$s+t=k\ (1 \leqq k \leqq 3)$ とおき，両辺を k で割ると　$\dfrac{s}{k}+\dfrac{t}{k}=1$

また　$\overrightarrow{\mathrm{OP}}=s\overrightarrow{\mathrm{OA}}+t\overrightarrow{\mathrm{OB}}$

$=\dfrac{s}{k}(k\overrightarrow{\mathrm{OA}})+\dfrac{t}{k}(k\overrightarrow{\mathrm{OB}})$

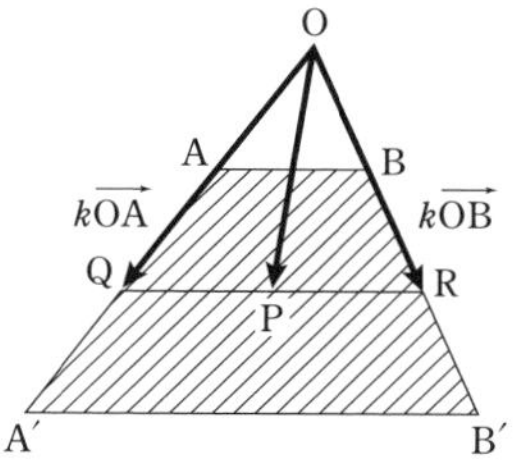

ここで，$\dfrac{s}{k}=s'$，$\dfrac{t}{k}=t'$ とおくと

$\overrightarrow{\mathrm{OP}}=s'(k\overrightarrow{\mathrm{OA}})+t'(k\overrightarrow{\mathrm{OB}})$，$s'+t'=1$，$s' \geqq 0$，$t' \geqq 0$

$k\overrightarrow{\mathrm{OA}}=\overrightarrow{\mathrm{OQ}}$，$k\overrightarrow{\mathrm{OB}}=\overrightarrow{\mathrm{OR}}$ を満たす点 Q，R をとると，定数 k に対して，点 P の存在範囲は辺 AB に平行な線分 QR である。

ここで，$3\overrightarrow{\mathrm{OA}}=\overrightarrow{\mathrm{OA'}}$，$3\overrightarrow{\mathrm{OB}}=\overrightarrow{\mathrm{OB'}}$ を満たす点 A′，B′ をとると，k の値が 1 から 3 まで変化するとき，線分 QR は，QR∥AB の状態を保ちながら線分 AB から線分 A′B′ まで動く。

よって，点 P の存在範囲は，**$3\overrightarrow{\mathrm{OA}}=\overrightarrow{\mathrm{OA'}}$，$3\overrightarrow{\mathrm{OB}}=\overrightarrow{\mathrm{OB'}}$ を満たす点 A′，B′ をとると，台形 AA′B′B の周および内部** である。 答

教 p.49

8. 平面上の異なる 2 つの定点 O，A と任意の点 P に対し，$\overrightarrow{\mathrm{OA}}=\vec{a}$，$\overrightarrow{\mathrm{OP}}=\vec{p}$ とする。次のベクトル方程式はどのような図形を表すか。

(1)　$(\vec{p}+\vec{a})\cdot(\vec{p}-\vec{a})=0$　　(2)　$|\vec{p}+\vec{a}|=|\vec{p}-\vec{a}|$

指針　**ベクトル方程式の表す図形**　与えられたベクトル方程式を簡単にして考える。

(2)　$|\vec{p}+\vec{a}|^2=|\vec{p}-\vec{a}|^2$ として簡単にする。

解答　(1)　$(\vec{p}+\vec{a})\cdot(\vec{p}-\vec{a})=|\vec{p}|^2-|\vec{a}|^2$

$(\vec{p}+\vec{a})\cdot(\vec{p}-\vec{a})=0$ から　$|\vec{p}|^2=|\vec{a}|^2$

よって　$|\vec{p}|=|\vec{a}|$　すなわち　$|\overrightarrow{\mathrm{OP}}|=|\overrightarrow{\mathrm{OA}}|$

したがって，与えられたベクトル方程式は，

O を中心とし，線分 OA を半径とする円 を表す。 答

(2)　$|\vec{p}+\vec{a}|=|\vec{p}-\vec{a}|$ から　$|\vec{p}+\vec{a}|^2=|\vec{p}-\vec{a}|^2$

よって　$|\vec{p}|^2+2\vec{p}\cdot\vec{a}+|\vec{a}|^2=|\vec{p}|^2-2\vec{p}\cdot\vec{a}+|\vec{a}|^2$

ゆえに　$\vec{p}\cdot\vec{a}=0$　すなわち　$\overrightarrow{\mathrm{OP}}\cdot\overrightarrow{\mathrm{OA}}=0$

したがって，与えられたベクトル方程式は，

O を通り直線 OA に垂直な直線 を表す。 答

研究 点の存在範囲の図示

教 p.49

練習 1

教科書の演習問題 7 の点 P の存在範囲を，教科書の図に図示してみよ。

指針 **ベクトル方程式の表す図形**　演習問題 7 で求めた答を図示する。

解答 (1) は図中の斜線部分。

(2) は図中の薄く塗りつぶした部分。

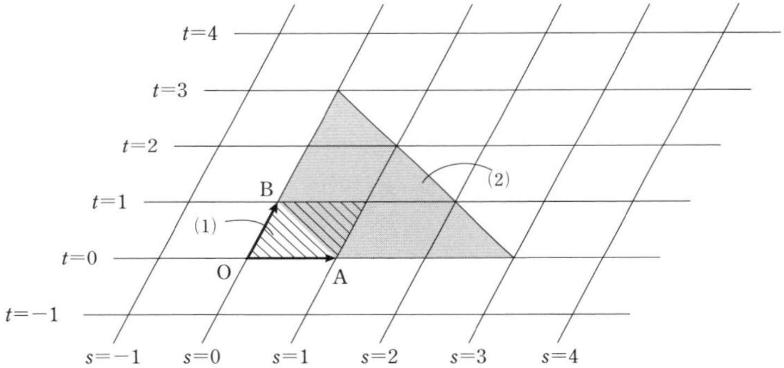

第2章 空間のベクトル

1 空間の座標

まとめ

1 空間の点の座標

① 空間に点Oをとる。点Oを共通の原点とし，Oで互いに直交する3本の数直線を右の図のように定める。これらの数直線を，それぞれ **x軸**，**y軸**，**z軸** といい，まとめて **座標軸** という。また，

x軸とy軸が定める平面を **xy平面**
y軸とz軸が定める平面を **yz平面**
z軸とx軸が定める平面を **zx平面**

という。これらの3つの平面を，まとめて **座標平面** という。

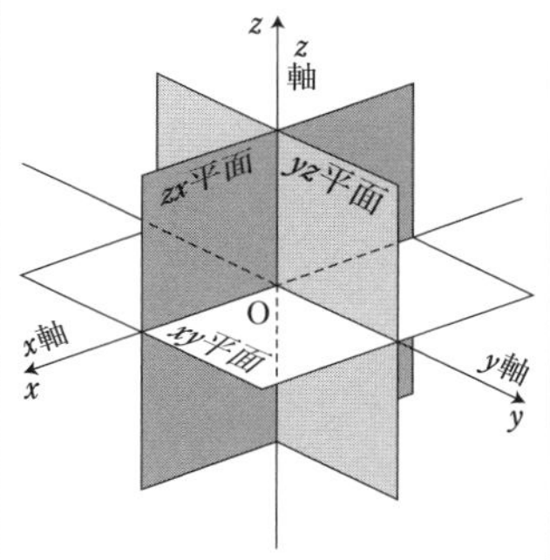

② 空間の点Pを通る3つの平面を，それぞれx軸，y軸，z軸に垂直に作る。それらの平面とx軸，y軸，z軸との交点を，それぞれA，B，Cとし，3点A，B，Cのx軸，y軸，z軸に関する座標を，それぞれa，b，cとすると，空間の点Pの位置は，これら3つの実数の組(a, b, c)で表される。この組(a, b, c)を点Pの **座標** といい，a，b，cをそれぞれ点Pの **x座標**，**y座標**，**z座標** という。座標が(a, b, c)である点Pを，$\mathbf{P(a, b, c)}$ と書く。

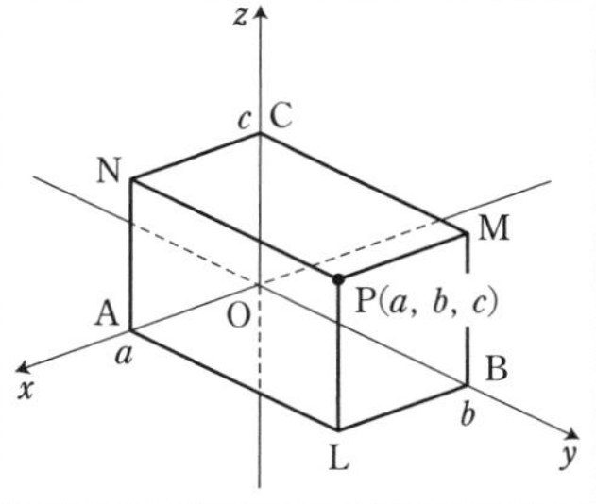

③ このように座標の定められた空間を **座標空間** と呼び，点Oを座標空間の **原点** という。原点Oの座標は$(0, 0, 0)$である。

2 2点間の距離

① **2点間の距離**

2点$A(x_1, y_1, z_1)$，$B(x_2, y_2, z_2)$間の距離は

$$\mathbf{AB}=\sqrt{(x_2-x_1)^2+(y_2-y_1)^2+(z_2-z_1)^2}$$

特に，原点Oと点Aの距離は $\mathbf{OA}=\sqrt{x_1^2+y_1^2+z_1^2}$

A 空間の点の座標

教 p.53

問 1 点 P$(a,\ b,\ c)$ から xy 平面，yz 平面，zx 平面に下ろした垂線を，それぞれ PL，PM，PN とするとき，3 点 L，M，N の座標を求めよ。

指針 **点の座標**　xy 平面，yz 平面，zx 平面の各平面上の点は，それぞれ $(x,\ y,\ 0)$，$(0,\ y,\ z)$，$(x,\ 0,\ z)$ で表される。

解答 $\mathbf{L}(\boldsymbol{a},\ \boldsymbol{b},\ \mathbf{0})$，$\mathbf{M}(\mathbf{0},\ \boldsymbol{b},\ \boldsymbol{c})$，$\mathbf{N}(\boldsymbol{a},\ \mathbf{0},\ \boldsymbol{c})$ 答

教 p.53

練習 1 点 P$(2,\ -3,\ 4)$ から xy 平面，yz 平面，zx 平面に下ろした垂線を，それぞれ PL，PM，PN とするとき，3 点 L，M，N の座標を求めよ。

指針 **点の座標**　問 1 で，$a=2$，$b=-3$，$c=4$ とすればよい。

解答 **L(2，−3，0)，M(0，−3，4)，N(2，0，4)** 答

教 p.53

問 2 点 P$(2,\ 4,\ 3)$ に対して，次の点の座標を求めよ。

(1) xy 平面に関して対称な点 A

(2) x 軸に関して対称な点 B

(3) 原点に関して対称な点 C

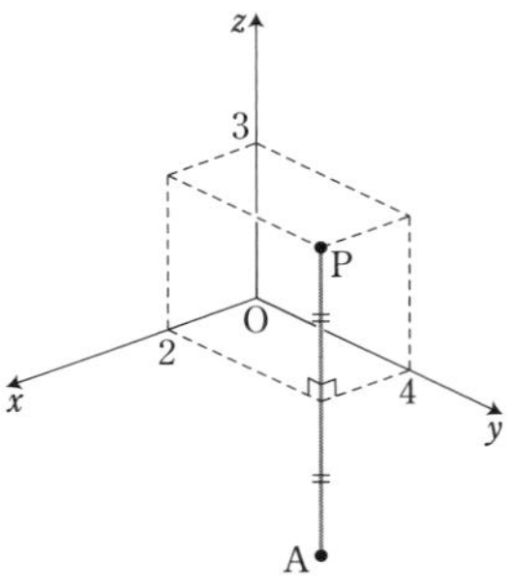

指針 **対称な点の座標**　点 P$(a,\ b,\ c)$ に対して

(1) $(a,\ b,\ -c)$　(2) $(a,\ -b,\ -c)$　(3) $(-a,\ -b,\ -c)$

解答 (1) **A(2，4，−3)** 答

(2) **B(2，−4，−3)** 答

(3) **C(−2，−4，−3)** 答

練習 2 教 p.53

点 P(1, 2, 3) に対して，次の点の座標を求めよ。

(1) yz 平面に関して対称な点　(2) zx 平面に関して対称な点

(3) y 軸に関して対称な点　(4) z 軸に関して対称な点

指針 **対称な点の座標**　$\mathrm{P}(a,\ b,\ c)$ に対して

(1) yz 平面に関して対称な点の座標は　$(-a,\ b,\ c)$

(2) zx 平面に関して対称な点の座標は　$(a,\ -b,\ c)$

(3) y 軸に関して対称な点の座標は　$(-a,\ b,\ -c)$

(4) z 軸に関して対称な点の座標は　$(-a,\ -b,\ c)$

解答 (1) $\boldsymbol{(-1,\ 2,\ 3)}$ 答

(2) $\boldsymbol{(1,\ -2,\ 3)}$ 答

(3) $\boldsymbol{(-1,\ 2,\ -3)}$ 答

(4) $\boldsymbol{(-1,\ -2,\ 3)}$ 答

B　2点間の距離

練習 3 教 p.55

次の 2 点間の距離を求めよ。

(1) O(0, 0, 0), A(−2, 2, −2)

(2) A(−1, 2, 3), B(3, 4, −1)

指針 **2点間の距離**　$\mathrm{A}(x_1,\ y_1,\ z_1)$, $\mathrm{B}(x_2,\ y_2,\ z_2)$ のとき

(1) $\mathrm{OA}=\sqrt{x_1{}^2+y_1{}^2+z_1{}^2}$

(2) $\mathrm{AB}=\sqrt{(x_2-x_1)^2+(y_2-y_1)^2+(z_2-z_1)^2}$

解答 (1) $\mathrm{OA}=\sqrt{(-2)^2+2^2+(-2)^2}=\boldsymbol{2\sqrt{3}}$ 答

(2) $\mathrm{AB}=\sqrt{(3+1)^2+(4-2)^2+(-1-3)^2}=\sqrt{36}=\boldsymbol{6}$ 答

練習 4 教 p.55

3 点 A(1, 2, 3), B(2, 3, 1), C(3, 1, 2) を頂点とする三角形は正三角形であることを示せ。

指針 **正三角形であることの証明**　3 辺の長さが等しいことを示す。

解答

$\mathrm{AB}=\sqrt{(2-1)^2+(3-2)^2+(1-3)^2}=\sqrt{6}$

$\mathrm{BC}=\sqrt{(3-2)^2+(1-3)^2+(2-1)^2}=\sqrt{6}$

$\mathrm{CA}=\sqrt{(1-3)^2+(2-1)^2+(3-2)^2}=\sqrt{6}$

$\mathrm{AB}=\mathrm{BC}=\mathrm{CA}=\sqrt{6}$ より，△ABC は正三角形である。 終

教 p.55

練習 5

2 点 A(1, 2, −3), B(3, −1, −4) から等距離にある x 軸上の点 P の座標を求めよ。

指針 **2点から等距離にある点** P は x 軸上にあるから P(x, 0, 0) とおき，AP=BP から，x についての方程式を作る。

解答 P は x 軸上にあるから，その座標は (x, 0, 0) とおける。

AP=BP から　$AP^2=BP^2$

よって　$(x-1)^2+(0-2)^2+(0+3)^2=(x-3)^2+(0+1)^2+(0+4)^2$

整理すると　$4x=12$

ゆえに　$x=3$

したがって，求める点の座標は　**(3, 0, 0)**　答

教 p.55

練習 6

正四面体の 3 つの頂点が A(1, 3, 0), B(3, 5, 0), C(3, 3, 2) であるとき，第 4 の頂点 D の座標を求めよ。

指針 **正四面体の頂点**　$AB=2\sqrt{2}$ となるから，この正四面体の辺の長さはすべて $2\sqrt{2}$ である。D(x, y, z) とおき，$AD=BD=CD=2\sqrt{2}$ から，x, y, z を求める。

解答　$AB=\sqrt{(3-1)^2+(5-3)^2+(0-0)^2}=2\sqrt{2}$

求める頂点 D の座標を (x, y, z) とおくと

AD=AB から　$\sqrt{(x-1)^2+(y-3)^2+z^2}=2\sqrt{2}$

　すなわち　$(x-1)^2+(y-3)^2+z^2=8$　…… ①

BD=AB から　$\sqrt{(x-3)^2+(y-5)^2+z^2}=2\sqrt{2}$

　すなわち　$(x-3)^2+(y-5)^2+z^2=8$　…… ②

CD=AB から　$\sqrt{(x-3)^2+(y-3)^2+(z-2)^2}=2\sqrt{2}$

　すなわち　$(x-3)^2+(y-3)^2+(z-2)^2=8$　…… ③

①−② から　$x+y=6$　すなわち　$y=6-x$　…… ④

①−③ から　$x+z=3$　すなわち　$z=3-x$　…… ⑤

④, ⑤ を ① に代入して整理すると　$3x^2-14x+11=0$

よって　$(3x-11)(x-1)=0$　ゆえに　$x=\frac{11}{3}$, 1　④, ⑤ から

$x=\frac{11}{3}$ のとき　$y=\frac{7}{3}$, $z=-\frac{2}{3}$,　$x=1$ のとき　$y=5$, $z=2$

求める頂点 D の座標は　$\left(\frac{11}{3}, \frac{7}{3}, -\frac{2}{3}\right)$, **(1, 5, 2)**　答

教科書 p.56〜58

2 空間のベクトル

まとめ

1 空間のベクトル

① 空間のベクトルは，空間内の有向線分で，その位置を問題にしないで，向きと大きさだけを考えたものであり，有向線分 AB で表されるベクトルを $\overrightarrow{\mathrm{AB}}$ と書き表す。

② 空間のベクトルの加法，減法，実数倍や単位ベクトル，逆ベクトル，零ベクトルなどは，平面の場合と同様に定義され，次のことが成り立つ。

1 交換法則 $\vec{a}+\vec{b}=\vec{b}+\vec{a}$

結合法則 $(\vec{a}+\vec{b})+\vec{c}=\vec{a}+(\vec{b}+\vec{c})$

2 $\vec{a}+(-\vec{a})=\vec{0}$，$\vec{a}+\vec{0}=\vec{a}$，$\vec{a}-\vec{b}=\vec{a}+(-\vec{b})$

3 k，l を実数とするとき

$$k(l\vec{a})=(kl)\vec{a},\quad (k+l)\vec{a}=k\vec{a}+l\vec{a},\quad k(\vec{a}+\vec{b})=k\vec{a}+k\vec{b}$$

③ 空間のベクトルの平行についても，平面の場合と同様に，次のことが成り立つ。

$\vec{a}\neq\vec{0}$，$\vec{b}\neq\vec{0}$ のとき

$\vec{a}\parallel\vec{b}$ $\Longleftrightarrow$ **$\vec{b}=k\vec{a}$ となる実数 k がある**

④ 空間の 4 点 O，A，B，C について，ベクトルの和，差や零ベクトル，逆ベクトルの性質をまとめると，平面ベクトルの場合と同様に，次のようになる。

1 $\overrightarrow{\mathrm{OA}}+\overrightarrow{\mathrm{AC}}=\overrightarrow{\mathrm{OC}}$　　2 $\overrightarrow{\mathrm{OA}}-\overrightarrow{\mathrm{OB}}=\overrightarrow{\mathrm{BA}}$

3 $\overrightarrow{\mathrm{AA}}=\vec{0}$　　4 $\overrightarrow{\mathrm{BA}}=-\overrightarrow{\mathrm{AB}}$

⑤ 向かい合った 3 組の面が，それぞれ平行であるような六面体を **平行六面体** という。平行六面体のすべての面は平行四辺形である。

2 ベクトルの分解

① 4 点 O，A，B，C は同じ平面上にないとし，$\overrightarrow{\mathrm{OA}}=\vec{a}$，$\overrightarrow{\mathrm{OB}}=\vec{b}$，$\overrightarrow{\mathrm{OC}}=\vec{c}$ とする。このとき，任意のベクトル $\vec{p}$ は，次の形にただ 1 通りに表すことができる。

$\vec{p}=s\vec{a}+t\vec{b}+u\vec{c}$　　ただし s，t，u は実数

注意 $\vec{p}$ のこのような表し方は，ただ 1 通りであるから，次のことが成り立つ。

$$s\vec{a}+t\vec{b}+u\vec{c}=s'\vec{a}+t'\vec{b}+u'\vec{c} \Longleftrightarrow s=s',\ t=t',\ u=u'$$

A 空間のベクトル

練習 7 教 p.57

教科書の例 3 において，次のベクトルを $\vec{a}$，$\vec{b}$，$\vec{c}$ を用いて表せ。

(1) $\overrightarrow{FH}$　　(2) $\overrightarrow{GE}$　　(3) $\overrightarrow{DF}$

指針 **平行六面体**　平行六面体は，3 組の面がそれぞれ平行で，6 つの面がすべて平行四辺形である。
したがって，3 組の面の同じ向きのベクトルはそれぞれ平行で大きさが等しい。

解答 (1) $\overrightarrow{FH}=\overrightarrow{FE}+\overrightarrow{EH}=\boldsymbol{-\vec{a}+\vec{b}}$ 答

(2) $\overrightarrow{GE}=\overrightarrow{CA}=-\overrightarrow{AC}$
$=-(\vec{a}+\vec{b})=\boldsymbol{-\vec{a}-\vec{b}}$ 答

(3) $\overrightarrow{DF}=\overrightarrow{DC}+\overrightarrow{CB}+\overrightarrow{BF}$
$=\vec{a}+(-\vec{b})+\vec{c}$
$=\boldsymbol{\vec{a}-\vec{b}+\vec{c}}$ 答

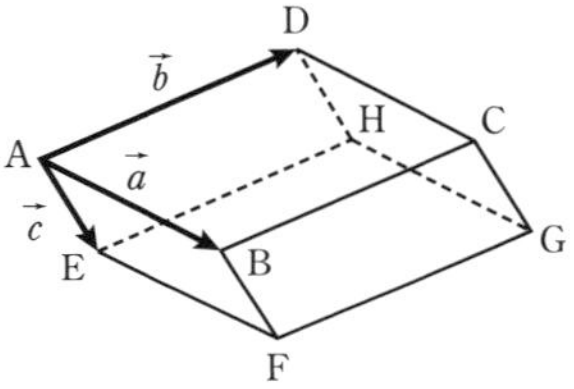

別解 (3) $\overrightarrow{DF}=\overrightarrow{AF}-\overrightarrow{AD}=(\vec{a}+\vec{c})-\vec{b}$
$=\boldsymbol{\vec{a}-\vec{b}+\vec{c}}$ 答

B ベクトルの分解

練習 8 教 p.58

右の図の平行六面体において，OH=4，OJ=3，OK=2 とし，辺 OH，OJ，OK 上に，それぞれ点 A，B，C を，OA=OB=OC=1 となるようにとる。$\overrightarrow{OA}=\vec{a}$，$\overrightarrow{OB}=\vec{b}$，$\overrightarrow{OC}=\vec{c}$ とするとき，ベクトル $\overrightarrow{OI}$，$\overrightarrow{OM}$，$\overrightarrow{KI}$ を，$\vec{a}$，$\vec{b}$，$\vec{c}$ を用いて表せ。

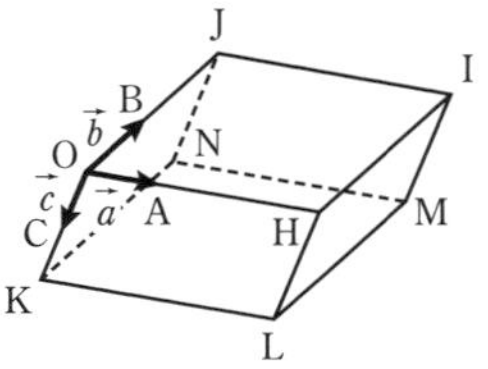

指針 **ベクトルの分解**　$\overrightarrow{OI}$，$\overrightarrow{OM}$，$\overrightarrow{KI}$ を，それぞれ $\overrightarrow{OH}$，$\overrightarrow{OJ}$，$\overrightarrow{OK}$ で表し，$\overrightarrow{OH}=4\vec{a}$，$\overrightarrow{OJ}=3\vec{b}$，$\overrightarrow{OK}=2\vec{c}$ とする。

解答 OH=4，OA=1 であるから　$\overrightarrow{OH}=4\overrightarrow{OA}=4\vec{a}$
OJ=3，OB=1 であるから　$\overrightarrow{OJ}=3\overrightarrow{OB}=3\vec{b}$
OK=2，OC=1 であるから　$\overrightarrow{OK}=2\overrightarrow{OC}=2\vec{c}$
よって

$\boldsymbol{\overrightarrow{OI}}=\overrightarrow{OH}+\overrightarrow{HI}=\overrightarrow{OH}+\overrightarrow{OJ}=\boldsymbol{4\vec{a}+3\vec{b}}$ 答

$\boldsymbol{\overrightarrow{OM}}=\overrightarrow{OH}+\overrightarrow{HI}+\overrightarrow{IM}=\overrightarrow{OH}+\overrightarrow{OJ}+\overrightarrow{OK}=\boldsymbol{4\vec{a}+3\vec{b}+2\vec{c}}$ 答

$\boldsymbol{\overrightarrow{KI}}=\overrightarrow{KL}+\overrightarrow{LM}+\overrightarrow{MI}=\overrightarrow{OH}+\overrightarrow{OJ}+\overrightarrow{KO}=\boldsymbol{4\vec{a}+3\vec{b}-2\vec{c}}$ 答

別解 $\overrightarrow{OM}=\overrightarrow{OI}+\overrightarrow{IM}=(4\vec{a}+3\vec{b})+2\vec{c}=\boldsymbol{4\vec{a}+3\vec{b}+2\vec{c}}$ 答
$\overrightarrow{KI}=\overrightarrow{OI}-\overrightarrow{OK}=(4\vec{a}+3\vec{b})-2\vec{c}=\boldsymbol{4\vec{a}+3\vec{b}-2\vec{c}}$ 答

3 ベクトルの成分

まとめ

1 ベクトルの成分

① 座標空間の原点を O とし，ベクトル $\vec{a}$ に対して $\vec{a}=\overrightarrow{OA}$ となる点 A をとり，A の座標を $(a_1,\ a_2,\ a_3)$ とする。
また，3 つの点 E(1, 0, 0), F(0, 1, 0), G(0, 0, 1) をとり，

$$\vec{e_1}=\overrightarrow{OE},\ \vec{e_2}=\overrightarrow{OF},\ \vec{e_3}=\overrightarrow{OG}$$

とすると，ベクトル $\vec{a}$ は，次の形にただ 1 通りに表すことができる。

$$\boldsymbol{\vec{a}=a_1\vec{e_1}+a_2\vec{e_2}+a_3\vec{e_3}}$$

← $\vec{a}$ の **基本ベクトル表示**

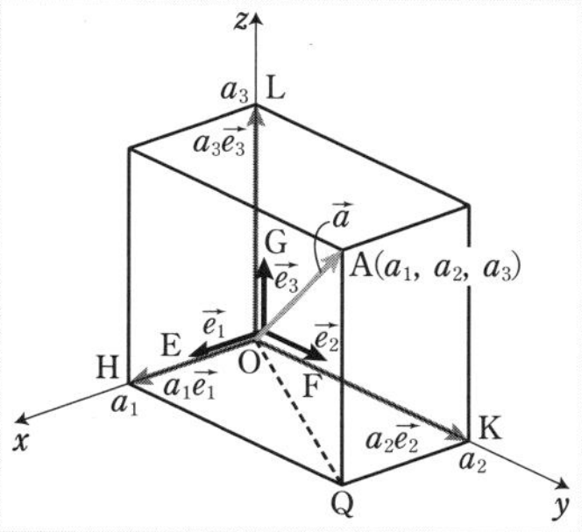

このベクトル $\vec{e_1}$, $\vec{e_2}$, $\vec{e_3}$ を，座標軸に関する **基本ベクトル** という。
また，3 つの実数 a_1, a_2, a_3 をベクトル $\vec{a}$ の **成分** といい，a_1 を **x 成分**，a_2 を **y 成分**，a_3 を **z 成分** という。

② ベクトルは，その成分を用いて，次のようにも書き表す。これを $\vec{a}$ の **成分表示** という。

$$\boldsymbol{\vec{a}=(a_1,\ a_2,\ a_3)}$$ ← $\vec{a}$ の **成分表示**

特に，基本ベクトルや零ベクトルについては，次のようになる。

$$\boldsymbol{\vec{e_1}=(1,\ 0,\ 0),\ \vec{e_2}=(0,\ 1,\ 0),\ \vec{e_3}=(0,\ 0,\ 1),\ \vec{0}=(0,\ 0,\ 0)}$$

③ 2 つのベクトル $\vec{a}=(a_1,\ a_2,\ a_3)$, $\vec{b}=(b_1,\ b_2,\ b_3)$ について，次のことが成り立つ。

$$\boldsymbol{\vec{a}=\vec{b} \iff a_1=b_1,\ a_2=b_2,\ a_3=b_3}$$

④ ベクトル $\vec{a}$ の大きさ $|\vec{a}|$ は

$\vec{a}=(a_1,\ a_2,\ a_3)$ のとき　$\boldsymbol{|\vec{a}|=\sqrt{a_1^2+a_2^2+a_3^2}}$

2 成分によるベクトルの演算

① ベクトルの和，実数倍は，平面の場合と同様に，次のように表される。

1 $\boldsymbol{(a_1,\ a_2,\ a_3)+(b_1,\ b_2,\ b_3)=(a_1+b_1,\ a_2+b_2,\ a_3+b_3)}$

2 $\boldsymbol{k(a_1,\ a_2,\ a_3)=(ka_1,\ ka_2,\ ka_3)}$　ただし k は実数

一般に，k, l を実数とするとき，次のことが成り立つ。

$$\boldsymbol{k(a_1,\ a_2,\ a_3)+l(b_1,\ b_2,\ b_3)=(ka_1+lb_1,\ ka_2+lb_2,\ ka_3+lb_3)}$$

特に　$\boldsymbol{(a_1,\ a_2,\ a_3)-(b_1,\ b_2,\ b_3)=(a_1-b_1,\ a_2-b_2,\ a_3-b_3)}$

3　点の座標とベクトルの成分

① $\overrightarrow{\mathrm{AB}}$ の成分と大きさ

2点 $\mathrm{A}(a_1,\ a_2,\ a_3)$，$\mathrm{B}(b_1,\ b_2,\ b_3)$ について

$$\overrightarrow{\mathrm{AB}}=(b_1-a_1,\ b_2-a_2,\ b_3-a_3)$$

$$|\overrightarrow{\mathrm{AB}}|=\sqrt{(b_1-a_1)^2+(b_2-a_2)^2+(b_3-a_3)^2}$$

A ベクトルの成分

教 p.60

練習 9

次のベクトルの大きさを求めよ。

(1)　$\vec{a}=(3,\ 4,\ 5)$　　(2)　$\vec{b}=(-2,\ 6,\ -3)$

指針　**ベクトルの大きさ**　$\vec{a}=(a_1,\ a_2,\ a_3)$ の大きさは

$$|\vec{a}|=\sqrt{a_1{}^2+a_2{}^2+a_3{}^2}$$

解答　(1)　$|\vec{a}|=\sqrt{3^2+4^2+5^2}=\sqrt{50}=\mathbf{5\sqrt{2}}$　答

(2)　$|\vec{b}|=\sqrt{(-2)^2+6^2+(-3)^2}=\sqrt{49}=\mathbf{7}$　答

B 成分によるベクトルの演算

教 p.60

問 3

$\vec{a}=(1,\ -2,\ 3)$，$\vec{b}=(-1,\ 3,\ -2)$ のとき，次のベクトルを成分表示せよ。また，その大きさを求めよ。

(1)　$\vec{a}+\vec{b}$　　(2)　$\vec{a}-\vec{b}$　　(3)　$2\vec{a}$　　(4)　$-3\vec{a}+2\vec{b}$

指針　**成分によるベクトルの演算**　演算の規則に従って計算する。また，ベクトルの大きさについては，$|\vec{a}|=\sqrt{a_1{}^2+a_2{}^2+a_3{}^2}$ を用いる。

解答　(1)　$\vec{a}+\vec{b}=(1,\ -2,\ 3)+(-1,\ 3,\ -2)$

$=(1+(-1),\ -2+3,\ 3+(-2))$

$=\mathbf{(0,\ 1,\ 1)}$　答

また，その大きさは

$|\vec{a}+\vec{b}|=\sqrt{0^2+1^2+1^2}=\mathbf{\sqrt{2}}$　答

(2)　$\vec{a}-\vec{b}=(1,\ -2,\ 3)-(-1,\ 3,\ -2)$

$=(1-(-1),\ -2-3,\ 3-(-2))$

$=\mathbf{(2,\ -5,\ 5)}$　答

また，その大きさは

$|\vec{a}-\vec{b}|=\sqrt{2^2+(-5)^2+5^2}=\mathbf{3\sqrt{6}}$　答

(3) $2\vec{a}=2(1,\ -2,\ 3)=(2\times1,\ 2\times(-2),\ 2\times3)$

$=\mathbf{(2,\ -4,\ 6)}$ 答

また，その大きさは

$|2\vec{a}|=\sqrt{2^2+(-4)^2+6^2}=\mathbf{2\sqrt{14}}$ 答

(4) $-3\vec{a}+2\vec{b}=-3(1,\ -2,\ 3)+2(-1,\ 3,\ -2)$

$=(-3\times1,\ -3\times(-2),\ -3\times3)+(2\times(-1),\ 2\times3,\ 2\times(-2))$

$=(-3,\ 6,\ -9)+(-2,\ 6,\ -4)$

$=(-3+(-2),\ 6+6,\ -9+(-4))$

$=\mathbf{(-5,\ 12,\ -13)}$ 答

また，その大きさは

$|-3\vec{a}+2\vec{b}|=\sqrt{(-5)^2+12^2+(-13)^2}=\mathbf{13\sqrt{2}}$ 答

教 p.60

練習 10

$\vec{a}=(2,\ -1,\ 1)$，$\vec{b}=(-2,\ 3,\ -1)$ のとき，次のベクトルを成分表示せよ。また，その大きさを求めよ。

(1) $\vec{a}+\vec{b}$　　(2) $\vec{a}-\vec{b}$　　(3) $4\vec{a}+3\vec{b}$

指針 **成分によるベクトルの演算**　問 3 と同様に計算する。

解答 (1) $\vec{a}+\vec{b}=(2,\ -1,\ 1)+(-2,\ 3,\ -1)$

$=(2+(-2),\ -1+3,\ 1+(-1))$

$=\mathbf{(0,\ 2,\ 0)}$ 答

また，その大きさは

$|\vec{a}+\vec{b}|=\sqrt{0^2+2^2+0^2}=\mathbf{2}$ 答

(2) $\vec{a}-\vec{b}=(2,\ -1,\ 1)-(-2,\ 3,\ -1)$

$=(2-(-2),\ -1-3,\ 1-(-1))$

$=\mathbf{(4,\ -4,\ 2)}$ 答

また，その大きさは

$|\vec{a}-\vec{b}|=\sqrt{4^2+(-4)^2+2^2}=\mathbf{6}$ 答

(3) $4\vec{a}+3\vec{b}=4(2,\ -1,\ 1)+3(-2,\ 3,\ -1)$

$=(8,\ -4,\ 4)+(-6,\ 9,\ -3)$

$=(8+(-6),\ -4+9,\ 4+(-3))$

$=\mathbf{(2,\ 5,\ 1)}$ 答

また，その大きさは

$|4\vec{a}+3\vec{b}|=\sqrt{2^2+5^2+1^2}=\mathbf{\sqrt{30}}$ 答

教 p.61

問 4 $\vec{a}=(1,\ 2,\ 3)$，$\vec{b}=(1,\ -1,\ 0)$，$\vec{c}=(-1,\ 3,\ 4)$ のとき，ベクトル $\vec{p}=(6,\ 1,\ 5)$ を $s\vec{a}+t\vec{b}+u\vec{c}$ の形に表せ。

指針 **成分によるベクトルの演算とベクトルの分解** $\vec{p}=s\vec{a}+t\vec{b}+u\vec{c}$ を成分で表し，s，t，u についての連立方程式を作る。

解答 $\vec{p}=s\vec{a}+t\vec{b}+u\vec{c}$ とおくと

$$\begin{aligned}(6,\ 1,\ 5)&=s(1,\ 2,\ 3)+t(1,\ -1,\ 0)+u(-1,\ 3,\ 4)\\&=(s+t-u,\ 2s-t+3u,\ 3s+4u)\end{aligned}$$

よって $\begin{cases}s+t-u=6 & \cdots\cdots ① \\ 2s-t+3u=1 & \cdots\cdots ② \\ 3s+4u=5 & \cdots\cdots ③\end{cases}$

①+② より　$3s+2u=7$ ……④

③ と ④ を連立させて

$s=3,\ u=-1$

これを ① に代入して，$3+t-(-1)=6$ より　$t=2$

したがって　$\boldsymbol{\vec{p}=3\vec{a}+2\vec{b}-\vec{c}}$　答

教 p.61

練習 11 $\vec{a}=(1,\ -2,\ 3)$，$\vec{b}=(-2,\ 1,\ 0)$，$\vec{c}=(2,\ -3,\ 1)$ のとき，ベクトル $\vec{p}=(-1,\ 5,\ 0)$ を $s\vec{a}+t\vec{b}+u\vec{c}$ の形に表せ。

指針 **成分によるベクトルの演算とベクトルの分解** $\vec{p}=s\vec{a}+t\vec{b}+u\vec{c}$ の成分を計算し，s，t，u についての連立方程式を作る。

解答 $\vec{p}=s\vec{a}+t\vec{b}+u\vec{c}$ とおくと

$$\begin{aligned}(-1,\ 5,\ 0)&=s(1,\ -2,\ 3)+t(-2,\ 1,\ 0)+u(2,\ -3,\ 1)\\&=(s-2t+2u,\ -2s+t-3u,\ 3s+u)\end{aligned}$$

よって $\begin{cases}s-2t+2u=-1 & \cdots\cdots ① \\ -2s+t-3u=5 & \cdots\cdots ② \\ 3s+u=0 & \cdots\cdots ③\end{cases}$

①+2×② より　$-3s-4u=9$ ……④

③ と ④ を連立させて　$s=1,\ u=-3$

これを ① に代入して，$1-2t-6=-1$ より　$t=-2$

したがって　$\boldsymbol{\vec{p}=\vec{a}-2\vec{b}-3\vec{c}}$　答

C 点の座標とベクトルの成分

教 p.61

練習 12

4点 O(0, 0, 0), A(4, 0, 1), B(3, 5, −2), C(−2, −5, 3) について，次のベクトルを成分表示せよ。また，その大きさを求めよ。

(1) $\overrightarrow{OA}$　(2) $\overrightarrow{AB}$　(3) $\overrightarrow{BC}$　(4) $\overrightarrow{CA}$

指針 **点の座標とベクトルの成分**　$A(a_1,\ a_2,\ a_3)$, $B(b_1,\ b_2,\ b_3)$ のとき

$$\overrightarrow{AB}=(b_1-a_1,\ b_2-a_2,\ b_3-a_3)$$

$$|\overrightarrow{AB}|=\sqrt{(b_1-a_1)^2+(b_2-a_2)^2+(b_3-a_3)^2}$$

解答 (1) $\overrightarrow{\mathbf{OA}}=(4-0,\ 0-0,\ 1-0)$

$=\mathbf{(4,\ 0,\ 1)}$ 答

$|\overrightarrow{\mathbf{OA}}|=\sqrt{4^2+0^2+1^2}=\mathbf{\sqrt{17}}$ 答

(2) $\overrightarrow{\mathbf{AB}}=(3-4,\ 5-0,\ -2-1)$

$=\mathbf{(-1,\ 5,\ -3)}$ 答

$|\overrightarrow{\mathbf{AB}}|=\sqrt{(-1)^2+5^2+(-3)^2}=\mathbf{\sqrt{35}}$ 答

(3) $\overrightarrow{\mathbf{BC}}=(-2-3,\ -5-5,\ 3-(-2))$

$=\mathbf{(-5,\ -10,\ 5)}$ 答

$|\overrightarrow{\mathbf{BC}}|=\sqrt{(-5)^2+(-10)^2+5^2}=\mathbf{5\sqrt{6}}$ 答

(4) $\overrightarrow{\mathbf{CA}}=(4-(-2),\ 0-(-5),\ 1-3)$

$=\mathbf{(6,\ 5,\ -2)}$ 答

$|\overrightarrow{\mathbf{CA}}|=\sqrt{6^2+5^2+(-2)^2}=\mathbf{\sqrt{65}}$ 答

教 p.61

練習 13

座標空間に平行四辺形 ABCD があり，A(9, 3, 5), B(5, 1, 2), C(−2, −4, 3) であるとする。頂点 D の座標を求めよ。

指針 **平行四辺形の頂点**　平行四辺形 ABCD において，AB=DC, AB∥DC であるから，$\overrightarrow{AB}=\overrightarrow{DC}$ が成り立つ。

解答 頂点 D の座標を $(x,\ y,\ z)$ とすると，$\overrightarrow{AB}=\overrightarrow{DC}$ であるから

$$(5-9,\ 1-3,\ 2-5)=(-2-x,\ -4-y,\ 3-z)$$

すなわち　$(-4,\ -2,\ -3)=(-2-x,\ -4-y,\ 3-z)$

よって　$-2-x=-4,\ \ -4-y=-2,\ \ 3-z=-3$

ゆえに　$x=2,\ y=-2,\ z=6$

したがって，頂点 D の座標は　**(2, −2, 6)** 答

4 ベクトルの内積

まとめ

1 ベクトルの内積

① 空間の $\vec{0}$ でない 2 つのベクトル $\vec{a}$, $\vec{b}$ のなす角 θ を平面の場合と同様に定義し，$\vec{a}$ と $\vec{b}$ の内積 $\vec{a}\cdot\vec{b}$ も平面の場合と同じ式

$$\vec{a}\cdot\vec{b}=|\vec{a}||\vec{b}|\cos\theta$$

で定義する。また，$\vec{a}=\vec{0}$ または $\vec{b}=\vec{0}$ のときは，$\vec{a}$ と $\vec{b}$ の内積を $\vec{a}\cdot\vec{b}=0$ と定める。

② 平面の場合と同様に，次の性質を導くことができる。

内積の性質

$$\vec{a}\cdot\vec{b}=\vec{b}\cdot\vec{a},\quad \vec{a}\cdot\vec{a}=|\vec{a}|^2,\quad |\vec{a}|=\sqrt{\vec{a}\cdot\vec{a}}$$

$$(\vec{a}+\vec{b})\cdot\vec{c}=\vec{a}\cdot\vec{c}+\vec{b}\cdot\vec{c},\quad \vec{a}\cdot(\vec{b}+\vec{c})=\vec{a}\cdot\vec{b}+\vec{a}\cdot\vec{c}$$

$$(k\vec{a})\cdot b=a\cdot(k\vec{b})=k(\vec{a}\cdot\vec{b})$$ ただし k は実数

③ 空間においても，ベクトルのなす角について，次のことがいえる。

ベクトルのなす角

$\vec{0}$ でない 2 つのベクトル $\vec{a}$, $\vec{b}$ のなす角を θ とすると

$$\cos\theta=\frac{\vec{a}\cdot\vec{b}}{|\vec{a}||\vec{b}|}$$ ただし　$0°\leqq\theta\leqq180°$

④ **内積と成分**

$\vec{a}=(a_1,\ a_2,\ a_3)$, $\vec{b}=(b_1,\ b_2,\ b_3)$ のとき

$$\vec{a}\cdot\vec{b}=a_1b_1+a_2b_2+a_3b_3$$

⑤ **ベクトルの垂直条件**

1 $\vec{a}\neq\vec{0}$, $\vec{b}\neq\vec{0}$ のとき

$$\vec{a}\perp\vec{b} \iff \vec{a}\cdot\vec{b}=0$$

2 $\vec{a}\neq\vec{0}$, $\vec{b}\neq\vec{0}$ で，$\vec{a}=(a_1,\ a_2,\ a_3)$, $\vec{b}=(b_1,\ b_2,\ b_3)$ のとき

$$\vec{a}\perp\vec{b} \iff a_1b_1+a_2b_2+a_3b_3=0$$

A ベクトルの内積

教 p.62

問5 1辺の長さが2の立方体ABCD-EFGHについて，次の内積を求めよ。

(1) $\overrightarrow{AB}\cdot\overrightarrow{AH}$　　(2) $\overrightarrow{AF}\cdot\overrightarrow{AH}$

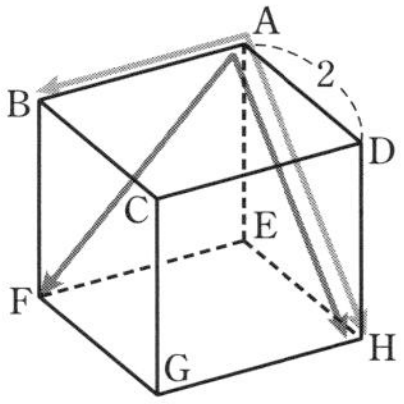

指針 **ベクトルの内積**　2つのベクトルの大きさとなす角がわかれば，内積は計算できる。

(2) $|\overrightarrow{AF}|=|\overrightarrow{AH}|=|\overrightarrow{FH}|$ より，△AFHは正三角形である。

よって　$\angle FAH=60°$

解答 (1) $|\overrightarrow{AB}|=2$，$|\overrightarrow{AH}|=2\sqrt{2}$，$\angle BAH=90°$ であるから

$\overrightarrow{AB}\cdot\overrightarrow{AH}=|\overrightarrow{AB}||\overrightarrow{AH}|\cos 90°=\mathbf{0}$　答

(2) (1)より　$|\overrightarrow{AH}|=2\sqrt{2}$　　また　$|\overrightarrow{AF}|=|\overrightarrow{AH}|=|\overrightarrow{FH}|$

よって，△AFHは正三角形であるから

$$\overrightarrow{AF}\cdot\overrightarrow{AH}=|\overrightarrow{AF}||\overrightarrow{AH}|\cos 60°=2\sqrt{2}\times 2\sqrt{2}\times\frac{1}{2}=\mathbf{4}$$　答

教 p.63

練習14 次の2つのベクトル $\vec{a}$，$\vec{b}$ について，内積とそのなす角 θ を求めよ。

(1) $\vec{a}=(-1,\ 0,\ 1)$，$\vec{b}=(-1,\ 2,\ 2)$

(2) $\vec{a}=(2,\ -3,\ 1)$，$\vec{b}=(-3,\ 1,\ 2)$

指針 **内積となす角**　$\vec{a}=(a_1,\ a_2,\ a_3)$，$\vec{b}=(b_1,\ b_2,\ b_3)$ のとき

$$\vec{a}\cdot\vec{b}=a_1b_1+a_2b_2+a_3b_3$$

また，なす角 θ は $\cos\theta=\dfrac{a_1b_1+a_2b_2+a_3b_3}{\sqrt{a_1^2+a_2^2+a_3^2}\sqrt{b_1^2+b_2^2+b_3^2}}$ から求める。

このとき，$0°\leqq\theta\leqq 180°$ であることに注意する。

解答 (1) $\vec{a}\cdot\vec{b}=-1\times(-1)+0\times 2+1\times 2=\mathbf{3}$　答

$|\vec{a}|=\sqrt{(-1)^2+0^2+1^2}=\sqrt{2}$，　$|\vec{b}|=\sqrt{(-1)^2+2^2+2^2}=3$

であるから

$$\cos\theta=\frac{\vec{a}\cdot\vec{b}}{|\vec{a}||\vec{b}|}=\frac{3}{\sqrt{2}\times 3}=\frac{1}{\sqrt{2}}$$

$0°\leqq\theta\leqq 180°$ であるから　　$\boldsymbol{\theta=45°}$　答

(2)　$\vec{a}\cdot\vec{b}=2\times(-3)+(-3)\times1+1\times2=\mathbf{-7}$ 答

$|\vec{a}|=\sqrt{2^2+(-3)^2+1^2}=\sqrt{14}$,　$|\vec{b}|=\sqrt{(-3)^2+1^2+2^2}=\sqrt{14}$

であるから

$$\cos\theta=\frac{\vec{a}\cdot\vec{b}}{|\vec{a}||\vec{b}|}=\frac{-7}{\sqrt{14}\sqrt{14}}=-\frac{1}{2}$$

$0^\circ\leqq\theta\leqq180^\circ$ であるから　$\boldsymbol{\theta=120^\circ}$ 答

教 p.63

練習 15

3 点 A$(-1,\ 4,\ 0)$, B$(2,\ 1,\ 0)$, C$(1,\ 0,\ 2)$ を頂点とする △ABC の 3 つの内角の大きさを求めよ。

指針 **三角形の内角**　A は $\overrightarrow{\mathrm{AB}}$ と $\overrightarrow{\mathrm{AC}}$ のなす角，B は $\overrightarrow{\mathrm{BA}}$ と $\overrightarrow{\mathrm{BC}}$ のなす角である。C は三角形の内角の和が 180° であることから求められる。

解答　$\overrightarrow{\mathrm{AB}}=(2-(-1),\ 1-4,\ 0-0)=(3,\ -3,\ 0)$

$\overrightarrow{\mathrm{AC}}=(1-(-1),\ 0-4,\ 2-0)=(2,\ -4,\ 2)$

であるから　$\overrightarrow{\mathrm{AB}}\cdot\overrightarrow{\mathrm{AC}}=3\times2+(-3)\times(-4)+0\times2=18$

また　$|\overrightarrow{\mathrm{AB}}|=\sqrt{3^2+(-3)^2+0^2}=3\sqrt{2}$

$|\overrightarrow{\mathrm{AC}}|=\sqrt{2^2+(-4)^2+2^2}=2\sqrt{6}$

よって　$\cos A=\dfrac{\overrightarrow{\mathrm{AB}}\cdot\overrightarrow{\mathrm{AC}}}{|\overrightarrow{\mathrm{AB}}||\overrightarrow{\mathrm{AC}}|}=\dfrac{18}{3\sqrt{2}\times2\sqrt{6}}=\dfrac{\sqrt{3}}{2}$

$0^\circ<A<180^\circ$ であるから　$A=30^\circ$

$\overrightarrow{\mathrm{BA}}=-\overrightarrow{\mathrm{AB}}=(-3,\ 3,\ 0)$

$\overrightarrow{\mathrm{BC}}=(1-2,\ 0-1,\ 2-0)=(-1,\ -1,\ 2)$

であるから　$\overrightarrow{\mathrm{BA}}\cdot\overrightarrow{\mathrm{BC}}=(-3)\times(-1)+3\times(-1)+0\times2=0$

$\overrightarrow{\mathrm{BA}}\neq\vec{0}$, $\overrightarrow{\mathrm{BC}}\neq\vec{0}$ であるから　$\overrightarrow{\mathrm{BA}}\perp\overrightarrow{\mathrm{BC}}$　すなわち　$B=90^\circ$

$A+B+C=180^\circ$ から $C=180^\circ-(A+B)=180^\circ-(30^\circ+90^\circ)=60^\circ$

答　$\boldsymbol{A=30^\circ,\ B=90^\circ,\ C=60^\circ}$

教 p.63

深める

空間のベクトルについても，教科書 24 ページのように，右の図において等式 $|\vec{b}-\vec{a}|^2=|\vec{a}|^2+|\vec{b}|^2-2(\vec{a}\cdot\vec{b})$ が成り立つ。このことから，教科書 63 ページの等式

$$\vec{a}\cdot\vec{b}=a_1b_1+a_2b_2+a_3b_3$$

が成り立つことを示してみよう。

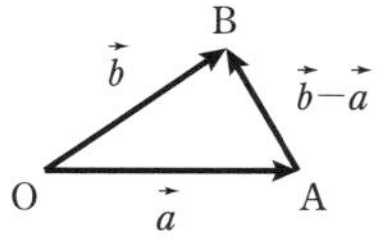

指針 **内積と成分**　教科書 24 ページと同様に計算する。

解答 $|\vec{b}-\vec{a}|^2=|\vec{a}|^2+|\vec{b}|^2-2(\vec{a}\cdot\vec{b})$ より

$$(b_1-a_1)^2+(b_2-a_2)^2+(b_3-a_3)^2$$
$$=(a_1{}^2+a_2{}^2+a_3{}^2)+(b_1{}^2+b_2{}^2+b_3{}^2)-2(\vec{a}\cdot\vec{b})$$

よって　$\vec{a}\cdot\vec{b}=a_1b_1+a_2b_2+a_3b_3$　終

練習 16　教 p.64

2 つのベクトル $\vec{a}=(1,\ -1,\ 1)$，$\vec{b}=(1,\ -2,\ -1)$ の両方に垂直で，大きさが $\sqrt{14}$ であるベクトル $\vec{p}$ を求めよ。

指針 **2つのベクトルに垂直なベクトル**　$\vec{p}=(x,\ y,\ z)$ とおき，$\vec{a}\cdot\vec{p}=0$，$\vec{b}\cdot\vec{p}=0$，$|\vec{p}|=\sqrt{14}$ から，x，y，z の連立方程式を作る。

解答 $\vec{p}=(x,\ y,\ z)$ とする。

$\vec{a}\perp\vec{p}$ であるから　$\vec{a}\cdot\vec{p}=0$　すなわち　$x-y+z=0$　…… ①

$\vec{b}\perp\vec{p}$ であるから　$\vec{b}\cdot\vec{p}=0$　すなわち　$x-2y-z=0$　…… ②

$|\vec{p}|^2=(\sqrt{14})^2$ であるから　$x^2+y^2+z^2=14$　…… ③

①，② から x，y を z で表して　$x=-3z$，$y=-2z$

これを ③ に代入して　$14z^2=14$　すなわち　$z=\pm1$

$z=1$　のとき　$x=-3$，$y=-2$

$z=-1$ のとき　$x=3$，$y=2$

したがって　$\vec{p}=(-3,\ -2,\ 1),\ (3,\ 2,\ -1)$　答

5 位置ベクトル

まとめ

1 位置ベクトル

① 空間においても，1 点 O を固定すると，任意の点 P の位置は，ベクトル $\vec{p}=\overrightarrow{OP}$ によって定められる。このとき，$\vec{p}$ を点 O に関する点 P の**位置ベクトル**という。また，位置ベクトルが $\vec{p}$ である点 P を $\mathbf{P}(\vec{p})$ で表す。

② 空間の場合にも，平面の場合と同様に，次のことが成り立つ。

1 2 点 $A(\vec{a})$，$B(\vec{b})$ に対して　$\overrightarrow{AB}=\vec{b}-\vec{a}$

2 2 点 $A(\vec{a})$，$B(\vec{b})$ を結ぶ線分 AB を $m:n$ に内分する点 P，外分する点 Q の位置ベクトルを，それぞれ $\vec{p}$，$\vec{q}$ とすると

$$\vec{p}=\frac{n\vec{a}+m\vec{b}}{m+n},\qquad \vec{q}=\frac{-n\vec{a}+m\vec{b}}{m-n}$$

特に，線分 AB の中点 M の位置ベクトル $\vec{m}$ は　$\vec{m}=\dfrac{\vec{a}+\vec{b}}{2}$

3　3点 A($\vec{a}$)，B($\vec{b}$)，C($\vec{c}$) を頂点とする △ABC の重心 G の位置ベクトル $\vec{g}$ は　　$\vec{g}=\dfrac{\vec{a}+\vec{b}+\vec{c}}{3}$

A 位置ベクトル

教 p.66

練習 17

平行六面体 ABCD-EFGH において，4つの対角線 AG，BH，CE，DF の中点は一致することを証明せよ。

指針 **平行六面体と位置ベクトル**　点 A に関する位置ベクトルを考え，4つの対角線 AG，BH，CE，DF の中点の位置ベクトルが同じであることを示す。

解答 $\overrightarrow{AB}=\vec{b}$，$\overrightarrow{AD}=\vec{d}$，$\overrightarrow{AE}=\vec{e}$ とする。

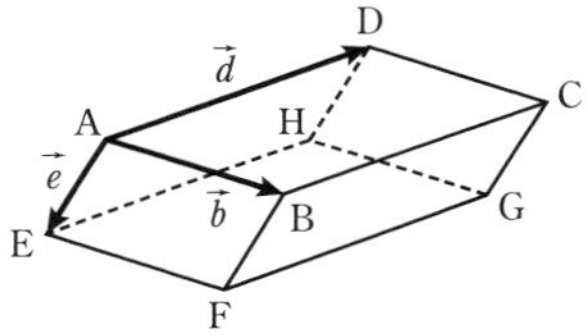

また，対角線 AG，BH，CE，DF の中点を，それぞれ K，L，M，N とする。

$\overrightarrow{AG}=\vec{b}+\vec{d}+\vec{e}$ であるから

$$\overrightarrow{AK}=\frac{1}{2}\overrightarrow{AG}=\frac{1}{2}(\vec{b}+\vec{d}+\vec{e})$$

L は対角線 BH の中点であるから

$$\overrightarrow{AL}=\frac{\overrightarrow{AB}+\overrightarrow{AH}}{2}=\frac{1}{2}(\vec{b}+\vec{d}+\vec{e})$$

M は対角線 CE の中点であるから

$$\overrightarrow{AM}=\frac{\overrightarrow{AC}+\overrightarrow{AE}}{2}=\frac{1}{2}(\vec{b}+\vec{d}+\vec{e})$$

N は対角線 DF の中点であるから

$$\overrightarrow{AN}=\frac{\overrightarrow{AD}+\overrightarrow{AF}}{2}=\frac{1}{2}(\vec{b}+\vec{d}+\vec{e})$$

よって　$\overrightarrow{AK}=\overrightarrow{AL}=\overrightarrow{AM}=\overrightarrow{AN}$

すなわち，点 K，L，M，N は一致する。

ゆえに，4つの対角線 AG，BH，CE，DF の中点は一致する。 終

6 ベクトルと図形

まとめ

1 一直線上の点

① 空間においても，平面の場合と同様に，次のことが成り立つ。

2 点 A，B が異なるとき

点 P が直線 AB 上にある ⟺ $\overrightarrow{AP}=k\overrightarrow{AB}$ となる実数 k がある

2 同じ平面上にある点

① 一直線上にない 3 点 A，B，C の定める平面 ABC がある。このとき，右の図からわかるように，次のことが成り立つ。

点 P が平面 ABC 上にある ⟺

$\overrightarrow{CP}=s\overrightarrow{CA}+t\overrightarrow{CB}$ となる実数 s，t がある

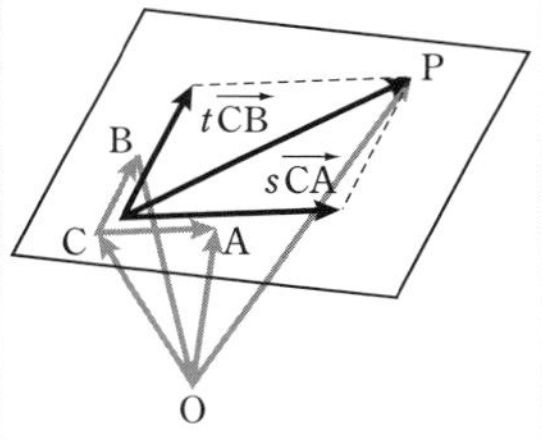

A 一直線上の点

練習 18 教 p.67

教科書の応用例題 2 の平行六面体において，辺 OC の中点を M とする。3 点 D，G，M は一直線上にあることを証明せよ。また，DG：GM を求めよ。

指針 **3 点が一直線上にあることの証明** $\overrightarrow{OA}=\vec{a}$，$\overrightarrow{OB}=\vec{b}$，$\overrightarrow{OC}=\vec{c}$ として，$\overrightarrow{DM}$，$\overrightarrow{DG}$ を $\vec{a}$，$\vec{b}$，$\vec{c}$ で表し，$\overrightarrow{DM}=k\overrightarrow{DG}$ となる実数 k があることを示す。

解答 $\overrightarrow{OA}=\vec{a}$，$\overrightarrow{OB}=\vec{b}$，$\overrightarrow{OC}=\vec{c}$ とすると

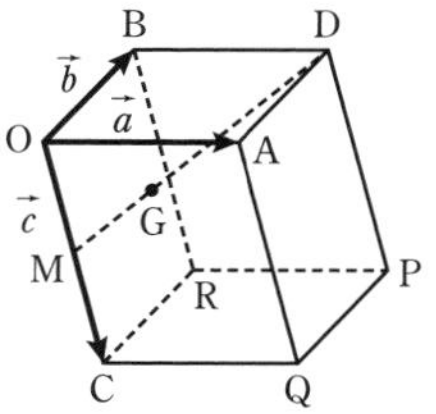

$$\overrightarrow{DM}=\overrightarrow{OM}-\overrightarrow{OD}$$

$$=\frac{1}{2}\vec{c}-(\vec{a}+\vec{b})=\frac{-2\vec{a}-2\vec{b}+\vec{c}}{2}$$

$$\overrightarrow{DG}=\overrightarrow{OG}-\overrightarrow{OD}$$

$$=\frac{\vec{a}+\vec{b}+\vec{c}}{3}-(\vec{a}+\vec{b})=\frac{-2\vec{a}-2\vec{b}+\vec{c}}{3}$$

よって　$\overrightarrow{DM}=\frac{3}{2}\overrightarrow{DG}$

ゆえに，3 点 D，G，M は一直線上にある。 終

また，$DM=\frac{3}{2}DG$ より　　DG：DM＝2：3

よって　DG：GM＝**2：1**　答

教科書 p.68

B 同じ平面上にある点

教 p.68

問 6 3 点 A(1, 0, 0), B(0, 2, 0), C(0, 0, 3) の定める平面 ABC 上に点 P(x, x, x) があるとき，x の値を求めよ。

指針 **同じ平面上にある点** $\overrightarrow{\mathrm{CP}}=s\overrightarrow{\mathrm{CA}}+t\overrightarrow{\mathrm{CB}}$ を成分で表すことにより，x, s, t についての連立方程式を作る。

解答 ベクトル $\overrightarrow{\mathrm{CP}}=(x,\ x,\ x-3)$, $\overrightarrow{\mathrm{CA}}=(1,\ 0,\ -3)$, $\overrightarrow{\mathrm{CB}}=(0,\ 2,\ -3)$ に対して，$\overrightarrow{\mathrm{CP}}=s\overrightarrow{\mathrm{CA}}+t\overrightarrow{\mathrm{CB}}$ となる実数 s, t があるから

$$(x,\ x,\ x-3)=s(1,\ 0,\ -3)+t(0,\ 2,\ -3)$$

すなわち　$(x,\ x,\ x-3)=(s,\ 2t,\ -3s-3t)$

よって　$\begin{cases} x=s & \cdots\cdots ① \\ x=2t & \cdots\cdots ② \\ x-3=-3s-3t & \cdots\cdots ③ \end{cases}$

① より　$3s=3x$,　　② より　$3t=\dfrac{3}{2}x$

これらを ③ に代入して　$x-3=-3x-\dfrac{3}{2}x$

これを解いて　$\boldsymbol{x=\dfrac{6}{11}}$　答

教 p.68

練習 19 3 点 A(2, 0, 0), B(0, 4, 0), C(0, 0, 3) の定める平面 ABC 上に点 P(1, y, -3) があるとき，y の値を求めよ。

指針 **同じ平面上にある点** $\overrightarrow{\mathrm{CP}}=s\overrightarrow{\mathrm{CA}}+t\overrightarrow{\mathrm{CB}}$ を成分で表すことにより，y, s, t についての連立方程式を作る。

解答 ベクトル $\overrightarrow{\mathrm{CP}}=(1,\ y,\ -6)$, $\overrightarrow{\mathrm{CA}}=(2,\ 0,\ -3)$, $\overrightarrow{\mathrm{CB}}=(0,\ 4,\ -3)$ に対して，$\overrightarrow{\mathrm{CP}}=s\overrightarrow{\mathrm{CA}}+t\overrightarrow{\mathrm{CB}}$ となる実数 s, t があるから

$$(1,\ y,\ -6)=s(2,\ 0,\ -3)+t(0,\ 4,\ -3)$$

すなわち　$(1,\ y,\ -6)=(2s,\ 4t,\ -3s-3t)$

よって　$\begin{cases} 1=2s & \cdots\cdots ① \\ y=4t & \cdots\cdots ② \\ -6=-3s-3t & \cdots\cdots ③ \end{cases}$

①, ③ から　$s=\dfrac{1}{2}$, $t=\dfrac{3}{2}$　　② に代入して　$\boldsymbol{y=6}$　答

教 p.69

問7 教科書の応用例題 3 において，OL：LH を求めよ。

指針 **線分の比** $\overrightarrow{\mathrm{OL}}=k\overrightarrow{\mathrm{OH}}$ より　OL＝kOH

解答 応用例題 3 より　　$\overrightarrow{\mathrm{OL}}=\frac{1}{4}\overrightarrow{\mathrm{OH}}$

よって，OL＝$\frac{1}{4}$OH より　　OL：OH＝1：4

ゆえに　OL：LH＝**1：3**　答

教 p.69

練習 20 教科書の応用例題 3 において，直線 OH と平面 AFC の交点を M とするとき，$\overrightarrow{\mathrm{OM}}$ を $\vec{a}$，$\vec{b}$，$\vec{c}$ を用いて表せ。

指針 **直線と平面の交点**　M は直線 OH 上にあるから，$\overrightarrow{\mathrm{OM}}=k\overrightarrow{\mathrm{OH}}$ となる実数 k がある。また，M は平面 AFC 上にあるから，$\overrightarrow{\mathrm{AM}}=s\overrightarrow{\mathrm{AF}}+t\overrightarrow{\mathrm{AC}}$ となる実数 s，t がある。

これらより，k，s，t についての連立方程式を作る。

解答　　$\overrightarrow{\mathrm{OH}}=\overrightarrow{\mathrm{OA}}+\overrightarrow{\mathrm{AD}}+\overrightarrow{\mathrm{DH}}=\vec{a}+\vec{b}+2\vec{c}$

M は直線 OH 上にあるから，$\overrightarrow{\mathrm{OM}}=k\overrightarrow{\mathrm{OH}}$ となる実数 k がある。

よって　$\overrightarrow{\mathrm{OM}}=k(\vec{a}+\vec{b}+2\vec{c})=k\vec{a}+k\vec{b}+2k\vec{c}$

また，M は平面 AFC 上にあるから，$\overrightarrow{\mathrm{AM}}=s\overrightarrow{\mathrm{AF}}+t\overrightarrow{\mathrm{AC}}$ となる実数 s，t がある。

ここで　$\overrightarrow{\mathrm{AM}}=\overrightarrow{\mathrm{OM}}-\overrightarrow{\mathrm{OA}}=k\vec{a}+k\vec{b}+2k\vec{c}-\vec{a}$

$\overrightarrow{\mathrm{AF}}=\overrightarrow{\mathrm{OF}}-\overrightarrow{\mathrm{OA}}=\vec{b}+\vec{c}-\vec{a}$

$\overrightarrow{\mathrm{AC}}=\overrightarrow{\mathrm{OC}}-\overrightarrow{\mathrm{OA}}=\vec{c}-\vec{a}$

ゆえに　　$k\vec{a}+k\vec{b}+2k\vec{c}-\vec{a}=s(\vec{b}+\vec{c}-\vec{a})+t(\vec{c}-\vec{a})$

すなわち　$(k-1)\vec{a}+k\vec{b}+2k\vec{c}=(-s-t)\vec{a}+s\vec{b}+(s+t)\vec{c}$

4 点 O，A，B，C は同じ平面上にないから

$k-1=-s-t$，　　$k=s$，　　$2k=s+t$

よって　$k-1=-2k$

ゆえに　$k=\frac{1}{3}$

したがって　$\overrightarrow{\mathbf{OM}}=\frac{1}{3}\vec{a}+\frac{1}{3}\vec{b}+\frac{2}{3}\vec{c}$　答

発展 同じ平面上にある点

まとめ

同じ平面上にある点

① 一直線上にない 3 点 A($\vec{a}$)，B($\vec{b}$)，C($\vec{c}$) と点 P($\vec{p}$) に対して，次のことが成り立つ。

点 P($\vec{p}$) が 3 点 A($\vec{a}$)，B($\vec{b}$)，C($\vec{c}$) の定める平面 ABC 上にある
$\iff$ $\vec{p}=s\vec{a}+t\vec{b}+u\vec{c}$，$s+t+u=1$ となる実数 s，t，u がある

解説 このことを用いて教科書 69 ページの応用例題 3 を解く。

$$\overrightarrow{OH}=\overrightarrow{OA}+\overrightarrow{AD}+\overrightarrow{DH}=\vec{a}+\vec{b}+2\vec{c}$$

L は直線 OH 上にあるから，$\overrightarrow{OL}=k\overrightarrow{OH}$ となる実数 k がある。

よって $\overrightarrow{OL}=k(\vec{a}+\vec{b}+2\vec{c})=k\vec{a}+k\vec{b}+2k\vec{c}$

また，L は平面 ABC 上にあるから

$$k+k+2k=1$$

ゆえに $k=\dfrac{1}{4}$

したがって $\overrightarrow{OL}=\dfrac{1}{4}\vec{a}+\dfrac{1}{4}\vec{b}+\dfrac{1}{2}\vec{c}$

C 内積の利用

教 p.71

練習 21

四面体 ABCD において，次のことを証明せよ。

AB⊥CD，AC⊥BD ならば AD⊥BC

指針 **垂直の証明** ベクトルを用いて，垂直であることを示すには「垂直 $\iff$ 内積$=0$」を利用する。すなわち，AD⊥BC を示すには，$\overrightarrow{AD}\cdot\overrightarrow{BC}=0$ をいえばよい。そのために，与えられた条件 AB⊥CD，AC⊥BD を $\overrightarrow{AB}\cdot\overrightarrow{CD}=0$，$\overrightarrow{AC}\cdot\overrightarrow{BD}=0$ として，ベクトルの計算，内積の変形によって，証明すべき形にすることを考える。

解答 $\overrightarrow{\mathrm{AB}}=\vec{b}$, $\overrightarrow{\mathrm{AC}}=\vec{c}$, $\overrightarrow{\mathrm{AD}}=\vec{d}$ とすると

$\overrightarrow{\mathrm{CD}}=\vec{d}-\vec{c}$

$\overrightarrow{\mathrm{BD}}=\vec{d}-\vec{b}$

$\overrightarrow{\mathrm{BC}}=\vec{c}-\vec{b}$

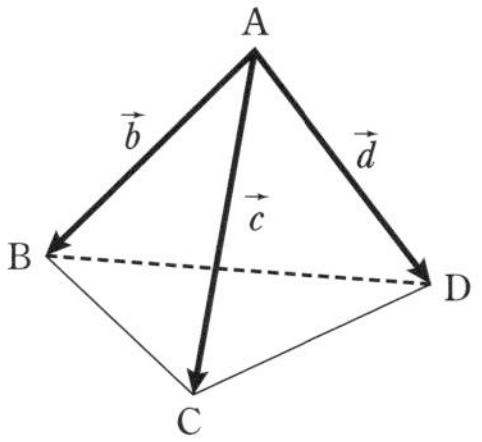

$\mathrm{AB}\perp\mathrm{CD}$ より，$\overrightarrow{\mathrm{AB}}\cdot\overrightarrow{\mathrm{CD}}=0$ であるから

$\vec{b}\cdot(\vec{d}-\vec{c})=0$

よって　$\vec{b}\cdot\vec{d}=\vec{b}\cdot\vec{c}$　…… ①

$\mathrm{AC}\perp\mathrm{BD}$ より，$\overrightarrow{\mathrm{AC}}\cdot\overrightarrow{\mathrm{BD}}=0$ であるから

$\vec{c}\cdot(\vec{d}-\vec{b})=0$

よって　$\vec{c}\cdot\vec{d}=\vec{b}\cdot\vec{c}$　…… ②

①，② から　$\overrightarrow{\mathrm{AD}}\cdot\overrightarrow{\mathrm{BC}}=\vec{d}\cdot(\vec{c}-\vec{b})$

$=\vec{c}\cdot\vec{d}-\vec{b}\cdot\vec{d}$

$=\vec{b}\cdot\vec{c}-\vec{b}\cdot\vec{c}=0$

$\overrightarrow{\mathrm{AD}}\neq\vec{0}$, $\overrightarrow{\mathrm{BC}}\neq\vec{0}$ であるから　$\overrightarrow{\mathrm{AD}}\perp\overrightarrow{\mathrm{BC}}$

したがって　$\mathrm{AD}\perp\mathrm{BC}$　終

D 座標空間における直線

教 p.72

練習 22

2 点 A(0, 2, 5)，B(3, 5, 2) を通る直線に，原点 O から垂線 OH を下ろす。点 H の座標を求めよ。

指針 **座標空間における直線**　$\overrightarrow{\mathrm{AH}}=t\overrightarrow{\mathrm{AB}}$ (t は実数) から，$\overrightarrow{\mathrm{OH}}$ の成分を t を用いて表す。$\overrightarrow{\mathrm{OH}}\cdot\overrightarrow{\mathrm{AB}}=0$ から t の値が定まり，$\overrightarrow{\mathrm{OH}}$ の成分が求められる。

解答 点 H は直線 AB 上にあるから $\overrightarrow{\mathrm{AH}}=t\overrightarrow{\mathrm{AB}}$ となる実数 t がある。

よって　$\overrightarrow{\mathrm{OH}}=\overrightarrow{\mathrm{OA}}+\overrightarrow{\mathrm{AH}}=\overrightarrow{\mathrm{OA}}+t\overrightarrow{\mathrm{AB}}$

ここで，$\overrightarrow{\mathrm{OA}}=(0,\ 2,\ 5)$，$\overrightarrow{\mathrm{AB}}=(3,\ 3,\ -3)$ であるから

$\overrightarrow{\mathrm{OH}}=(0,\ 2,\ 5)+t(3,\ 3,\ -3)$

$=(3t,\ 3t+2,\ -3t+5)$　…… ①

$\overrightarrow{\mathrm{OH}}\perp\overrightarrow{\mathrm{AB}}$ であるから　$\overrightarrow{\mathrm{OH}}\cdot\overrightarrow{\mathrm{AB}}=0$

よって　$3\times3t+3(3t+2)-3(-3t+5)=0$

これを解いて　$t=\dfrac{1}{3}$　　これを ① に代入して　$\overrightarrow{\mathrm{OH}}=(1,\ 3,\ 4)$

したがって，点 H の座標は　**(1, 3, 4)**　答

7 座標空間における図形

まとめ

1　線分の内分点・外分点の座標

①　線分の内分点・外分点の座標

2 点 $A(x_1,\ y_1,\ z_1)$，$B(x_2,\ y_2,\ z_2)$ を結ぶ線分 AB を

$m:n$ に内分する点の座標は

$$\left(\frac{nx_1+mx_2}{m+n},\ \frac{ny_1+my_2}{m+n},\ \frac{nz_1+mz_2}{m+n}\right)$$

$m:n$ に外分する点の座標は

$$\left(\frac{-nx_1+mx_2}{m-n},\ \frac{-ny_1+my_2}{m-n},\ \frac{-nz_1+mz_2}{m-n}\right)$$

2　座標軸に垂直な平面の方程式

①　座標軸に垂直な平面の方程式

点 $P(a,\ b,\ c)$ を通り，x 軸に垂直な平面の方程式は　$\boldsymbol{x=a}$

点 $P(a,\ b,\ c)$ を通り，y 軸に垂直な平面の方程式は　$\boldsymbol{y=b}$

点 $P(a,\ b,\ c)$ を通り，z 軸に垂直な平面の方程式は　$\boldsymbol{z=c}$

注意 平面 $x=a$ は yz 平面に平行，平面 $y=b$ は zx 平面に平行，平面 $z=c$ は xy 平面に平行である。

3　球面の方程式

①　空間において，定点 C からの距離が一定の値 r であるような点全体の集合を，中心が C，半径が r の **球面**，または単に **球** という。

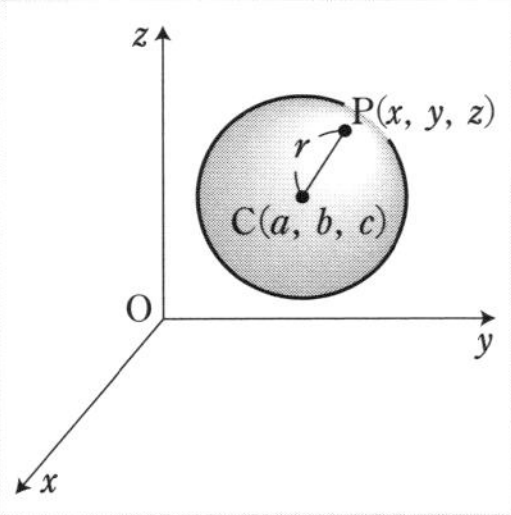

②　球面の方程式

中心が点 $(a,\ b,\ c)$，半径が r の球面の方程式は

$$\boldsymbol{(x-a)^2+(y-b)^2+(z-c)^2=r^2}$$

特に，中心が原点，半径が r の球面の方程式は

$$\boldsymbol{x^2+y^2+z^2=r^2}$$

A 線分の内分点・外分点の座標

教 p.73

問 8 3 点 A(1, −4, 7), B(7, 2, −5), C(1, −4, 1) に対して，次の各点の座標を求めよ。

(1) 線分 AB を 2：1 に内分する点，外分する点

(2) 線分 AB を 1：2 に内分する点，外分する点

(3) 線分 AB の中点

(4) △ABC の重心

指針 **線分の内分点・外分点・中点・重心の座標**

(1), (2) 教科書 $p.73$ の公式にあてはめる。n と m の順番に注意する。

(3) 中点は 1：1 に内分する点である。

公式で $m=n=1$ とする。

(4) △ABC の重心を G とすると

$$\overrightarrow{OG}=\frac{\overrightarrow{OA}+\overrightarrow{OB}+\overrightarrow{OC}}{3} \quad (\text{O は原点})$$

解答 (1) 線分 AB を 2：1 に内分する点の座標は

$$\left(\frac{1\times1+2\times7}{2+1},\ \frac{1\times(-4)+2\times2}{2+1},\ \frac{1\times7+2\times(-5)}{2+1}\right)$$

すなわち **(5, 0, −1)** 答

線分 AB を 2：1 に外分する点の座標は

$$\left(\frac{-1\times1+2\times7}{2-1},\ \frac{-1\times(-4)+2\times2}{2-1},\ \frac{-1\times7+2\times(-5)}{2-1}\right)$$

すなわち **(13, 8, −17)** 答

(2) 線分 AB を 1：2 に内分する点の座標は

$$\left(\frac{2\times1+1\times7}{1+2},\ \frac{2\times(-4)+1\times2}{1+2},\ \frac{2\times7+1\times(-5)}{1+2}\right)$$

すなわち **(3, −2, 3)** 答

線分 AB を 1：2 に外分する点の座標は

$$\left(\frac{-2\times1+1\times7}{1-2},\ \frac{-2\times(-4)+1\times2}{1-2},\ \frac{-2\times7+1\times(-5)}{1-2}\right)$$

すなわち **(−5, −10, 19)** 答

(3) 線分 AB の中点は AB を 1：1 に内分する点であるから

$$\left(\frac{1+7}{2},\ \frac{-4+2}{2},\ \frac{7+(-5)}{2}\right)$$

すなわち **(4, −1, 1)** 答

(4)　△ABC の重心を G，原点を O とすると

$$\overrightarrow{OG}=\frac{\overrightarrow{OA}+\overrightarrow{OB}+\overrightarrow{OC}}{3}$$

と表されるから，△ABC の重心の座標は

$$\left(\frac{1+7+1}{3},\ \frac{-4+2-4}{3},\ \frac{7-5+1}{3}\right)$$

すなわち　**(3, −2, 1)** 答

教 p.73

練習 23

3 点 A(−2, 3, −5)，B(8, −7, 5)，C(3, −2, −3) に対して，次の各点の座標を求めよ。

(1)　線分 AB を 2：3 に内分する点，外分する点

(2)　線分 BC の中点

(3)　△ABC の重心

指針　**線分の内分点・外分点・中点・重心の座標**

(2)　中点は 1：1 に内分する点である。

(3)　△ABC の重心を G とすると　$\overrightarrow{OG}=\dfrac{\overrightarrow{OA}+\overrightarrow{OB}+\overrightarrow{OC}}{3}$

解答　(1)　線分 AB を 2：3 に内分する点の座標は

$$\left(\frac{3\times(-2)+2\times8}{2+3},\ \frac{3\times3+2\times(-7)}{2+3},\ \frac{3\times(-5)+2\times5}{2+3}\right)$$

すなわち　**(2, −1, −1)** 答

線分 AB を 2：3 に外分する点の座標は

$$\left(\frac{-3\times(-2)+2\times8}{2-3},\ \frac{-3\times3+2\times(-7)}{2-3},\ \frac{-3\times(-5)+2\times5}{2-3}\right)$$

すなわち　**(−22, 23, −25)** 答

(2)　線分 BC の中点は BC を 1：1 に内分する点であるから

$$\left(\frac{8+3}{2},\ \frac{-7+(-2)}{2},\ \frac{5+(-3)}{2}\right)$$

すなわち　$\boldsymbol{\left(\frac{11}{2},\ -\frac{9}{2},\ 1\right)}$ 答

(3)　△ABC の重心を G とすると $\overrightarrow{OG}=\dfrac{\overrightarrow{OA}+\overrightarrow{OB}+\overrightarrow{OC}}{3}$ と表されるから，

△ABC の重心の座標は

$$\left(\frac{-2+8+3}{3},\ \frac{3+(-7)+(-2)}{3},\ \frac{-5+5+(-3)}{3}\right)$$

すなわち　**(3, −2, −1)** 答

B 座標軸に垂直な平面の方程式

教 p.74

練習 24

点 A(2, 1, 4) を通る，次のような平面の方程式を求めよ。

(1) x 軸に垂直

(2) y 軸に垂直

(3) xy 平面に平行

指針 **座標軸に垂直な平面，座標平面に平行な平面の方程式**

(3) xy 平面に平行な平面は，z 軸に垂直な平面である。

解答 (1) $\boldsymbol{x=2}$ 答

(2) $\boldsymbol{y=1}$ 答

(3) $\boldsymbol{z=4}$ 答

C 球面の方程式

教 p.75

問 9

次のような球面の方程式を求めよ。

(1) 中心が点 (1, −1, 3)，半径が 2

(2) 2 点 (2, 0, 3)，(−2, 4, 1) を直径の両端とする

指針 **球面の方程式**

(2) 直径の中点を中心とし，直径の半分を半径とする球面の方程式を求める。

解答 (1) $(x-1)^2+\{y-(-1)\}^2+(z-3)^2=2^2$

すなわち　$\boldsymbol{(x-1)^2+(y+1)^2+(z-3)^2=4}$ 答

(2) 直径の中点の座標は

$$\left(\frac{2-2}{2},\ \frac{0+4}{2},\ \frac{3+1}{2}\right)$$

すなわち　(0, 2, 2)

直径は　$\sqrt{(-2-2)^2+(4-0)^2+(1-3)^2}=\sqrt{36}$

$=6$

よって，求める球面の方程式は，点 (0, 2, 2) を中心とし，半径 3 の球面の方程式であるから

$$\boldsymbol{x^2+(y-2)^2+(z-2)^2=9}$$ 答

教 p.75

練習 25

次のような球面の方程式を求めよ。

(1) 中心が原点，半径が 3

(2) 中心が点 $(1,\ -2,\ 0)$，半径が 4

(3) 2 点 $(-1,\ 1,\ 4)$，$(5,\ -3,\ 2)$ を直径の両端とする

指針 **球面の方程式**

(1), (2) 教科書 $p.75$ のまとめの球面の方程式にあてはめる。

(3) 問 9 (2) と同様に考えて求める。

解答 (1) $x^2+y^2+z^2=3^2$ すなわち $\boldsymbol{x^2+y^2+z^2=9}$ 答

(2) $(x-1)^2+\{y-(-2)\}^2+(z-0)^2=4^2$

すなわち $\boldsymbol{(x-1)^2+(y+2)^2+z^2=16}$ 答

(3) 直径の中点の座標は

$$\left(\frac{-1+5}{2},\ \frac{1-3}{2},\ \frac{4+2}{2}\right)$$

すなわち $(2,\ -1,\ 3)$

直径は $\sqrt{\{5-(-1)\}^2+(-3-1)^2+(2-4)^2}=\sqrt{56}=2\sqrt{14}$

よって，求める球面の方程式は，点 $(2,\ -1,\ 3)$ を中心とし，半径 $\sqrt{14}$ の球面の方程式であるから

$$\boldsymbol{(x-2)^2+(y+1)^2+(z-3)^2=14}$$ 答

教 p.76

練習 26

球面 $(x+3)^2+(y-1)^2+(z-2)^2=13$ が各座標平面と交わってできる図形の方程式を，それぞれ求めよ。

指針 **球面が座標平面と交わってできる図形** xy 平面，yz 平面，zx 平面の方程式は，それぞれ $z=0$，$x=0$，$y=0$ である。

解答 xy 平面は方程式 $z=0$ で表されるから，球面が xy 平面と交わってできる図形の方程式は

$$(x+3)^2+(y-1)^2+(0-2)^2=13,\ z=0$$

すなわち $\boldsymbol{(x+3)^2+(y-1)^2=9,\ z=0}$ 答

yz 平面は方程式 $x=0$ で表されるから，球面が yz 平面と交わってできる図形の方程式は

$$(0+3)^2+(y-1)^2+(z-2)^2=13,\ x=0$$

すなわち $\boldsymbol{(y-1)^2+(z-2)^2=4,\ x=0}$ 答

zx 平面は方程式 $y=0$ で表されるから，球面が zx 平面と交わってできる図形の方程式は

$$(x+3)^2+(0-1)^2+(z-2)^2=13,\ \ y=0$$

すなわち　$\boldsymbol{(x+3)^2+(z-2)^2=12,\ \ y=0}$　答

練習 27　教 p.76

中心が点 $(0,\ 3,\ a)$，半径が 2 の球面が，xy 平面と交わってできる円の半径が $\sqrt{3}$ であるという。a の値を求めよ。

指針　**球面が平面と交わってできる円**　球面の方程式を作り，$z=0$ とすると，球面が xy 平面と交わってできる円の方程式になる。この円の半径が $\sqrt{3}$ であることから a を求める。

解答　中心が $(0,\ 3,\ a)$，半径が 2 の球面の方程式は

$$x^2+(y-3)^2+(z-a)^2=2^2$$

この球面が xy 平面 $z=0$ と交わってできる図形の方程式は

$$x^2+(y-3)^2+(0-a)^2=2^2,\ \ z=0$$

すなわち　$x^2+(y-3)^2=2^2-a^2,\ \ z=0$

これは xy 平面上で，中心が $(0,\ 3,\ 0)$，半径が $\sqrt{2^2-a^2}$ の円を表す。その半径が $\sqrt{3}$ であるから

$$2^2-a^2=(\sqrt{3})^2 \qquad すなわち \qquad a^2=1$$

ゆえに　　$\boldsymbol{a=\pm 1}$　答

発展　平面の方程式

まとめ

① 空間において，平面は，その平面上の 1 点と，その平面に垂直なベクトルが与えられると定まる。点 $\mathrm{A}(\vec{a})$ を通り，$\vec{0}$ でないベクトル $\vec{n}$ に垂直な平面を α とする。

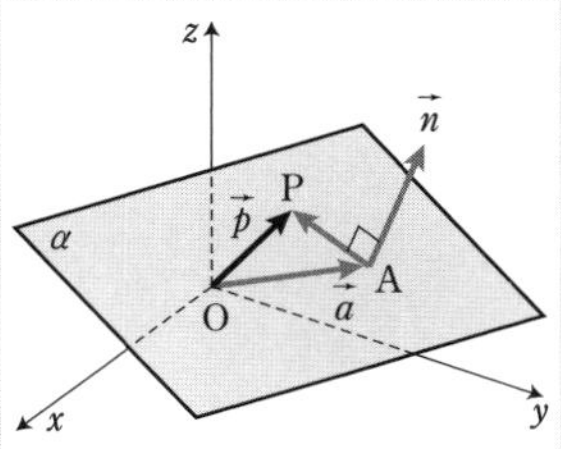

点 $\mathrm{P}(\vec{p})$ が平面 α 上にあることは

$$\vec{n}\perp\overrightarrow{\mathrm{AP}} \quad または \quad \overrightarrow{\mathrm{AP}}=\vec{0}$$

が成り立つことと同値である。

これは，内積を用いて，$\vec{n}\cdot\overrightarrow{\mathrm{AP}}=0$ と表される。

すなわち　　$\boldsymbol{\vec{n}\cdot(\vec{p}-\vec{a})=0}$　…… Ⓐ

これを平面 α の **ベクトル方程式** という。

② 点Oを座標空間の原点と考えて，点Aの座標を $(x_1,\ y_1,\ z_1)$，平面 α 上の点Pの座標を $(x,\ y,\ z)$ とし，$\vec{n}=(a,\ b,\ c)$ とすると，
$\vec{a}=(x_1,\ y_1,\ z_1)$，$\vec{p}=(x,\ y,\ z)$ であるから，Ⓐ は次のようになる。

$$\boldsymbol{a(x-x_1)+b(y-y_1)+c(z-z_1)=0} \quad \cdots\cdots \text{Ⓑ}$$

これは点 $A(x_1,\ y_1,\ z_1)$ を通り，ベクトル $\vec{n}=(a,\ b,\ c)$ に垂直な
平面の方程式 である。

③ $d=-ax_1-by_1-cz_1$ とおくと，Ⓑ は次のように表される。

$$\boldsymbol{ax+by+cz+d=0}$$

一般に，x，y，z の1次方程式 $ax+by+cz+d=0$ は平面を表す。

④ 平面に垂直なベクトルを，その平面の **法線ベクトル** という。
$\vec{n}=(a,\ b,\ c)$ は，平面 $ax+by+cz+d=0$ の法線ベクトルである。

⑤ 点 $P(x_1,\ y_1,\ z_1)$ と平面 $ax+by+cz+d=0$ の距離 h は，次の式で与えられる。

$$\boldsymbol{h=\frac{|ax_1+by_1+cz_1+d|}{\sqrt{a^2+b^2+c^2}}}$$

解説 平面 $ax+by+cz+d=0$ を α とする。

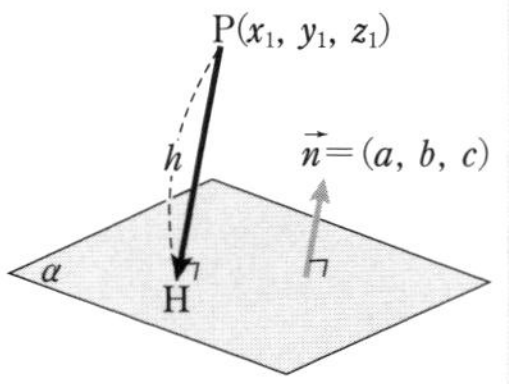

点Pから平面 α に垂線PHを下ろすと

$$h=|\overrightarrow{PH}|$$

$\vec{n}=(a,\ b,\ c)$ は平面 α の法線ベクトルで，
$\overrightarrow{PH}$ は $\vec{n}$ に平行であるから

$$\overrightarrow{PH}=t\vec{n}=t(a,\ b,\ c)$$

となる実数 t がある。
$\overrightarrow{OH}=\overrightarrow{OP}+\overrightarrow{PH}$ から，Hの座標は

$$(x_1+ta,\ y_1+tb,\ z_1+tc)$$

と表される。点Hは平面 α 上の点であるから

$$a(x_1+ta)+b(y_1+tb)+c(z_1+tc)+d=0$$

すなわち　$t(a^2+b^2+c^2)+(ax_1+by_1+cz_1+d)=0$

よって　$t=-\dfrac{ax_1+by_1+cz_1+d}{a^2+b^2+c^2}$

したがって

$$\begin{aligned} h&=|\overrightarrow{PH}| \\ &=|t||\vec{n}| \\ &=\frac{|ax_1+by_1+cz_1+d|}{a^2+b^2+c^2}\times\sqrt{a^2+b^2+c^2} \\ &=\frac{|ax_1+by_1+cz_1+d|}{\sqrt{a^2+b^2+c^2}} \end{aligned}$$

教 p.77

練習 1

点 A(1, −2, 3) を通り，ベクトル $\vec{n}=(-1,\ 4,\ 2)$ に垂直な平面の方程式を求めよ。また，この平面と x 軸，y 軸，z 軸との交点の座標を，それぞれ求めよ。

指針 **平面の方程式と軸との交点の座標**　点 A$(x_1,\ y_1,\ z_1)$ を通り，$\vec{0}$ でないベクトル $\vec{n}=(a,\ b,\ c)$ に垂直な平面の方程式は

$$a(x-x_1)+b(y-y_1)+c(z-z_1)=0$$

である。これにあてはめる。また，この平面と x 軸との交点の座標は，平面の方程式において $y=0$，$z=0$ とすると x 座標が求められる。y 軸，z 軸についても同様である。

解答 点 A(1, −2, 3) を通り，ベクトル $\vec{n}=(-1,\ 4,\ 2)$ に垂直な平面の方程式は　$(-1)(x-1)+4\{y-(-2)\}+2(z-3)=0$

すなわち　$\boldsymbol{x-4y-2z=3}$ ……①　答

この平面と x 軸との交点の x 座標は，① に $y=0$，$z=0$ を代入して

$x=3$　　よって，x 軸との交点の座標は　**(3, 0, 0)**　答

この平面と y 軸との交点の y 座標は，① に $x=0$，$z=0$ を代入して

$y=-\dfrac{3}{4}$　　よって，y 軸との交点の座標は　$\boldsymbol{\left(0,\ -\dfrac{3}{4},\ 0\right)}$　答

この平面と z 軸との交点の z 座標は，① に $x=0$，$y=0$ を代入して

$z=-\dfrac{3}{2}$　　よって，z 軸との交点の座標は　$\boldsymbol{\left(0,\ 0,\ -\dfrac{3}{2}\right)}$　答

教 p.78

練習 2

点 (−3, 1, 2) と平面 $2x+3y-6z+1=0$ の距離を求めよ。

指針 **点と直線の距離**　$x_1=-3$，$y_1=1$，$z_1=2$ として，教科書 p.78 の点と平面の距離の公式に代入する。

解答 求める距離は

$$\frac{|2\cdot(-3)+3\cdot1+(-6)\cdot2+1|}{\sqrt{2^2+3^2+(-6)^2}}=\frac{|-14|}{\sqrt{49}}$$

$$=\frac{14}{7}=\boldsymbol{2}$$　答

教科書 p.79

発展 直線の方程式

まとめ

① 空間において，点 A($\vec{a}$) を通り，$\vec{0}$ でないベクトル $\vec{d}$ に平行な直線を g とする。直線 g 上の点を P($\vec{p}$) とすると，$\vec{p}$ は次のように表される。

$$\vec{p}=\vec{a}+t\vec{d} \quad \cdots\cdots \text{Ⓐ}$$

ただし t は実数

これを直線 g の **ベクトル方程式** という。t を **媒介変数** または **パラメータ** といい，$\vec{d}$ を直線 g の **方向ベクトル** という。

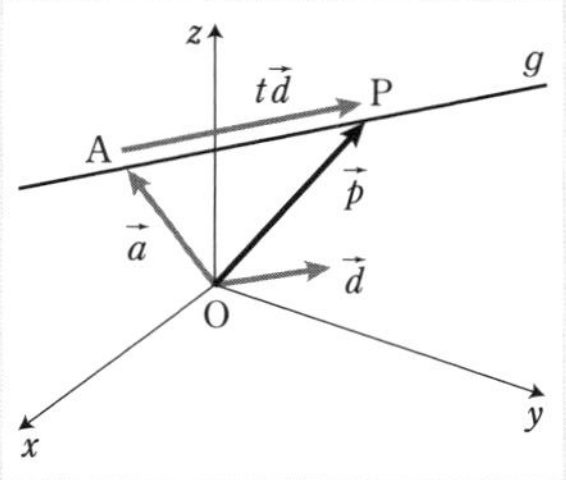

② 点 O を座標空間の原点と考えて，点 A の座標を $(x_1,\ y_1,\ z_1)$，直線 g 上の点 P の座標を $(x,\ y,\ z)$ とし，$\vec{d}=(l,\ m,\ n)$ とすると，$\vec{a}=(x_1,\ y_1,\ z_1)$，$\vec{p}=(x,\ y,\ z)$ であるから，Ⓐ は次のようになる。

$$\begin{aligned}(x,\ y,\ z)&=(x_1,\ y_1,\ z_1)+t(l,\ m,\ n)\\&=(x_1+lt,\ y_1+mt,\ z_1+nt)\end{aligned}$$

よって $\begin{cases}\boldsymbol{x=x_1+lt}\\ \boldsymbol{y=y_1+mt} \quad \cdots\cdots \text{Ⓑ}\\ \boldsymbol{z=z_1+nt}\end{cases}$

Ⓑ の式を直線 g の **媒介変数表示** または **パラメータ表示** という。

③ $lmn\neq0$ のとき，Ⓑ から t を 3 通りに表すと，次の関係式が得られる。

$$\boldsymbol{\frac{x-x_1}{l}=\frac{y-y_1}{m}=\frac{z-z_1}{n}}$$

これは，点 A$(x_1,\ y_1,\ z_1)$ を通り，ベクトル $\vec{d}=(l,\ m,\ n)$ に平行な **直線の方程式** である。

第2章　問　題

教 p.80

1 四面体 ABCD において，辺 CD の中点を M とする。$\overrightarrow{AM}=\vec{a}$，$\overrightarrow{CD}=\vec{b}$，$\overrightarrow{AB}=\vec{c}$ とするとき，$\overrightarrow{AC}$ と $\overrightarrow{BC}$ を $\vec{a}$，$\vec{b}$，$\vec{c}$ を用いて表せ。

指針 **ベクトルの表示**　空間ベクトルは，適当な 3 つの位置ベクトルによって表される。$\overrightarrow{BC}$ のように，$\vec{a}$，$\vec{b}$，$\vec{c}$ で直ちに表されないようなときは，まず，$\overrightarrow{AB}$，$\overrightarrow{AC}$，$\overrightarrow{AD}$ で表すことを考えてみる。

解答

$$\overrightarrow{MC}=-\overrightarrow{CM}=-\frac{1}{2}\overrightarrow{CD}=-\frac{1}{2}\vec{b}$$

であるから

$$\overrightarrow{AC}=\overrightarrow{AM}+\overrightarrow{MC}$$

$$=\boldsymbol{\vec{a}-\frac{1}{2}\vec{b}} \quad \text{答}$$

また　$\overrightarrow{BC}=\overrightarrow{AC}-\overrightarrow{AB}$

$$=\boldsymbol{\vec{a}-\frac{1}{2}\vec{b}-\vec{c}} \quad \text{答}$$

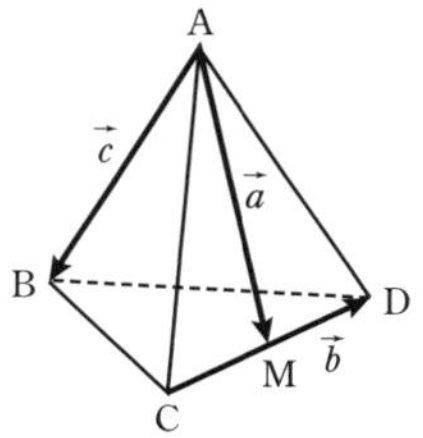

教 p.80

2 $\vec{a}=(1,\ 3,\ -2)$，$\vec{b}=(1,\ -2,\ 0)$ と実数 t に対し，次の問いに答えよ。
(1) $|\vec{a}+t\vec{b}|^2$ を t の式で表せ。　　(2) $|\vec{a}+t\vec{b}|$ の最小値を求めよ。

指針 **ベクトルの大きさの最小値**　$\vec{a}+t\vec{b}$ の成分がそれぞれ t の 1 次式で表され，$|\vec{a}+t\vec{b}|^2$ が t の 2 次式で表されることから，2 次関数の最小値を求めることになる。

解答 (1) $\vec{a}+t\vec{b}=(1,\ 3,\ -2)+t(1,\ -2,\ 0)$

$=(1+t,\ 3-2t,\ -2)$

よって　$|\vec{a}+t\vec{b}|^2=(1+t)^2+(3-2t)^2+(-2)^2$

$=\boldsymbol{5t^2-10t+14}$　答

(2) (1)から　$|\vec{a}+t\vec{b}|^2=5(t^2-2t)+14$

$=5(t-1)^2-5\cdot1^2+14$

$=5(t-1)^2+9$

よって，$|\vec{a}+t\vec{b}|^2$ は $t=1$ のとき最小値 9 をとる。

$|\vec{a}+t\vec{b}|\geqq0$ であるから，$|\vec{a}+t\vec{b}|$ もこのとき最小となる。

ゆえに，$t=1$ のとき最小値は　$\sqrt{9}=\boldsymbol{3}$　答

教 p.80

3 ベクトル $\vec{a}=(1,\ 2,\ 2)$ が x 軸，y 軸，z 軸の正の向きとなす角を，それぞれ α，β，γ とするとき，$\cos\alpha$，$\cos\beta$，$\cos\gamma$ の値を求めよ。

指針 **ベクトルと座標軸のなす角**　$\vec{a}$ と x 軸の正の向きとのなす角は，$\vec{a}$ と x 軸に関する基本ベクトルのなす角に等しい。x 軸に関する基本ベクトルを $\vec{e_1}$ とすると $\cos\alpha=\dfrac{\vec{a}\cdot\vec{e_1}}{|\vec{a}||\vec{e_1}|}$ により求めることができる。

$\cos\beta$，$\cos\gamma$ も同様に求められる。

解答 x 軸，y 軸，z 軸に関する基本ベクトルを，それぞれ $\vec{e_1}=(1,\ 0,\ 0)$，$\vec{e_2}=(0,\ 1,\ 0)$，$\vec{e_3}=(0,\ 0,\ 1)$ とすると，

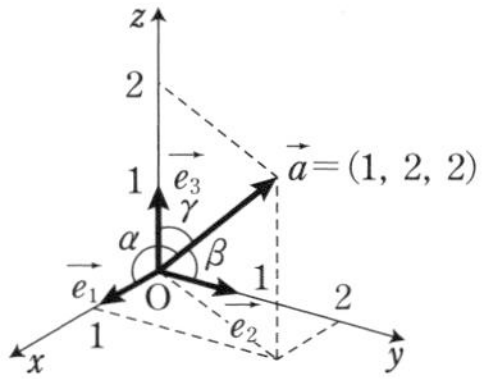

$$\vec{a}\cdot\vec{e_1}=1\times1+2\times0+2\times0=1$$
$$\vec{a}\cdot\vec{e_2}=1\times0+2\times1+2\times0=2$$
$$\vec{a}\cdot\vec{e_3}=1\times0+2\times0+2\times1=2$$

また　$|\vec{a}|=\sqrt{1^2+2^2+2^2}=3$，$|\vec{e_1}|=|\vec{e_2}|=|\vec{e_3}|=1$

よって　$\cos\alpha=\dfrac{\vec{a}\cdot\vec{e_1}}{|\vec{a}||\vec{e_1}|}=\dfrac{1}{3\times1}=\dfrac{1}{3}$ 答

$\cos\beta=\dfrac{\vec{a}\cdot\vec{e_2}}{|\vec{a}||\vec{e_2}|}=\dfrac{2}{3\times1}=\dfrac{2}{3}$ 答

$\cos\gamma=\dfrac{\vec{a}\cdot\vec{e_3}}{|\vec{a}||\vec{e_3}|}=\dfrac{2}{3\times1}=\dfrac{2}{3}$ 答

教 p.80

4 ベクトル $\vec{a}=(2,\ 0,\ 2)$，$\vec{b}=(1,\ 2,\ 3)$ がある。

(1) ベクトル $\vec{c}=\vec{a}-\vec{b}$ は $\vec{a}$ に垂直であることを示せ。

(2) $\vec{b}$ と $\vec{c}$ の両方に垂直で，大きさが 3 であるベクトル $\vec{d}$ を求めよ。

指針 **2つのベクトルに垂直なベクトル**

(1) $\vec{c}\cdot\vec{a}=0$ を示せばよい。

(2) $\vec{d}=(x,\ y,\ z)$ とおいて，3 つの条件 $\vec{b}\perp\vec{d}$，$\vec{c}\perp\vec{d}$，$|\vec{d}|=3$ から，x，y，z についての連立方程式を作る。

解答 (1) $\vec{a}=(2,\ 0,\ 2)$, $\vec{b}=(1,\ 2,\ 3)$ であるから

$\vec{c}=\vec{a}-\vec{b}=(2,\ 0,\ 2)-(1,\ 2,\ 3)=(1,\ -2,\ -1)$

$\vec{c}\cdot\vec{a}=1\times2+(-2)\times0+(-1)\times2=0$

$\vec{c}\neq\vec{0}$, $\vec{a}\neq\vec{0}$ であるから，ベクトル $\vec{c}=\vec{a}-\vec{b}$ は $\vec{a}$ に垂直である。 終

(2) $\vec{d}=(x,\ y,\ z)$ とする。

$\vec{b}\perp\vec{d}$ であるから

$\vec{b}\cdot\vec{d}=x+2y+3z=0$ …… ①

$\vec{c}\perp\vec{d}$ であるから

$\vec{c}\cdot\vec{d}=x-2y-z=0$ …… ②

$|\vec{d}|=3$ であるから

$|\vec{d}|^2=x^2+y^2+z^2=9$ …… ③

①＋② より　$2x+2z=0$

よって　$z=-x$ …… ④

④ を ② に代入して　$2x-2y=0$

よって　$y=x$ …… ⑤

④，⑤ を ③ に代入して　$3x^2=9$

よって　$x=\pm\sqrt{3}$

④，⑤ から　$x=\sqrt{3}$ のとき　$y=\sqrt{3}$，$z=-\sqrt{3}$

$x=-\sqrt{3}$ のとき　$y=-\sqrt{3}$，$z=\sqrt{3}$

よって　$(\sqrt{3},\ \sqrt{3},\ -\sqrt{3})$，$(-\sqrt{3},\ -\sqrt{3},\ \sqrt{3})$ 答

教 p.80

5 四面体 ABCD の 3 辺 AB，BC，CD 上に，それぞれ点 P，Q，R がある。AP=PB，BQ=2QC，CR=5RD ならば，頂点 A，△BCD の重心および △PQR の重心は一直線上にあることを示せ。

指針 **3点が一直線上にあることの証明**　△BCD，△PQR の重心を，それぞれ G，G′ として，$\overrightarrow{AG}=k\overrightarrow{AG'}$ となる実数 k があることを示す。

解答 $\overrightarrow{AB}=\vec{b}$，$\overrightarrow{AC}=\vec{c}$，$\overrightarrow{AD}=\vec{d}$ とし，△BCD，△PQR の重心を，それぞれ G，G′ とすると

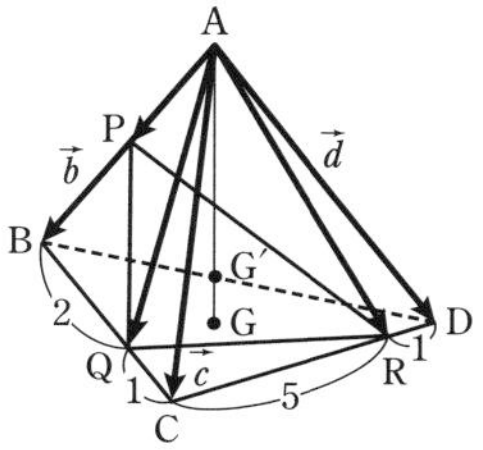

$$\overrightarrow{AG}=\frac{\overrightarrow{AB}+\overrightarrow{AC}+\overrightarrow{AD}}{3}$$

$$=\frac{1}{3}(\vec{b}+\vec{c}+\vec{d}) \quad \cdots\cdots ①$$

$$\overrightarrow{AG'}=\frac{\overrightarrow{AP}+\overrightarrow{AQ}+\overrightarrow{AR}}{3}$$

ここで，$\overrightarrow{AP}=\frac{1}{2}\vec{b}$，$\overrightarrow{AQ}=\frac{\vec{b}+2\vec{c}}{3}$，$\overrightarrow{AR}=\frac{\vec{c}+5\vec{d}}{6}$ であるから

$$\overrightarrow{AG'}=\frac{1}{3}\left(\frac{1}{2}\vec{b}+\frac{\vec{b}+2\vec{c}}{3}+\frac{\vec{c}+5\vec{d}}{6}\right)$$

$$=\frac{5}{18}(\vec{b}+\vec{c}+\vec{d}) \quad \cdots\cdots ②$$

①，② から　$\overrightarrow{AG}=\frac{6}{5}\overrightarrow{AG'}$

したがって，頂点 A，△BCD の重心および △PQR の重心は一直線上にある。 終

教 p.80

6 四面体 OABC の辺 OA，AB，OC の中点を，それぞれ D，E，F とし，△DEF の重心を G，直線 OG と平面 ABC の交点を H とする。$\overrightarrow{OA}=\vec{a}$，$\overrightarrow{OB}=\vec{b}$，$\overrightarrow{OC}=\vec{c}$ とするとき，$\overrightarrow{OH}$ を $\vec{a}$，$\vec{b}$，$\vec{c}$ を用いて表せ。また，OG：GH を求めよ。

指針 **直線と平面の交点，線分の比**　交点 H は直線 OG 上にあるから $\overrightarrow{OH}=k\overrightarrow{OG}$ となる実数 k がある。また，H は平面 ABC 上にあるから，$\overrightarrow{AH}=s\overrightarrow{AB}+t\overrightarrow{AC}$ となる実数 s，t がある。

解答 $\overrightarrow{OG}=\frac{\overrightarrow{OD}+\overrightarrow{OE}+\overrightarrow{OF}}{3}$

$$=\frac{1}{3}\left(\frac{\vec{a}}{2}+\frac{\vec{a}+\vec{b}}{2}+\frac{\vec{c}}{2}\right)$$

$$=\frac{1}{3}\vec{a}+\frac{1}{6}\vec{b}+\frac{1}{6}\vec{c}$$

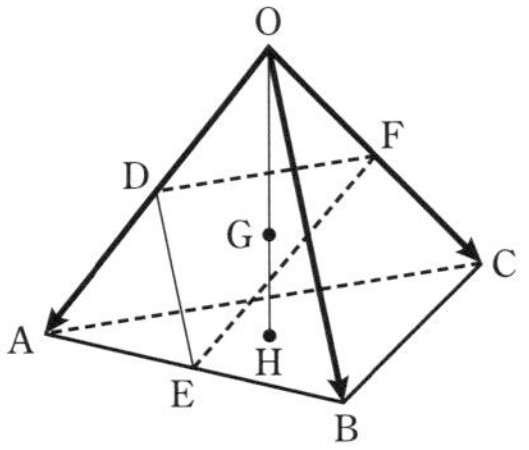

点 H は直線 OG 上にあるから，
$\overrightarrow{OH}=k\overrightarrow{OG}$ となる実数 k がある。

よって　$\overrightarrow{OH}=\frac{1}{3}k\vec{a}+\frac{1}{6}k\vec{b}+\frac{1}{6}k\vec{c}$ $\cdots\cdots$ ①

点 H は平面 ABC 上にあるから，$\overrightarrow{AH}=s\overrightarrow{AB}+t\overrightarrow{AC}$ となる実数 s，t がある。

ゆえに　$\overrightarrow{OH}=\overrightarrow{OA}+\overrightarrow{AH}=\vec{a}+\{s(\vec{b}-\vec{a})+t(\vec{c}-\vec{a})\}$

$$=(1-s-t)\vec{a}+s\vec{b}+t\vec{c} \quad \cdots\cdots ②$$

①，② から　$\frac{1}{3}k\vec{a}+\frac{1}{6}k\vec{b}+\frac{1}{6}k\vec{c}=(1-s-t)\vec{a}+s\vec{b}+t\vec{c}$

4 点 O，A，B，C は同じ平面上にないから

$$\frac{1}{3}k=1-s-t,\quad \frac{1}{6}k=s,\quad \frac{1}{6}k=t$$

よって　$\frac{1}{3}k=1-\frac{1}{6}k-\frac{1}{6}k$

ゆえに　$k=\frac{3}{2}$

したがって　$\overrightarrow{\mathbf{OH}}=\frac{\mathbf{1}}{\mathbf{2}}\vec{\boldsymbol{a}}+\frac{\mathbf{1}}{\mathbf{4}}\vec{\boldsymbol{b}}+\frac{\mathbf{1}}{\mathbf{4}}\vec{\boldsymbol{c}}$ 答

$\overrightarrow{\mathrm{OH}}=\frac{3}{2}\overrightarrow{\mathrm{OG}}$ となるから　$\mathrm{OH}=\frac{3}{2}\mathrm{OG}$

ゆえに　$\mathrm{OG}:\mathrm{OH}=2:3$

よって　$\mathbf{OG}:\mathbf{GH}=\mathbf{2}:\mathbf{1}$ 答

教 p.80

7 次のような球面の方程式を求めよ。

(1) 点 $\mathrm{A}(1,\ -2,\ 3)$ を中心とし，点 $\mathrm{B}(3,\ 1,\ 0)$ を通る球面

(2) 点 $(2,\ 1,\ 1)$ を通り，3 つの座標平面に接する球面

指針 **球面の方程式**

(1) 半径を r とし，$\mathrm{B}(3,\ 1,\ 0)$ を通ることから，r を求める。

(2) 球の半径を r とすると，3 つの座標平面に接する球の中心は

$(r,\ r,\ r)$，$(r,\ r,\ -r)$，$(r,\ -r,\ r)$，$(r,\ -r,\ -r)$，

$(-r,\ r,\ r)$，$(-r,\ r,\ -r)$，$(-r,\ -r,\ r)$，$(-r,\ -r,\ -r)$

解答 (1) 半径を r とすると，求める球面の方程式は

$$(x-1)^2+(y+2)^2+(z-3)^2=r^2$$

$\mathrm{B}(3,\ 1,\ 0)$ を通るから　$(3-1)^2+(1+2)^2+(0-3)^2=r^2$

よって　$r^2=22$

ゆえに　$\boldsymbol{(x-1)^2+(y+2)^2+(z-3)^2=22}$ 答

(2) 求める球面の半径を r とすると，通る点 $(2,\ 1,\ 1)$ の座標はすべて正であるから，中心は $(r,\ r,\ r)$ とおける。

ゆえに，球面の方程式は　$(x-r)^2+(y-r)^2+(z-r)^2=r^2$

点 $(2,\ 1,\ 1)$ を通るから　$(2-r)^2+(1-r)^2+(1-r)^2=r^2$

整理すると　$r^2-4r+3=0$

これを解いて　$r=1,\ 3$

よって　$\boldsymbol{(x-1)^2+(y-1)^2+(z-1)^2=1,}$

$\boldsymbol{(x-3)^2+(y-3)^2+(z-3)^2=9}$ 答

教 p.80

8 2点 A(2, 1, 2), B(3, 3, 5) を通る直線に点 C(5, 6, 7) から垂線 CH を下ろす。点 H の座標を求めよ。

指針 **座標空間における直線**　$\overrightarrow{AH}=t\overrightarrow{AB}$($t$ は実数)から，$\overrightarrow{CH}$ の成分を t を用いて表す。$\overrightarrow{CH}\cdot\overrightarrow{AB}=0$ から t の値が定まり，$\overrightarrow{CH}$ の成分が求められる。

解答 点 H は直線 AB 上にあるから，$\overrightarrow{AH}=t\overrightarrow{AB}$ となる実数 t がある。

よって　$\overrightarrow{CH}=\overrightarrow{CA}+\overrightarrow{AH}=\overrightarrow{CA}+t\overrightarrow{AB}$

$=(-3,\ -5,\ -5)+t(1,\ 2,\ 3)$

$=(t-3,\ 2t-5,\ 3t-5)$

$\overrightarrow{CH}\perp\overrightarrow{AB}$ より，$\overrightarrow{CH}\cdot\overrightarrow{AB}=0$ であるから

$$(t-3)+2(2t-5)+3(3t-5)=0$$

これを解いて　$t=2$

ゆえに　$\overrightarrow{CH}=(-1,\ -1,\ 1)$

ここで，$\overrightarrow{CH}=\overrightarrow{CO}+\overrightarrow{OH}=\overrightarrow{OH}-\overrightarrow{OC}$ であるから

$\overrightarrow{OH}=\overrightarrow{CH}+\overrightarrow{OC}=(-1,\ -1,\ 1)+(5,\ 6,\ 7)$

$=(4,\ 5,\ 8)$

よって，点 H の座標は　**(4, 5, 8)**　答

第2章　演習問題 A

教 p.81

1. 1辺の長さが1の立方体 ABCD-EFGH がある。

(1) $\overrightarrow{DF}=\overrightarrow{DE}+\overrightarrow{EF}$ であることを利用して，内積 $\overrightarrow{DE}\cdot\overrightarrow{DF}$ を求めよ。

(2) $\cos\angle EDF$ の値を求めよ。

指針 **立方体と内積**

(1) $\overrightarrow{DE}\cdot\overrightarrow{DF}=\overrightarrow{DE}\cdot(\overrightarrow{DE}+\overrightarrow{EF})$ を計算する。

(2) $\cos\angle EDF=\dfrac{\overrightarrow{DE}\cdot\overrightarrow{DF}}{|\overrightarrow{DE}||\overrightarrow{DF}|}$

解答 (1)
$$\begin{aligned}\overrightarrow{DE}\cdot\overrightarrow{DF}&=\overrightarrow{DE}\cdot(\overrightarrow{DE}+\overrightarrow{EF})\\&=\overrightarrow{DE}\cdot\overrightarrow{DE}+\overrightarrow{DE}\cdot\overrightarrow{EF}\\&=|\overrightarrow{DE}|^2+\overrightarrow{DE}\cdot\overrightarrow{EF}\end{aligned}$$

ここで，$|\overrightarrow{DE}|=\sqrt{1^2+1^2}=\sqrt{2}$ であるから

$$|\overrightarrow{DE}|^2=(\sqrt{2})^2=2$$

また，$\overrightarrow{DE}\perp\overrightarrow{EF}$ であるから

$$\overrightarrow{DE}\cdot\overrightarrow{EF}=0$$

したがって

$$\overrightarrow{DE}\cdot\overrightarrow{DF}=2+0=\mathbf{2}$$ 答

(2) (1)より　$|\overrightarrow{DE}|=\sqrt{2}$，　$\overrightarrow{DE}\cdot\overrightarrow{DF}=2$

また　$|\overrightarrow{DF}|=\sqrt{1^2+1^2+1^2}=\sqrt{3}$

よって
$$\cos\angle EDF=\frac{\overrightarrow{DE}\cdot\overrightarrow{DF}}{|\overrightarrow{DE}||\overrightarrow{DF}|}=\frac{2}{\sqrt{2}\times\sqrt{3}}=\boldsymbol{\frac{\sqrt{6}}{3}}$$ 答

教 p.81

2. 3点 A(0, 1, 1), B(−1, −1, 2), C(2, 3, 1) を頂点とする △ABC について，次のものを求めよ。

(1) ∠BAC の大きさ　　　(2) △ABC の面積

指針 **ベクトルのなす角と三角形の面積**

(1) $\angle BAC$ は $\overrightarrow{AB}$ と $\overrightarrow{AC}$ のなす角であるから

$$\cos\angle BAC=\frac{\overrightarrow{AB}\cdot\overrightarrow{AC}}{|\overrightarrow{AB}||\overrightarrow{AC}|}$$

(2) $\triangle ABC=\frac{1}{2}\times AB\times AC\times\sin\angle BAC$

解答 (1) $\overrightarrow{AB}=(-1-0,\ -1-1,\ 2-1)=(-1,\ -2,\ 1)$,

$\overrightarrow{AC}=(2-0,\ 3-1,\ 1-1)=(2,\ 2,\ 0)$ であるから

$$\overrightarrow{AB}\cdot\overrightarrow{AC}=(-1)\times2+(-2)\times2+1\times0=-6$$

$$|\overrightarrow{AB}|=\sqrt{(-1)^2+(-2)^2+1^2}=\sqrt{6}$$

$$|\overrightarrow{AC}|=\sqrt{2^2+2^2+0^2}=2\sqrt{2}$$

よって　$\cos\angle BAC=\frac{\overrightarrow{AB}\cdot\overrightarrow{AC}}{|\overrightarrow{AB}||\overrightarrow{AC}|}$

$$=\frac{-6}{\sqrt{6}\times2\sqrt{2}}=-\frac{\sqrt{3}}{2}$$

$0^\circ\leqq\angle BAC\leqq180^\circ$ であるから　$\angle BAC=\mathbf{150^\circ}$ 答

(2) $AB=|\overrightarrow{AB}|=\sqrt{6}$, $AC=|\overrightarrow{AC}|=2\sqrt{2}$ であるから

$$\triangle ABC=\frac{1}{2}AB\times AC\sin150^\circ$$

$$=\frac{1}{2}\times\sqrt{6}\times2\sqrt{2}\times\frac{1}{2}=\boldsymbol{\sqrt{3}}$$ 答

教 p.81

3. 球面 $(x-5)^2+(y-4)^2+(z+2)^2=16$ が平面 $z=1$ と交わってできる図形の方程式を求めよ。

指針 **球面が平面と交わってできる図形**　球面の方程式において，$z=1$ とする。

解答 球面 $(x-5)^2+(y-4)^2+(z+2)^2=16$ が平面 $z=1$ と交わってできる図形の方程式は

$$(x-5)^2+(y-4)^2+(1+2)^2=16,\ z=1$$

すなわち　$\boldsymbol{(x-5)^2+(y-4)^2=7,\ z=1}$ 答

注意 この方程式の表す図形は，平面 $z=1$ 上の中心 $(5,\ 4,\ 1)$，半径 $\sqrt{7}$ の円である。

第2章　演習問題B

教 p.81

4. 4点 A(8, 2, −3), B(1, 3, 2), C(5, 1, 8), D(3, −3, 6) を頂点とする四面体 ABCD がある。

(1) 辺 CD の中点を M とするとき，BM⊥CD であることを示せ。

(2) △BCD の面積を求めよ。

(3) AB⊥BC, AB⊥BD であることを示せ。

(4) 四面体 ABCD の体積を求めよ。

指針　垂直の証明，三角形の面積，四面体の体積

(1) $\overrightarrow{BM}\cdot\overrightarrow{CD}=0$ を示す。

(2) BM⊥CD であるから　　$\triangle BCD=\dfrac{1}{2}CD\times BM$

(3) $\overrightarrow{AB}\cdot\overrightarrow{BC}=0$, $\overrightarrow{AB}\cdot\overrightarrow{BD}=0$ を示す。

(4) AB⊥BC, AB⊥BD より，△BCD を底面とすると，高さは AB

解答 (1) 辺 CD の中点 M の座標は　$\left(\dfrac{5+3}{2},\ \dfrac{1+(-3)}{2},\ \dfrac{8+6}{2}\right)$

すなわち　(4, −1, 7)

$\overrightarrow{CD}=(-2,\ -4,\ -2)$, $\overrightarrow{BM}=(3,\ -4,\ 5)$ であるから

$$\overrightarrow{BM}\cdot\overrightarrow{CD}=3\times(-2)+(-4)\times(-4)+5\times(-2)=0$$

$\overrightarrow{BM}\neq\vec{0}$, $\overrightarrow{CD}\neq\vec{0}$ であるから　　$\overrightarrow{BM}\perp\overrightarrow{CD}$

したがって　　BM⊥CD　終

(2)
$$CD=|\overrightarrow{CD}|=\sqrt{(-2)^2+(-4)^2+(-2)^2}=\sqrt{24}=2\sqrt{6}$$
$$BM=|\overrightarrow{BM}|=\sqrt{3^2+(-4)^2+5^2}=\sqrt{50}=5\sqrt{2}$$

よって　　$\triangle BCD=\dfrac{1}{2}CD\times BM=\dfrac{1}{2}\times2\sqrt{6}\times5\sqrt{2}=\mathbf{10\sqrt{3}}$　答

(3) $\overrightarrow{AB}=(-7,\ 1,\ 5)$, $\overrightarrow{BC}=(4,\ -2,\ 6)$, $\overrightarrow{BD}=(2,\ -6,\ 4)$ であるから

$$\overrightarrow{AB}\cdot\overrightarrow{BC}=(-7)\times4+1\times(-2)+5\times6=0$$
$$\overrightarrow{AB}\cdot\overrightarrow{BD}=(-7)\times2+1\times(-6)+5\times4=0$$

$\overrightarrow{AB}\neq\vec{0}$, $\overrightarrow{BC}\neq\vec{0}$, $\overrightarrow{BD}\neq\vec{0}$ であるから　　$\overrightarrow{AB}\perp\overrightarrow{BC}$, $\overrightarrow{AB}\perp\overrightarrow{BD}$

したがって　　AB⊥BC, AB⊥BD　終

(4) (3) より，辺 AB と底面 BCD は垂直である。

$$AB=|\overrightarrow{AB}|=\sqrt{(-7)^2+1^2+5^2}=\sqrt{75}=5\sqrt{3}$$

よって，体積は　　$\dfrac{1}{3}\triangle BCD\times AB=\dfrac{1}{3}\times10\sqrt{3}\times5\sqrt{3}=\mathbf{50}$　答

教 p.81

5. 2点 A$(-1,\ -5,\ 5)$，B$(2,\ 1,\ 2)$ と xy 平面上の点 P が一直線上にあるとき，点 P の座標を求めよ。

指針 **一直線上にある3点**　次の [1]，[2] より点 P の座標を求める式を作る。

[1]　点 P が xy 平面上にある　$\Longleftrightarrow$　P$(x,\ y,\ 0)$ とおける

[2]　点 P が直線 AB 上にある　$\Longleftrightarrow$　$\overrightarrow{\mathrm{AP}}=k\overrightarrow{\mathrm{AB}}$ となる実数 k がある。

解答 点 P は xy 平面上の点であるから，P$(x,\ y,\ 0)$ とおける。

点 P は直線 AB 上にあるから，k を実数として，$\overrightarrow{\mathrm{AP}}=k\overrightarrow{\mathrm{AB}}$ と表される。

よって　$(x+1,\ y+5,\ -5)=k(3,\ 6,\ -3)$

ゆえに $\begin{cases} x+1=3k & \cdots\cdots ① \\ y+5=6k & \cdots\cdots ② \\ -5=-3k & \cdots\cdots ③ \end{cases}$

①，③ から　$x=4$，　②，③ から　$y=5$

したがって，点 P の座標は　**(4，5，0)**　答

教 p.81

6. 四面体 OABC において，辺 AB を 1：2 に内分する点を D，線分 CD を 3：5 に内分する点を E，線分 OE を 1：3 に内分する点を F とし，直線 AF と平面 OBC の交点を G とする。このとき，AG：FG を求めよ。

指針 **直線と平面の交点，線分の比**　交点 G は直線 AF 上にあるから，$\overrightarrow{\mathrm{AG}}=k\overrightarrow{\mathrm{AF}}$ となる実数 k がある。また，G は平面 OBC 上にあるから，$\overrightarrow{\mathrm{OA}}=\vec{a}$，$\overrightarrow{\mathrm{OB}}=\vec{b}$，$\overrightarrow{\mathrm{OC}}=\vec{c}$ とすると，$\overrightarrow{\mathrm{OG}}$ は $\vec{b}$，$\vec{c}$ だけで表される。

解答 $\overrightarrow{\mathrm{OA}}=\vec{a}$，$\overrightarrow{\mathrm{OB}}=\vec{b}$，$\overrightarrow{\mathrm{OC}}=\vec{c}$ とすると

$$\overrightarrow{\mathrm{OD}}=\frac{2\vec{a}+\vec{b}}{3}=\frac{2}{3}\vec{a}+\frac{1}{3}\vec{b}$$

$$\overrightarrow{\mathrm{OE}}=\frac{5\overrightarrow{\mathrm{OC}}+3\overrightarrow{\mathrm{OD}}}{8}$$

$$=\frac{5}{8}\vec{c}+\frac{3}{8}\left(\frac{2\vec{a}+\vec{b}}{3}\right)$$

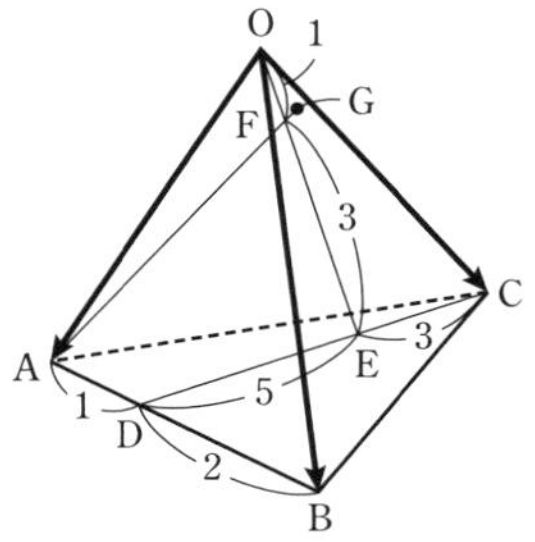

$$= \frac{1}{4}\vec{a} + \frac{1}{8}\vec{b} + \frac{5}{8}\vec{c}$$

$$\overrightarrow{OF} = \frac{1}{4}\overrightarrow{OE} = \frac{1}{16}\vec{a} + \frac{1}{32}\vec{b} + \frac{5}{32}\vec{c}$$

点 G は直線 AF 上にあるから，$\overrightarrow{AG} = k\overrightarrow{AF}$ となる実数 k がある。

よって　$\overrightarrow{OG} = \overrightarrow{OA} + \overrightarrow{AG} = \overrightarrow{OA} + k\overrightarrow{AF}$

$$= \overrightarrow{OA} + k(\overrightarrow{OF} - \overrightarrow{OA})$$

$$= \vec{a} + k\left\{\left(\frac{1}{16}\vec{a} + \frac{1}{32}\vec{b} + \frac{5}{32}\vec{c}\right) - \vec{a}\right\}$$

$$= \left(1 - \frac{15}{16}k\right)\vec{a} + \frac{1}{32}k\vec{b} + \frac{5}{32}k\vec{c} \quad \cdots\cdots ①$$

点 G は平面 OBC 上にあるから，$\overrightarrow{OG}$ は $\vec{b}$，$\vec{c}$ だけで表される。

① から　$1 - \frac{15}{16}k = 0$

ゆえに　$k = \frac{16}{15}$

$\overrightarrow{AG} = \frac{16}{15}\overrightarrow{AF}$ となるから　$AG = \frac{16}{15}AF$　ゆえに　AG：AF＝16：15

よって　**AG：FG＝16：1**　答

教 p.81

7. 3 点 A(2, 0, 0)，B(0, 1, 0)，C(0, 0, 2) の定める平面を α とし，原点 O から平面 α に垂線 OH を下ろす。

(1) $\overrightarrow{OH} = s\overrightarrow{OA} + t\overrightarrow{OB} + u\overrightarrow{OC}$ と表すとき，$\overrightarrow{OH} \perp \overrightarrow{AB}$，$\overrightarrow{OH} \perp \overrightarrow{AC}$ から $4s - t = 0$，$s - u = 0$ であることを導け。

(2) 点 H の座標を求めよ。

(3) 垂線 OH の長さを求めよ。

指針　原点から平面に下ろした垂線

(1) $\overrightarrow{OH}$，$\overrightarrow{AB}$，$\overrightarrow{AC}$ を，それぞれ成分で表し，$\overrightarrow{OH} \cdot \overrightarrow{AB} = 0$，$\overrightarrow{OH} \cdot \overrightarrow{AC} = 0$ とする。

(2) 点 H が 3 点 A，B，C の定める平面上にあることと (1) から，s，t，u の値を求める。

(3) $\mathrm{OH} = |\overrightarrow{OH}|$

教科書 p.81

解答 (1) $\overrightarrow{OH}=s\overrightarrow{OA}+t\overrightarrow{OB}+u\overrightarrow{OC}$

$=s(2,\ 0,\ 0)+t(0,\ 1,\ 0)+u(0,\ 0,\ 2)$

$=(2s,\ t,\ 2u)$

$\overrightarrow{AB}=(-2,\ 1,\ 0)$

$\overrightarrow{AC}=(-2,\ 0,\ 2)$

$\overrightarrow{OH}\perp\overrightarrow{AB}$ より，$\overrightarrow{OH}\cdot\overrightarrow{AB}=0$ であるから

$$2s\times(-2)+t\times1+2u\times0=0$$

よって　$-4s+t=0$　すなわち　$4s-t=0$ …… ①

$\overrightarrow{OH}\perp\overrightarrow{AC}$ より，$\overrightarrow{OH}\cdot\overrightarrow{AC}=0$ であるから

$$2s\times(-2)+t\times0+2u\times2=0$$

よって　$-4s+4u=0$　すなわち　$s-u=0$ …… ②

①，② から　$4s-t=0$，$s-u=0$ 終

(2) (1) から　$t=4s$，　$u=s$

これらを $\overrightarrow{OH}=s\overrightarrow{OA}+t\overrightarrow{OB}+u\overrightarrow{OC}$ に代入して

$\overrightarrow{OH}=s\overrightarrow{OA}+4s\overrightarrow{OB}+s\overrightarrow{OC}$ …… ①

H は 3 点 A，B，C の定める平面 α 上にあるから，$\overrightarrow{AH}=k\overrightarrow{AB}+l\overrightarrow{AC}$ となる実数 k，l がある。

ゆえに　$\overrightarrow{OH}=\overrightarrow{OA}+\overrightarrow{AH}=\overrightarrow{OA}+(k\overrightarrow{AB}+l\overrightarrow{AC})$

$=\overrightarrow{OA}+\{k(\overrightarrow{OB}-\overrightarrow{OA})+l(\overrightarrow{OC}-\overrightarrow{OA})\}$

$=(1-k-l)\overrightarrow{OA}+k\overrightarrow{OB}+l\overrightarrow{OC}$ …… ②

①，② から

$$s\overrightarrow{OA}+4s\overrightarrow{OB}+s\overrightarrow{OC}=(1-k-l)\overrightarrow{OA}+k\overrightarrow{OB}+l\overrightarrow{OC}$$

4 点 O，A，B，C は同じ平面上にないから

$$s=1-k-l,\quad 4s=k,\quad s=l$$

よって　$s=1-4s-s$　　ゆえに　$s=\dfrac{1}{6}$

また　$t=\dfrac{2}{3}$，$u=\dfrac{1}{6}$

したがって，点 H の座標は

$(2s,\ t,\ 2u)$　すなわち　$\left(\dfrac{1}{3},\ \dfrac{2}{3},\ \dfrac{1}{3}\right)$ 答

(3) $\mathrm{OH}=\sqrt{\left(\dfrac{1}{3}\right)^2+\left(\dfrac{2}{3}\right)^2+\left(\dfrac{1}{3}\right)^2}=\dfrac{\sqrt{6}}{3}$ 答

教科書 p.84〜89

第3章　複素数平面

1　複素数平面

まとめ

1　複素数平面

注意 以下，$a+bi$ や $c+di$ などでは，文字 a, b, c, d は実数を表す。

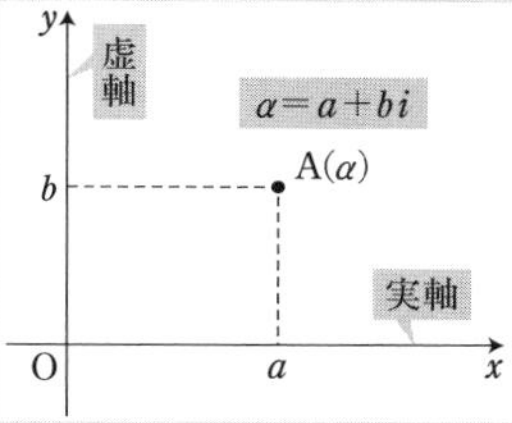

① 座標平面上で，複素数 $\alpha=a+bi$ に対して点 $(a,\ b)$ を対応させる。

② 複素数 $\alpha=a+bi$ を座標平面上の点 $(a,\ b)$ で表したとき，この平面を **複素数平面** または **複素平面** という。複素数平面上では，x 軸を **実軸**，y 軸を **虚軸** という。実軸上の点は実数を表し，原点Oと異なる虚軸上の点は純虚数を表す。

③ 複素数平面上で複素数 α を表す点Aを **A(α)** と書く。また，この点を **点 α** と呼ぶことがある。例えば，点0は原点Oのことである。

2　複素数の実数倍

① $\alpha\neq 0$ のとき，次のことが成り立つ。

3点0, α, β が一直線上にある $\iff$ $\beta=k\alpha$ となる実数 k がある

② 右の図からわかるように，
点 $k\alpha$ は直線 ℓ 上で
$k>0$ ならば，原点に関して点 α と同じ側にあり，
$k=0$ ならば，原点と一致し，
$k<0$ ならば，原点に関して点 α と反対側にある。

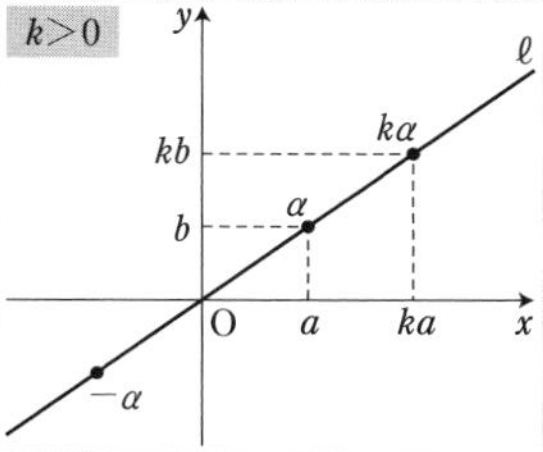

特に，点 $-\alpha$ は原点に関して点 α と対称の位置にある。

③ 複素数 α を表す点をA，$k\alpha$ を表す点をBとすると，線分OBの長さは線分OAの長さの $|k|$ 倍である。すなわち，$\mathrm{OB}=|k|\mathrm{OA}$ である。

④ 点 $k\alpha$ を，点 α を k 倍した点である，ということがある。

3　複素数の加法，減法

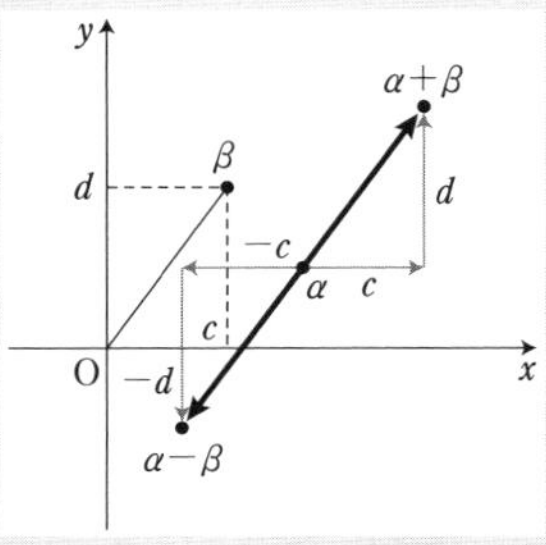

① 2つの複素数 $\alpha=a+bi$，$\beta=c+di$ について

$$\alpha+\beta=(a+c)+(b+d)i$$

であるから，点 $\alpha+\beta$ は点 α を，

実軸方向に c，虚軸方向に d

だけ平行移動した点である。また，

$$\alpha-\beta=(a-c)+(b-d)i$$

であるから，点 $\alpha-\beta$ は点 α を，

実軸方向に $-c$，虚軸方向に $-d$

だけ平行移動した点である。

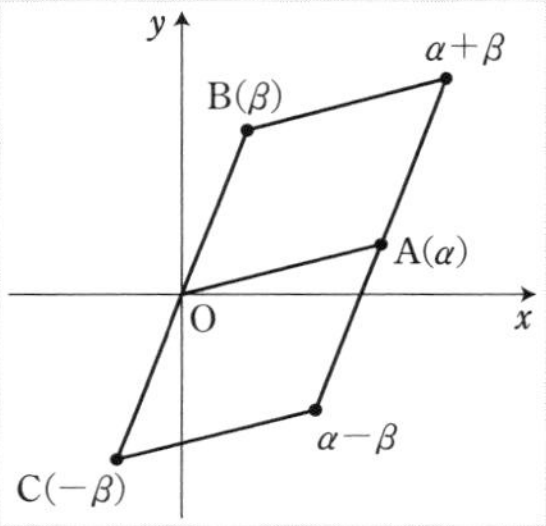

② 3点 O(0)，A(α)，B(β) が一直線上にないとき，$\alpha+\beta$ を表す点は，右の図のように，線分 OA，OB を2辺とする平行四辺形の第4の頂点である。

また，$-\beta$ を表す点を C とすると，$\alpha-\beta$ を表す点は線分 OA，OC を2辺とする平行四辺形の第4の頂点である。

注意 複素数の和は，ベクトルの和と対応させて考えることができる。

4　共役な複素数

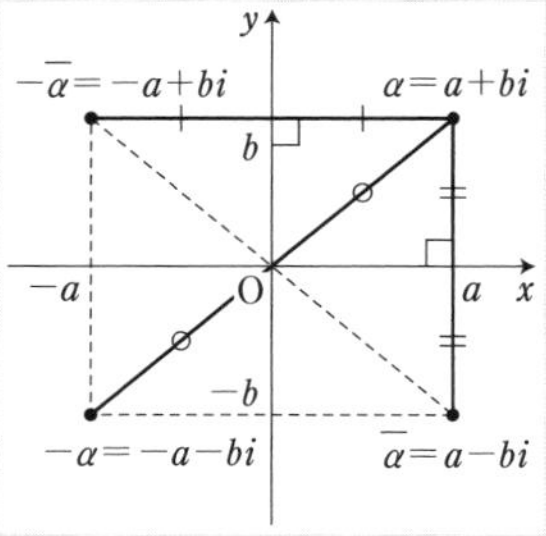

① 複素数 $\alpha=a+bi$ に対し $\overline{\alpha}=a-bi$ を α に共役な複素数，または α の **共役複素数** という。

α と $\overline{\alpha}$ について，次のことが成り立つ。

$$\alpha+\overline{\alpha}=(a+bi)+(a-bi)=2a$$
$$\alpha\overline{\alpha}=(a+bi)(a-bi)=a^2+b^2$$
$$\overline{\overline{\alpha}}=\overline{a-bi}=a+bi=\alpha$$

② 複素数平面上の点について，次のことが成り立つ。

点 $\overline{\alpha}$ は点 α と実軸に関して対称

点 $-\alpha$ は点 α と原点に関して対称

点 $-\overline{\alpha}$ は点 α と虚軸に関して対称

これから，次が成り立つことがわかる。

α が実数　$\iff$　$\overline{\alpha}=\alpha$

α が純虚数　$\iff$　$\overline{\alpha}=-\alpha$，$\alpha\neq 0$

③ 複素数 α，β の和や差の共役複素数について，次のことが成り立つ。

1　$\overline{\alpha+\beta}=\overline{\alpha}+\overline{\beta}$　　**2**　$\overline{\alpha-\beta}=\overline{\alpha}-\overline{\beta}$

④　複素数 α, β の積や商の共役複素数について，次のことが成り立つ。

3　$\overline{\alpha\beta}=\overline{\alpha}\,\overline{\beta}$　　　　4　$\overline{\left(\dfrac{\alpha}{\beta}\right)}=\dfrac{\overline{\alpha}}{\overline{\beta}}$

注意 3より，複素数 α と自然数 n について，$\overline{\alpha^n}=(\overline{\alpha})^n$ が成り立つ。

5　絶対値と２点間の距離

①　複素数 $\alpha=a+bi$ に対し，$\sqrt{\alpha\overline{\alpha}}=\sqrt{a^2+b^2}$ を α の **絶対値** といい，記号で $|\alpha|$ または $|a+bi|$ と表す。すなわち

$$|\alpha|=|a+bi|=\sqrt{a^2+b^2}$$
$$|\alpha|^2=\alpha\overline{\alpha}$$

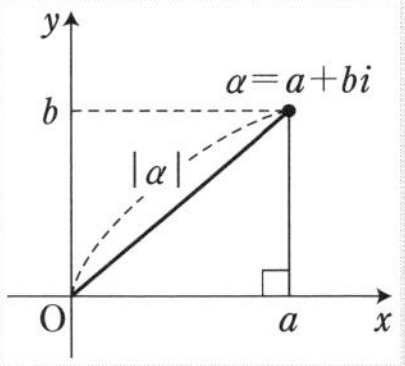

②　$b=0$ のとき，$|\alpha|=\sqrt{a^2}$ は実数 a の絶対値に一致する。

③　複素数平面上で考えると，α の絶対値は，原点Oと点 α の間の距離に等しい。

④　複素数平面上で，**2点 α, β 間の距離は**　　$|\beta-\alpha|$

A 複素数平面

練習 1　教 p.84

次の点を複素数平面上に記せ。

P$(-1+2i)$, Q$(3-2i)$, R(2), S$(-i)$

指針　**複素数と座標平面上の点**　複素数 $a+bi$ に点 (a, b) が対応する。
実数 a は $a+0i$ から $(a, 0)$ で表され，純虚数 bi は $0+bi$ から $(0, b)$ で表される。

解答　複素数 $a+bi$ と座標平面上の点 (a, b) との対応は次のようになる。

P$(-1+2i)$　　$(-1, 2)$
Q$(3-2i)$　　$(3, -2)$
R(2)　　$(2, 0)$
S$(-i)$　　$(0, -1)$

よって，図のようになる。

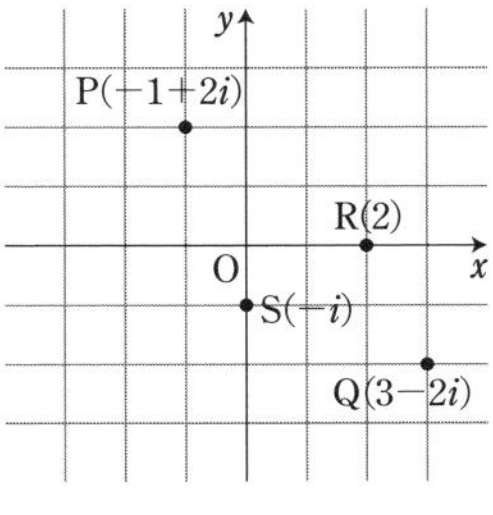

B 複素数の実数倍

練習 2　教 p.85

$\alpha=2+i$, $\beta=b-2i$, $\gamma=6+ci$ とする。4点0, α, β, γ が一直線上にあるとき，実数 b, c の値を求めよ。

指針 **複素数の実数倍**　4 点 0，α，β，γ が一直線上にあるから，次の [1]，[2] に分けて考えればよい。

[1]　3 点 0，α，β が一直線上にあることから，b の値を求める。

[2]　3 点 0，α，γ が一直線上にあることから，c の値を求める。

解答 3 点 0，α，β が一直線上にあるとき，$\beta=k\alpha$ となる実数 k がある。

$b-2i=k(2+i)$ から　　$b=2k$，$-2=k$

これを解いて　　$k=-2$，$b=-4$

3 点 0，α，γ が一直線上にあるとき，$\gamma=l\alpha$ となる実数 l がある。

$6+ci=l(2+i)$ から　　$6=2l$，$c=l$

これを解いて　　$l=3$，$c=3$

以上から　　$\boldsymbol{b=-4}$，$\boldsymbol{c=3}$　答

C 複素数の加法，減法

問 1　教 p.86

$\beta=2-3i$ であるとき，次の各点は点 α をどのように移動した点であるか。

(1)　$\alpha+\beta$　　(2)　$\alpha-\beta$　　(3)　$\alpha+2\beta$　　(4)　$-(\alpha+\beta)$

指針 **複素数の和と差**　$\beta=c+di$ とする。

点 $\alpha+\beta$ は点 α を，実軸方向に c，虚軸方向に d だけ平行移動した点である。

点 $\alpha-\beta$ は点 α を，実軸方向に $-c$，虚軸方向に $-d$ だけ平行移動した点である。

解答 (1)　点 α を，**実軸方向に 2，虚軸方向に -3 だけ平行移動した点** である。答

(2)　点 α を，**実軸方向に -2，虚軸方向に 3 だけ平行移動した点** である。答

(3)　点 α を，**実軸方向に 4，虚軸方向に -6 だけ平行移動した点** である。答

(4)　点 α を，**実軸方向に 2，虚軸方向に -3 だけ平行移動し，更に，原点に関して対称移動した点** である。答

練習 3　教 p.86

$\alpha=3-i$，$\beta=1+2i$ であるとき，$\alpha+\beta$，$\alpha-\beta$ を表す点をそれぞれ，教科書 86 ページのように平行四辺形をかいて図示せよ。

指針 **複素数の和，差を表す点**　O(0)，A(α)，B(β)，C($-\beta$) とすると

$\alpha+\beta$ を表す点は，線分 OA，OB を 2 辺とする平行四辺形の第 4 の頂点である。

$\alpha-\beta$ を表す点は，線分 OA，OC を 2 辺とする平行四辺形の第 4 の頂点である。

解答 それぞれの平行四辺形を作って，点 $\alpha+\beta$，$\alpha-\beta$ をとると，図のようになる。

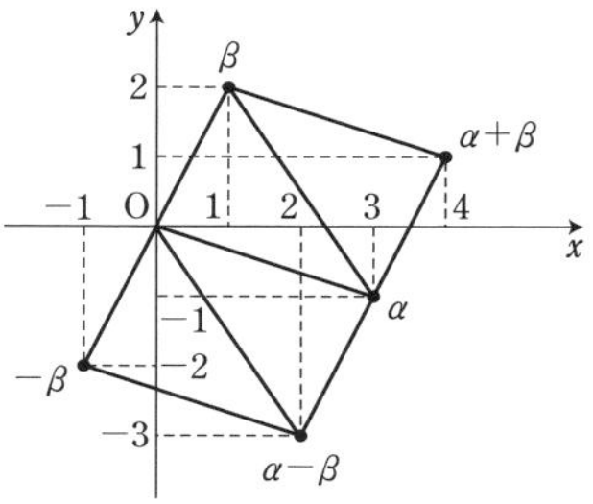

D 共役な複素数

練習 4 教 p.87

複素数 α の実部が $\dfrac{\alpha+\overline{\alpha}}{2}$，虚部が $\dfrac{\alpha-\overline{\alpha}}{2i}$ で表されることを示せ。

指針 **実部，虚部と共役複素数**　$\alpha=a+bi$ について，a，b をそれぞれ α，$\overline{\alpha}$ で表す。

解答 $\alpha=a+bi$ とすると

$$\overline{\alpha}=a-bi$$

よって　$\alpha+\overline{\alpha}=(a+bi)+(a-bi)$
$=2a$

$\alpha-\overline{\alpha}=(a+bi)-(a-bi)$
$=2bi$

ゆえに　$a=\dfrac{\alpha+\overline{\alpha}}{2}$

$b=\dfrac{\alpha-\overline{\alpha}}{2i}$

したがって，実部は $\boldsymbol{\dfrac{\alpha+\overline{\alpha}}{2}}$，虚部は $\boldsymbol{\dfrac{\alpha-\overline{\alpha}}{2i}}$ で表される。 終

問 2 教 p.87

教科書 87 ページの **2** を証明せよ。

指針 **差の共役複素数**　教科書 $p.87$ の **1** の証明と同様に示す。

解答 $\alpha=a+bi$，$\beta=c+di$ とすると　$\alpha-\beta=(a-c)+(b-d)i$

よって　$\overline{\alpha-\beta}=(a-c)-(b-d)i$
$=(a-bi)-(c-di)=\overline{\alpha}-\overline{\beta}$　終

教 p.88

問3 a，b，c，d は実数とする。複素数 α が方程式 $ax^3+bx^2+cx+d=0$ の解であるとき，$\overline{\alpha}$ も同じ方程式の解であることを証明せよ。

指針 **方程式の解と共役複素数**　$\overline{\alpha}$ が $ax^3+bx^2+cx+d=0$ の解であることを証明するには，$a(\overline{\alpha})^3+b(\overline{\alpha})^2+c\overline{\alpha}+d=0$ が成り立つことを示せばよい。

解答 複素数 α が方程式 $ax^3+bx^2+cx+d=0$ の解であるとき

$$a\alpha^3+b\alpha^2+c\alpha+d=0$$

両辺の共役複素数をとると

$$\overline{a\alpha^3+b\alpha^2+c\alpha+d}=\overline{0}$$

$$\begin{aligned}\text{左辺}&=\overline{a\alpha^3}+\overline{b\alpha^2}+\overline{c\alpha}+\overline{d}\\&=\overline{a}(\overline{\alpha})^3+\overline{b}(\overline{\alpha})^2+\overline{c}\overline{\alpha}+\overline{d}\\&=a(\overline{\alpha})^3+b(\overline{\alpha})^2+c\overline{\alpha}+d\end{aligned}$$

$$\text{右辺}=0$$

よって　$a(\overline{\alpha})^3+b(\overline{\alpha})^2+c(\overline{\alpha})+d=0$

したがって，$\overline{\alpha}$ も $ax^3+bx^2+cx+d=0$ の解である。 終

E 絶対値と2点間の距離

教 p.89

練習5 複素数 $3-2i$，$-4i$ の絶対値をそれぞれ求めよ。

指針 **絶対値**　$|\alpha|=|a+bi|=\sqrt{a^2+b^2}$ にあてはめて求める。

解答 $|3-2i|=\sqrt{3^2+(-2)^2}=\mathbf{\sqrt{13}}$ 答

$|-4i|=\sqrt{0^2+(-4)^2}=\mathbf{4}$ 答

教 p.89

問4 複素数 α と，それに共役な複素数 $\overline{\alpha}$ について，$|\boldsymbol{\alpha}|=|-\boldsymbol{\alpha}|=|\overline{\boldsymbol{\alpha}}|$ が成り立つことを証明せよ。

指針 **絶対値の性質**　$-\alpha=-a-bi$，$\overline{\alpha}=a-bi$，$|\alpha|=\sqrt{a^2+b^2}$ から導く。

解答 $\alpha=a+bi$ とすると　$-\alpha=-a-bi$，$\overline{\alpha}=a-bi$

よって　$|\alpha|=\sqrt{a^2+b^2}$

$$\begin{aligned}|-\alpha|&=|-a-bi|=\sqrt{(-a)^2+(-b)^2}\\&=\sqrt{a^2+b^2}=|\alpha|\end{aligned}$$

$$|\overline{\alpha}|=|a-bi|=\sqrt{a^2+(-b)^2}$$
$$=\sqrt{a^2+b^2}=|\alpha|$$

したがって　$|\alpha|=|-\alpha|=|\overline{\alpha}|$　終

練習 6　教 p.89

2 点 $5-i$，$3+2i$ 間の距離を求めよ。

指針　**2点間の距離**　$\alpha=5-i$，$\beta=3+2i$ とおき，$\beta-\alpha$ を計算して，その絶対値を求める。

解答　2 点 $5-i$，$3+2i$ 間の距離は

$$|(3+2i)-(5-i)|=|-2+3i|=\sqrt{(-2)^2+3^2}$$
$$=\sqrt{13}$$　答

2 複素数の極形式と乗法，除法

まとめ

1　極形式

① 複素数平面上で，0 でない複素数 $z=a+bi$ を表す点を P とする。
線分 OP の長さを r，実軸の正の部分から半直線 OP までの回転角を θ とすると

$$\boldsymbol{z=r(\cos\theta+i\sin\theta)}$$　ただし，$r>0$

これを複素数 z の **極形式** という。ここで，r は z の絶対値に等しい。
特に，絶対値が 1 の複素数 z の極形式は

$$z=\cos\theta+i\sin\theta$$

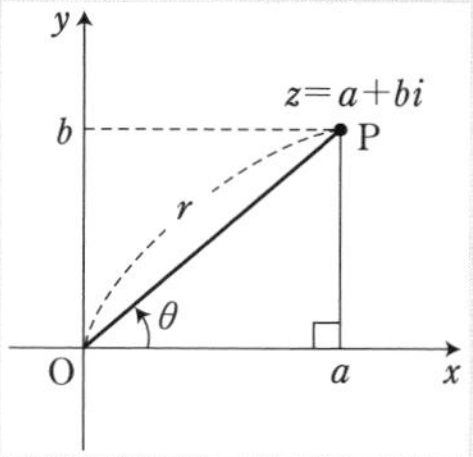

② 極形式の角 θ を z の **偏角** といい，$\arg z$ で表す。すなわち

$$\boldsymbol{r=|z|,\ \theta=\arg z}$$

複素数 z の偏角 θ は，$0\leqq\theta<2\pi$ の範囲ではただ 1 通りに定まる。偏角の 1 つを θ_0 とすると，z の偏角は一般に次のように表される。

$$\arg z=\theta_0+2n\pi \quad (n \text{ は整数})$$

注意 以後，本章では，複素数を極形式で表すとき，その複素数は 0 でないとする。

③　複素数 $z=r(\cos\theta+i\sin\theta)$ の共役複素数 $\overline{z}$ については $\overline{z}=r(\cos\theta-i\sin\theta)$ であるから，$\overline{z}$ を極形式で表すと

$$\overline{z}=r\{\cos(-\theta)+i\sin(-\theta)\}$$

したがって，次の等式が成り立つ。

$$\arg\overline{z}=-\arg z$$

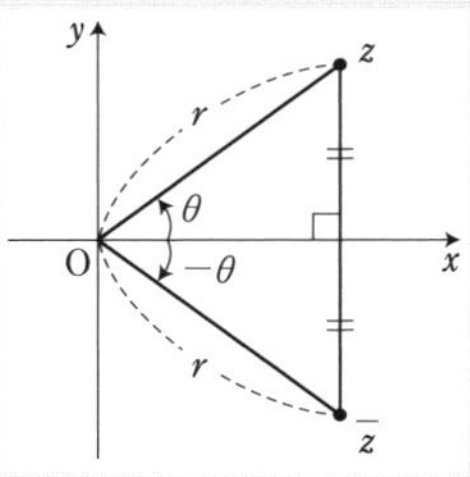

注意 等式 $\arg\overline{z}=-\arg z$ は，両辺が 2π の整数倍の違いを除いて一致することを意味している。以後，偏角についての等式は，この意味で考える。

2　複素数の乗法，除法

①　複素数の積と絶対値，偏角

$z_1=r_1(\cos\theta_1+i\sin\theta_1)$，$z_2=r_2(\cos\theta_2+i\sin\theta_2)$ とする。

1　$z_1z_2=r_1r_2\{\cos(\theta_1+\theta_2)+i\sin(\theta_1+\theta_2)\}$

2　$|z_1z_2|=|z_1||z_2|$

3　$\arg z_1z_2=\arg z_1+\arg z_2$

注意 2 より，複素数 z と自然数 n について，$|z^n|=|z|^n$ が成り立つ。

②　複素数の商と絶対値，偏角

$z_1=r_1(\cos\theta_1+i\sin\theta_1)$，$z_2=r_2(\cos\theta_2+i\sin\theta_2)$ とする。

1　$\dfrac{z_1}{z_2}=\dfrac{r_1}{r_2}\{\cos(\theta_1-\theta_2)+i\sin(\theta_1-\theta_2)\}$

2　$\left|\dfrac{z_1}{z_2}\right|=\dfrac{|z_1|}{|z_2|}$

3　$\arg\dfrac{z_1}{z_2}=\arg z_1-\arg z_2$

3　複素数の積と商の図形的な意味

①　0 でない 2 つの複素数 z_1，z_2 が極形式で $z_1=r_1(\cos\theta_1+i\sin\theta_1)$，$z_2=r_2(\cos\theta_2+i\sin\theta_2)$ と表されるとき，$z_3=z_1z_2$ とおくと

$$|z_3|=r_1r_2,\ \arg z_3=\theta_1+\theta_2$$

よって，点 $\mathrm{R}(z_3)$ は，点 $\mathrm{Q}(z_2)$ を原点を中心として角 θ_1 だけ回転した点 $\mathrm{Q}'(z_2')$ を r_1 倍した点である。

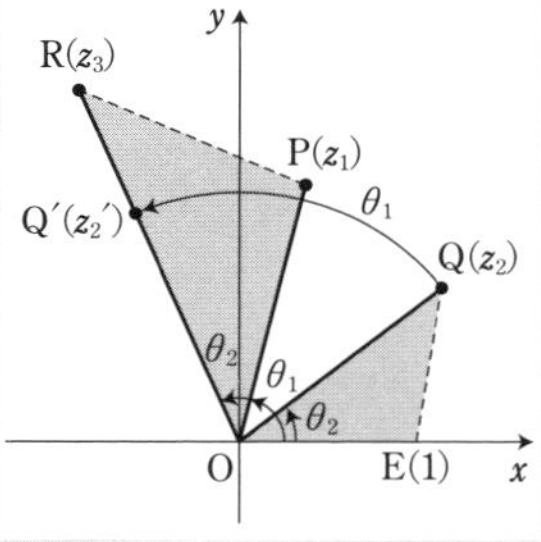

②　z_2 が実数でないとき，右の図のように△ROP は△QOE を原点を中心として角 θ_1 だけ回転し，r_1 倍に拡大または縮小したものであることがわかる。

すなわち，△ROP と△QOE は相似であり，その相似比は $r_1:1$ である。

③ ①，②で $r_1=1$ のとき，$z_2=z$，$\theta_1=\theta$ とおくと，次のことがいえる。

複素数の積と点の回転

複素数 z と $\cos\theta+i\sin\theta$ に対して，
点 $(\cos\theta+i\sin\theta)z$ は，点 z を原点を中心として角 θ だけ回転した点 である。

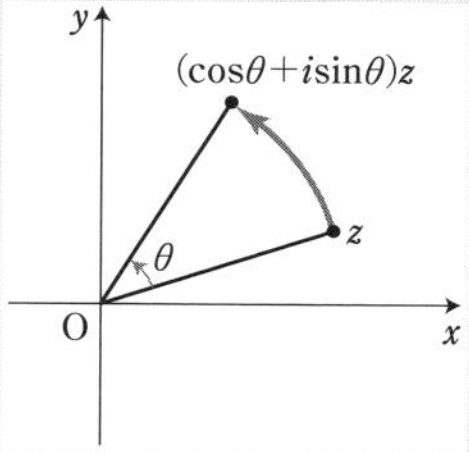

特に，$i=\cos\dfrac{\pi}{2}+i\sin\dfrac{\pi}{2}$ であるから

点 iz は，点 z を原点を中心として $\dfrac{\pi}{2}$ だけ回転した点 である。

④ $z_4=\dfrac{z_2}{z_1}$ とおくと

$$|z_4|=\frac{r_2}{r_1},\ \arg z_4=\theta_2-\theta_1$$

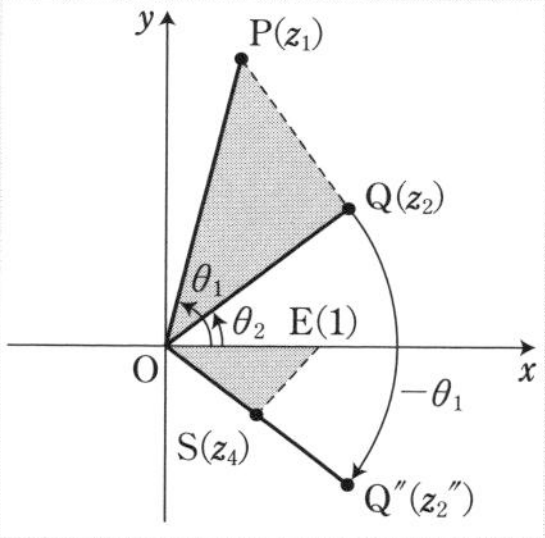

よって，点 S(z_4) は，点 Q(z_2) を原点を中心として角 $-\theta_1$ だけ回転した点 Q″(z_2″) を $\dfrac{1}{r_1}$ 倍した点である。$z_4=\dfrac{z_2}{z_1}$ が実数でないとき，右の図のように △EOS は △POQ を角 $-\theta_1$ だけ回転し，$\dfrac{1}{r_1}$ 倍に拡大または縮小したものであることがわかる。

すなわち，△EOS と △POQ は相似であり，その相似比は $1:r_1$ である。

A 極形式

問 5 複素数 $\sqrt{3}-i$ を極形式で表せ。 教 p.91

指針 **極形式** $a+bi$ から $r(\cos\theta+i\sin\theta)$ の形に表すとき

$$r=\sqrt{a^2+b^2},\qquad \cos\theta=\frac{a}{r},\qquad \sin\theta=\frac{b}{r}$$

から，r，θ を求める。$r>0$ であることに注意する。

解答 $\sqrt{3}-i$ の絶対値を r，偏角を θ とすると

$$r=\sqrt{(\sqrt{3})^2+(-1)^2}=\sqrt{4}=2,\ \cos\theta=\frac{\sqrt{3}}{2},\ \sin\theta=-\frac{1}{2}$$

$0\leqq\theta<2\pi$ の範囲で考えると　　$\theta=\dfrac{11}{6}\pi$

よって　　$\sqrt{3}-i=\boldsymbol{2\left(\cos\dfrac{11}{6}\pi+i\sin\dfrac{11}{6}\pi\right)}$ 答

注意 一般に，偏角 θ は $0\leqq\theta<2\pi$　または　$-\pi<\theta\leqq\pi$ の範囲でとる。

練習 7 教 p.91

次の複素数を極形式で表せ。

(1) $1+i$　(2) $1-i$　(3) $-2\sqrt{3}+2i$

(4) 1　(5) -1　(6) $-i$

指針 **極形式**　問 5 と同様に，r と θ を求めて $r(\cos\theta+i\sin\theta)$ の形に表す。(4)～(6) は $r=1$ である。

解答 (1) $r=\sqrt{1^2+1^2}=\sqrt{2}$ であるから

$$1+i=\sqrt{2}\left(\frac{1}{\sqrt{2}}+\frac{1}{\sqrt{2}}i\right)$$

$$=\sqrt{2}\left(\cos\frac{\pi}{4}+i\sin\frac{\pi}{4}\right)$$ 答

(2) $r=\sqrt{1^2+(-1)^2}=\sqrt{2}$ であるから

$$1-i=\sqrt{2}\left(\frac{1}{\sqrt{2}}-\frac{1}{\sqrt{2}}i\right)$$

$$=\sqrt{2}\left(\cos\frac{7}{4}\pi+i\sin\frac{7}{4}\pi\right)$$ 答

(3) $r=\sqrt{(-2\sqrt{3})^2+2^2}=4$ であるから

$$-2\sqrt{3}+2i=4\left(-\frac{\sqrt{3}}{2}+\frac{1}{2}i\right)$$

$$=4\left(\cos\frac{5}{6}\pi+i\sin\frac{5}{6}\pi\right)$$ 答

(4) $1=\cos 0+i\sin 0$ 答

(5) $-1=\cos\pi+i\sin\pi$ 答

(6) $-i=\cos\frac{3}{2}\pi+i\sin\frac{3}{2}\pi$ 答

問 6 教 p.91

複素数 z の極形式を $z=r(\cos\theta+i\sin\theta)$ とする。このとき，$-z$，$-\overline{z}$ をそれぞれ極形式で表せ。

指針 **極形式の表し方**　$-z$，$-\overline{z}$ を $r(\cos\theta'+i\sin\theta')$ の形に導く。また，$r>0$ であることに注意する。図をかくとわかりやすい。

解答

$-z=r(-\cos\theta-i\sin\theta)$,

$-\bar{z}=r(-\cos\theta+i\sin\theta)$

図から　$\arg(-z)=\theta+\pi$,

$\arg(-\bar{z})=-\theta+\pi$

また $|-z|=|-\bar{z}|=r$ であるから

$$-z=r\{\cos(\theta+\pi)+i\sin(\theta+\pi)\}$$ 答

$$-\bar{z}=r\{\cos(\pi-\theta)+i\sin(\pi-\theta)\}$$ 答

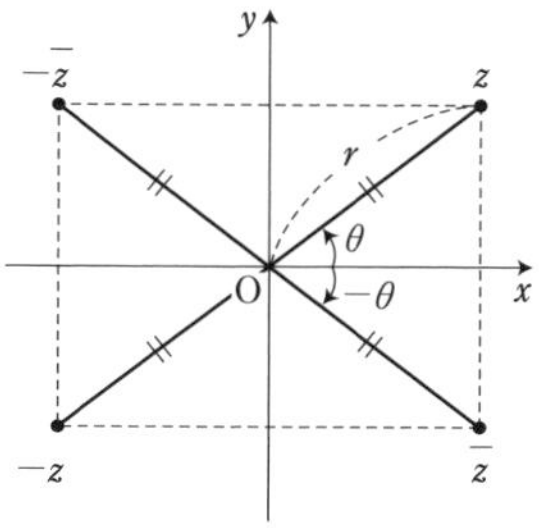

B 複素数の乗法，除法

練習 8　教 p.93

$\alpha=2+2i$, $\beta=\sqrt{3}+i$ のとき，$\alpha\beta$，$\dfrac{\alpha}{\beta}$ をそれぞれ極形式で表せ。

指針　**積・商の極形式**

α，β を極形式で表し，教科書 $p.92$，$p.93$ の公式にあてはめる。

解答

$$\alpha=2+2i=2\sqrt{2}\left(\frac{1}{\sqrt{2}}+\frac{1}{\sqrt{2}}i\right)$$

$$=2\sqrt{2}\left(\cos\frac{\pi}{4}+i\sin\frac{\pi}{4}\right)$$

$$\beta=\sqrt{3}+i=2\left(\frac{\sqrt{3}}{2}+\frac{1}{2}i\right)$$

$$=2\left(\cos\frac{\pi}{6}+i\sin\frac{\pi}{6}\right)$$

よって

$$\alpha\beta=4\sqrt{2}\left\{\cos\left(\frac{\pi}{4}+\frac{\pi}{6}\right)+i\sin\left(\frac{\pi}{4}+\frac{\pi}{6}\right)\right\}$$

$$=4\sqrt{2}\left(\cos\frac{5}{12}\pi+i\sin\frac{5}{12}\pi\right)$$ 答

$$\frac{\alpha}{\beta}=\sqrt{2}\left\{\cos\left(\frac{\pi}{4}-\frac{\pi}{6}\right)+i\sin\left(\frac{\pi}{4}-\frac{\pi}{6}\right)\right\}$$

$$=\sqrt{2}\left(\cos\frac{\pi}{12}+i\sin\frac{\pi}{12}\right)$$ 答

練習 9　教 p.93

$\alpha=1+\sqrt{3}i$, $\beta=\sqrt{5}+2i$ のとき，次の値を求めよ。

(1)　$|\alpha\beta|$　　(2)　$|\alpha^3|$　　(3)　$\left|\dfrac{\alpha}{\beta}\right|$　　(4)　$\left|\dfrac{\beta}{\alpha^2}\right|$

指針 **積・商の絶対値**

教科書 *p*.92，*p*.93 の公式により，$|\alpha\beta|=|\alpha||\beta|$，$|\alpha^3|=|\alpha|^3$，

$\left|\dfrac{\alpha}{\beta}\right|=\dfrac{|\alpha|}{|\beta|}$，$\left|\dfrac{\beta}{\alpha^2}\right|=\dfrac{|\beta|}{|\alpha^2|}=\dfrac{|\beta|}{|\alpha|^2}$ から求める。

解答 $|\alpha|=\sqrt{1^2+(\sqrt{3})^2}=2$，$|\beta|=\sqrt{(\sqrt{5})^2+2^2}=3$

(1) $|\alpha\beta|=|\alpha||\beta|=2\cdot3=\mathbf{6}$ 答

(2) $|\alpha^3|=|\alpha|^3=2^3=\mathbf{8}$ 答

(3) $\left|\dfrac{\alpha}{\beta}\right|=\dfrac{|\alpha|}{|\beta|}=\mathbf{\dfrac{2}{3}}$ 答

(4) $\left|\dfrac{\beta}{\alpha^2}\right|=\dfrac{|\beta|}{|\alpha|^2}=\dfrac{3}{2^2}=\mathbf{\dfrac{3}{4}}$ 答

問 7 教 p.93

複素数 z の極形式を $z=r(\cos\theta+i\sin\theta)$ とする。このとき，

$\dfrac{1}{z}=\dfrac{1}{r}\{\cos(-\theta)+i\sin(-\theta)\}$ となることを示せ。

指針 **商の極形式の利用** $1=\cos0+i\sin0$ であるから，複素数の商と絶対値，偏角の公式を利用して示す。

解答 $1=\cos0+i\sin0$ であるから

$$\frac{1}{z}=\frac{1}{r}\{\cos(0-\theta)+i\sin(0-\theta)\}$$

$$=\frac{1}{r}\{\cos(-\theta)+i\sin(-\theta)\}$$ 終

C 複素数の積と商の図形的な意味

練習 10 教 p.95

次の各点は，点 z をどのように移動した点であるか。

(1) $\dfrac{1+i}{\sqrt{2}}z$　(2) $(\sqrt{3}+i)z$　(3) $-iz$

指針 **複素数の積と点の回転**

複素数 z と $\cos\theta+i\sin\theta$ に対して，点 $(\cos\theta+i\sin\theta)z$ は，点 z を原点を中心として角 θ だけ回転した点である。

解答 (1) $\dfrac{1+i}{\sqrt{2}}=\dfrac{1}{\sqrt{2}}+\dfrac{1}{\sqrt{2}}i=\cos\dfrac{\pi}{4}+i\sin\dfrac{\pi}{4}$

よって，点 $\dfrac{1+i}{\sqrt{2}}z$ は，**点 z を原点を中心として $\dfrac{\pi}{4}$ だけ回転した点** である。答

(2)　$\sqrt{3}+i=2\left(\cos\frac{\pi}{6}+i\sin\frac{\pi}{6}\right)$

よって，点 $(\sqrt{3}+i)z$ は，**点 z を原点を中心として $\frac{\pi}{6}$ だけ回転し，原点からの距離を 2 倍した点** である。 答

(3)　$-i=\cos\left(-\frac{\pi}{2}\right)+i\sin\left(-\frac{\pi}{2}\right)$

よって，点 $-iz$ は，**点 z を原点を中心として $-\frac{\pi}{2}$ だけ回転した点** である。 答

教 p.95

問 8　点 $\frac{z}{i}$ は，点 z をどのように移動した点であるか。

指針　**複素数の商と回転**　$i=\cos\theta+i\sin\theta$ とすると，点 $\frac{z}{i}$ は点 z を原点を中心として $-\theta$ だけ回転した点を表す。

解答　$i=\cos\frac{\pi}{2}+i\sin\frac{\pi}{2}$ であるから，点 $\frac{z}{i}$ は

点 z を原点を中心として $-\frac{\pi}{2}$ だけ回転した点 である。 答

教 p.95

問 9　複素数 $z_1=\frac{1-\sqrt{3}i}{2}$，$z_2=1+i$ に対し，z_1z_2，$\frac{z_2}{z_1}$ をそれぞれ極形式で表せ。また，それらを表す点を複素数平面上に図示せよ。

指針　**積と商の図示**　まず，z_1，z_2 をそれぞれ極形式で表す。

解答　$z_1=\cos\left(-\frac{\pi}{3}\right)+i\sin\left(-\frac{\pi}{3}\right)$，　$z_2=\sqrt{2}\left(\cos\frac{\pi}{4}+i\sin\frac{\pi}{4}\right)$

よって　$z_1z_2=\sqrt{2}\left\{\cos\left(\frac{\pi}{4}-\frac{\pi}{3}\right)+i\sin\left(\frac{\pi}{4}-\frac{\pi}{3}\right)\right\}$

$=\sqrt{2}\left\{\cos\left(-\frac{\pi}{12}\right)+i\sin\left(-\frac{\pi}{12}\right)\right\}$ 答

$\frac{z_2}{z_1}=\sqrt{2}\left\{\cos\left(\frac{\pi}{4}+\frac{\pi}{3}\right)+i\sin\left(\frac{\pi}{4}+\frac{\pi}{3}\right)\right\}$

$=\sqrt{2}\left(\cos\frac{7}{12}\pi+i\sin\frac{7}{12}\pi\right)$ 答

3章 複素数平面

点 z_1z_2 を表す点は，点 z_2 を原点を中心として $-\dfrac{\pi}{3}$ だけ回転した点である。

点 $\dfrac{z_2}{z_1}$ を表す点は，点 z_2 を原点を中心として $\dfrac{\pi}{3}$ だけ回転した点である。

複素数平面上に表すと，図のようになる。

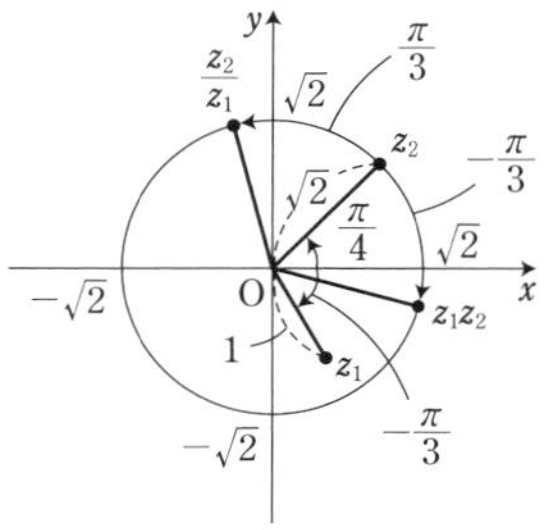

練習 11 教 p.96

複素数平面上の 3 点 O(0)，A$(-1+2i)$，B について，△OAB が A を直角の頂点とする直角二等辺三角形となるとき，点 B を表す複素数を求めよ。

指針 **三角形の頂点を表す複素数**　∠OAB が直角であるから，

OB$=\sqrt{2}$OA かつ ∠AOB$=\dfrac{\pi}{4}$

よって，点 B は，点 A を原点を中心として $\dfrac{\pi}{4}$ または $-\dfrac{\pi}{4}$ だけ回転し，更に原点からの距離を $\sqrt{2}$ 倍した点として求められる。

解答 点 B は，点 A を原点を中心として $\dfrac{\pi}{4}$ または $-\dfrac{\pi}{4}$ だけ回転し，更に原点からの距離を $\sqrt{2}$ 倍した点であるから，B を表す複素数は

$$\sqrt{2}\left(\cos\frac{\pi}{4}+i\sin\frac{\pi}{4}\right)(-1+2i)$$
$$=\sqrt{2}\left(\frac{1}{\sqrt{2}}+\frac{1}{\sqrt{2}}i\right)(-1+2i)$$
$$=(1+i)(-1+2i)$$
$$=-3+i$$

または

$$\sqrt{2}\left\{\cos\left(-\frac{\pi}{4}\right)+i\sin\left(-\frac{\pi}{4}\right)\right\}(-1+2i)$$
$$=\sqrt{2}\left(\frac{1}{\sqrt{2}}-\frac{1}{\sqrt{2}}i\right)(-1+2i)$$
$$=(1-i)(-1+2i)$$
$$=1+3i$$

すなわち　$\boldsymbol{-3+i}$　**または**　$\boldsymbol{1+3i}$　答

3 ド・モアブルの定理

まとめ

1　ド・モアブルの定理

①　ド・モアブルの定理

n が整数のとき

$$(\cos\theta+i\sin\theta)^n=\cos n\theta+i\sin n\theta$$

注意 0 でない複素数 w と自然数 m に対して，$w^0=1$，$w^{-m}=\dfrac{1}{w^m}$ と定める。

2　n 乗根

①　自然数 n と複素数 α に対して，$z^n=\alpha$ を満たす複素数 z を，α の **n 乗根** という。0 でない複素数 α の n 乗根は，n 個あることが知られている。

②　1 の n 乗根

自然数 n に対して，1 の n 乗根は，次の n 個の複素数である。

$$z_k=\cos\frac{2k\pi}{n}+i\sin\frac{2k\pi}{n}$$

$(k=0,\ 1,\ 2,\ \cdots\cdots,\ n-1)$

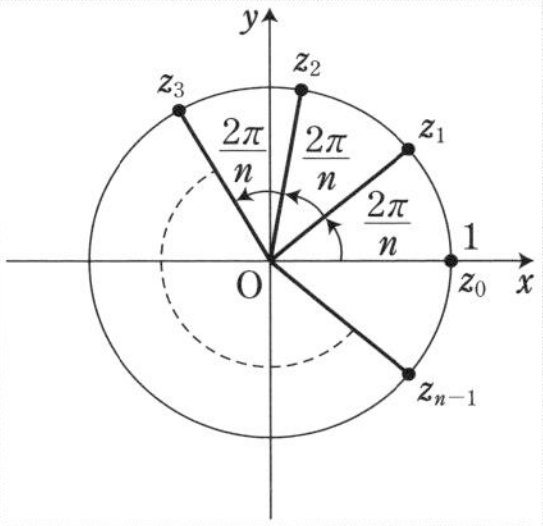

1 の n 乗根を表す点は，単位円を n 等分する n 個の分点である。

分点の 1 つは点 1 である。

特に，$n\geqq3$ ならば，これらの n 個の分点は正 n 角形の頂点となる。

A ド・モアブルの定理

問10　$(\sqrt{3}-i)^{-3}$ を計算せよ。 教 p.98

指針　**$(a+bi)^n$ の値**　$a+bi$ を極形式で表して，ド・モアブルの定理により値を求める。$r=\sqrt{(\sqrt{3})^2+(-1)^2}=2$ であるから

$$\sqrt{3}-i=2\left\{\cos\left(-\frac{\pi}{6}\right)+i\sin\left(-\frac{\pi}{6}\right)\right\}$$

なお，一般に，$z=r(\cos\theta+i\sin\theta)$ に対して

$$z^n=r^n(\cos n\theta+i\sin n\theta)$$

が成り立つ。$r=2$，$n=-3$，$\theta=-\dfrac{\pi}{6}$ とすればよい。

教科書 p.98

解答 $(\sqrt{3}-i)^{-3}=\left\{2\left(\frac{\sqrt{3}}{2}-\frac{1}{2}i\right)\right\}^{-3}$

$=2^{-3}\left\{\cos\left(-\frac{\pi}{6}\right)+i\sin\left(-\frac{\pi}{6}\right)\right\}^{-3}$

$=2^{-3}\left(\cos\frac{\pi}{2}+i\sin\frac{\pi}{2}\right)$

$=\boldsymbol{\frac{1}{8}i}$ 答

練習 12 教 p.98

次の式を計算せよ。

(1) $(1-\sqrt{3}i)^6$　(2) $(-1+i)^5$　(3) $\left(\frac{\sqrt{3}}{2}+\frac{i}{2}\right)^{-9}$

指針 **$(a+bi)^n$ の値**　$a+bi$ を極形式で表して，ド・モアブルの定理により求める。

解答 (1) $1-\sqrt{3}i=2\left\{\cos\left(-\frac{\pi}{3}\right)+i\sin\left(-\frac{\pi}{3}\right)\right\}$ であるから

$(1-\sqrt{3}i)^6=\left[2\left\{\cos\left(-\frac{\pi}{3}\right)+i\sin\left(-\frac{\pi}{3}\right)\right\}\right]^6$

$=2^6\{\cos(-2\pi)+i\sin(-2\pi)\}$

$=2^6\cdot1=\mathbf{64}$ 答

(2) $-1+i=\sqrt{2}\left(\cos\frac{3}{4}\pi+i\sin\frac{3}{4}\pi\right)$ であるから

$(-1+i)^5=\left\{\sqrt{2}\left(\cos\frac{3}{4}\pi+i\sin\frac{3}{4}\pi\right)\right\}^5$

$=(\sqrt{2})^5\left(\cos\frac{15}{4}\pi+i\sin\frac{15}{4}\pi\right)$

$=4\sqrt{2}\left(\cos\frac{7}{4}\pi+i\sin\frac{7}{4}\pi\right)$

$=4\sqrt{2}\left(\frac{1}{\sqrt{2}}-\frac{1}{\sqrt{2}}i\right)$

$=\boldsymbol{4-4i}$ 答

(3) $\frac{\sqrt{3}}{2}+\frac{i}{2}=\cos\frac{\pi}{6}+i\sin\frac{\pi}{6}$ であるから

$\left(\frac{\sqrt{3}}{2}+\frac{i}{2}\right)^{-9}=\left(\cos\frac{\pi}{6}+i\sin\frac{\pi}{6}\right)^{-9}$

$=\cos\left(-\frac{3}{2}\pi\right)+i\sin\left(-\frac{3}{2}\pi\right)$

$=\boldsymbol{i}$ 答

B　n 乗根

教 p.99

問11　方程式 $z^4=1$ を解き，複素数平面上で 1 の 4 乗根を表す点は，点 1 が分点の 1 つとなるように，単位円を 4 等分した各分点であることを確かめよ。

指針　**1 の 4 乗根と単位円**　方程式 $z^4=1$ を解くと　　$z=\pm1,\ \pm i$

これら 4 つの複素数を極形式で表し，単位円を 4 等分した各分点であることを確かめる。

解答　$z^4-1=0$ から

$$(z^2+1)(z^2-1)=0$$

$z^2+1=0$　または　$z^2-1=0$

ゆえに　　$z=\pm1,\ \pm i$

$z_0=1,\ z_2=i,\ z_3=-1,\ z_4=-i$ として，極形式で表すと

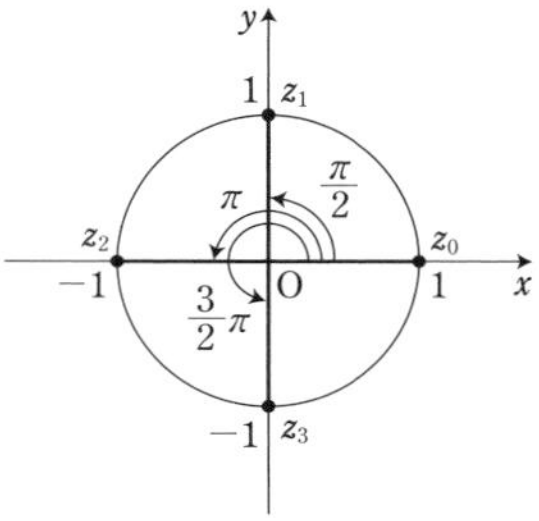

$$z_0=\cos 0+i\sin 0$$

$$z_1=\cos\frac{\pi}{2}+i\sin\frac{\pi}{2}$$

$$z_2=\cos\pi+i\sin\pi$$

$$z_3=\cos\frac{3}{2}\pi+i\sin\frac{3}{2}\pi$$

したがって，1 の 4 乗根を表す点は，点 1 が分点の 1 つとなるように，単位円を 4 等分した各分点である。 終

注意　原点を中心とする半径 1 の円を単位円という。

教 p.99

深める　n は自然数，k，l は整数とする。$z_k=\cos\dfrac{2k\pi}{n}+i\sin\dfrac{2k\pi}{n}$ のとき，次の等式を証明してみよう。

(1)　$z_k=(z_1)^k$　　　　(2)　$z_{k+l}=z_kz_l$

指針　**極形式で表された複素数の等式の証明**

(1)　ド・モアブルの定理を利用する。

(2)　右辺を計算して左辺を導く。

解答　(1)　$(z_1)^k=\left(\cos\dfrac{2\pi}{n}+i\sin\dfrac{2\pi}{n}\right)^k$

$$=\cos\frac{2k\pi}{n}+i\sin\frac{2k\pi}{n}=z_k$$　終

(2) $z_k z_l=\left(\cos\frac{2k\pi}{n}+i\sin\frac{2k\pi}{n}\right)\left(\cos\frac{2l\pi}{n}+i\sin\frac{2l\pi}{n}\right)$

$$=\cos\frac{2k\pi}{n}\cos\frac{2l\pi}{n}+i\cos\frac{2k\pi}{n}\sin\frac{2l\pi}{n}$$
$$+i\sin\frac{2k\pi}{n}\cos\frac{2l\pi}{n}-\sin\frac{2k\pi}{n}\sin\frac{2l\pi}{n}$$
$$=\cos\frac{2k\pi}{n}\cos\frac{2l\pi}{n}-\sin\frac{2k\pi}{n}\sin\frac{2l\pi}{n}$$
$$+i\left(\cos\frac{2k\pi}{n}\sin\frac{2l\pi}{n}+\sin\frac{2k\pi}{n}\cos\frac{2l\pi}{n}\right)$$
$$=\cos\frac{2(k+l)\pi}{n}+i\sin\frac{2(k+l)\pi}{n}=z_{k+l}$$ 終

練習 13 教 p.100

1 の 8 乗根を求め，1 の 8 乗根を表す点を複素数平面上に図示せよ。

指針 **1 の n 乗根**　自然数 n に対して，1 の n 乗根は，次の n 個の複素数である。

$z_k=\cos\frac{2k\pi}{n}+i\sin\frac{2k\pi}{n}$　$(k=0,\ 1,\ 2,\ \cdots\cdots,\ n-1)$

$n=8$ として，$k=0,\ 1,\ 2,\ \cdots\cdots,\ 7$ のときの z_k を求める。

解答 1 の 8 乗根は

$$z_k=\cos\frac{2k\pi}{8}+i\sin\frac{2k\pi}{8}\quad (k=0,\ 1,\ 2,\ \cdots\cdots,\ 7)$$

よって　$z_0=1$

$$z_1=\cos\frac{\pi}{4}+i\sin\frac{\pi}{4}=\frac{\sqrt{2}}{2}+\frac{\sqrt{2}}{2}i$$
$$z_2=\cos\frac{\pi}{2}+i\sin\frac{\pi}{2}=i$$
$$z_3=\cos\frac{3}{4}\pi+i\sin\frac{3}{4}\pi=-\frac{\sqrt{2}}{2}+\frac{\sqrt{2}}{2}i$$
$$z_4=\cos\pi+i\sin\pi=-1$$
$$z_5=\cos\frac{5}{4}\pi+i\sin\frac{5}{4}\pi=-\frac{\sqrt{2}}{2}-\frac{\sqrt{2}}{2}i$$
$$z_6=\cos\frac{3}{2}\pi+i\sin\frac{3}{2}\pi=-i$$
$$z_7=\cos\frac{7}{4}\pi+i\sin\frac{7}{4}\pi=\frac{\sqrt{2}}{2}-\frac{\sqrt{2}}{2}i$$

すなわち

$\pm 1,\ \pm i,\ \dfrac{\sqrt{2}}{2}+\dfrac{\sqrt{2}}{2}i,$

$-\dfrac{\sqrt{2}}{2}+\dfrac{\sqrt{2}}{2}i,\ -\dfrac{\sqrt{2}}{2}-\dfrac{\sqrt{2}}{2}i,$

$\dfrac{\sqrt{2}}{2}-\dfrac{\sqrt{2}}{2}i$ 答

図示すると，右のようになる。

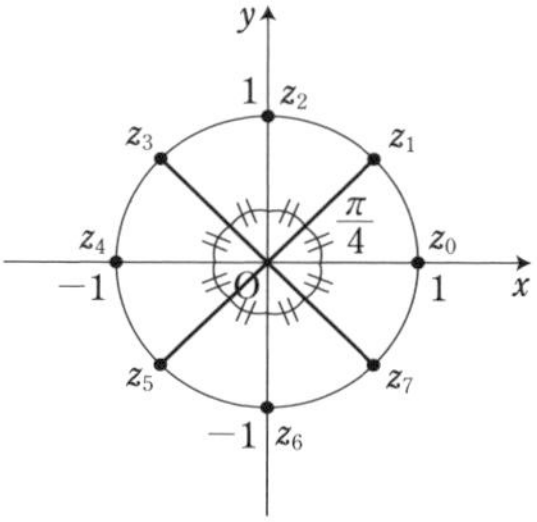

教 p.101

練習 14

次の方程式の解を求めよ。

(1) $z^3=i$　　(2) $z^4=-1$　　(3) $z^2=-1+\sqrt{3}\,i$

指針 **複素数 α の n 乗根**　$z^n=\alpha$ において，複素数 z，α の極形式を $z=r(\cos\theta+i\sin\theta)$，$\alpha=r'(\cos\theta'+i\sin\theta')$ とおくと

$$r^n(\cos n\theta+i\sin n\theta)=r'(\cos\theta'+i\sin\theta')$$

両辺の絶対値と偏角を比較して，r，θ を求める。

このとき，$r>0$ であることに注意する。

また，$n\theta=\theta'+2k\pi$（k は整数）であることに注意する。

解答 方程式の解 z の極形式を $z=r(\cos\theta+i\sin\theta)$ …… ① とする。

(1) $i=\cos\dfrac{\pi}{2}+i\sin\dfrac{\pi}{2}$ であるから

$$r^3(\cos 3\theta+i\sin 3\theta)=\cos\frac{\pi}{2}+i\sin\frac{\pi}{2}$$

両辺の絶対値と偏角を比較して

$$r^3=1,\qquad 3\theta=\frac{\pi}{2}+2k\pi\quad(k\text{ は整数})$$

$r>0$ であるから　　$r=1$　　また　　$\theta=\dfrac{\pi}{6}+\dfrac{2}{3}k\pi$

$0\leqq\theta<2\pi$ の範囲で考えると，$k=0,\ 1,\ 2$ であるから

$$\theta=\frac{\pi}{6},\ \frac{5}{6}\pi,\ \frac{3}{2}\pi$$

したがって，r，θ を ① に代入して

$$z=\frac{\sqrt{3}}{2}+\frac{1}{2}i,\ -\frac{\sqrt{3}}{2}+\frac{1}{2}i,\ -i$$ 答

(2) $-1=\cos\pi+i\sin\pi$ であるから

$$r^4(\cos 4\theta+i\sin 4\theta)=\cos\pi+i\sin\pi$$

両辺の絶対値と偏角を比較して

$$r^4=1,\qquad 4\theta=\pi+2k\pi\quad(k\text{ は整数})$$

$r>0$ であるから　　$r=1$　　また　　$\theta=\dfrac{\pi}{4}+\dfrac{1}{2}k\pi$

$0\leqq\theta<2\pi$ の範囲で考えると，$k=0,\ 1,\ 2,\ 3$ であるから

$$\theta=\frac{\pi}{4},\ \frac{3}{4}\pi,\ \frac{5}{4}\pi,\ \frac{7}{4}\pi$$

したがって，r，θ を ① に代入して

$$\boldsymbol{z=\frac{\sqrt{2}}{2}+\frac{\sqrt{2}}{2}i,\ -\frac{\sqrt{2}}{2}+\frac{\sqrt{2}}{2}i,\ -\frac{\sqrt{2}}{2}-\frac{\sqrt{2}}{2}i,\ \frac{\sqrt{2}}{2}-\frac{\sqrt{2}}{2}i}$$ 答

(3)　$-1+\sqrt{3}\,i=2\left(\cos\dfrac{2}{3}\pi+i\sin\dfrac{2}{3}\pi\right)$ であるから

$$r^2(\cos 2\theta+i\sin 2\theta)=2\left(\cos\frac{2}{3}\pi+i\sin\frac{2}{3}\pi\right)$$

両辺の絶対値と偏角を比較して

$$r^2=2,\qquad 2\theta=\frac{2}{3}\pi+2k\pi\quad(k\text{ は整数})$$

$r>0$ であるから　　$r=\sqrt{2}$　　また　　$\theta=\dfrac{\pi}{3}+k\pi$

$0\leqq\theta<2\pi$ の範囲で考えると，$k=0,\ 1$ であるから

$$\theta=\frac{\pi}{3},\ \frac{4}{3}\pi$$

したがって，r，θ を ① に代入して

$$\boldsymbol{z=\frac{\sqrt{2}}{2}+\frac{\sqrt{6}}{2}i,\ -\frac{\sqrt{2}}{2}-\frac{\sqrt{6}}{2}i}$$ 答

問12　教 p.101

0 でない複素数 α の n 乗根の 1 つを z_0 とする。1 の n 乗根を ω_k $(k=0,\ 1,\ 2,\ \cdots\cdots,\ n-1)$ とすると，α の n 乗根は，n 個の複素数 $z_0\omega_k$ $(k=0,\ 1,\ 2,\ \cdots\cdots,\ n-1)$ であることを示せ。

指針　**複素数 α の n 乗根**　1 の n 乗根 ω_0，ω_1，ω_2，……，ω_{n-1} の n 個の複素数はすべて異なる数で，$k=0,\ 1,\ 2,\ \cdots\cdots,\ n-1$ のとき $(\omega_k)^n=1$ である。
$k=0,\ 1,\ 2,\ \cdots\cdots,\ n-1$ のとき $(z_0\omega_k)^n=\alpha$ となることを示す。

解答　ω_k $(k=0,\ 1,\ 2,\ \cdots\cdots,\ n-1)$ はすべて異なるから，$z_0\omega_k$ もすべて異なる。
また　　$(z_0\omega_k)^n=(z_0)^n(\omega_k)^n=(z_0)^n=\alpha$
よって，$z_0\omega_k$ は α の n 乗根である。
したがって，α の n 乗根は，n 個の複素数
$z_0\omega_k$ $(k=0,\ 1,\ 2,\ \cdots\cdots,\ n-1)$ である。 終

教 p.101

深める

0でない複素数αについて，方程式$z^6=\alpha$のすべての解を複素数平面上に図示したとき，どのようなことがいえるだろうか。

指針 **複素数αのn乗根** 問12の結果を利用する。

解答 αの6乗根の1つをz_0，1の6乗根をω_k $(k=0,\ 1,\ \cdots\cdots,\ 5)$とすると，$\omega_k$ $(k=0,\ 1,\ \cdots\cdots,\ 5)$は単位円を6等分する6個の分点を与える。
問12よりαの6乗根は$z_0\omega_k$ $(k=0,\ 1,\ \cdots\cdots,\ 5)$であるから，方程式$z^6=\alpha$の6個の解は，円を6等分する6個の分点を与える。
すなわち正六角形の頂点となる。 終

教 p.102

練習 15

$z=\cos\frac{2}{7}\pi+i\sin\frac{2}{7}\pi$のとき，次の値を求めよ。

(1) $z^6+z^5+z^4+z^3+z^2+z$　　(2) $\dfrac{1}{1-z^6}+\dfrac{1}{1-z}$

指針 **1のn乗根と式の値**

(1) ド・モアブルの定理から$z^7=1$　$z^7-1=0$の左辺を因数分解する。

(2) $z^7=1$であるから　$\dfrac{1}{1-z^6}=\dfrac{z}{z-z^7}=\dfrac{z}{z-1}$

解答 (1) ド・モアブルの定理から

$$z^7=\left(\cos\frac{2}{7}\pi+i\sin\frac{2}{7}\pi\right)^7=\cos 2\pi+i\sin 2\pi=1$$

よって　$z^7-1=0$

左辺を因数分解すると

$$(z-1)(z^6+z^5+z^4+z^3+z^2+z+1)=0$$

$z-1\neq 0$であるから

$$z^6+z^5+z^4+z^3+z^2+z+1=0$$

したがって

$$z^6+z^5+z^4+z^3+z^2+z=\mathbf{-1}$$ 答

(2) $$\frac{1}{1-z^6}+\frac{1}{1-z}=\frac{z}{z-z^7}+\frac{1}{1-z}$$

$$=\frac{z}{z-1}+\frac{1}{1-z}=\frac{1-z}{1-z}=\mathbf{1}$$ 答

3章 複素数平面

4 複素数と図形

まとめ

1 線分の内分点，外分点

① **内分点，外分点**

2 点 A(α)，B(β) に対して，次の **1**，**2** が成り立つ。

1 線分 AB を $m:n$ に内分する点を表す複素数は

$$\frac{n\alpha+m\beta}{m+n}$$

特に，線分 AB の中点を表す複素数は

$$\frac{\alpha+\beta}{2}$$

2 線分 AB を $m:n$ に外分する点を表す複素数は

$$\frac{-n\alpha+m\beta}{m-n}$$

注意 線分の分点を表す複素数は，ベクトルと対応させて考えることができる。

2 方程式の表す図形

① r は正の実数とする。

点 α を中心とする半径 r の円は，次の方程式を満たす点 z 全体の集合である。

$$|z-\alpha|=r$$

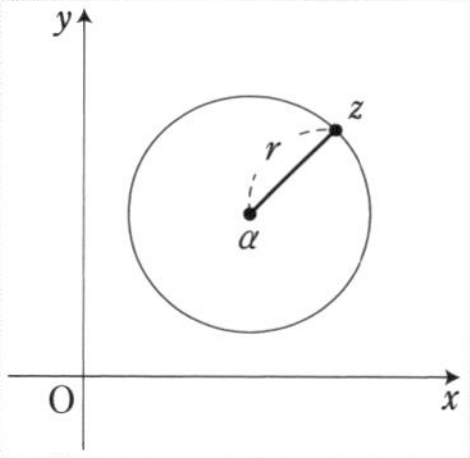

② 2 点 A(α)，B(β) を結ぶ線分 AB の垂直二等分線上の点を P(z) とする。このとき，

$$\mathrm{AP}=\mathrm{BP}$$

であるから，方程式

$$|z-\alpha|=|z-\beta|$$

を満たす点 z 全体の集合は，線分 AB の垂直二等分線である。

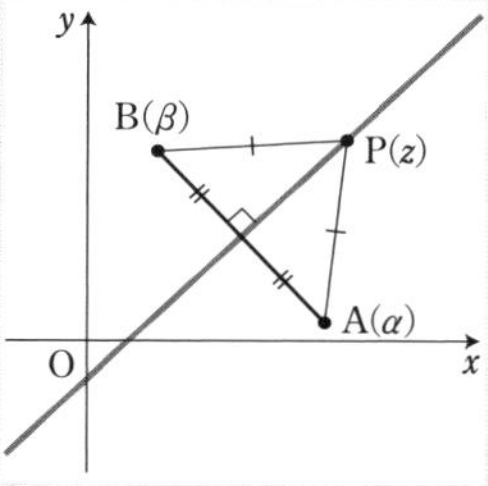

③ 異なる 2 点からの距離の比が $m:n$ である点全体の集合は，$m \neq n$ のとき円である。この円を**アポロニウスの円**という。

3　一般の点を中心とする回転

① 複素数平面上で，点 β を，点 α を中心として角 θ だけ回転した点を γ とする。
点 α が原点に移るような平行移動で，点 β が点 β' に，点 γ が点 γ' に移るとすると

$$\beta'=\beta-\alpha,\ \gamma'=\gamma-\alpha$$

点 γ' は，点 β' を原点を中心として角 θ だけ回転した点であるから

$$\gamma'=(\cos\theta+i\sin\theta)\beta'$$

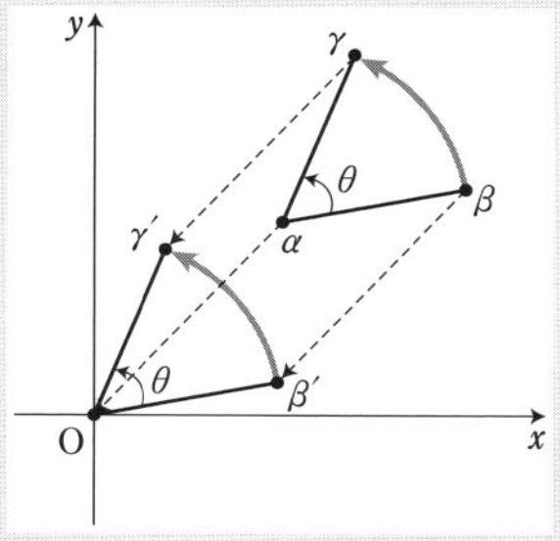

したがって，次のことが成り立つ。

一般の点を中心とする回転

点 β を，点 α を中心として角 θ だけ回転した点を γ とすると

$$\boldsymbol{\gamma-\alpha=(\cos\theta+i\sin\theta)(\beta-\alpha)}$$

4　半直線のなす角

① A(α)，B(β)，C(γ) を異なる3点とするとき，半直線 AB から半直線 AC までの回転角を，$\angle\beta\alpha\gamma$ と表すことにする。
点 α が点0に移るような平行移動で，点 β が点 β' に，点 γ が点 γ' に移るとすると

$$\beta'=\beta-\alpha,\ \gamma'=\gamma-\alpha$$

また　$\angle\beta\alpha\gamma=\angle\beta'0\gamma'$

$$=\arg\gamma'-\arg\beta'$$

$$=\arg\frac{\gamma'}{\beta'}$$

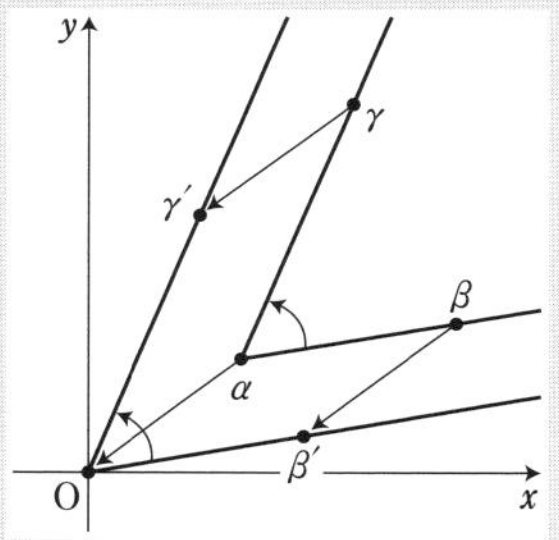

したがって，次の等式が成り立つ。

半直線のなす角

異なる3点 α，β，γ に対して

$$\boldsymbol{\angle\beta\alpha\gamma=\arg\frac{\gamma-\alpha}{\beta-\alpha}}$$

② 異なる3点 A(α)，B(β)，C(γ) について，次のことが成り立つ。

3点 A，B，C が一直線上にある $\iff$ $\boldsymbol{\dfrac{\gamma-\alpha}{\beta-\alpha}}$ **が実数**

2直線 AB，AC が垂直に交わる $\iff$ $\boldsymbol{\dfrac{\gamma-\alpha}{\beta-\alpha}}$ **が純虚数**

教科書 *p.*103

A 線分の内分点，外分点

教 p.103

練習 16

次の α，β について，2 点 A(α)，B(β) を結ぶ線分 AB を 3：2 に内分する点，外分する点を表す複素数を，それぞれ求めよ。

(1)　$\alpha=1-5i$，$\beta=6$

(2)　$\alpha=3-i$，$\beta=-2(1-2i)$

指針　**内分点，外分点**　2 点 A(α)，B(β) を結ぶ線分 AB を $m：n$ に内分，外分する点を表す複素数の公式

$$\text{内分点}\quad \frac{n\alpha+m\beta}{m+n},\qquad \text{外分点}\quad \frac{-n\alpha+m\beta}{m-n}$$

にあてはめて求める。

解答　内分点を表す複素数を γ，外分点を表す複素数を δ とする。

(1)　$\gamma=\dfrac{2(1-5i)+3\cdot6}{3+2}$

$=\dfrac{20-10i}{5}=\boldsymbol{4-2i}$ 答

$\delta=\dfrac{-2(1-5i)+3\cdot6}{3-2}$

$=\boldsymbol{16+10i}$ 答

(2)　$\gamma=\dfrac{2(3-i)+3\{-2(1-2i)\}}{3+2}$

$=\dfrac{6-2i-6+12i}{5}$

$=\dfrac{10i}{5}=\boldsymbol{2i}$ 答

$\delta=\dfrac{-2(3-i)+3\{-2(1-2i)\}}{3-2}$

$=-6+2i-6+12i$

$=\boldsymbol{-12+14i}$ 答

教 p.103

問13

3 点 α，β，γ を頂点とする三角形の重心 δ について，次の等式を証明せよ。

$$\boldsymbol{\delta=\frac{\alpha+\beta+\gamma}{3}}$$

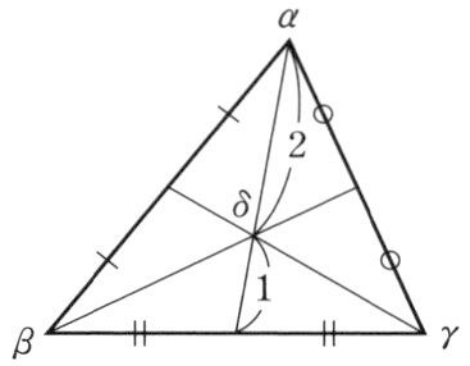

指針 **三角形の重心**　△ABC の重心は，点 A と辺 BC の中点を結んだ線分を 2：1 に内分する点である。

また，B(β)，C(γ) とすると，辺 BC の中点を表す複素数は $\dfrac{\beta+\gamma}{2}$ である。

解答 α，β，γ を表す点を A，B，C とすると，線分 BC の中点を表す複素数は　$\dfrac{\beta+\gamma}{2}$

重心 δ は点 A と線分 BC の中点を結んだ線分を 2：1 に内分する点であるから

$$\delta=\frac{1\cdot\alpha+2\cdot\dfrac{\beta+\gamma}{2}}{2+1}=\frac{\alpha+\beta+\gamma}{3}$$ 終

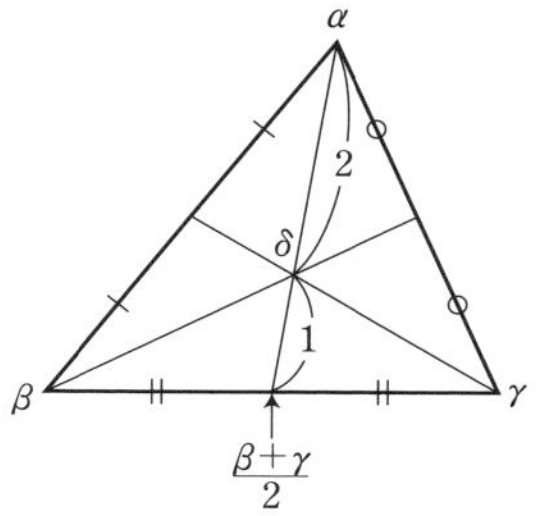

B 方程式の表す図形

練習 17　教 p.104

次の方程式を満たす点 z 全体の集合は，どのような図形か。

(1)　$|z|=2$　　(2)　$|z-i|=1$　　(3)　$|z-1-i|=2$

指針 **方程式の表す図形(円)**　方程式 $|z-\alpha|=r$ (r は正の実数)を満たす点 z 全体の集合は，点 α を中心とする半径 r の円である。まず，α と r を求める。

解答 (1)　$|z-0|=2$ であるから，**原点を中心とする半径 2 の円**　答

(2)　**点 i を中心とする半径 1 の円**　答

(3)　$|z-(1+i)|=2$ であるから，

点 $1+i$ を中心とする半径 2 の円　答

練習 18　教 p.104

次の方程式を満たす点 z 全体の集合を図示せよ。

(1)　$|z-2|=|z-4i|$　　(2)　$|z+i|=|z-3i|$

指針 **方程式の表す図形(直線)**　絶対値が等しいから，(1)　2 点 A(2)，B($4i$)，(2)　2 点 A($-i$)，B($3i$) から等距離にある点の全体の集合であることがわかる。

解答 (1)　方程式を満たす点 z 全体の集合は，2 点 A(2)，B($4i$) を結ぶ線分 AB の垂直二等分線である。

よって，求める図形は図のようになる。

(2)　方程式を満たす点 z 全体の集合は，2 点 A($-i$)，B($3i$) を結ぶ線分 AB の垂直二等分線である。

よって，求める図形は図のようになる。

(1)

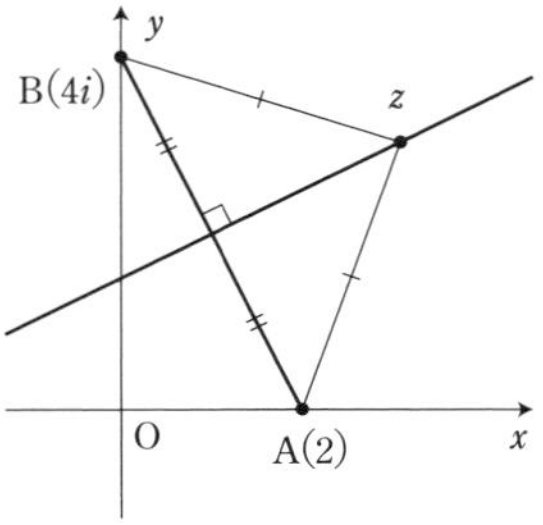

(2)

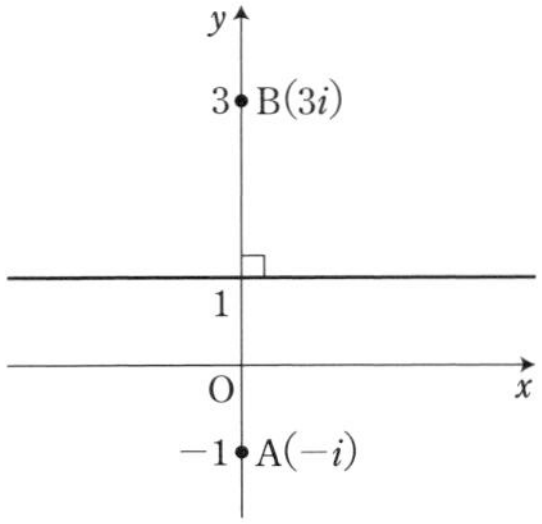

教 p.105

練習 19

次の方程式を満たす点 z 全体の集合は，どのような図形か。

(1) $3|z+2|=|z-6|$　　(2) $|z-4i|=2|z-i|$

指針 **方程式の表す図形(円)** 与えられた方程式の両辺を 2 乗し，絶対値の性質 $|z|^2=z\overline{z}$ を利用して，式を整理する。

解答 (1) 方程式の両辺を 2 乗すると　$9|z+2|^2=|z-6|^2$

よって　$9(z+2)(\overline{z+2})=(z-6)(\overline{z-6})$

ゆえに　$9(z+2)(\overline{z}+2)=(z-6)(\overline{z}-6)$

展開して整理すると　$z\overline{z}+3(z+\overline{z})=0$

よって　$(z+3)(\overline{z}+3)=3^2$

すなわち　$|z+3|^2=3^2$　ゆえに　$|z+3|=3$

したがって，求める図形は

点 -3 を中心とする半径 3 の円 である。 答

(2) 方程式の両辺を 2 乗すると　$|z-4i|^2=4|z-i|^2$

よって　$(z-4i)(\overline{z-4i})=4(z-i)(\overline{z-i})$

ゆえに　$(z-4i)(\overline{z}+4i)=4(z-i)(\overline{z}+i)$

展開して整理すると　$z\overline{z}=4$

すなわち　$|z|^2=2^2$　ゆえに　$|z|=2$

したがって，求める図形は

原点を中心とする半径 2 の円 である。 答

注意 (1) は 2 点 A(-2)，B(6) からの距離の比が $1:3$ である点 z 全体の集合，(2) は 2 点 C$(4i)$，D(i) からの距離の比が $2:1$ である点 z 全体の集合である。このような円を **アポロニウスの円** という。

教 p.106

練習 20

$w=1+iz$ とする。点 z が原点 O を中心とする半径 1 の円上を動くとき，点 w はどのような図形を描くか。

指針 **ともなって動く点が描く図形**　問題の条件から，点 z 全体は，方程式 $|z|=1$ を満たす。もう 1 つの条件 $w=1+iz$ から $z=\dfrac{w-1}{i}$ と変形し，$|z|=1$ に代入して w の方程式を導く。

解答 点 z は中心 O，半径 1 の円上にあるから　$|z|=1$

$w=1+iz$ であるから　$z=\dfrac{w-1}{i}$

よって　$\left|\dfrac{w-1}{i}\right|=1$

$|i|=1$ より　$|w-1|=1$

したがって，点 w は**点 1 を中心とする半径 1 の円** を描く。 答

教 p.106

深める

教科書の練習 20 の $w=1+iz$ について，点 w は点 z をどのように移動した点か説明してみよう。

指針 **ともなって動く点**　$w=1+iz$ において，複素数 i は原点を中心とする $\dfrac{\pi}{2}$ の回転を表す。

1 は実軸方向に 1 だけの平行移動を表す。

解答 点 z を，原点を中心として $\dfrac{\pi}{2}$ だけ回転し，実軸方向に 1 だけ平行移動した点である。 終

C 一般の点を中心とする回転

教 p.107

練習 21

$\alpha=-2+i$，$\beta=1-3i$ とする。次の複素数を求めよ。

(1) 点 β を，点 α を中心として $\dfrac{\pi}{2}$ だけ回転した点を表す複素数 γ

(2) 点 β を，点 α を中心として $\dfrac{\pi}{3}$ だけ回転した点を表す複素数 δ

指針 **原点以外の点を中心とする点の回転**　(1) では $\gamma-\alpha$ を，(2) では $\delta-\alpha$ を，それぞれ $\beta-\alpha$ を使って表す。

解答 (1)　$\gamma-\alpha=\left(\cos\dfrac{\pi}{2}+i\sin\dfrac{\pi}{2}\right)(\beta-\alpha)$ から

$$\gamma-(-2+i)=\left(\cos\frac{\pi}{2}+i\sin\frac{\pi}{2}\right)\{(1-3i)-(-2+i)\}$$
$$=i(3-4i)=4+3i$$

よって　$\gamma=(4+3i)+(-2+i)=\boldsymbol{2+4i}$ 答

(2) $\delta-\alpha=\left(\cos\frac{\pi}{3}+i\sin\frac{\pi}{3}\right)(\beta-\alpha)$ から

$$\gamma-(-2+i)=\left(\cos\frac{\pi}{3}+i\sin\frac{\pi}{3}\right)\{(1-3i)-(-2+i)\}$$

$$=\left(\frac{1}{2}+\frac{\sqrt{3}}{2}i\right)(3-4i)=\left(\frac{3}{2}+2\sqrt{3}\right)+\left(-2+\frac{3\sqrt{3}}{2}\right)i$$

よって　$\delta=\left(\frac{3}{2}+2\sqrt{3}\right)+\left(-2+\frac{3\sqrt{3}}{2}\right)i+(-2+i)$

$$=\boldsymbol{\left(2\sqrt{3}-\frac{1}{2}\right)+\left(\frac{3\sqrt{3}}{2}-1\right)i}$$ 答

D 半直線のなす角

教 p.108

練習 22

教科書の例 12 において，$\angle\alpha\beta\gamma$ の値を求めよ。ただし，$-\pi<\angle\alpha\beta\gamma\leqq\pi$ とする。

指針 **半直線のなす角** $\frac{\gamma-\beta}{\alpha-\beta}$ を計算して，$\arg\frac{\gamma-\beta}{\alpha-\beta}$ を求める。

解答 $-\pi<\angle\alpha\beta\gamma\leqq\pi$ の範囲で考えると

$$\frac{\gamma-\beta}{\alpha-\beta}=\frac{(1+\sqrt{3})+(-1+\sqrt{3})i}{1-i}=1+\sqrt{3}i=2\left(\cos\frac{\pi}{3}+i\sin\frac{\pi}{3}\right)$$

よって　$\angle\alpha\beta\gamma=\arg\frac{\gamma-\beta}{\alpha-\beta}=\boldsymbol{\frac{\pi}{3}}$ 答

教 p.109

練習 23

c は実数の定数とする。$\alpha=c+i$，$\beta=1$，$\gamma=3i$ を表す点を，それぞれ A，B，C とするとき，次の問いに答えよ。

(1) 3 点 A，B，C が一直線上にあるように，c の値を定めよ。

(2) 点 A が線分 BC を直径とする円上にあるように，c の値を定めよ。

指針 **一直線上にある 3 点，2 直線が垂直**

(1) 3 点 A，B，C が一直線上にある　$\Longleftrightarrow$　$\angle\beta\alpha\gamma$ が 0 または π

$\Longleftrightarrow$ $\frac{\gamma-\alpha}{\beta-\alpha}$ が実数　　$\frac{\gamma-\alpha}{\beta-\alpha}$ が実数となるように c の値を定める。

(2) 点 A が線分 BC を直径とする円上にある

$\Longleftrightarrow$ $\angle\mathrm{BAC}=\frac{\pi}{2}$ $\Longleftrightarrow$ $\angle\beta\alpha\gamma=\frac{\pi}{2}$ または $-\frac{\pi}{2}$ $\Longleftrightarrow$ $\frac{\gamma-\alpha}{\beta-\alpha}$ が純虚数

$\frac{\gamma-\alpha}{\beta-\alpha}$ が純虚数となるように c の値を定める。

解答 (1) 3 点 A，B，C が一直線上にある $\iff$ $\dfrac{\gamma-\alpha}{\beta-\alpha}$ が実数

$$\frac{\gamma-\alpha}{\beta-\alpha}=\frac{3i-(c+i)}{1-(c+i)}=\frac{-c+2i}{(1-c)-i}=\frac{(-c+2i)\{(1-c)+i\}}{\{(1-c)-i\}\{(1-c)+i\}}$$
$$=\frac{-c(1-c)+\{-c+2(1-c)\}i-2}{(1-c)^2+1}$$
$$=\frac{(c^2-c-2)+(-3c+2)i}{(1-c)^2+1}$$

よって　$-3c+2=0$　ゆえに　$\boldsymbol{c=\dfrac{2}{3}}$ 答

(2) 点 A が線分 BC を直径とする円上にある $\iff$ $\dfrac{\gamma-\alpha}{\beta-\alpha}$ が純虚数

(1) より　$c^2-c-2=0$　よって　$(c+1)(c-2)=0$

ゆえに　$\boldsymbol{c=-1,\ 2}$ 答

教 p.110

練習 24

異なる 3 つの複素数 α，β，γ の間に，等式

$$2\gamma-(1+\sqrt{3}\,i)\beta=(1-\sqrt{3}\,i)\alpha$$

が成り立つとき，3 点 A(α)，B(β)，C(γ) を頂点とする △ABC の 3 つの角の大きさを求めよ。

指針 **三角形の角の大きさ**　求めるものは △ABC の 3 つの角の大きさであるから，まず，どれか 1 つの角の大きさ，例えば，∠BAC を求めてみる。すなわち，$\dfrac{\gamma-\alpha}{\beta-\alpha}$ を極形式で表してみる。

解答 $2\gamma-(1+\sqrt{3}\,i)\beta=(1-\sqrt{3}\,i)\alpha$ であるから

$$2\gamma-2\alpha=(1+\sqrt{3}\,i)\beta+(1-\sqrt{3}\,i)\alpha-2\alpha$$
$$=(1+\sqrt{3}\,i)\beta-(1+\sqrt{3}\,i)\alpha=(1+\sqrt{3}\,i)(\beta-\alpha)$$

よって　$\dfrac{\gamma-\alpha}{\beta-\alpha}=\dfrac{1+\sqrt{3}\,i}{2}=\cos\dfrac{\pi}{3}+i\sin\dfrac{\pi}{3}$

したがって　$\angle A=\dfrac{\pi}{3}$ …… ①

また，$\left|\dfrac{\gamma-\alpha}{\beta-\alpha}\right|=1$ であるから　$|\gamma-\alpha|=|\beta-\alpha|$

すなわち　AC＝AB …… ②

①，② から，△ABC は正三角形である。

よって　$\boldsymbol{\angle A=\angle B=\angle C=\dfrac{\pi}{3}}$ 答

研究 $w=\frac{1}{z}$ が描く図形

まとめ

① 例えば，次の練習 1 解答の ① のように，点 z の条件を z の式で表し，$w=\frac{1}{z}$ を変形した $z=\frac{1}{w}$ を代入した式から点 w が描く図形の式を導く。

教 p.111

練習 1

点 z が点 1 を通り実軸に垂直な直線上を動くとき，$w=\frac{1}{z}$ で表される点 w は，どのような図形を描くか。

指針 **$w=\frac{1}{z}$ が描く図形** 点 1 を通り実軸に垂直な直線は，原点と点 2 から等距離にある点の軌跡，すなわち，原点と点 2 を結ぶ線分の垂直二等分線であることに着目する。$w \neq 0$ に注意する。

解答 点 z は原点と点 2 を結ぶ線分の垂直二等分線上を動くから

$$|z|=|z-2| \quad \cdots\cdots ①$$

$w=\frac{1}{z}$ から　$wz=1$　　$w \neq 0$ であるから　　$z=\frac{1}{w}$

① に代入すると　　$\left|\frac{1}{w}\right|=\left|\frac{1}{w}-2\right|$

両辺に $|w|$ を掛けると　　$1=|1-2w|$　すなわち　$\left|w-\frac{1}{2}\right|=\frac{1}{2}$

よって，点 w は **点 $\frac{1}{2}$ を中心とする半径 $\frac{1}{2}$ の円** を描く。

ただし，$w \neq 0$ であるから，原点は除く。 答

注意 点 z と点 $\overline{z}$ を結ぶ線分の中点が点 1 であるから

$$\frac{z+\overline{z}}{2}=1 \quad \text{すなわち} \quad z+\overline{z}=2$$

これに $z=\frac{1}{w}$，$\overline{z}=\frac{1}{\overline{w}}$ を代入して $\left(w-\frac{1}{2}\right)\left(\overline{w}-\frac{1}{2}\right)=\frac{1}{4}$ を導いて

$\left|w-\frac{1}{2}\right|=\frac{1}{2}$ を求めてもよい。

第3章　問題

教 p.112

1 $z=1-i$ のとき，$\left|z-\dfrac{1}{z}\right|^2$ の値を求めよ。

指針 **絶対値**　$z=1-i$ であるから $z-\dfrac{1}{z}$ を計算し，その絶対値を求める。

$\alpha=a+bi$ のとき　$|\alpha|^2=(\sqrt{a^2+b^2})^2=a^2+b^2$

解答 $\dfrac{1}{z}=\dfrac{1}{1-i}=\dfrac{1+i}{2}$ であるから

$$z-\frac{1}{z}=1-i-\frac{1+i}{2}=\frac{1}{2}-\frac{3}{2}i$$

よって　$\left|z-\dfrac{1}{z}\right|^2=\left(\dfrac{1}{2}\right)^2+\left(-\dfrac{3}{2}\right)^2=\boldsymbol{\dfrac{5}{2}}$　答

別解 $\left|z-\dfrac{1}{z}\right|^2=\left|\dfrac{z^2-1}{z}\right|^2=\dfrac{|(z+1)(z-1)|^2}{|z|^2}$

$$=\frac{|-i(2-i)|^2}{2}=\boldsymbol{\frac{5}{2}}$$　答

教 p.112

2 $\dfrac{z-1}{z}$ の絶対値が2で偏角が $\dfrac{\pi}{3}$ であるとき，複素数 z の値を求めよ。

指針 **等式を満たす複素数**　$\alpha=2\left(\cos\dfrac{\pi}{3}+i\sin\dfrac{\pi}{3}\right)$ とおくと，等式は $\dfrac{z-1}{z}=\alpha$

よって，$z-1=\alpha z$ より　$z=\dfrac{1}{1-\alpha}$

解答 絶対値2，偏角 $\dfrac{\pi}{3}$ の複素数は

$$2\left(\cos\frac{\pi}{3}+i\sin\frac{\pi}{3}\right)=1+\sqrt{3}\,i$$

よって　$\dfrac{z-1}{z}=1+\sqrt{3}\,i$

$z-1=(1+\sqrt{3}\,i)z$ から　$\sqrt{3}\,iz=-1$

したがって　$z=-\dfrac{1}{\sqrt{3}\,i}=\boldsymbol{\dfrac{\sqrt{3}}{3}i}$　答

教 p.112

3 次の式を計算せよ。

(1) $\left(\dfrac{1-\sqrt{3}\,i}{2}\right)^8$　　(2) $\left(\dfrac{2}{1-\sqrt{3}\,i}\right)^6$　　(3) $\left(\dfrac{-1+i}{\sqrt{3}+i}\right)^{12}$

指針 **$(a+bi)^n$ の値**　　ド・モアブルの定理による。極形式で表して，
$z=r(\cos\theta+i\sin\theta)$ のとき $z^n=r^n(\cos n\theta+i\sin n\theta)$ より，値を求める。

また，z_1z_2，$\dfrac{z_1}{z_2}$ の形のときには

$$z_1=r_1(\cos\theta_1+i\sin\theta_1),\quad z_2=r_2(\cos\theta_2+i\sin\theta_2)$$

とすると，$z_1z_2=r_1r_2\{\cos(\theta_1+\theta_2)+i\sin(\theta_1+\theta_2)\}$

$\dfrac{z_1}{z_2}=\dfrac{r_1}{r_2}\{\cos(\theta_1-\theta_2)+i\sin(\theta_1-\theta_2)\}$　を用いればよい。

解答 (1) $\dfrac{1-\sqrt{3}\,i}{2}=\cos\left(-\dfrac{\pi}{3}\right)+i\sin\left(-\dfrac{\pi}{3}\right)$ であるから

$$\left(\frac{1-\sqrt{3}\,i}{2}\right)^8=\cos\left(-\frac{8}{3}\pi\right)+i\sin\left(-\frac{8}{3}\pi\right)$$

$$=\cos\left(-\frac{2}{3}\pi\right)+i\sin\left(-\frac{2}{3}\pi\right)=\boldsymbol{-\frac{1}{2}-\frac{\sqrt{3}}{2}i}$$ 答

(2) $1-\sqrt{3}\,i=2\left\{\cos\left(-\dfrac{\pi}{3}\right)+i\sin\left(-\dfrac{\pi}{3}\right)\right\}$ であるから

$$\frac{2}{1-\sqrt{3}\,i}=\cos\frac{\pi}{3}+i\sin\frac{\pi}{3}$$

よって　$\left(\dfrac{2}{1-\sqrt{3}\,i}\right)^6=\cos 2\pi+i\sin 2\pi=\mathbf{1}$ 答

(3) $-1+i=\sqrt{2}\left(\cos\dfrac{3}{4}\pi+i\sin\dfrac{3}{4}\pi\right)$，

$\sqrt{3}+i=2\left(\cos\dfrac{\pi}{6}+i\sin\dfrac{\pi}{6}\right)$ であるから

$$\frac{-1+i}{\sqrt{3}+i}=\frac{\sqrt{2}\left(\cos\frac{3}{4}\pi+i\sin\frac{3}{4}\pi\right)}{2\left(\cos\frac{\pi}{6}+i\sin\frac{\pi}{6}\right)}$$

$$=\frac{\sqrt{2}}{2}\left(\cos\frac{7}{12}\pi+i\sin\frac{7}{12}\pi\right)$$

よって　$\left(\dfrac{-1+i}{\sqrt{3}+i}\right)^{12}=\left(\dfrac{\sqrt{2}}{2}\right)^{12}(\cos 7\pi+i\sin 7\pi)$

$$=\frac{1}{64}(\cos\pi+i\sin\pi)=\boldsymbol{-\frac{1}{64}}$$ 答

別解 (3) $\dfrac{-1+i}{\sqrt{3}+i}=\dfrac{\sqrt{2}\left(\cos\dfrac{3}{4}\pi+i\sin\dfrac{3}{4}\pi\right)}{2\left(\cos\dfrac{\pi}{6}+i\sin\dfrac{\pi}{6}\right)}$ であるから

$$\left(\frac{-1+i}{\sqrt{3}+i}\right)^{12}=\left(\frac{\sqrt{2}}{2}\right)^{12}\cdot\frac{\cos 9\pi+i\sin 9\pi}{\cos 2\pi+i\sin 2\pi}$$

$$=\frac{1}{64}(\cos\pi+i\sin\pi)=-\mathbf{\frac{1}{64}}$$ 答

教 p.112

4 方程式 $z^4=-2(1+\sqrt{3}\,i)$ の解を求め，これらを表す点を複素数平面上に図示せよ。

指針 **複素数 $\boldsymbol{\alpha}$ の $\boldsymbol{n}$ 乗根**　$z^n=\alpha$ において，複素数 z，α の極形式を $z=r(\cos\theta+i\sin\theta)$，$\alpha=r'(\cos\theta'+i\sin\theta')$ とおくと

$$r^n(\cos n\theta+i\sin n\theta)=r'(\cos\theta'+i\sin\theta')$$

両辺の絶対値と偏角を比較して，r，θ を求める。

解答 方程式の解 z の極形式を $z=r(\cos\theta+i\sin\theta)$ …… ① とする。

$-2(1+\sqrt{3}\,i)=4\left(\cos\dfrac{4}{3}\pi+i\sin\dfrac{4}{3}\pi\right)$ であるから

$$r^4(\cos 4\theta+i\sin 4\theta)=4\left(\cos\frac{4}{3}\pi+i\sin\frac{4}{3}\pi\right)$$

絶対値と偏角を比較して

$$r^4=4,\ 4\theta=\frac{4}{3}\pi+2k\pi$$

よって　$r=\sqrt{2}$，$\theta=\dfrac{\pi}{3}+\dfrac{1}{2}k\pi$

$0\leqq\theta<2\pi$ の範囲で考えると

$$k=0,\ 1,\ 2,\ 3$$

よって　$\theta=\dfrac{\pi}{3}$，$\dfrac{5}{6}\pi$，$\dfrac{4}{3}\pi$，$\dfrac{11}{6}\pi$

したがって，r，θ を ① に代入して

$$\boldsymbol{z=\frac{\sqrt{2}}{2}+\frac{\sqrt{6}}{2}i,\ -\frac{\sqrt{6}}{2}+\frac{\sqrt{2}}{2}i,}$$

$$\boldsymbol{-\frac{\sqrt{2}}{2}-\frac{\sqrt{6}}{2}i,\ \frac{\sqrt{6}}{2}-\frac{\sqrt{2}}{2}i}$$ 答

図示すると，右のようになる。

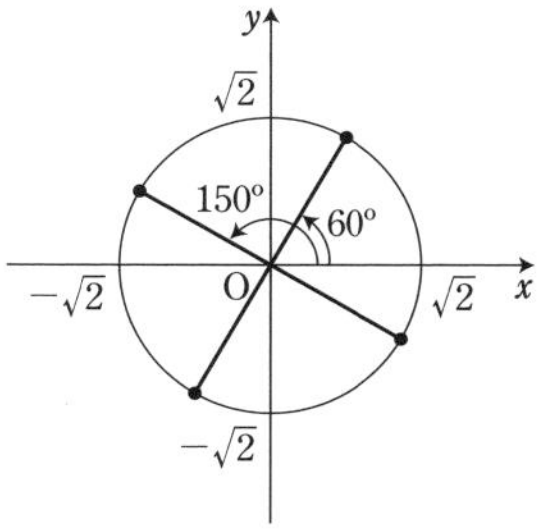

教 p.112

5 複素数平面上の 3 点 O(0)，A$(-3+2i)$，B$(1-5i)$ に対して，次のものを求めよ。

(1) 2 点 A，B 間の距離　(2) 線分 AB を 2：1 に内分する点 C

(3) △OAB の重心 G　(4) ∠AOB の大きさ

指針 **2点間の距離，内分点，重心，角の大きさ**　O(0)，A(α)，B(β) とする。

(1) 2 点 A，B 間の距離は　$|\beta-\alpha|$

(2) 線分 AB を 2：1 に内分する点を表す複素数は　$\dfrac{\alpha+2\beta}{2+1}$

(3) △OAB の重心を表す複素数は　$\dfrac{0+\alpha+\beta}{3}$

(4) ∠AOB の大きさは　$\arg\dfrac{\beta}{\alpha}$

解答 (1) $|(1-5i)-(-3+2i)|=|4-7i|=\sqrt{4^2+(-7)^2}=\boldsymbol{\sqrt{65}}$ 答

(2) $\dfrac{(-3+2i)+2(1-5i)}{2+1}=-\dfrac{1}{3}-\dfrac{8}{3}i$

よって　$\mathbf{C}\left(-\dfrac{\mathbf{1}}{\mathbf{3}}-\dfrac{\mathbf{8}}{\mathbf{3}}\boldsymbol{i}\right)$ 答

(3) $\dfrac{0+(-3+2i)+(1-5i)}{3}=-\dfrac{2}{3}-i$

よって　$\mathbf{G}\left(-\dfrac{\mathbf{2}}{\mathbf{3}}-\boldsymbol{i}\right)$ 答

(4) $\dfrac{1-5i}{-3+2i}=\dfrac{(1-5i)(-3-2i)}{(-3+2i)(-3-2i)}=-1+i$

$=\sqrt{2}\left(-\dfrac{1}{\sqrt{2}}+\dfrac{1}{\sqrt{2}}i\right)=\sqrt{2}\left(\cos\dfrac{3}{4}\pi+i\sin\dfrac{3}{4}\pi\right)$

よって　$\angle\mathrm{AOB}=\boldsymbol{\dfrac{3}{4}\pi}$ 答

教 p.112

6 複素数平面上で，$1+2i$，5 を表す点をそれぞれ B，C とする。このとき，BC を 1 辺とする正三角形 ABC の，頂点 A を表す複素数を求めよ。

指針 **正三角形の頂点**　点 A は，点 B を点 C を中心として $\dfrac{\pi}{3}$ または $-\dfrac{\pi}{3}$ だけ回転した点であると考える。

解答 A(α), $\beta=1+2i$, $\gamma=5$ とする。
点 γ が原点に移るような平行移動によって，点 β は点 β' に移るとする。

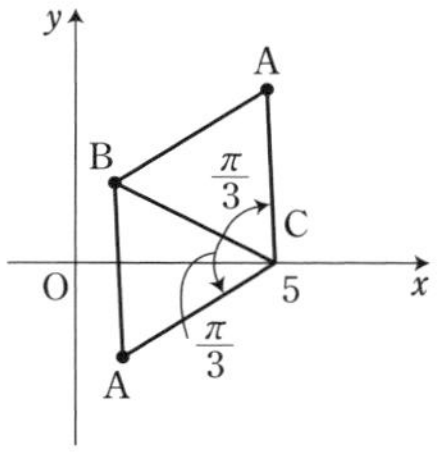

点 β' を原点を中心として $\frac{\pi}{3}$ または $-\frac{\pi}{3}$ だけ回転した点を α' とすると，点 α' は原点が点 γ に移るような平行移動によって，求める点 α に移る。

このとき $\beta'=\beta-\gamma=(1+2i)-5=-4+2i$

$$\alpha'=\beta'\left(\cos\frac{\pi}{3}+i\sin\frac{\pi}{3}\right)=(-4+2i)\left(\frac{1}{2}+\frac{\sqrt{3}}{2}i\right)$$
$$=(-2-\sqrt{3})+(1-2\sqrt{3})i$$

または $\alpha'=\beta'\left\{\cos\left(-\frac{\pi}{3}\right)+i\sin\left(-\frac{\pi}{3}\right)\right\}=(-4+2i)\left(\frac{1}{2}-\frac{\sqrt{3}}{2}i\right)$
$$=(-2+\sqrt{3})+(1+2\sqrt{3})i$$

よって $\alpha=\alpha'+\gamma=\alpha'+5=(3-\sqrt{3})+(1-2\sqrt{3})i$

または $\alpha=\alpha'+\gamma=\alpha'+5=(3+\sqrt{3})+(1+2\sqrt{3})i$

すなわち，頂点 A を表す複素数は

$\boldsymbol{(3+\sqrt{3})+(1+2\sqrt{3})i}$，$\boldsymbol{(3-\sqrt{3})+(1-2\sqrt{3})i}$ 答

教 p.112

7 異なる 3 つの複素数 α，β，γ に対して，等式
$\gamma=\frac{3-\sqrt{3}i}{2}\alpha-\frac{1-\sqrt{3}i}{2}\beta$ が成り立つとき，複素数平面上で 3 点 A(α)，B(β)，C(γ) を頂点とする △ABC の 3 つの角の大きさを求めよ。

指針 **複素数と三角形の角の大きさ**
△ABC の 3 つの角のうち，まず，1 つの角の大きさを求める。このとき，等式 $\gamma=\frac{3-\sqrt{3}i}{2}\alpha-\frac{1-\sqrt{3}i}{2}\beta$ を用いて，$\frac{\gamma-\beta}{\alpha-\beta}$ を極形式で表してみる。

解答 等式から $\gamma-\beta=\frac{3-\sqrt{3}i}{2}\alpha-\frac{3-\sqrt{3}i}{2}\beta=\frac{3-\sqrt{3}i}{2}(\alpha-\beta)$

よって $\frac{\gamma-\beta}{\alpha-\beta}=\sqrt{3}\left(\frac{\sqrt{3}}{2}-\frac{1}{2}i\right)=\sqrt{3}\left\{\cos\left(-\frac{\pi}{6}\right)+i\sin\left(-\frac{\pi}{6}\right)\right\}$

すなわち $\angle B=\frac{\pi}{6}$ また，$\left|\frac{\gamma-\beta}{\alpha-\beta}\right|=\sqrt{3}$ であるから

$|\gamma-\beta|=\sqrt{3}|\alpha-\beta|$ よって $BC=\sqrt{3}AB$

このとき　$AC^2=AB^2+BC^2-2AB\cdot BC\cos\dfrac{\pi}{6}$

$$=AB^2+3AB^2-2\sqrt{3}AB^2\cdot\frac{\sqrt{3}}{2}=AB^2$$

よって，△ABC は AB＝AC の二等辺三角形であるから

$$\angle\mathbf{B}=\angle\mathbf{C}=\boldsymbol{\frac{\pi}{6}},\ \angle\mathbf{A}=\pi-\frac{\pi}{6}\cdot 2=\boldsymbol{\frac{2}{3}\pi}$$ 答

教 p.112

8 座標平面上の原点と異なる点 $P(x, y)$ を，原点を中心として角 θ だけ回転させた点の座標を求めよ。

指針 **複素数と点の回転**　複素数 z と $\cos\theta+i\sin\theta$ に対して，点 $(\cos\theta+i\sin\theta)z$ は，点 z を原点を中心として角 θ だけ回転した点である。

解答 $(x+yi)(\cos\theta+i\sin\theta)=(x\cos\theta-y\sin\theta)+i(x\sin\theta+y\cos\theta)$

よって　$\boldsymbol{(x\cos\theta-y\sin\theta,\ x\sin\theta+y\cos\theta)}$ 答

教 p.112

9 △ABC の 3 つの頂点から，それぞれの対辺またはその延長に下ろした 3 つの垂線は，1 点で交わることを複素数を用いて証明せよ。

指針 **三角形の垂心**　2 つの垂線の交点を，残りの垂線が通ることを示す。

解答 A，B から対辺に下ろした 2 つの垂線の交点を H(0) とし，$A(\alpha)$，$B(\beta)$，$C(\gamma)$ とする。

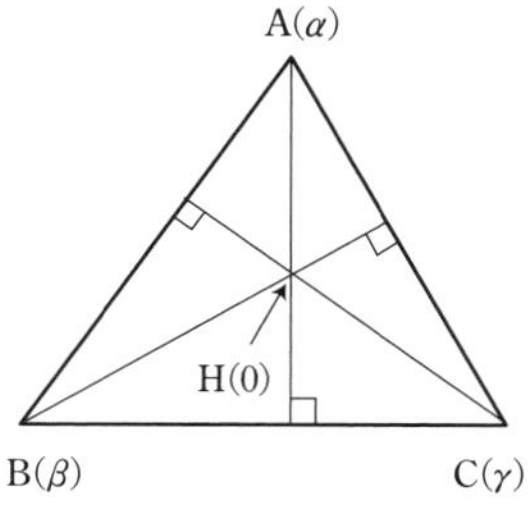

BC⊥HA であるから，$\dfrac{\alpha}{\gamma-\beta}$ は純虚数である。

すなわち　$\overline{\left(\dfrac{\alpha}{\gamma-\beta}\right)}=-\dfrac{\alpha}{\gamma-\beta}$

よって　$\overline{\alpha}\gamma-\overline{\alpha}\beta=\alpha\overline{\beta}-\alpha\overline{\gamma}$　…… ①

CA⊥HB であるから，$\dfrac{\beta}{\alpha-\gamma}$ は純虚数である。

すなわち　$\overline{\left(\dfrac{\beta}{\alpha-\gamma}\right)}=-\dfrac{\beta}{\alpha-\gamma}$　　よって　$\overline{\beta}\alpha-\overline{\beta}\gamma=\beta\overline{\gamma}-\beta\overline{\alpha}$　…… ②

①，② の辺々を加えて整理すると　$(\overline{\alpha}-\overline{\beta})\gamma=(\beta-\alpha)\overline{\gamma}$

ゆえに　$\overline{\left(\dfrac{\gamma}{\beta-\alpha}\right)}=-\dfrac{\gamma}{\beta-\alpha}$　　よって，$\dfrac{\gamma}{\beta-\alpha}$ は純虚数であるから，

AB⊥HC

したがって，3 つの垂線 AH，BH，CH は 1 点で交わる。 終

第3章　演習問題A

教 p.113

1. 虚数 z について $z+\dfrac{1}{z}$ が実数であるとき，$|z|$ を求めよ。

指針 **複素数の実数条件と絶対値**　複素数 α が実数である条件は $\alpha=\overline{\alpha}$ が成り立つことであることを利用。極形式で表してから求めてもよい。

解答 $z+\dfrac{1}{z}$ が実数であるから　　$z+\dfrac{1}{z}=\overline{z+\dfrac{1}{z}}$

すなわち　　$z+\dfrac{1}{z}=\overline{z}+\dfrac{1}{\overline{z}}$

両辺に $z\overline{z}$ を掛けると　$z(z\overline{z})+\overline{z}=\overline{z}(z\overline{z})+z$

すなわち　　$z|z|^2+\overline{z}-\overline{z}|z|^2-z=0$

よって　　$(z-\overline{z})(|z|^2-1)=0$

z は虚数であるから　　$z\neq\overline{z}$

したがって　　$|z|^2=1$　　　$|z|>0$ から　　$|z|=\mathbf{1}$　答

別解 $z=r(\cos\theta+i\sin\theta)$ とおくと

$$\frac{1}{z}=z^{-1}$$
$$=\frac{1}{r}\{\cos(-\theta)+i\sin(-\theta)\}=\frac{1}{r}(\cos\theta-i\sin\theta)$$

よって　　$z+\dfrac{1}{z}=\left(r+\dfrac{1}{r}\right)\cos\theta+\left(r-\dfrac{1}{r}\right)i\sin\theta$

$z+\dfrac{1}{z}$ が実数であるから

$$r-\frac{1}{r}=0\quad\text{または}\quad\sin\theta=0$$

z は虚数であるから　　$\sin\theta\neq0$

よって，$r-\dfrac{1}{r}=0$ から　　$r^2-1=0$

$r>0$ であるから　　$r=1$　すなわち　$|z|=\mathbf{1}$　答

教 p.113

2. α，β は等式 $\alpha^2-2\alpha\beta+4\beta^2=0$ を満たす 0 でない複素数とする。このとき，$\dfrac{\alpha}{\beta}$ の値を求めよ。また，複素数平面上で，3 点 O(0)，A(α)，B(β) を頂点とする三角形の 3 つの角の大きさを求めよ。

教科書 *p.*113

指針 **等式を満たす複素数，三角形の角の大きさ**

(前半)　β は 0 でない複素数であるから，等式 $\alpha^2-2\alpha\beta+4\beta^2=0$ の両辺を β^2 で割り，$\dfrac{\alpha^2}{\beta^2}-2\cdot\dfrac{\alpha}{\beta}+4=0$ と変形すればよい。

(後半)　辺 OA と OB の長さの関係と，∠BOA の大きさがわかるから，辺の関係を導き，三角形の形状を調べて他の 2 つの角の大きさを求める。

解答 両辺を β^2 $(\neq 0)$ で割ると

$$\left(\frac{\alpha}{\beta}\right)^2-2\cdot\frac{\alpha}{\beta}+4=0 \qquad \text{ゆえに} \quad \frac{\alpha}{\beta}=\mathbf{1\pm\sqrt{3}\,\boldsymbol{i}}$$ 答

$\dfrac{\alpha}{\beta}$ を極形式で表すと，$\dfrac{\alpha}{\beta}=2\left(\dfrac{1}{2}\pm\dfrac{\sqrt{3}}{2}i\right)$ より

$\dfrac{\alpha}{\beta}=2\left(\cos\dfrac{\pi}{3}+i\sin\dfrac{\pi}{3}\right)$，$2\left\{\cos\left(-\dfrac{\pi}{3}\right)+i\sin\left(-\dfrac{\pi}{3}\right)\right\}$ であるから

$\left|\dfrac{\alpha-0}{\beta-0}\right|=2$　すなわち　OA＝2OB　　また　$\angle\mathrm{BOA}=\dfrac{\pi}{3}$

したがって，△ABC は点 B を直角の頂点とする三角形で

$$\angle\mathbf{A}=\frac{\boldsymbol{\pi}}{\mathbf{6}},\ \angle\mathbf{O}=\frac{\boldsymbol{\pi}}{\mathbf{3}},\ \angle\mathbf{B}=\frac{\boldsymbol{\pi}}{\mathbf{2}}$$ 答

教 p.113

3. 複素数平面上の 3 点 A(α)，B(β)，C(γ) を頂点とする △ABC と，3 点 A′(α')，B′(β')，C′(γ') を頂点とする △A′B′C′ について，次のことが成り立つことを証明せよ。

$$\frac{\gamma-\alpha}{\beta-\alpha}=\frac{\gamma'-\alpha'}{\beta'-\alpha'} \implies \triangle\mathrm{ABC}\backsim\triangle\mathrm{A'B'C'}$$

指針 **複素数と三角形の相似条件**　　条件の等式から，△ABC と △A′B′C′ の 2 組の辺の比とその間の角がそれぞれ等しいことを証明する。

解答 仮定から　　$\left|\dfrac{\gamma-\alpha}{\beta-\alpha}\right|=\left|\dfrac{\gamma'-\alpha'}{\beta'-\alpha'}\right|$，$\arg\dfrac{\gamma-\alpha}{\beta-\alpha}=\arg\dfrac{\gamma'-\alpha'}{\beta'-\alpha'}$

ゆえに　　$\left|\dfrac{\gamma-\alpha}{\beta-\alpha}\right|=\left|\dfrac{\gamma'-\alpha'}{\beta'-\alpha'}\right|$，$\angle\beta\alpha\gamma=\angle\beta'\alpha'\gamma'$

よって　　AC：AB＝A′C′：A′B′，∠BAC＝∠B′A′C′

すなわち　　AC：A′C′＝AB：A′B′，∠BAC＝∠B′A′C′

ゆえに，△ABC と △A′B′C′ において，2 組の辺の比とその間の角がそれぞれ等しいから

$$\triangle\mathrm{ABC}\backsim\triangle\mathrm{A'B'C'}$$ 終

第3章　演習問題B

教 p.113

4. 複素数 α を方程式 $z^5=1$ の 1 でない解とするとき，次の問いに答えよ。

(1) $1+\alpha+\alpha^2+\alpha^3+\alpha^4$ の値を求めよ。

(2) $t=\alpha+\dfrac{1}{\alpha}$ とするとき，$t^2+t-1=0$ であることを示せ。

(3) $\cos\dfrac{4}{5}\pi$ の値を求めよ。

指針 **1 の 5 乗根と式の値，$\cos\dfrac{4}{5}\pi$ の値**

(1) $\alpha^5-1=0$ の左辺を因数分解。

(2) $\alpha\neq0$ であるから (1) の式を α^2 で割った式を考える。

(3) $\cos\dfrac{4}{5}\pi+i\sin\dfrac{4}{5}\pi$ が方程式を満たすことを利用する。

解答 (1) $\alpha^5=1$ から　　$(\alpha-1)(\alpha^4+\alpha^3+\alpha^2+\alpha+1)=0$

$\alpha\neq1$ であるから　　$\alpha^4+\alpha^3+\alpha^2+\alpha+1=0$ …… ①

すなわち　$1+\alpha+\alpha^2+\alpha^3+\alpha^4=\mathbf{0}$ 答

(2) $\alpha=0$ は，$\alpha^5=1$ の解ではないから $\alpha\neq0$

ゆえに，① の両辺を α^2 で割ると

$$\alpha^2+\alpha+1+\frac{1}{\alpha}+\frac{1}{\alpha^2}=0$$

よって　$\left(\alpha+\dfrac{1}{\alpha}\right)^2+\left(\alpha+\dfrac{1}{\alpha}\right)-1=0$

したがって，$t^2+t-1=0$ が成り立つ。 終

(3) $\alpha=\cos\dfrac{4}{5}\pi+i\sin\dfrac{4}{5}\pi$ は $\alpha^5=1$ を満たす。

この α について

$$\alpha+\frac{1}{\alpha}=\left(\cos\frac{4}{5}\pi+i\sin\frac{4}{5}\pi\right)+\left\{\cos\left(-\frac{4}{5}\pi\right)+i\sin\left(-\frac{4}{5}\pi\right)\right\}$$
$$=2\cos\frac{4}{5}\pi$$

ここで，(2) から，$t=\alpha+\dfrac{1}{\alpha}$ とすると　　$t^2+t-1=0$

これを解いて　　$t=\dfrac{-1\pm\sqrt{5}}{2}$

$\cos\dfrac{4}{5}\pi<0$ であるから　　$t=\alpha+\dfrac{1}{\alpha}=2\cos\dfrac{4}{5}\pi<0$

ゆえに　　$2\cos\frac{4}{5}\pi=\frac{-1-\sqrt{5}}{2}$

よって　　$\cos\frac{4}{5}\pi=-\frac{\mathbf{1+\sqrt{5}}}{\mathbf{4}}$　答

教 p.113

5. 複素数平面上の 3 点 A(α), B(β), C(γ) を頂点とする △ABC について，等式 $2\alpha^2+\beta^2+\gamma^2-2\alpha\beta-2\alpha\gamma=0$ が成り立つとき，次の問いに答えよ。

(1) $\frac{\gamma-\alpha}{\beta-\alpha}$ の値を求めよ。　　(2) △ABC はどのような三角形か。

指針 **複素数と三角形の形状**

(1) 条件の等式の左辺を，$\beta-\alpha$，$\gamma-\alpha$ に着目して変形する。

(2) (1) から，△ABC の 2 辺の長さの関係と 1 つの内角の大きさがわかる。

解答 (1) 等式から　$(\alpha^2-2\alpha\beta+\beta^2)+(\alpha^2-2\alpha\gamma+\gamma^2)=0$

すなわち　　$(\gamma-\alpha)^2+(\beta-\alpha)^2=0$

$\alpha\neq\beta$ より，$\beta-\alpha\neq0$ であるから

$$\left(\frac{\gamma-\alpha}{\beta-\alpha}\right)^2=-1$$

よって　　$\frac{\gamma-\alpha}{\beta-\alpha}=\pm\boldsymbol{i}$　答

(2) (1) から　　$\left|\frac{\gamma-\alpha}{\beta-\alpha}\right|=|\pm i|=1$

すなわち　　$|\gamma-\alpha|=|\beta-\alpha|$

よって　　AC＝AB

また，$\frac{\gamma-\alpha}{\beta-\alpha}$ は純虚数であるから　　$\angle\mathrm{BAC}=\frac{\pi}{2}$

したがって，△ABC は **$\angle\mathbf{A}=\frac{\pi}{2}$ の直角二等辺三角形** である。　答

研究 教 p.113

6. 複素数平面上で，点 z は，点 -1 を中心とする半径 1 の円の原点以外の部分を動くとする。このとき，$w=\dfrac{1}{z}$ で表される点 w はどのような図形を描くか。

指針 **$w=\dfrac{1}{z}$ の描く図形**　まず，条件から z に関する等式を導く。次に，$w=\dfrac{1}{z}$ から z を w で表して，その等式に代入する。

解答 点 z は点 -1 を中心とする半径 1 の円上を動くから

$$|z+1|=1 \quad \cdots\cdots ①$$

$w=\dfrac{1}{z}$ から　$wz=1$　$w\neq 0$ であるから　$z=\dfrac{1}{w}$

① に代入すると　$\left|\dfrac{1}{w}+1\right|=1$

変形すると　$\left|\dfrac{1+w}{w}\right|=1$　すなわち　$\dfrac{|w+1|}{|w|}=1$

よって　$|w|=|w+1|$

したがって，点 w は，原点と点 -1 を結ぶ線分の垂直二等分線，すなわち，

点 $-\dfrac{1}{2}$ を通り実軸に垂直な直線 を描く。 答

第4章　式と曲線

第1節　2次曲線

1　放物線

まとめ

1　放物線の方程式

① 平面上で，定点Fと，Fを通らない定直線 ℓ からの距離が等しい点Pの軌跡を **放物線** といい，点Fをその **焦点**，直線 ℓ を **準線** という。

② $p \neq 0$ とする。点 $F(p,\ 0)$ を焦点とし，直線 $x=-p$ を準線 ℓ とする放物線 C の方程式は，$\boldsymbol{y^2=4px}$ である。
この式を放物線 C の方程式の **標準形** という。

③ 放物線の焦点を通り，準線に垂直な直線を，放物線の **軸** といい，軸と放物線の交点を，放物線の **頂点** という。

④ **放物線 $\boldsymbol{y^2=4px}$ の性質**　ただし，$p \neq 0$

1　頂点は **原点**，焦点は **点 $\boldsymbol{(p,\ 0)}$**，準線は **直線 $\boldsymbol{x=-p}$**

2　軸は x 軸で，放物線は軸に関して対称である。

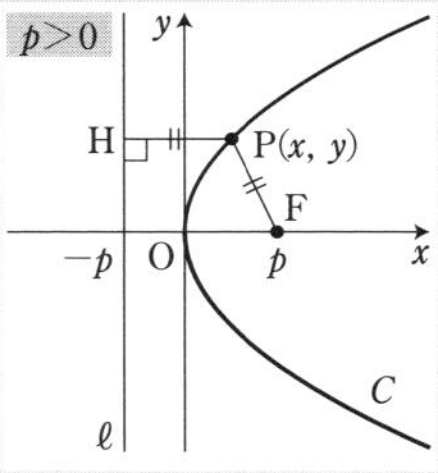

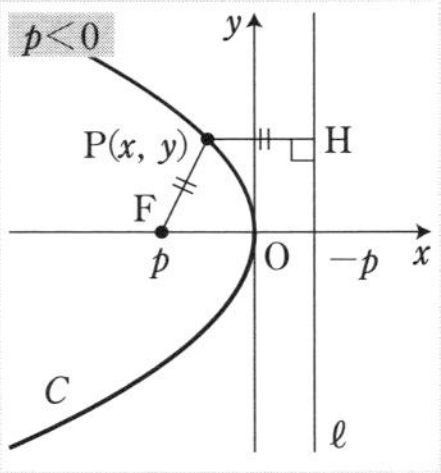

2　$\boldsymbol{y}$ 軸を軸とする放物線

① $p \neq 0$ のとき，点 $F(0,\ p)$ を焦点とし，直線 $y=-p$ を準線とする放物線の方程式は，$\boldsymbol{x^2=4py}$ である。

② $a \neq 0$ のとき，方程式 $y=ax^2$ は，$x^2=4\cdot\dfrac{1}{4a}y$ と変形されるから，放物線 $y=ax^2$ の焦点は点 $\left(0,\ \dfrac{1}{4a}\right)$，準線は直線 $y=-\dfrac{1}{4a}$ である。

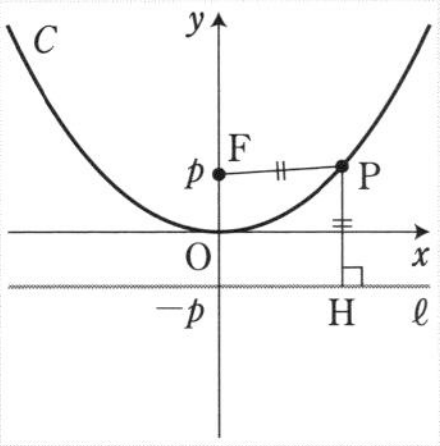

A 放物線の方程式

練習 1 教 p.117

次の放物線の焦点と準線を求めよ。また，その放物線の概形をかけ。

(1) $y^2=x$　　(2) $y^2=-2x$

指針 **放物線の方程式の標準形**　方程式が与えられた放物線の概形をかく。

放物線 $y^2=4px$ ⟶ 焦点は点 $(p,\ 0)$，準線は直線 $x=-p$

解答 (1) $y^2=x$ を変形すると　$y^2=4\cdot\frac{1}{4}x$

焦点は　**点** $\left(\frac{1}{4},\ 0\right)$　準線は　**直線** $x=-\frac{1}{4}$　答

概形は図のようになる。

(2) $y^2=-2x$ を変形すると　$y^2=4\cdot\left(-\frac{1}{2}\right)x$

焦点は　**点** $\left(-\frac{1}{2},\ 0\right)$　準線は　**直線** $x=\frac{1}{2}$　答

概形は図のようになる。

(1)

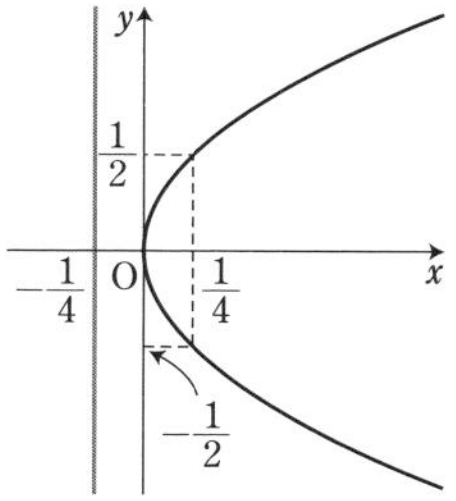

(2)

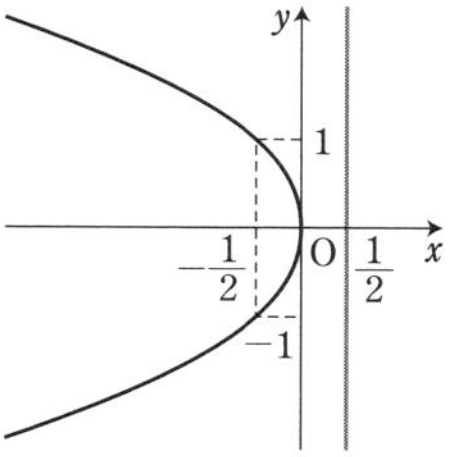

練習 2 教 p.117

次のような放物線の方程式を求めよ。また，その放物線の概形をかけ。

(1) 焦点が点 $(1,\ 0)$，準線が直線 $x=-1$

(2) 焦点が点 $(-2,\ 0)$，準線が直線 $x=2$

指針 **放物線の方程式と概形**　焦点と準線が与えられたとき，その放物線の方程式を求め，概形をかく。

焦点が点 $(p,\ 0)$，準線は直線 $x=-p$ ⟶ 放物線 $y^2=4px$

解答 (1) 焦点が点 $(1,\ 0)$，準線が直線 $x=-1$ であるから，放物線の方程式は

$y^2=4\cdot1x$　すなわち　$\boldsymbol{y^2=4x}$　答

概形は図のようになる。

(2) 焦点が点 $(-2,\ 0)$，準線が直線 $x=2$ であるから，放物線の方程式は

$y^2=4\cdot(-2)x$　　すなわち　　$\boldsymbol{y^2=-8x}$ 答

概形は図のようになる。

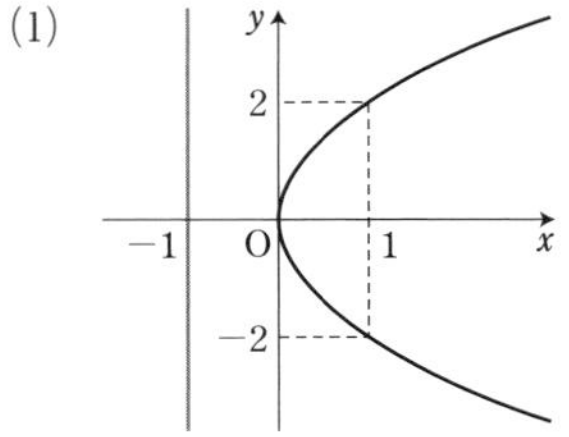

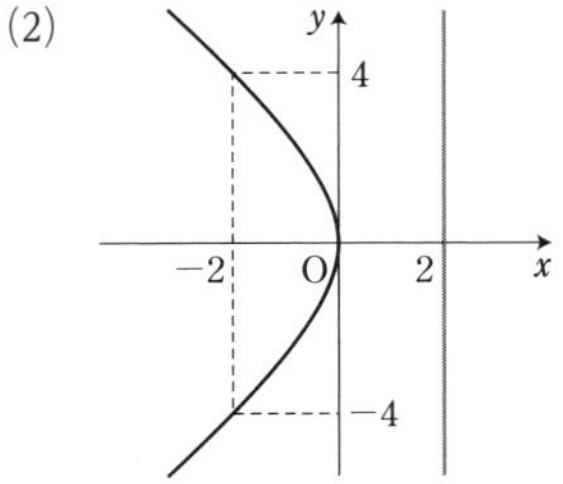

B　y 軸を軸とする放物線

教 p.117

練習 3

放物線 $y=x^2$ の焦点と準線を求めよ。

指針　**放物線の方程式（y 軸を軸とする場合）**　方程式 $x^2=4py$ は，y 軸を軸とする放物線を表し，焦点は点 $(0,\ p)$，準線は直線 $y=-p$ である。ここで，方程式 $y=ax^2$ がどのような放物線を表すのかを調べるには，方程式 $y=ax^2$ を $x^2=4py$ の形に変形する。

解答　$y=x^2$ を変形すると，$x^2=y$ より

$$x^2=4\cdot\frac{1}{4}y$$

この式は，$x^2=4py$ において，$p=\dfrac{1}{4}$ としたものである。

よって，焦点は　**点 $\left(0,\ \dfrac{1}{4}\right)$**，準線は　**直線 $y=-\dfrac{1}{4}$**　答

2　楕円

まとめ

1　楕円の方程式

① 平面上で，異なる 2 定点 F，F′ からの距離の和が一定である点 P の軌跡を **楕円** といい，この 2 点 F，F′ を楕円の **焦点** という。ただし，焦点 F，F′ からの距離の和は線分 FF′ の長さより大きいものとする。

② $a>c>0$ のとき，2 定点 F$(c,\ 0)$，F$'(-c,\ 0)$ を焦点とし，この 2 点からの距離の和が $2a$ である楕円 C の方程式は，$\sqrt{a^2-c^2}=b$ とおくと，$a>b>0$ で

$$\frac{x^2}{a^2}+\frac{y^2}{b^2}=1$$ となる。

これを楕円の方程式の **標準形** という。

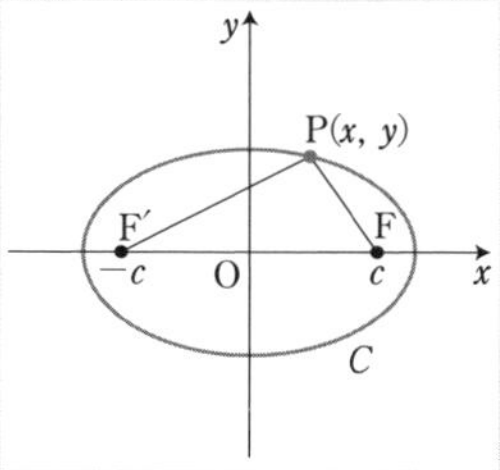

③ 2 点 F，F′ を焦点とする楕円において，直線 FF′ のうち楕円が切り取る線分を **長軸**，長軸の垂直二等分線のうち楕円が切り取る線分を **短軸** という。また，長軸と短軸の交点を **中心**，長軸と短軸の端点を **頂点** という。

④ **楕円 $\dfrac{x^2}{a^2}+\dfrac{y^2}{b^2}=1$ の性質**　ただし，$a>b>0$

1　中心は **原点**，長軸の長さは $2a$，短軸の長さは $2b$

2　焦点は 2 点 $(\sqrt{a^2-b^2},\ 0)$，$(-\sqrt{a^2-b^2},\ 0)$

3　楕円は x 軸，y 軸，原点に関して対称である。

4　楕円上の点から 2 つの焦点までの距離の和は $2a$

2　焦点が y 軸上にある楕円

① $b>c>0$ のとき，2 定点 F$(0,\ c)$，F$'(0,\ -c)$ を焦点とし，この 2 点からの距離の和が $2b$ である楕円の方程式は，$\sqrt{b^2-c^2}=a$ とおくと，$b>a>0$ で

$$\frac{x^2}{a^2}+\frac{y^2}{b^2}=1$$

となる。

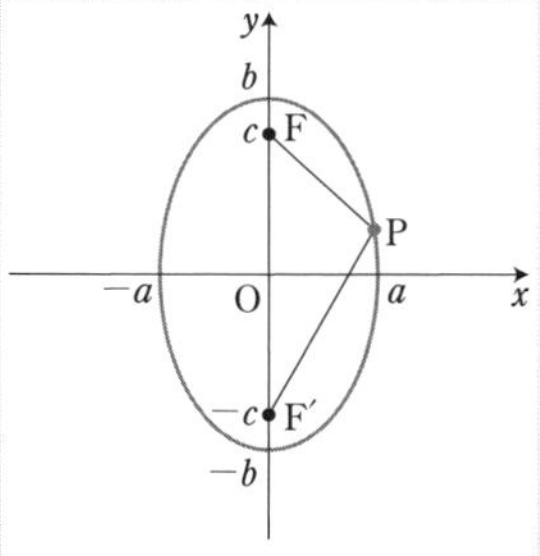

② 焦点 F，F′ の座標は，$c=\sqrt{b^2-a^2}$ より，次のようになる。

$$\mathrm{F}(0,\ \sqrt{b^2-a^2}),\qquad \mathrm{F}'(0,\ -\sqrt{b^2-a^2})$$

③ この楕円の長軸は y 軸上，短軸は x 軸上にあり，その長さは，それぞれ $2b$，$2a$ である。

3　円と楕円

① 一般に，楕円 $\dfrac{x^2}{a^2}+\dfrac{y^2}{b^2}=1$ は，円 $x^2+y^2=a^2$ を x 軸をもとにして y 軸方向に $\dfrac{b}{a}$ 倍に縮小または拡大して得られる曲線である。

補足 円は楕円の特別な場合と考えることもできる。

4章 式と曲線

4　軌跡と楕円

① 長さが一定の線分 AB があり，端点 A は x 軸上を，端点 B は y 軸上を動くとする。このとき，線分 AB を $m:n$ に内分する点 P の軌跡は楕円になる。

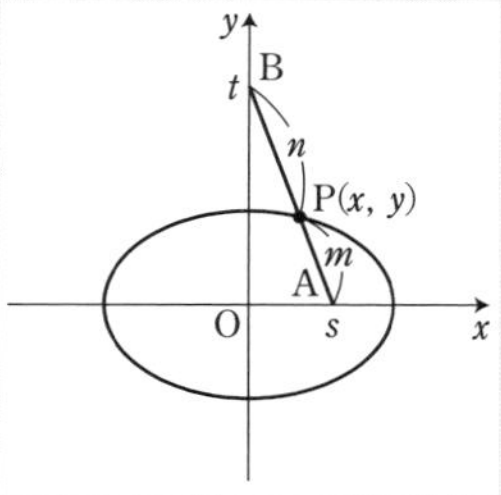

解説　A$(s,\ 0)$，B$(0,\ t)$，AB$=a$，P$(x,\ y)$ とする。

AB$=a$ $\longrightarrow$ $s^2+t^2=a^2$ …… ①

P は AB を $m:n$ に内分

$\longrightarrow$ $x=\dfrac{n}{m+n}s,\quad y=\dfrac{m}{m+n}t$ …… ②

①，② から s，t を消去すると $\dfrac{x^2}{\left(\dfrac{n}{m+n}\right)^2}+\dfrac{y^2}{\left(\dfrac{m}{m+n}\right)^2}=a^2$

A 楕円の方程式

練習 4　教 p.120

次の楕円の長軸の長さ，短軸の長さ，焦点および頂点を求めよ。また，その楕円の概形をかけ。

(1) $\dfrac{x^2}{25}+\dfrac{y^2}{9}=1$　　(2) $x^2+4y^2=4$

指針　**楕円の方程式と概形**　方程式が $\dfrac{x^2}{a^2}+\dfrac{y^2}{b^2}=1$ $(a>b>0)$ の形で表されるとき，焦点が x 軸上にある楕円を表し

長軸の長さは　$2a$，短軸の長さは　$2b$

焦点は　2 点 $(\sqrt{a^2-b^2},\ 0)$，$(-\sqrt{a^2-b^2},\ 0)$

頂点は　4 点 $(a,\ 0)$，$(-a,\ 0)$，$(0,\ b)$，$(0,\ -b)$

(2) 与えられた式を標準形に変形してから調べる。

解答　(1) 楕円 $\dfrac{x^2}{25}+\dfrac{y^2}{9}=1$ について

$a=5,\ b=3$

$\sqrt{a^2-b^2}=\sqrt{5^2-3^2}=4$

であるから

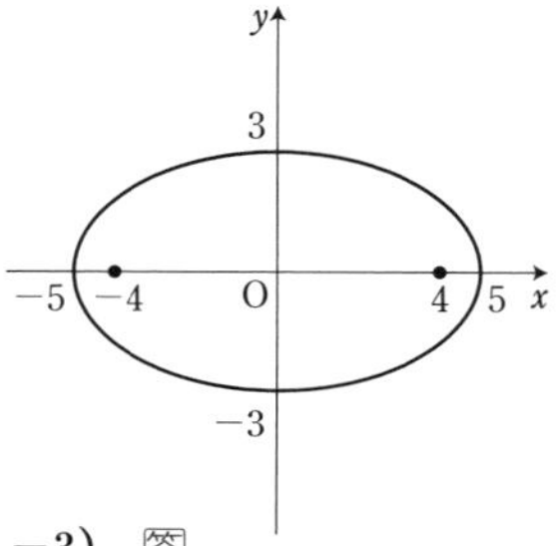

長軸の長さは　$2\cdot5=$**10**　答

短軸の長さは　$2\cdot3=$**6**　答

焦点は　**2 点 (4, 0)，(−4, 0)**　答

頂点は　**4 点 (5, 0)，(−5, 0)，(0, 3)，(0, −3)**　答

概形は図のようになる。

(2)　$x^2+4y^2=4$ の両辺を 4 で割ると

$$\frac{x^2}{4}+\frac{y^2}{1}=1$$

よって　$a=2$，$b=1$

$$\sqrt{a^2-b^2}=\sqrt{2^2-1^2}=\sqrt{3}$$

であるから

長軸の長さは　$2\cdot 2=\mathbf{4}$　答

短軸の長さは　$2\cdot 1=\mathbf{2}$　答

焦点は　**2 点** $(\sqrt{3},\ 0)$，$(-\sqrt{3},\ 0)$　答

頂点は　**4 点** $(2,\ 0)$，$(-2,\ 0)$，$(0,\ 1)$，$(0,\ -1)$　答

概形は図のようになる。

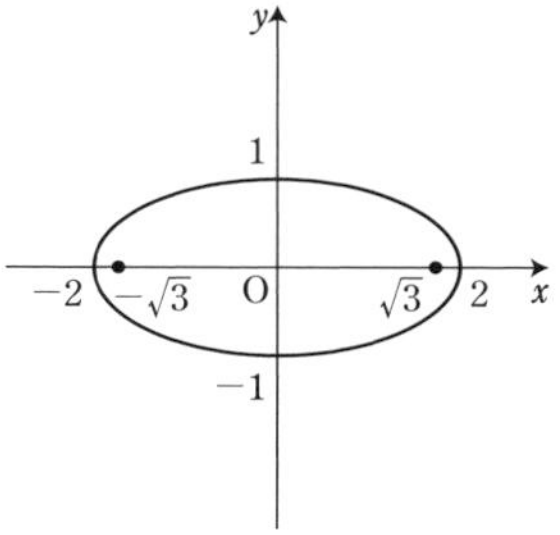

注意 (1)，(2) とも，$a>b$ であることに注意。

教 p.120

問 1　2 点 $(3,\ 0)$，$(-3,\ 0)$ を焦点とし，焦点からの距離の和が 10 である楕円の方程式を求めよ。

指針　**楕円の方程式(焦点が x 軸上)**　焦点が x 軸上の 2 点 $(c,\ 0)$，$(-c,\ 0)$ にあり，焦点からの距離の和が $2a$ である楕円の方程式は

$$\frac{x^2}{a^2}+\frac{y^2}{b^2}=1 \quad (\text{ただし，} b=\sqrt{a^2-c^2} \text{ で } a>b>0)$$

$c=3$，$2a=10$ であることから，a，b の値を求める。

解答　求める楕円の方程式は

$$\frac{x^2}{a^2}+\frac{y^2}{b^2}=1 \quad (\text{ただし } a>b>0)$$

と表すことができる。

焦点からの距離の和について

$$2a=10$$

よって　$a=5$

ゆえに　$b=\sqrt{5^2-3^2}=4$

したがって，求める楕円の方程式は

$$\boldsymbol{\frac{x^2}{25}+\frac{y^2}{16}=1}$$　答

教 p.120

練習 5

2 点 $(\sqrt{6}, 0)$，$(-\sqrt{6}, 0)$ を焦点とし，焦点からの距離の和が 6 である楕円の方程式を求めよ。

指針 **楕円の方程式（焦点が x 軸上）** 問 1 と同様にする。

解答 求める楕円の方程式は $\dfrac{x^2}{a^2}+\dfrac{y^2}{b^2}=1$ （ただし $a>b>0$）

と表すことができる。

焦点からの距離の和について

$$2a=6 \qquad \text{よって} \qquad a=3$$

ゆえに $b=\sqrt{3^2-(\sqrt{6})^2}=\sqrt{3}$

したがって，求める楕円の方程式は $\boldsymbol{\dfrac{x^2}{9}+\dfrac{y^2}{3}=1}$ 答

B 焦点が y 軸上にある楕円

教 p.121

練習 6

次の楕円の長軸の長さ，短軸の長さ，および焦点を求めよ。また，その楕円の概形をかけ。

(1) $\dfrac{x^2}{3}+\dfrac{y^2}{4}=1$ (2) $9x^2+4y^2=9$

指針 **楕円の方程式と概形（焦点が y 軸上）** 楕円 $\dfrac{x^2}{a^2}+\dfrac{y^2}{b^2}=1$ について，$b>a>0$ のとき，焦点は y 軸上にあり

長軸の長さは $2b$，短軸の長さは $2a$

焦点は 2 点 $(0, \sqrt{b^2-a^2})$，$(0, -\sqrt{b^2-a^2})$

(2) まず，楕円の方程式を標準形に変形する。

解答 (1) $\dfrac{x^2}{3}+\dfrac{y^2}{4}=1$ について

$a=\sqrt{3}$，$b=2$

$\sqrt{b^2-a^2}=\sqrt{2^2-(\sqrt{3})^2}=1$

であるから

長軸の長さは $\boldsymbol{2\cdot2=4}$ 答

短軸の長さは $\boldsymbol{2\sqrt{3}}$ 答

焦点は **2 点 $(0, 1)$，$(0, -1)$** 答

概形は図のようになる。

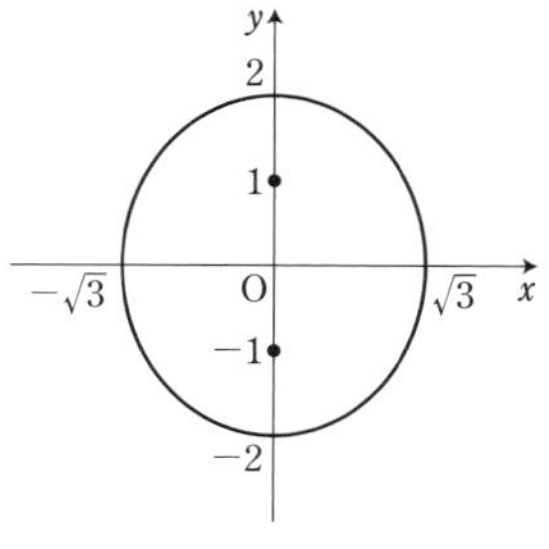

(2)　$9x^2+4y^2=9$ の両辺を 9 で割ると

$$\frac{x^2}{1}+\frac{y^2}{\frac{9}{4}}=1$$

よって　$a=1,\ b=\frac{3}{2}$

$$\sqrt{b^2-a^2}=\sqrt{\left(\frac{3}{2}\right)^2-1^2}=\frac{\sqrt{5}}{2}$$

であるから

長軸の長さは　　$2\cdot\frac{3}{2}=\mathbf{3}$　答

短軸の長さは　　$2\cdot1=\mathbf{2}$　答

焦点は　　**2 点** $\left(\mathbf{0,\ \frac{\sqrt{5}}{2}}\right),\ \left(\mathbf{0,\ -\frac{\sqrt{5}}{2}}\right)$　答

概形は図のようになる。

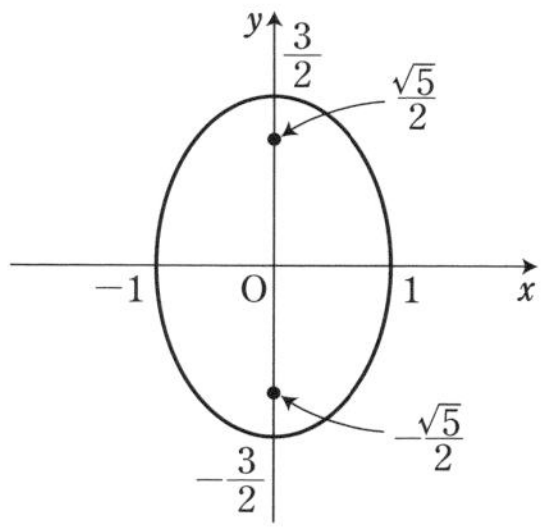

C 円と楕円

教 p.122

問 2　円 $x^2+y^2=9$ を y 軸をもとにして x 軸方向に 2 倍に拡大すると，どのような曲線になるか。

指針　**円と楕円**　円上の点 $Q(s,\ t)$ が移された点を $P(x,\ y)$ として，点 Q の座標を $x,\ y$ で表し，Q が円上にあることから，P が満たす方程式を求める。一般に，円 $x^2+y^2=a^2$ を y 軸をもとにして x 軸方向に $\frac{b}{a}$ 倍に縮小または拡大すると，楕円 $\frac{x^2}{b^2}+\frac{y^2}{a^2}=1$ になる。

解答　円 $x^2+y^2=9$ 上の点 $Q(s,\ t)$ が移された点を $P(x,\ y)$ とすると

$$x=2s,\ y=t$$

ゆえに　$s=\frac{1}{2}x,\ t=y$

$s^2+t^2=9$ から

$$\left(\frac{1}{2}x\right)^2+y^2=9\quad すなわち\quad \frac{x^2}{6^2}+\frac{y^2}{3^2}=1$$

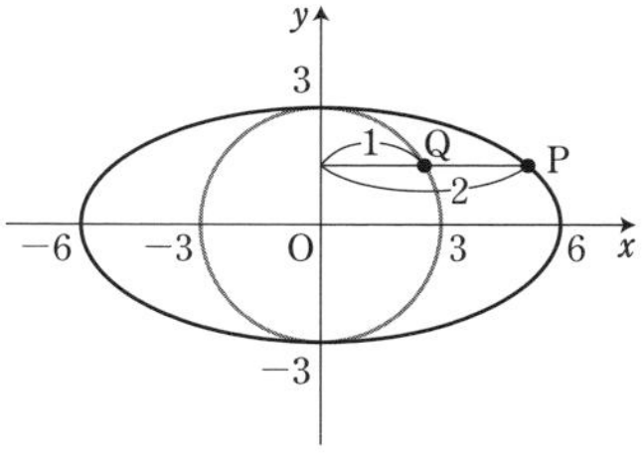

よって，円 $x^2+y^2=9$ を y 軸をもとにして x 軸方向に 2 倍に拡大すると

楕円 $\frac{\mathbf{x^2}}{\mathbf{36}}+\frac{\mathbf{y^2}}{\mathbf{9}}=\mathbf{1}$ になる。　答

4章 式と曲線

教 p.122

練習 7

円 $x^2+y^2=16$ を，(1) は x 軸をもとに，(2) は y 軸をもとにして，次のように縮小または拡大すると，どのような曲線になるか。

(1) y 軸方向に $\frac{3}{4}$ 倍　　(2) x 軸方向に $\frac{3}{2}$ 倍

指針 **円と楕円**　円上の点 Q を y 軸方向または x 軸方向に何倍かした点を P として，Q が円上にあることから P が満たす方程式を求める。一般に，円 $x^2+y^2=a^2$ に対して，次のような楕円になる。

$$y \text{ 軸方向に } \frac{b}{a} \text{ 倍} \longrightarrow \frac{x^2}{a^2}+\frac{y^2}{b^2}=1,$$

$$x \text{ 軸方向に } \frac{b}{a} \text{ 倍} \longrightarrow \frac{x^2}{b^2}+\frac{y^2}{a^2}=1$$

解答 (1) 円 $x^2+y^2=16$ 上の点 Q$(s,\ t)$ が移された点を P$(x,\ y)$ とすると

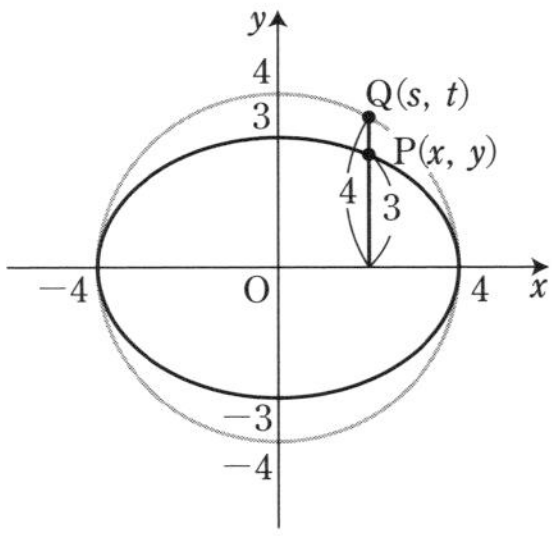

$$x=s,\ y=\frac{3}{4}t$$

ゆえに　$s=x,\ t=\frac{4}{3}y$

$s^2+t^2=16$ から

$$x^2+\left(\frac{4}{3}y\right)^2=16 \quad すなわち \quad \frac{x^2}{4^2}+\frac{y^2}{3^2}=1$$

よって，**楕円 $\boldsymbol{\frac{x^2}{16}+\frac{y^2}{9}=1}$** になる。 答

(2) 円 $x^2+y^2=16$ 上の点 Q$(s,\ t)$ が移された点を P$(x,\ y)$ とすると

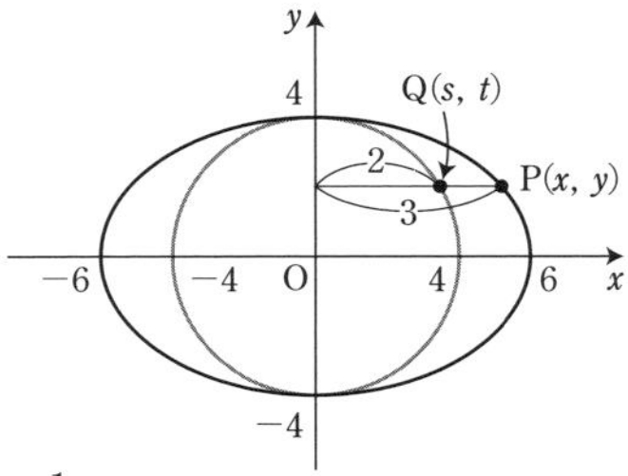

$$x=\frac{3}{2}s,\ y=t$$

ゆえに　$s=\frac{2}{3}x,\ t=y$

$s^2+t^2=16$ から

$$\left(\frac{2}{3}x\right)^2+y^2=16 \quad すなわち \quad \frac{x^2}{6^2}+\frac{y^2}{4^2}=1$$

よって，**楕円 $\boldsymbol{\frac{x^2}{36}+\frac{y^2}{16}=1}$** になる。 答

教 p.122

深める

教科書 122 ページの 11〜12 行目のことを，円上の点 $Q(s,\ t)$ が移された点を $P(x,\ y)$ とおいて証明してみよう。

指針 **円と楕円** $Q(s,\ t)$ は円上の点であるから $s^2+t^2=a^2$ また，x 軸方向はもとのままで，y 軸方向に $\dfrac{b}{a}$ 倍であるから $x=s,\ y=\dfrac{b}{a}t$

解答 円 $x^2+y^2=a^2$ 上の点 $(s,\ t)$ が移された点を $(x,\ y)$ とする。

$x=s,\ y=\dfrac{b}{a}t$ であるから $s=x,\ t=\dfrac{a}{b}y$

$s^2+t^2=a^2$ に代入すると

$$x^2+\left(\frac{a}{b}y\right)^2=a^2 \quad すなわち \quad \frac{x^2}{a^2}+\frac{y^2}{b^2}=1$$ 終

D 軌跡と楕円

教 p.123

練習 8

長さが 7 の線分 AB の端点 A は x 軸上を，端点 B は y 軸上を動くとき，線分 AB を 4：3 に内分する点 P の軌跡を求めよ。

指針 **軌跡と楕円** $A(s,\ 0)$，$B(0,\ t)$，$P(x,\ y)$ として，条件を $s,\ t,\ x,\ y$ を用いた式で表し，$s,\ t$ を消去して $x,\ y$ の方程式を求める。

解答 2 点 A，B はそれぞれ x 軸上，y 軸上を動くから，$A(s,\ 0)$，$B(0,\ t)$ とおくことができる。

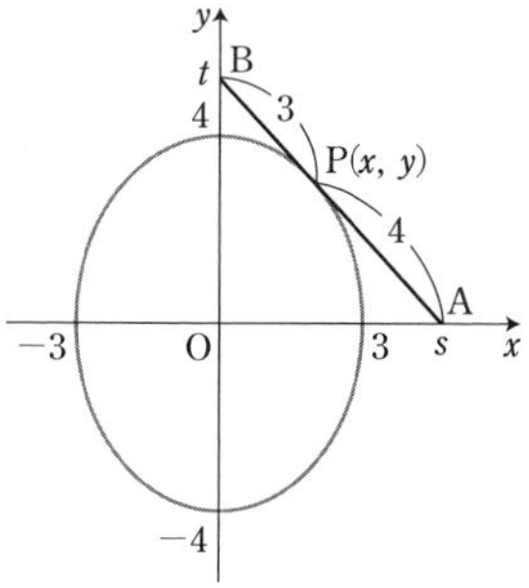

AB=7 であるから

$$s^2+t^2=7^2 \quad \cdots\cdots ①$$

点 P の座標を $(x,\ y)$ とすると，P は線分 AB を 4：3 に内分するから

$$x=\frac{3}{7}s,\ y=\frac{4}{7}t$$

ゆえに $s=\dfrac{7}{3}x,\ t=\dfrac{7}{4}y$

これを ① に代入すると $\left(\dfrac{7}{3}x\right)^2+\left(\dfrac{7}{4}y\right)^2=7^2$

すなわち $\dfrac{x^2}{3^2}+\dfrac{y^2}{4^2}=1 \quad \cdots\cdots ②$

ゆえに，条件を満たす点 P は，楕円 ② 上にある。

逆に，楕円 ② 上の任意の点は，条件を満たす。

よって，求める軌跡は **楕円 $\boldsymbol{\dfrac{x^2}{9}+\dfrac{y^2}{16}=1}$** 答

4章 式と曲線

教 p.123

練習 9 長さが5の線分ABの端点Aはx軸上を，端点Bはy軸上を動くとき，線分ABを2：1に外分する点Qの軌跡を求めよ。

指針 **軌跡と楕円** A(s, 0)，B(0, t)，Q(x, y)として，条件より

sとtの関係式，x，yとs，tの関係

をそれぞれ求め，sとtを消去してxとyの関係式を求める。

解答 2点A，Bはそれぞれx軸上，y軸上を動くから，A(s, 0)，B(0, t)とおくことができる。

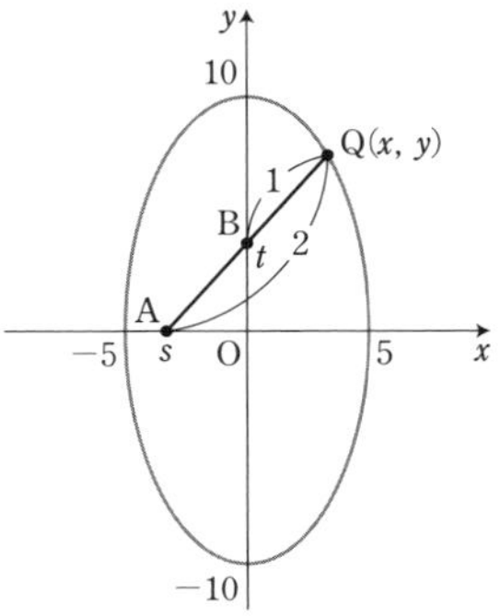

AB=5であるから

$$s^2+t^2=5^2 \quad \cdots\cdots ①$$

点Qの座標を(x, y)とすると，Qは線分ABを2：1に外分するから

$$x=-s,\ y=2t$$

ゆえに　$s=-x$，$t=\dfrac{1}{2}y$

これを①に代入すると　$(-x)^2+\left(\dfrac{1}{2}y\right)^2=5^2$

すなわち　$\dfrac{x^2}{5^2}+\dfrac{y^2}{10^2}=1 \quad \cdots\cdots ②$

ゆえに，条件を満たす点Qは，楕円②上にある。

逆に，楕円②上の任意の点は，条件を満たす。

よって，求める軌跡は　**楕円** $\boldsymbol{\dfrac{x^2}{25}+\dfrac{y^2}{100}=1}$　答

解説 このように，長さ一定の線分が，端点がx軸上とy軸上にあるように動くとき，その線分を一定の比に外分する点Qの軌跡は，楕円になる。

この楕円がどのような形をしているかを確かめるには，線分がx軸上，y軸上にあるときを調べるとよい。

例えば，練習9で，端点Aを(5, 0)とすると，端点Bは(0, 0)となり，ABを2：1に外分する点Qは(−5, 0) ⟶ 楕円は点(−5, 0)を通る。

3 双曲線

まとめ

1 双曲線の方程式

① 平面上で，異なる2定点F，F′からの距離の差が0でない一定値である点Pの軌跡を **双曲線** といい，この2点F，F′を双曲線の **焦点** という。ただし，焦点F，F′からの距離の差は線分FF′の長さより小さいものとする。

② 2定点F$(c,\ 0)$，F′$(-c,\ 0)$を焦点とし，この2点からの距離の差が$2a$（ただし，$c>a>0$）である双曲線Cの方程式は，$\sqrt{c^2-a^2}=b$とおくと

$$\boldsymbol{\frac{x^2}{a^2}-\frac{y^2}{b^2}=1}$$

となる。この方程式を双曲線の **標準形** という。

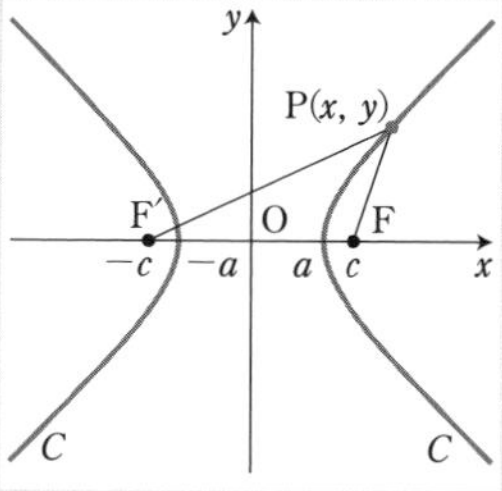

③ 2点F，F′を焦点とする双曲線において，直線FF′と双曲線の2つの交点を **頂点**，線分FF′の中点を双曲線の **中心** という。

④ **双曲線 $\boldsymbol{\frac{x^2}{a^2}-\frac{y^2}{b^2}=1}$ の性質**　ただし，$a>0$，$b>0$

1 中心は **原点**，頂点は 2点 $\boldsymbol{(a,\ 0)}$，$\boldsymbol{(-a,\ 0)}$

2 焦点は 2点 $\boldsymbol{(\sqrt{a^2+b^2},\ 0)}$，$\boldsymbol{(-\sqrt{a^2+b^2},\ 0)}$

3 双曲線はx軸，y軸，原点に関して対称である。

4 漸近線は 2直線 $\boldsymbol{\frac{x}{a}-\frac{y}{b}=0}$，$\boldsymbol{\frac{x}{a}+\frac{y}{b}=0}$

5 双曲線上の点から2つの焦点までの距離の差は $\boldsymbol{2a}$

2 焦点が y 軸上にある双曲線

① 方程式 $\frac{x^2}{a^2}-\frac{y^2}{b^2}=-1$ の表す曲線は

頂点が 2点$(0,\ b)$，$(0,\ -b)$

焦点が 2点$(0,\ \sqrt{a^2+b^2})$，$(0,\ -\sqrt{a^2+b^2})$

の双曲線で，

その漸近線は

$$2\text{直線}\ \frac{x}{a}-\frac{y}{b}=0,\quad \frac{x}{a}+\frac{y}{b}=0$$

である。

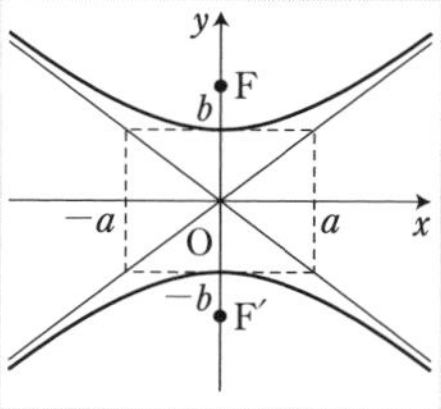

② 双曲線上の点から2つの焦点までの距離の差は$2b$である。

3　直角双曲線

① 双曲線 $\dfrac{x^2}{a^2}-\dfrac{y^2}{a^2}=1$　すなわち　$x^2-y^2=a^2$

の漸近線は

　　2 直線 $x-y=0$,　$x+y=0$

で，これらは互いに直交している。このように，直交する漸近線をもつ双曲線を **直角双曲線** という。

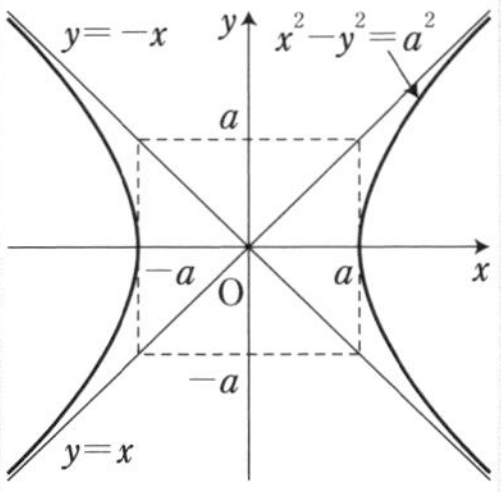

A 双曲線の方程式

練習 10　教 p.126

次の双曲線の頂点，焦点および漸近線を求めよ。また，その双曲線の概形をかけ。

(1)　$\dfrac{x^2}{9}-\dfrac{y^2}{16}=1$　　　(2)　$x^2-y^2=1$

指針　**双曲線の方程式と概形（焦点が x 軸上）**　双曲線 $\dfrac{x^2}{a^2}-\dfrac{y^2}{b^2}=1$ について，焦点は x 軸上にある。

頂点は　　2 点 $(a,\ 0)$, $(-a,\ 0)$

焦点は　　2 点 $(\sqrt{a^2+b^2},\ 0)$, $(-\sqrt{a^2+b^2},\ 0)$

漸近線は　2 直線 $\dfrac{x}{a}-\dfrac{y}{b}=0$,　$\dfrac{x}{a}+\dfrac{y}{b}=0$

(1)　$a=3$, $b=4$, $\sqrt{a^2+b^2}=\sqrt{3^2+4^2}=5$

(2)　$a=1$, $b=1$, $\sqrt{a^2+b^2}=\sqrt{1^2+1^2}=\sqrt{2}$

解答　(1)　$\dfrac{x^2}{3^2}-\dfrac{y^2}{4^2}=1$ であるから

頂点は　**2 点 $(3,\ 0)$, $(-3,\ 0)$**　答

焦点は　**2 点 $(5,\ 0)$, $(-5,\ 0)$**　答

漸近線は

　　2 直線 $\dfrac{x}{3}-\dfrac{y}{4}=0$,　$\dfrac{x}{3}+\dfrac{y}{4}=0$　答

すなわち

　　2 直線 $y=\dfrac{4}{3}x$,　$y=-\dfrac{4}{3}x$

概形は図のようになる。

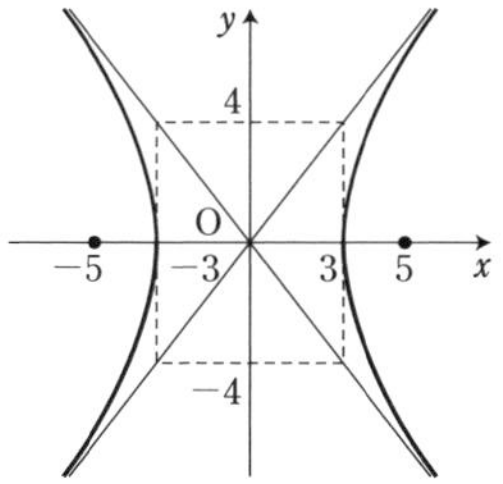

(2) $\frac{x^2}{1^2}-\frac{y^2}{1^2}=1$ であるから

頂点は **2点 $(1,\ 0)$，$(-1,\ 0)$** 答

焦点は **2点 $(\sqrt{2},\ 0)$，$(-\sqrt{2},\ 0)$** 答

漸近線は **2直線 $x-y=0$，$x+y=0$** 答

すなわち 2直線 $y=x$，$y=-x$

概形は図のようになる。

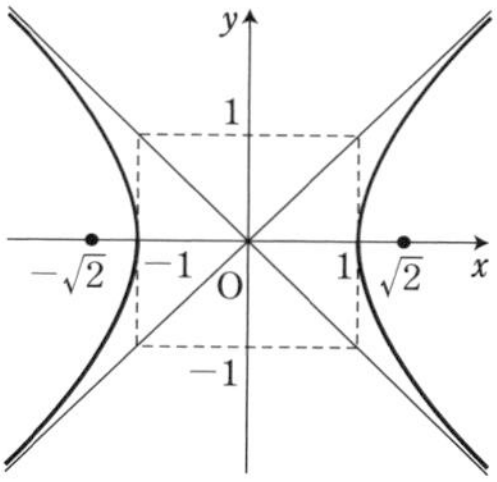

教 p.126

問3 2点 $(5,\ 0)$，$(-5,\ 0)$ を焦点とし，焦点からの距離の差が8である双曲線の方程式を求めよ。

指針 **双曲線の方程式(焦点が x 軸上)** 焦点は $F(c,\ 0)$，$F'(-c,\ 0)$ の形をしているから，直線 FF' は x 軸と一致する。よって，双曲線の方程式を

$\frac{x^2}{a^2}-\frac{y^2}{b^2}=1$ と表すことができる。

焦点について　　　$\sqrt{a^2+b^2}=5$

焦点からの距離の差について

$$2a=8$$

これより a，b の値を求めることができる。

解答 求める双曲線の方程式は

$$\frac{x^2}{a^2}-\frac{y^2}{b^2}=1 \quad (a>0,\ b>0)$$

と表すことができる。

焦点からの距離の差が8であるから

$$2a=8$$

よって　　　$a=4$

ゆえに　　　$\sqrt{4^2+b^2}=5$

$b>0$ であるから　　$b=\sqrt{5^2-4^2}=3$

したがって，求める双曲線の方程式は

$$\frac{x^2}{4^2}-\frac{y^2}{3^2}=1$$

すなわち

$$\boldsymbol{\frac{x^2}{16}-\frac{y^2}{9}=1}$$ 答

4章 式と曲線

教 p.126

練習 11

2 点 (3, 0), (−3, 0) を焦点とし，焦点からの距離の差が 4 である双曲線の方程式を求めよ。

指針 **双曲線の方程式(焦点が x 軸上)**　問 3 と同様にする。

解答 求める双曲線の方程式は

$$\frac{x^2}{a^2}-\frac{y^2}{b^2}=1 \quad (a>0,\ b>0)$$

と表すことができる。

焦点からの距離の差が 4 であるから

$$2a=4$$

よって　$a=2$

ゆえに　$\sqrt{2^2+b^2}=3$

$b>0$ であるから　$b=\sqrt{3^2-2^2}=\sqrt{5}$

したがって，求める双曲線の方程式は

$$\frac{x^2}{2^2}-\frac{y^2}{(\sqrt{5})^2}=1$$

すなわち　$\boldsymbol{\dfrac{x^2}{4}-\dfrac{y^2}{5}=1}$　答

B 焦点が y 軸上にある双曲線

教 p.127

練習 12

次の双曲線の頂点，焦点，および漸近線を求めよ。また，その双曲線の概形をかけ。

(1) $\dfrac{x^2}{25}-\dfrac{y^2}{16}=-1$　　(2) $9x^2-6y^2=-36$

指針 **双曲線の方程式と概形(焦点が y 軸上)**　双曲線 $\dfrac{x^2}{a^2}-\dfrac{y^2}{b^2}=-1$ について，

焦点は y 軸上にある。

頂点は　2 点 $(0,\ b)$, $(0,\ -b)$

焦点は　2 点 $(0,\ \sqrt{a^2+b^2})$, $(0,\ -\sqrt{a^2+b^2})$

漸近線は　2 直線 $\dfrac{x}{a}-\dfrac{y}{b}=0$, $\dfrac{x}{a}+\dfrac{y}{b}=0$

(1) $a=5$, $b=4$, $\sqrt{a^2+b^2}=\sqrt{5^2+4^2}=\sqrt{41}$

(2) $a=2$, $b=\sqrt{6}$, $\sqrt{a^2+b^2}=\sqrt{2^2+(\sqrt{6})^2}=\sqrt{10}$

解答 (1) $\dfrac{x^2}{5^2}-\dfrac{y^2}{4^2}=-1$ であるから

頂点は　**2 点 (0, 4), (0, −4)**　答

焦点は　**2 点 $(0,\ \sqrt{41})$, $(0,\ -\sqrt{41})$**　答

漸近線は

$$\textbf{2 直線 } \frac{\boldsymbol{x}}{5}-\frac{\boldsymbol{y}}{4}=0,\quad \frac{\boldsymbol{x}}{5}+\frac{\boldsymbol{y}}{4}=0$$ 答

すなわち

$$2\text{ 直線 } y=\frac{4}{5}x,\quad y=-\frac{4}{5}x$$

概形は図のようになる。

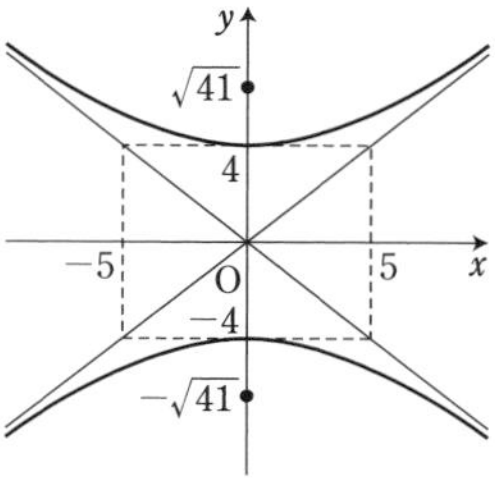

(2) $\dfrac{x^2}{2^2}-\dfrac{y^2}{(\sqrt{6})^2}=-1$ であるから

頂点は　**2 点 $(0,\ \sqrt{6})$, $(0,\ -\sqrt{6})$**　答

焦点は　**2 点 $(0,\ \sqrt{10})$, $(0,\ -\sqrt{10})$**　答

漸近線は

$$\textbf{2 直線 } \frac{\boldsymbol{x}}{2}-\frac{\boldsymbol{y}}{\sqrt{6}}=0,\quad \frac{\boldsymbol{x}}{2}+\frac{\boldsymbol{y}}{\sqrt{6}}=0$$ 答

すなわち

$$2\text{ 直線 } y=\frac{\sqrt{6}}{2}x,\quad y=-\frac{\sqrt{6}}{2}x$$

概形は図のようになる。

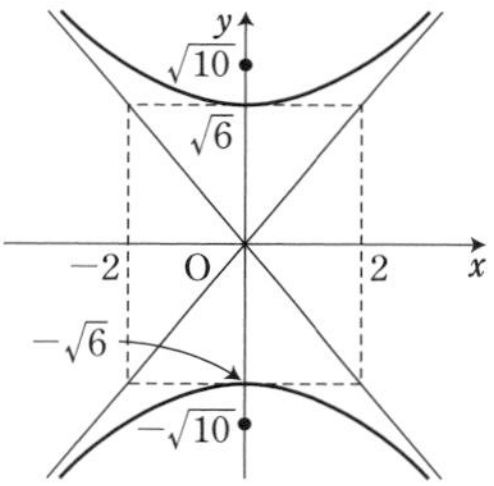

C 直角双曲線

練習 13　教 p.128

次の条件を満たす直角双曲線の方程式を求めよ。

(1)　焦点が　2 点 (2, 0), (−2, 0)

(2)　頂点が　2 点 (0, 2), (0, −2)

指針 **直角双曲線**　直角双曲線の方程式は

焦点が x 軸上にあるとき　$\dfrac{x^2}{a^2}-\dfrac{y^2}{a^2}=1$

焦点が y 軸上にあるとき　$\dfrac{x^2}{a^2}-\dfrac{y^2}{a^2}=-1$

と表される。頂点についても同様である。

解答 (1)　焦点が x 軸上にあるから，求める直角双曲線の方程式は

$$\frac{x^2}{a^2}-\frac{y^2}{a^2}=1$$

と表される。

$\sqrt{a^2+a^2}=\sqrt{2}\,a$ より，焦点は　2 点 $(\sqrt{2}\,a,\ 0)$，$(-\sqrt{2}\,a,\ 0)$

ゆえに，$\sqrt{2}\,a=2$ より　$a=\sqrt{2}$

したがって，求める方程式は　$\dfrac{x^2}{2}-\dfrac{y^2}{2}=1$　すなわち　$\boldsymbol{x^2-y^2=2}$　答

(2)　頂点が y 軸上にあるから，求める直角双曲線の方程式は

$$\frac{x^2}{a^2}-\frac{y^2}{a^2}=-1$$

と表される。

$a=2$ より，求める方程式は　$\dfrac{x^2}{4}-\dfrac{y^2}{4}=-1$　すなわち　$\boldsymbol{x^2-y^2=-4}$　答

2 次曲線と円錐曲線

まとめ

① 円，楕円，双曲線，放物線は，座標平面で考えると，x，y の 2 次方程式

$x^2+y^2=r^2$　　$r>0$

$\dfrac{x^2}{a^2}+\dfrac{y^2}{b^2}=1$　　$a>0$，$b>0$，$a \neq b$

$\dfrac{x^2}{a^2}-\dfrac{y^2}{b^2}=1$　　$a>0$，$b>0$

$y^2=4px$　　$p \neq 0$

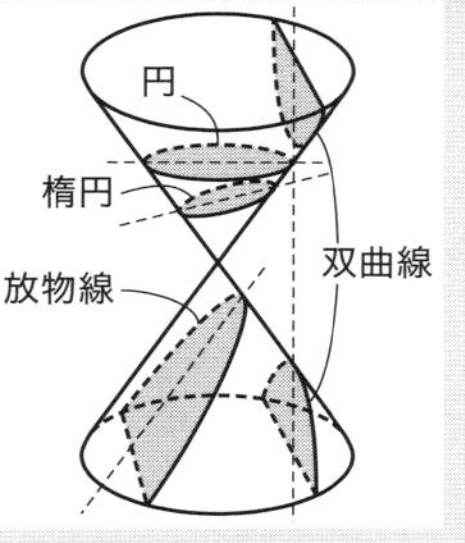

などで表される。円，楕円，双曲線，放物線をまとめて **2 次曲線** という。

これら 4 種の曲線は，円錐をその頂点を通らない平面で切った切り口の曲線であることが知られている。そのため，2 次曲線を **円錐曲線** ともいう。

4 2次曲線の平行移動

まとめ

1 曲線 $F(x,\ y)=0$ の平行移動

① x, y の方程式 $F(x,\ y)=0$ が与えられたとき，この方程式が曲線を表すならば，この曲線を **方程式 $F(x,\ y)=0$ の表す曲線**，または **曲線 $F(x,\ y)=0$** という。また，方程式 $F(x,\ y)=0$ を，この **曲線の方程式** という。

② **曲線 $F(x,\ y)=0$ の平行移動**

曲線 $F(x,\ y)=0$ を x 軸方向に p，y 軸方向に q だけ平行移動して得られる曲線の方程式は

$$F(x-p,\ y-q)=0$$

2 $ax^2+by^2+cx+dy+e=0$ の表す図形

① 方程式 $ax^2+by^2+cx+dy+e=0$ …… Ⓐ が表す曲線を調べるには，Ⓐ を変形して，円，楕円，双曲線，放物線などを表す式にすることができないかどうかを見ればよい。

例えば，Ⓐ を変形して $\dfrac{(x-p)^2}{A^2}+\dfrac{(y-q)^2}{B^2}=1$ の形になるときは，Ⓐ は点 $(p,\ q)$ を中心とする楕円を表すことがわかる。

注意 方程式 Ⓐ が表す曲線は，円，楕円，双曲線，放物線か直線や点のいずれかに限られることがわかっている。

A 曲線 $F(x,\ y)=0$ の平行移動

教 p.130

問 4 放物線 $y^2=8x$ を，x 軸方向に -1，y 軸方向に 2 だけ平行移動して得られる放物線の方程式を求めよ。また，その焦点と準線を求めよ。

指針 **放物線の平行移動** 曲線 $F(x,\ y)=0$ を，
x 軸方向に p，y 軸方向に q だけ平行移動
して得られる曲線の方程式は

$$F(x-p,\ y-q)=0$$

すなわち，曲線の方程式において，x の代わりに $x-p$，y の代わりに $y-q$ としたものが求める方程式になる。
また，曲線を平行移動しても，その曲線の性質はそのまま保たれる。

解答 放物線 $y^2=8x$ …… ① を，x 軸方向に -1，y 軸方向に 2 だけ平行移動して得られる放物線の方程式は，① の x の代わりに $x-(-1)=x+1$，y の代わりに $y-2$ として

$$(y-2)^2=8(x+1)$$ 答

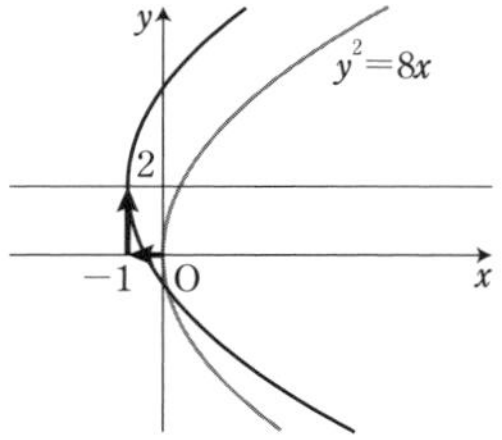

また，放物線 ① の方程式を　$y^2=4\cdot2x$

とすると，焦点は点 $(2,\ 0)$，準線は直線 $x=-2$

よって，これを平行移動して得られる放物線の焦点と準線は次のようになる。

焦点は　$(2-1,\ 0+2)$ から　　**点 $(1,\ 2)$**　答

準線は　$x=-2-1$ から　　**直線 $x=-3$**　答

練習 14 教 p.130

次の曲線を，x 軸方向に -2，y 軸方向に 3 だけ平行移動して得られる曲線の方程式を求めよ。また，その焦点を求めよ。

(1) $\dfrac{x^2}{4}+y^2=1$　　(2) $\dfrac{x^2}{4}-\dfrac{y^2}{9}=1$　　(3) $y^2=4x$

指針 **曲線の平行移動**　曲線 $F(x,\ y)=0$ を x 軸方向に p，y 軸方向に q だけ平行移動した曲線の方程式は $F(x-p,\ y-q)=0$ となる。

このことは，曲線 $F(x,\ y)=0$ 上の点 $\mathrm{P}(x,\ y)$ が点 $\mathrm{Q}(X,\ Y)$ に移ったとすると，$X=x+p$，$Y=y+q$ より $x=X-p$，$y=Y-q$ であるから，$F(X-p,\ Y-q)=0$ が成り立つことからいえる。

この平行移動において，曲線の焦点なども同時に平行移動されると考えてよいから，もとの曲線の焦点を点 $(a,\ b)$ とすると，平行移動した曲線の焦点は点 $(a+p,\ b+q)$ となることがわかる。

上のことから，方程式 $F(x,\ y)=0 \longrightarrow F(x-p,\ y-q)=0$，

焦点 $(a,\ b) \longrightarrow (a+p,\ b+q)$

p，q の符号に注意する。

解答 (1)　楕円 $\dfrac{x^2}{4}+y^2=1$ …… ① は，$\dfrac{x^2}{a^2}+\dfrac{y^2}{b^2}=1$ において

$a=2$，$b=1$ としたもので　$\sqrt{a^2-b^2}=\sqrt{2^2-1^2}=\sqrt{3}$

よって，楕円 ① の焦点は　2 点 $(\sqrt{3},\ 0)$，$(-\sqrt{3},\ 0)$

したがって，楕円 ① を x 軸方向に -2，y 軸方向に 3 だけ平行移動して得られる楕円について

方程式は　$\dfrac{(x+2)^2}{4}+(y-3)^2=1$　答

焦点は $(\sqrt{3}-2,\ 0+3)$，$(-\sqrt{3}-2,\ 0+3)$ から

2 点 $(\sqrt{3}-2,\ 3)$，$(-\sqrt{3}-2,\ 3)$ 答

(2) 双曲線 $\dfrac{x^2}{4}-\dfrac{y^2}{9}=1$ …… ② は，$\dfrac{x^2}{a^2}-\dfrac{y^2}{b^2}=1$ において

$a=2$，$b=3$ としたもので　$\sqrt{a^2+b^2}=\sqrt{2^2+3^2}=\sqrt{13}$

よって，双曲線 ② の焦点は　2 点 $(\sqrt{13},\ 0)$，$(-\sqrt{13},\ 0)$

したがって，双曲線 ② を x 軸方向に -2，y 軸方向に 3 だけ平行移動して得られる双曲線について

方程式は　$\boldsymbol{\dfrac{(x+2)^2}{4}-\dfrac{(y-3)^2}{9}=1}$ 答

焦点は　**2 点 $(\sqrt{13}-2,\ 3)$，$(-\sqrt{13}-2,\ 3)$** 答

(3) 放物線 $y^2=4x$ …… ③ は，$y^2=4px$ において $p=1$ としたものであるから　焦点は　点 $(1,\ 0)$

したがって，放物線 ③ を x 軸方向に -2，y 軸方向に 3 だけ平行移動して得られる放物線について

方程式は　$\boldsymbol{(y-3)^2=4(x+2)}$ 答

焦点は $(1-2,\ 0+3)$ から　**点 $(-1,\ 3)$** 答

B $ax^2+by^2+cx+dy+e=0$ の表す図形

練習 15　　教 p.131

次の方程式はどのような図形を表すか。また，その概形をかけ。

(1) $9x^2+4y^2-18x-24y+9=0$

(2) $x^2-4y^2+2x-16y-19=0$

指針　**2 次方程式の表す曲線**　与えられた方程式

$$ax^2+by^2+cx+dy+e=0$$

を，まず

$$a(x-p)^2+b(y-q)^2=r$$

の形に変形し，更に

$$\frac{(x-p)^2}{P}+\frac{(y-q)^2}{Q}=R \quad \cdots\cdots ①$$

の形に変形して，① がどのような曲線を表すかを考える。

(1) ① で $P>0$，$Q>0$，$R>0$ の形をしているから，楕円を表す。

(2) ① で $P>0$，$Q<0$ の形をしているから，双曲線を表す。

解答 (1)　　$9x^2+4y^2-18x-24y+9=0$ …… ①

より　$9(x^2-2x+1)+4(y^2-6y+9)=9+36-9$

よって　$9(x-1)^2+4(y-3)^2=36$

両辺を 36 で割ると

$$\frac{(x-1)^2}{4}+\frac{(y-3)^2}{9}=1$$

したがって，方程式 ① が表す曲線は

楕円 $\boldsymbol{\frac{x^2}{4}+\frac{y^2}{9}=1}$ …… ②

を x 軸方向に 1，y 軸方向に 3 だけ平行移動した楕円 答

概形は図の ① のようになる。

(2) $x^2-4y^2+2x-16y-19=0$ …… ①

より $(x^2+2x+1)-4(y^2+4y+4)=1-16+19$

よって $(x+1)^2-4(y+2)^2=4$

両辺を 4 で割ると

$$\frac{(x+1)^2}{4}-(y+2)^2=1$$

したがって，方程式 ① が表す曲線は

双曲線 $\boldsymbol{\frac{x^2}{4}-y^2=1}$ …… ②

を x 軸方向に -1，y 軸方向に -2 だけ平行移動した双曲線 答

概形は図の ① のようになる。

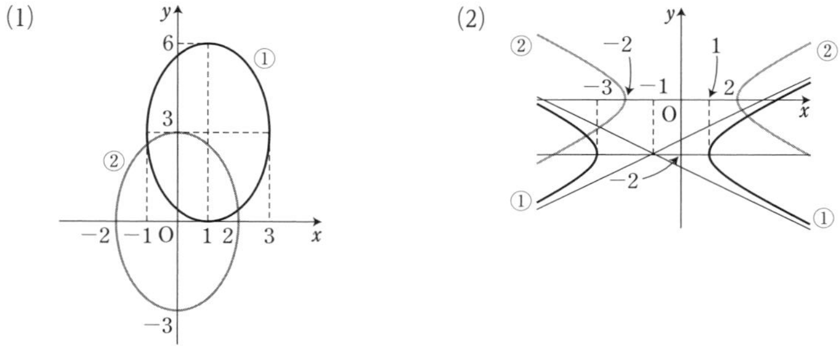

問 5 教 p.131

次の曲線は放物線であることを示し，その概形をかけ。また，頂点と焦点，および準線を求めよ。

$$y^2-6y-4x-7=0$$

指針 **放物線を表す 2 次方程式** 与えられた方程式の左辺は

$(y$ の 2 次式$)+(x$ の 1 次式$)$

の形をしている。これより，この方程式を $(y-q)^2=A(x-p)$ の形に変形して調べる。

解答 　　$y^2-6y-4x-7=0$ …… ①

より　　$y^2-6y+9=4x+7+9$

よって　$(y-3)^2=4(x+4)$

方程式 ① が表す曲線は，放物線

$y^2=4\cdot1x$ …… ②

を x 軸方向に -4，y 軸方向に 3 だけ平行移動した放物線である。 終

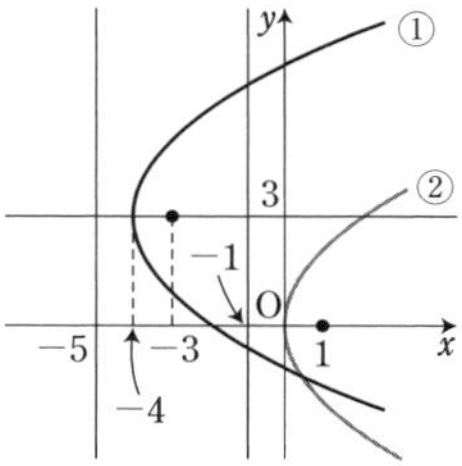

概形は図の ① のようになる。

また，放物線 ② について

頂点は点 $(0,\ 0)$

焦点は点 $(1,\ 0)$

準線は直線 $x=-1$

したがって，放物線 ① について

頂点は $(0-4,\ 0+3)$ から　　**点 $(-4,\ 3)$** 答

焦点は $(1-4,\ 0+3)$ から　　**点 $(-3,\ 3)$** 答

準線は $x=-1-4$ から　　**直線 $x=-5$** 答

練習 16 教 p.131

次の方程式はどのような図形を表すか。また，その概形をかけ。

$$y^2+8y+16x=0$$

指針 **放物線を表す 2 次方程式**　与えられた方程式を変形すると $(y-q)^2=A(x-p)$ の形になり，その曲線は放物線であることがわかる。放物線 $y^2=Ax$ をもとにして，その概形をかく。

解答 　　$y^2+8y+16x=0$ …… ①

より　　$y^2+8y+16=-16x+16$

よって　$(y+4)^2=-16(x-1)$

したがって，方程式 ① が表す曲線は

放物線 $y^2=-16x$ …… ②

を x 軸方向に 1，y 軸方向に -4 だけ平行移動した放物線である。 答

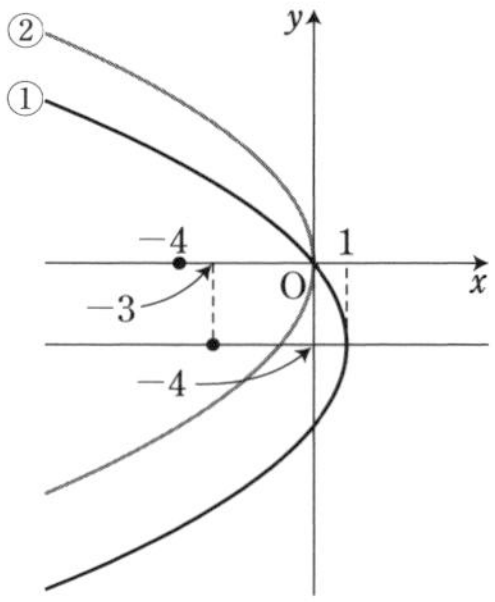

放物線 ② については，$y^2=4\cdot(-4)x$

より，焦点は点 $(-4,\ 0)$

準線は直線 $x=4$

これを平行移動することにより，

概形は図の ① のようになる。

4 章 式と曲線

教科書 p.132

研究 直角双曲線 $xy=1$

まとめ

① x 軸の正の向きとのなす角が $\dfrac{\pi}{4}$ である直線 $y=x$ 上に，原点Oからの距離が2である点 $F(\sqrt{2},\ \sqrt{2})$，$F'(-\sqrt{2},\ -\sqrt{2})$ をとる。F，F′ を焦点とし，F，F′ からの距離の差が $2\sqrt{2}$ となる双曲線の方程式は $xy=1$ で，双曲線 $xy=1$ は直角双曲線である。

解説 双曲線上の点を $P(x,\ y)$ とすると

$$PF-PF'=\pm 2\sqrt{2}$$

であるから

$$\sqrt{(x-\sqrt{2})^2+(y-\sqrt{2})^2}-\sqrt{(x+\sqrt{2})^2+(y+\sqrt{2})^2}=\pm 2\sqrt{2}$$

すなわち

$$\sqrt{(x-\sqrt{2})^2+(y-\sqrt{2})^2}=\sqrt{(x+\sqrt{2})^2+(y+\sqrt{2})^2}\pm 2\sqrt{2}$$

両辺を2乗して整理すると

$$\mp\sqrt{(x+\sqrt{2})^2+(y+\sqrt{2})^2}=x+y+\sqrt{2}$$

よって　$(x+\sqrt{2})^2+(y+\sqrt{2})^2=(x+y+\sqrt{2})^2$

展開して整理すると

$$xy=1$$

ここで，直角双曲線 $x^2-y^2=2$ の漸近線は，2直線 $y=x$，$y=-x$ であり，2焦点間の距離は4，双曲線上の点と焦点との距離の差が $2\sqrt{2}$ となる。

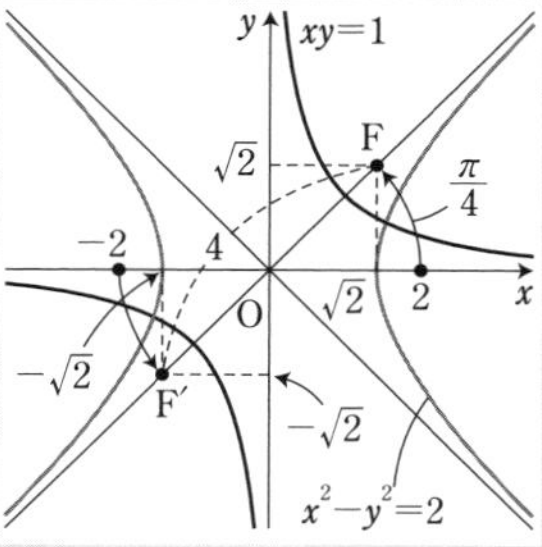

よって，双曲線 $xy=1$ は直角双曲線 $x^2-y^2=2$ を原点を中心として $\dfrac{\pi}{4}$ だけ回転したものになっていることがわかる。

② 中学校で学んだ反比例 $y=\dfrac{a}{x}$ のグラフは，座標軸を漸近線とする直角双曲線である。

教科書 $p.133$〜137

5 2次曲線と直線

まとめ

1　2次曲線と直線の共有点

① 2次曲線と直線の共有点の座標は，それらの方程式を連立させた連立方程式の実数解として得られる。

② 2次曲線と直線の方程式から1文字を消去して2次方程式が得られる場合，その2次方程式の実数解の個数と，2次曲線と直線の共有点の個数は一致する。すなわち，2次方程式の判別式を D とすると

$D>0$ のとき　　共有点は2個
$D=0$ のとき　　共有点は1個
$D<0$ のとき　　共有点は0個

③ 特に，1文字を消去して得られた2次方程式が重解をもつとき，直線は2次曲線に **接する** といい，その直線を2次曲線の **接線**，共有点を **接点** という。

2　2次曲線の接線の方程式

① 2次曲線の接線の方程式を求めるには，接線の傾きを m とし，接線の方程式を m を用いて表し，これを2次曲線の方程式に代入して1つの変数を消去して得られる2次方程式が重解をもつことから，m の値を求めればよい。

② 放物線 $y^2=4px$ …… Ⓐ 上の点 $P(x_1,\ y_1)$ における接線の方程式は

$$y_1y=2p(x+x_1) \quad \cdots\cdots \text{Ⓑ}$$

③ ②において，接線と x 軸との交点をQ，放物線の焦点をFとすると，$FP=FQ=|x_1+p|$ であるから $\angle FPQ=\angle FQP$ が成り立つ。

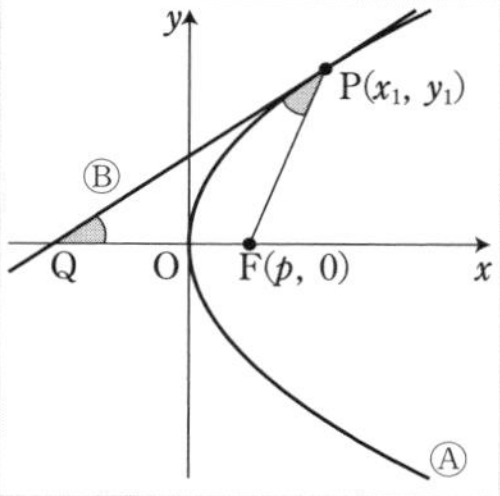

A 2次曲線と直線の共有点

練習 17　教 p.133

次の曲線と直線の共有点の座標を求めよ。

(1) $9x^2+4y^2=36,\ x-y=3$

(2) $x^2-y^2=1,\ x-2y=0$

(3) $y^2=8x,\ x-y+2=0$

指針 **2次曲線と直線の共有点の座標**　2次曲線と直線の方程式を連立させた連立方程式の解として得られる。2つの方程式から1つの変数を消去するときは，直線の方程式を x または y について解いて，2次曲線の方程式に代入する。このとき，消去する変数は消しやすい方を消去する。

解答 (1)　$9x^2+4y^2=36$ …… ①，$x-y=3$ …… ② とする。

② から　$y=x-3$

これを ① に代入すると　$9x^2+4(x-3)^2=36$

よって　$13x^2-24x=0$　これを解いて　$x=0,\ \dfrac{24}{13}$

$x=0$ のとき　$y=-3$　$x=\dfrac{24}{13}$ のとき　$y=-\dfrac{15}{13}$

したがって，求める共有点の座標は

$\mathbf{(0,\ -3),\ \left(\dfrac{24}{13},\ -\dfrac{15}{13}\right)}$ 答

(2)　$x^2-y^2=1$ …… ①，$x-2y=0$ …… ② とする。

② から　$x=2y$

これを ① に代入すると　$(2y)^2-y^2=1$

よって　$3y^2=1$　これを解いて　$y=\pm\dfrac{1}{\sqrt{3}}$

したがって，求める共有点の座標は

$\mathbf{\left(\dfrac{2}{\sqrt{3}},\ \dfrac{1}{\sqrt{3}}\right),\ \left(-\dfrac{2}{\sqrt{3}},\ -\dfrac{1}{\sqrt{3}}\right)}$ 答

(3)　$y^2=8x$ …… ①，$x-y+2=0$ …… ② とする。

② から　$x=y-2$

これを ① に代入して　$y^2=8(y-2)$

よって　$y^2-8y+16=0$　これを解いて　$y=4$

したがって，求める共有点の座標は

$\mathbf{(2,\ 4)}$ 答

練習 18　教 p.134

k は定数とする。次の曲線と直線の共有点の個数を調べよ。

(1)　$2x^2-y^2=4,\ y=2x+k$　　(2)　$x^2-y^2=1,\ y=kx$

指針 **2次曲線と直線の共有点の個数**　曲線を表す2次方程式と直線の式から y を消去して得られる x の2次方程式の判別式を D とすると，共有点の個数は

$D>0 \longrightarrow 2$ 個　$D=0 \longrightarrow 1$ 個　$D<0 \longrightarrow 0$ 個

ただし，(2) では，y を消去して得られる方程式の x^2 の係数に k が含まれるので，この x^2 の係数が0のときを別に調べる。

解答 (1) $2x^2-y^2=4$ …… ①, $y=2x+k$ …… ② とする。

② を ① に代入すると

$2x^2-(2x+k)^2=4$ すなわち $2x^2+4kx+k^2+4=0$

この 2 次方程式の判別式を D とすると

$$\frac{D}{4}=(2k)^2-2(k^2+4)=2k^2-8=2(k+2)(k-2)$$

よって，曲線 ① と直線 ② の共有点の個数は

$D>0$ すなわち $\boldsymbol{k<-2,\ 2<k}$ **のとき 2 個**

$D=0$ すなわち $\boldsymbol{k=\pm 2}$ **のとき 1 個**

$D<0$ すなわち $\boldsymbol{-2<k<2}$ **のとき 0 個** 答

(2) $x^2-y^2=1$ …… ①, $y=kx$ …… ② とする。

② を ① に代入すると

$x^2-(kx)^2=1$ すなわち $(1-k^2)x^2-1=0$ …… ③

$k=\pm 1$ のとき，$0x^2-1=0$ は解がないから，共有点はない。

$k \neq \pm 1$ のとき，③ は 2 次方程式で，その判別式を D とすると

$D=-4\cdot(1-k^2)\cdot(-1)=-4(k+1)(k-1)$

したがって，共有点の個数は

$D>0$ すなわち $-1<k<1$ のとき 2 個

$D<0$ すなわち $k<-1,\ 1<k$ のとき 0 個

以上より，曲線 ① と直線 ② の共有点の個数は

$\boldsymbol{-1<k<1}$ **のとき 2 個**

$\boldsymbol{k\leqq -1,\ 1\leqq k}$ **のとき 0 個** 答

参考 曲線 ① は双曲線で，その漸近線は

2 直線 $x-y=0,\ x+y=0$ すなわち $y=\pm x$

よって，$k=\pm 1$ のとき直線 ② は双曲線 ① の漸近線となるから，共有点はない。

深める 教 p.134

k は定数とする。次の曲線と直線の共有点の個数を調べよう。

(1) $y^2=4x,\ y=k$　　(2) $x^2-y^2=1,\ y=x+k$

指針 **2 次曲線と直線の共有点の個数**

(1) 放物線 $y^2=4x$ の軸は x 軸，直線 $y=k$ は x 軸に平行である。

(2) 双曲線 $x^2-y^2=1$ の漸近線は，2 直線 $y=x,\ y=-x$ である。

解答 (1) 放物線 $y^2=4x$ の軸は x 軸，直線 $y=k$ は x 軸に平行である。
よって，共有点は **常に 1 個** 答

(2) **$k=0$ のとき** 直線 $y=x$ は双曲線 $x^2-y^2=1$ の漸近線であるから，共有点は **0 個**

$k\neq0$ のとき 直線 $y=x+k$ は双曲線 $x^2-y^2=1$ の漸近線に平行な直線で漸近線とは異なるから，共有点は **1 個** 答

練習 19 教 p.135

楕円 $4x^2+y^2=4$ と直線 $y=-2x+1$ の 2 つの交点を結んだ線分の中点の座標を求めよ。

指針 **2 次曲線の線分の中点** 楕円と交わる 2 点の x 座標を x_1，x_2 とすると，楕円の方程式と直線の方程式から y を消去して得られる 2 次方程式の解が x_1，x_2 である。よって，解と係数の関係から x_1+x_2 を求めることができる。

解答 $4x^2+y^2=4$ …… ①，$y=-2x+1$ …… ② とする。
② を ① に代入すると

$$4x^2+(-2x+1)^2=4 \quad \text{すなわち} \quad 8x^2-4x-3=0 \quad \cdots\cdots ③$$

ここで，2 次方程式 ③ の判別式を D とすると

$$\frac{D}{4}=(-2)^2-8\cdot(-3)=28>0$$

よって，③ は 2 つの異なる実数解をもつ。
楕円 ① と直線 ② の 2 つの交点の x 座標を x_1，x_2 とすると，x_1，x_2 は ①，② から y を消去して得られた 2 次方程式 ③ の異なる 2 つの実数解である。

解と係数の関係により $\quad x_1+x_2=-\dfrac{-4}{8}=\dfrac{1}{2}$

求める線分の中点の座標を $(x,\ y)$ とすると

$$x=\frac{x_1+x_2}{2}=\frac{1}{2}\cdot\frac{1}{2}=\frac{1}{4},\quad y=-2x+1=-2\cdot\frac{1}{4}+1=\frac{1}{2}$$

ゆえに，求める中点の座標は $\left(\boldsymbol{\dfrac{1}{4}},\ \boldsymbol{\dfrac{1}{2}}\right)$ 答

B 2 次曲線の接線の方程式

練習 20 教 p.136

点 A$(-4,\ 0)$ から放物線 $y^2=4x$ に引いた接線の方程式を求めよ。
また，その接点の座標を求めよ。

指針 **2 次曲線の接線** 点 A$(-4,\ 0)$ を通る直線を $y=m(x+4)$ とおき，これと放物線の式から y を消去して得られる x の 2 次方程式が重解をもつことから，m の値を求める。$m\neq0$ に注意する。

解答 $y^2=4x$ …… ① とする。

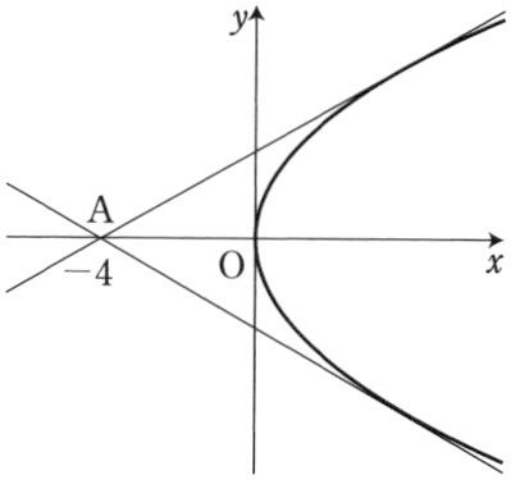

点 A$(-4,\ 0)$ から放物線 ① に引いた接線は，x 軸や y 軸に平行でないから，接線の傾きを m とすると，接線の方程式は

$y=m(x+4)$　$(m\neq 0)$ …… ②

と表される。

② を ① に代入すると　$\{m(x+4)\}^2=4x$

整理すると　$m^2x^2+4(2m^2-1)x+16m^2=0$ …… ③

$m\neq 0$ であるから，この方程式は 2 次方程式である。

その判別式を D とすると

$$\frac{D}{4}=\{2(2m^2-1)\}^2-m^2\cdot 16m^2=-4(4m^2-1)=-4(2m+1)(2m-1)$$

② が ① に接するための必要十分条件は $D=0$ であるから

$-4(2m+1)(2m-1)=0$　　ゆえに　$m=\pm\frac{1}{2}$

よって，接線の方程式は　$\boldsymbol{y=\frac{1}{2}x+2,\ y=-\frac{1}{2}x-2}$　答

また，接点の x 座標は，③ より　$x=\dfrac{-(4m^2-2)}{m^2}$

$m=\pm\frac{1}{2}$ を代入すると　$x=\dfrac{-\left(4\times\frac{1}{4}-2\right)}{\frac{1}{4}}=4$

これを ① に代入すると　$y^2=4\times 4=16$　　よって　$y=\pm 4$

ゆえに，接点の座標は　**(4, 4)，(4, −4)**　答

別解 点 A から放物線 ① に引いた接線は x 軸に平行でないから，接線の方程式を $x=ky-4$ …… ④ とおくことができる。

④ を ① に代入すると　$y^2=4(ky-4)$　すなわち　$y^2-4ky+16=0$

この y についての 2 次方程式の判別式を D とすると

$$\frac{D}{4}=(-2k)^2-1\cdot 16=4(k^2-4)=4(k+2)(k-2)$$

$D=0$ より　$4(k+2)(k-2)=0$　　よって　$k=\pm 2$

したがって，接線の方程式は　$\boldsymbol{x=2y-4,\ x=-2y-4}$　答

練習 21　教 p.137

放物線 $y^2=4x$ 上の異なる 2 点 P$(x_1,\ y_1)$，Q$(x_2,\ y_2)$ における接線の交点を R とし，線分 PQ の中点を M とする。このとき，直線 RM は，x 軸に平行であることを示せ。

指針 **放物線の接線**　それぞれの接線の方程式は $y_1y=2(x+x_1)$，$y_2y=2(x+x_2)$ と表される。これより，交点Rの y 座標を y_1，y_2 で表し，PQの中点Mの y 座標と等しいことを示す。

解答 2点P，Qはそれぞれ放物線 $y^2=4x$ 上の点であるから

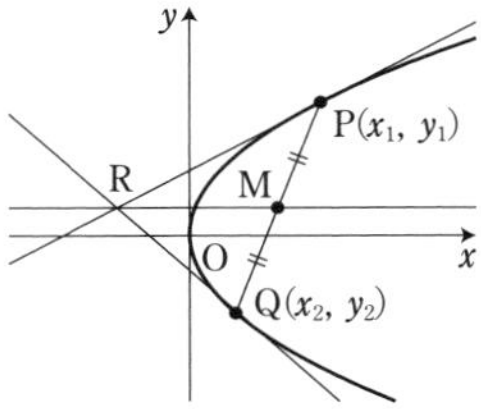

$y_1{}^2=4x_1$ …… ①

$y_2{}^2=4x_2$ …… ②

ここで，$y_1=y_2$ とすると $x_1=x_2$ となり，2点P，Qは一致するから $y_1 \neq y_2$ である。

また，点P，Qにおける接線の方程式は，それぞれ

$y_1y=2(x+x_1)$ …… ③　　$y_2y=2(x+x_2)$ …… ④

接線③と④の交点Rの座標は，③と④の連立方程式の解である。

③－④より　$(y_1-y_2)y=2(x_1-x_2)$

$y_1 \neq y_2$ と①，②より

$$y=2\cdot\frac{x_1-x_2}{y_1-y_2}=2\cdot\frac{1}{4}\cdot\frac{y_1{}^2-y_2{}^2}{y_1-y_2}$$

$$=\frac{1}{2}\cdot\frac{(y_1+y_2)(y_1-y_2)}{y_1-y_2}=\frac{y_1+y_2}{2}$$

すなわち，点Rの y 座標は　$\dfrac{y_1+y_2}{2}$

一方，線分PQの中点Mの y 座標は　$\dfrac{y_1+y_2}{2}$

したがって，2点R，Mの y 座標は一致するから，直線RMは，x 軸に平行である。 終

研究 接線の方程式の一般形

まとめ

① 楕円 $\dfrac{x^2}{a^2}+\dfrac{y^2}{b^2}=1$ 上の点 $P(x_1, y_1)$ における接線の方程式は

$$\frac{x_1x}{a^2}+\frac{y_1y}{b^2}=1$$

② 双曲線 $\dfrac{x^2}{a^2}-\dfrac{y^2}{b^2}=1$ 上の点 $P(x_1, y_1)$ における接線の方程式は

$$\frac{x_1x}{a^2}-\frac{y_1y}{b^2}=1$$

教 p.138

練習 1

次の楕円，双曲線上の与えられた点における接線の方程式を求めよ。

(1) $\dfrac{x^2}{6}+\dfrac{y^2}{4}=1$，$(\sqrt{3},\ \sqrt{2})$

(2) $x^2-y^2=5$，$(3,\ -2)$

指針 **楕円，双曲線の接線の方程式**　曲線上の点 $P(x_1,\ y_1)$ における接線の方程式は，標準形で x^2 の代わりに x_1x，y^2 の代わりに y_1y とする。

解答 (1) 楕円 $\dfrac{x^2}{6}+\dfrac{y^2}{4}=1$ 上の点 $(\sqrt{3},\ \sqrt{2})$ における接線の方程式は

$$\frac{\sqrt{3}\,x}{6}+\frac{\sqrt{2}\,y}{4}=1$$

よって　$\boldsymbol{2\sqrt{3}\,x+3\sqrt{2}\,y=12}$　答

(2) 双曲線 $x^2-y^2=5$ 上の点 $(3,\ -2)$ における接線の方程式は

$$3x-(-2)y=5$$

よって　$\boldsymbol{3x+2y=5}$　答

6　2次曲線の性質

まとめ

1　2次曲線の性質　一般に，定点 F からの距離と，F を通らない定直線 ℓ からの距離の比が $e:1$ である点 P の軌跡は，e の値によって次のようになる。

$0<e<1$ のとき
　F を焦点の 1 つとする楕円
$e=1$ のとき
　F を焦点，ℓ を準線とする放物線
$e>1$ のとき
　F を焦点の 1 つとする双曲線

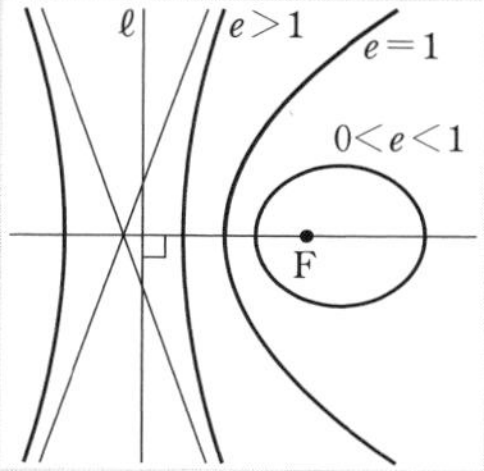

この e の値を，2 次曲線の **離心率** といい，直線 ℓ を **準線** という。

補足 e が 0 に近いほど，点 P の軌跡は円に近づく。

A　2次曲線の性質

教 p.141

問 6　点 F(4, 0) からの距離と，直線 $x=1$ からの距離の比が 2：1 である点 P の軌跡は，双曲線であることを示せ。また，点 F(4, 0) は，その双曲線の焦点の 1 つであることを確かめよ。

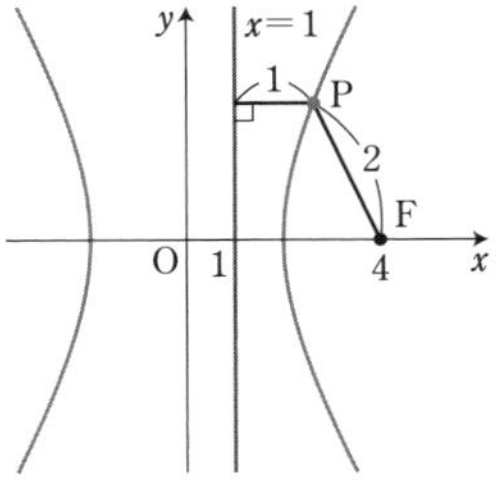

指針　**2次曲線の離心率と準線**　点 P の座標を $(x,\ y)$ として，P から直線 $x=1$ に下ろした垂線を PH とする。PF：PH=2：1 の関係を x，y を用いて表し，式を変形して双曲線を表す方程式と同値であることを示す。

解答　点 P の座標を $(x,\ y)$ とすると

$$\mathrm{PF}=\sqrt{(x-4)^2+y^2}$$

点 P から直線 $x=1$ に下ろした垂線を PH とすると

$$\mathrm{PH}=|x-1|$$

PF：PH=2：1 であるから　PF=2PH

これより　$\sqrt{(x-4)^2+y^2}=2|x-1|$

この両辺は正であるから，両辺を 2 乗した次の式と同値である。

$$(x-4)^2+y^2=\{2(x-1)\}^2$$

展開して整理すると

$$x^2-8x+16+y^2=4(x^2-2x+1)$$

$$3x^2-y^2=12$$

両辺を 12 で割ると　$\dfrac{x^2}{4}-\dfrac{y^2}{12}=1$　…… ①

ゆえに，条件を満たす点 P は，双曲線 ① 上にある。

逆に，双曲線 ① 上の任意の点は，条件を満たす。

したがって，点 P の軌跡は双曲線 $\dfrac{x^2}{4}-\dfrac{y^2}{12}=1$ である。 終

また，$\sqrt{4+12}=4$ から，双曲線 ① の焦点は，2 点 (4, 0)，(−4, 0) である。

よって，点 F は双曲線 ① の焦点の 1 つである。 終

練習 22 教 p.141

点 F(3, 0) からの距離と，直線 $x=\frac{1}{3}$ からの距離の比が 3：1 である点 P の軌跡を求めよ。

指針 **双曲線の離心率と準線**　点 P の座標を $(x,\ y)$ とし，P から直線 $x=\frac{1}{3}$ に下ろした垂線を PH とする。PF：PH＝3：1 が条件であるから，これを x，y の式で表し，同値関係に注意しながら，この式を変形し，双曲線の方程式を求める。

解答 点 P の座標を $(x,\ y)$ とすると

$$\mathrm{PF}=\sqrt{(x-3)^2+y^2}$$

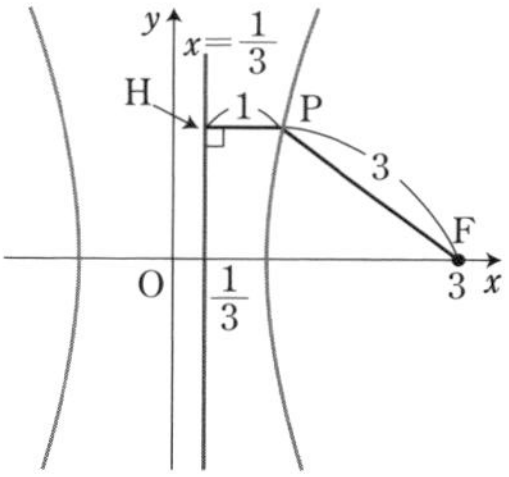

点 P から直線 $x=\frac{1}{3}$ に垂線 PH を下ろすと

$$\mathrm{PH}=\left|x-\frac{1}{3}\right|$$

PF：PH＝3：1 であるから

$$\mathrm{PF}=3\mathrm{PH}$$

これより　$\sqrt{(x-3)^2+y^2}=3\left|x-\frac{1}{3}\right|$

この両辺は正であるから，両辺を 2 乗した次の式と同値である。

$$(x-3)^2+y^2=\left\{3\left(x-\frac{1}{3}\right)\right\}^2$$

展開して整理すると

$$x^2-6x+9+y^2=9x^2-6x+1$$

$$8x^2-y^2=8$$

よって　$x^2-\frac{y^2}{8}=1$　…… ①

ゆえに，条件を満たす点 P は，双曲線 ① 上にある。

逆に，双曲線 ① 上の任意の点は条件を満たす。

したがって，求める軌跡は　**双曲線 $x^2-\frac{y^2}{8}=1$**　答

第4章 第1節　問　題

教 p.142

1 次の2次曲線の方程式を求めよ。

(1) 頂点が原点，焦点が x 軸上にあり，点 $(-1,\ 2)$ を通る放物線

(2) 長軸が x 軸上，短軸が y 軸上にあり，2点 $(3,\ 3\sqrt{2})$，$(2\sqrt{3},\ 4)$ を通る楕円

(3) 中心が原点で，焦点が x 軸上にあり，2点 $(5,\ -4)$，$(5\sqrt{2},\ 6)$ を通る双曲線

(4) 2直線 $y=\dfrac{1}{2}x$，$y=-\dfrac{1}{2}x$ を漸近線にもち，2点 $(0,\ 1)$，$(0,\ -1)$ を焦点とする双曲線

指針 **2次曲線の方程式**　条件を満たす曲線の方程式を a，b などの文字を用いて表し，通る点の座標を代入してそれらの文字の値を求める。

(1) 頂点が原点，焦点が x 軸上にある放物線 $\longrightarrow$ $y^2=4px$

(2) 長軸が x 軸上，短軸が y 軸上にある楕円 $\longrightarrow$ $\dfrac{x^2}{a^2}+\dfrac{y^2}{b^2}=1$　$(a>b>0)$

(3) 中心が原点，焦点が x 軸上にある双曲線 $\longrightarrow$ $\dfrac{x^2}{a^2}-\dfrac{y^2}{b^2}=1$

(4) 2点 $(0,\ c)$，$(0,\ -c)$ を焦点とする双曲線 $\longrightarrow$ $\dfrac{x^2}{a^2}-\dfrac{y^2}{b^2}=-1$

漸近線は $\dfrac{x}{a}\pm\dfrac{y}{b}=0$ から　2直線 $y=\pm\dfrac{b}{a}x$

解答 (1) 頂点が原点，焦点が x 軸上にある放物線であるから，求める放物線の方程式は $y^2=4px$ と表される。

点 $(-1,\ 2)$ を通るから　$2^2=4p\times(-1)$

よって　$p=-1$

したがって，求める方程式は　$\boldsymbol{y^2=-4x}$　答

(2) 長軸が x 軸上，短軸が y 軸上にある楕円の中心は原点であるから，求める楕円の方程式は $\dfrac{x^2}{a^2}+\dfrac{y^2}{b^2}=1$ $(a>b>0)$ と表される。

2点 $(3,\ 3\sqrt{2})$，$(2\sqrt{3},\ 4)$ を通るから

$\dfrac{9}{a^2}+\dfrac{18}{b^2}=1$ …… ①　　$\dfrac{12}{a^2}+\dfrac{16}{b^2}=1$ …… ②

①×4−②×3 より　$\dfrac{18\times4-16\times3}{b^2}=4-3$　　よって　$b^2=24$

① に代入して　$\dfrac{9}{a^2}+\dfrac{18}{24}=1$　　ゆえに　$a^2=36$

したがって，求める方程式は　$\boldsymbol{\dfrac{x^2}{36}+\dfrac{y^2}{24}=1}$　答

(3)　中心が原点，焦点が x 軸上にある双曲線であるから，求める双曲線の方程式は $\dfrac{x^2}{a^2}-\dfrac{y^2}{b^2}=1$ ($a>0$，$b>0$) と表される。

2 点 $(5,\ -4)$，$(5\sqrt{2},\ 6)$ を通るから

$\dfrac{25}{a^2}-\dfrac{16}{b^2}=1$ …… ①　　$\dfrac{50}{a^2}-\dfrac{36}{b^2}=1$ …… ②

①×2−② より　$\dfrac{-16\times2+36}{b^2}=2-1$　　よって　$b^2=4$

① に代入して　$\dfrac{25}{a^2}-\dfrac{16}{4}=1$　　ゆえに　$a^2=5$

したがって，求める方程式は　$\boldsymbol{\dfrac{x^2}{5}-\dfrac{y^2}{4}=1}$　答

(4)　焦点が 2 点 $(0,\ 1)$，$(0,\ -1)$ である双曲線の中心は原点であるから，求める双曲線の方程式は $\dfrac{x^2}{a^2}-\dfrac{y^2}{b^2}=-1$ ($a>0$，$b>0$) と表される。

このとき，焦点の 1 つは点 $(0,\ \sqrt{a^2+b^2})$

焦点が 2 点 $(0,\ 1)$，$(0,\ -1)$ であるから　$\sqrt{a^2+b^2}=1$ …… ①

漸近線の 1 つは $\dfrac{x}{a}-\dfrac{y}{b}=0$ から　　直線 $y=\dfrac{b}{a}x$

漸近線が 2 直線 $y=\dfrac{1}{2}x$，$y=-\dfrac{1}{2}x$ であるから　$\dfrac{b}{a}=\dfrac{1}{2}$ …… ②

② より　$a=2b$　　両辺を 2 乗して　$a^2=4b^2$

これを ① に代入して　$\sqrt{4b^2+b^2}=1$　　ゆえに　$b^2=\dfrac{1}{5}$

よって　$a^2=4b^2=\dfrac{4}{5}$

したがって，求める方程式は

$\dfrac{x^2}{\frac{4}{5}}-\dfrac{y^2}{\frac{1}{5}}=-1$　すなわち　$\boldsymbol{\dfrac{5}{4}x^2-5y^2=-1}$　答

4 章　式と曲線

教 p.142

2 次の方程式は2次曲線を表すことを示し，その焦点を求めよ。また，その概形をかけ。

(1) $y^2-4y-4x=0$

(2) $x^2+2y^2-6x-8y+15=0$

(3) $x^2-3y^2+2x-12y-8=0$

指針 **2次方程式が表す2次曲線**　与えられた方程式を変形して，放物線，楕円，双曲線などを表す方程式にすると，もとの方程式が表すのがどのような曲線であるかがわかる。

(1) $(y-r)^2=4p(x-q)$ の形になる。放物線 $y^2=4px$ との関係を調べる。

(2) $\dfrac{(x-p)^2}{a^2}+\dfrac{(y-q)^2}{b^2}=1$ の形になる。楕円 $\dfrac{x^2}{a^2}+\dfrac{y^2}{b^2}=1$ との関係を調べる。

(3) $\dfrac{(x-p)^2}{a^2}-\dfrac{(y-q)^2}{b^2}=-1$ の形になる。双曲線 $\dfrac{x^2}{a^2}-\dfrac{y^2}{b^2}=-1$ との関係を調べる。

解答 (1)
$$y^2-4y-4x=0 \quad \cdots\cdots ①$$
$$y^2-4y+4=4x+4$$
よって　$(y-2)^2=4(x+1)$

ゆえに，方程式①が表す曲線は，放物線
$$y^2=4x \quad \cdots\cdots ②$$
を x 軸方向に -1，y 軸方向に2だけ平行移動した放物線である。 終

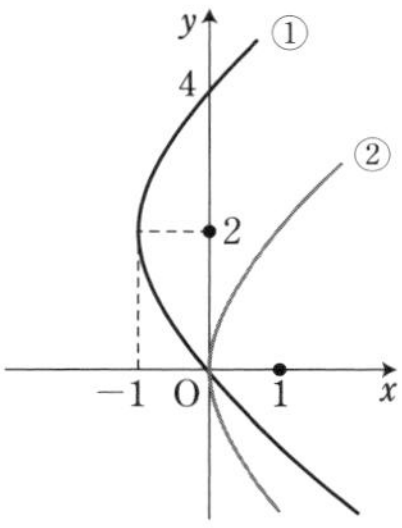

放物線②の焦点は点 $(1,\ 0)$ であるから，放物線①の焦点は $(1-1,\ 0+2)$ から　**点 (0, 2)**　答

概形は図の①のようになる。

(2)
$$x^2+2y^2-6x-8y+15=0 \quad \cdots\cdots ①$$
$$(x^2-6x+9)+2(y^2-4y+4)=9+8-15$$
よって　$(x-3)^2+2(y-2)^2=2$

両辺を2で割ると
$$\frac{(x-3)^2}{2}+(y-2)^2=1$$
したがって，方程式①が表す曲線は，楕円
$$\frac{x^2}{2}+y^2=1 \quad \cdots\cdots ②$$

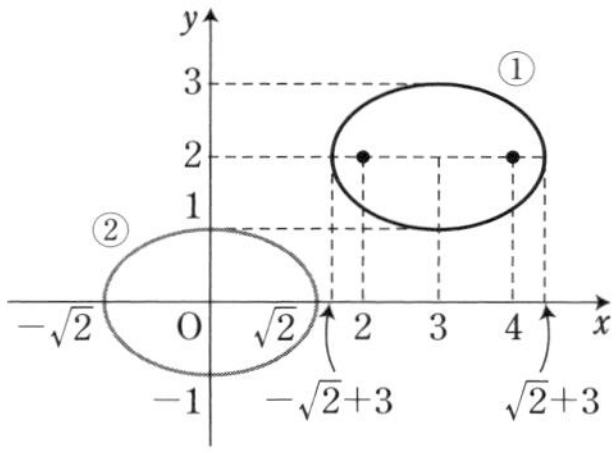

を x 軸方向に 3，y 軸方向に 2 だけ平行移動した楕円である。 終

楕円 ② の焦点は，$\sqrt{2-1}=1$ より　2 点 $(1,\ 0)$，$(-1,\ 0)$

ゆえに，楕円 ① の焦点は $(1+3,\ 0+2)$，$(-1+3,\ 0+2)$ から

2 点 (4, 2)，(2, 2) 答

概形は図の ① のようになる。

(3)　　$x^2-3y^2+2x-12y-8=0$　…… ①

$(x^2+2x+1)-3(y^2+4y+4)=1-12+8$

よって　$(x+1)^2-3(y+2)^2=-3$

両辺を 3 で割ると

$$\frac{(x+1)^2}{3}-(y+2)^2=-1$$

したがって，方程式 ① が表す曲線は，

双曲線

$$\frac{x^2}{3}-y^2=-1 \quad \cdots\cdots ②$$

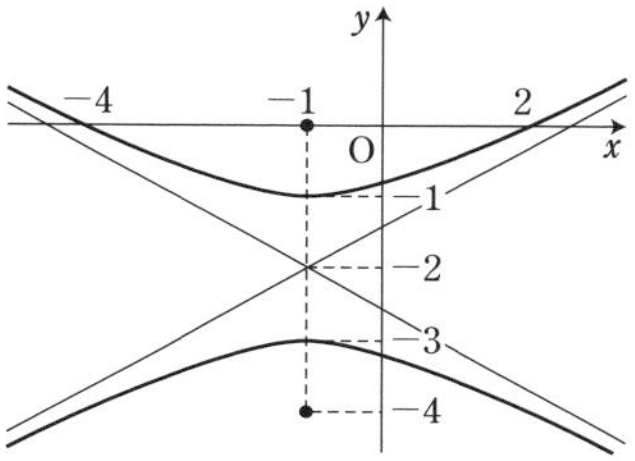

を x 軸方向に -1，y 軸方向に -2 だけ平行移動した双曲線である。 終

双曲線 ② の焦点は，$\sqrt{3+1}=2$ より　2 点 $(0,\ 2)$，$(0,\ -2)$

ゆえに，双曲線 ① の焦点は $(0-1,\ 2-2)$，$(0-1,\ -2-2)$ から

2 点 (−1, 0)，(−1, −4) 答

概形は図のようになる。

教 p.142

3 次の軌跡を求めよ。

(1) 2 点 $(1,\ -2)$，$(1,\ 6)$ からの距離の和が 10 である点の軌跡

(2) 2 点 $(0,\ -1)$，$(10,\ -1)$ からの距離の差が 8 である点の軌跡

(3) 点 $(1,\ 1)$ と直線 $x=3$ からの距離が等しい点の軌跡

(4) 原点 O と直線 $x=2$ からの距離の比が $\sqrt{2}:1$ である点の軌跡

指針　**2 次曲線の方程式**

(1) 2 点 $(0,\ -c)$，$(0,\ c)$ からの距離の和が $2a$ である点の軌跡は楕円になる。この 2 点を平行移動したときにそれぞれ点 $(1,\ -2)$，$(1,\ 6)$ になるような平行移動を考える。

(2) 2 点 $(-c,\ 0)$，$(c,\ 0)$ からの距離の差が $2a$ である点の軌跡は双曲線になる。この 2 点を平行移動したときにそれぞれ点 $(0,\ -1)$，$(10,\ -1)$ になるような平行移動を考える。

(3)　点 $(p,\ 0)$ と直線 $x=-p$ からの距離が等しい点の軌跡は放物線になる。
この点と直線を平行移動したときにそれぞれ点 $(1,\ 1)$ と直線 $x=3$ になるような平行移動を考える。

(4)　点の座標を $(x,\ y)$ とおき，条件から x と y の関係式を求める。

解答 (1)　2 点 $(1,\ -2)$，$(1,\ 6)$ をそれぞれ x 軸方向に $-p$，y 軸方向に $-q$ だけ平行移動した点が $(0,\ -c)$，$(0,\ c)$ であるとすると

$$1-p=0,\quad -2-q=-c,\quad 6-q=c$$

これより　$p=1$，$q=2$，$c=4$

ここで，点 $(0,\ -4)$，$(0,\ 4)$ からの距離の和が 10 である点の軌跡は楕円であり，その方程式を $\dfrac{x^2}{a^2}+\dfrac{y^2}{b^2}=1$ $(b>a>0)$ とおくと

$$2b=10,\quad \sqrt{b^2-a^2}=4$$

よって　$a=3$，$b=5$

すなわち，この楕円の方程式は　$\dfrac{x^2}{9}+\dfrac{y^2}{25}=1$　…… ①

求める軌跡は楕円 ① を x 軸方向に 1，y 軸方向に 2 だけ平行移動した楕円であるから

楕円 $\boldsymbol{\dfrac{(x-1)^2}{9}+\dfrac{(y-2)^2}{25}=1}$　答

(2)　2 点 $(0,\ -1)$，$(10,\ -1)$ をそれぞれ x 軸方向に $-p$，y 軸方向に $-q$ だけ平行移動した点が $(-c,\ 0)$，$(c,\ 0)$ であるとすると

$$0-p=-c,\quad 10-p=c,\quad -1-q=0$$

これより　$p=5$，$q=-1$，$c=5$

ここで，点 $(-5,\ 0)$，$(5,\ 0)$ からの距離の差が 8 である点の軌跡は双曲線であり，その方程式を $\dfrac{x^2}{a^2}-\dfrac{y^2}{b^2}=1$ $(a>0,\ b>0)$ とおくと

$$2a=8,\quad \sqrt{a^2+b^2}=5$$

よって　$a=4$，$b=3$

すなわち，この双曲線の方程式は　$\dfrac{x^2}{16}-\dfrac{y^2}{9}=1$　…… ①

求める軌跡は双曲線 ① を x 軸方向に 5，y 軸方向に -1 だけ平行移動した双曲線であるから

双曲線 $\boldsymbol{\dfrac{(x-5)^2}{16}-\dfrac{(y+1)^2}{9}=1}$　答

(3)　点 $(1,\ 1)$ と直線 $x=3$ をそれぞれ x 軸方向に $-p$，y 軸方向に $-q$ だけ平行移動すると，点 $(a,\ 0)$ と直線 $x=-a$ になるとき

$$1-p=a,\quad 1-q=0,\quad 3-p=-a$$

よって　$p=2$，$q=1$，$a=-1$

ここで，点 $(-1,\ 0)$ と直線 $x=1$ からの距離が等しい点の軌跡は

放物線 $y^2=-4x$ …… ①

求める軌跡は放物線 ① を x 軸方向に 2，y 軸方向に 1 だけ平行移動した放物線であるから

放物線 $(y-1)^2=-4(x-2)$ 答

(4) 条件を満たす点を $\mathrm{P}(x,\ y)$ とすると

$$\sqrt{x^2+y^2} : |x-2|=\sqrt{2} : 1 \quad \cdots\cdots ①$$

であるから $\sqrt{x^2+y^2}=\sqrt{2}\,|x-2|$

両辺を 2 乗して整理すると

$$x^2+y^2=2(x^2-4x+4)$$

$$(x^2-8x+16)-y^2=8$$

ゆえに $(x-4)^2-y^2=8$

両辺を 8 で割ると

$$\frac{(x-4)^2}{8}-\frac{y^2}{8}=1 \quad \cdots\cdots ②$$

ゆえに，条件を満たす点 P は，双曲線 ② 上にある。

逆に，② を満たす点 $\mathrm{P}(x,\ y)$ は ① を満たす。

よって，求める軌跡は **双曲線 $\dfrac{(x-4)^2}{8}-\dfrac{y^2}{8}=1$** 答

別解 (1) 条件を満たす点を $\mathrm{P}(x,\ y)$ とすると

$$\sqrt{(x-1)^2+(y+2)^2}+\sqrt{(x-1)^2+(y-6)^2}=10 \quad \cdots\cdots ①$$

すなわち

$$\sqrt{(x-1)^2+(y+2)^2}=10-\sqrt{(x-1)^2+(y-6)^2}$$

両辺を 2 乗して整理すると

$$5\sqrt{(x-1)^2+(y-6)^2}=33-4y$$

両辺を再び 2 乗して整理すると

$$25(x-1)^2+9(y-2)^2=225$$

ゆえに 楕円 $\dfrac{(x-1)^2}{9}+\dfrac{(y-2)^2}{25}=1$ …… ②

逆に，② を満たす点 $\mathrm{P}(x,\ y)$ は ① を満たす。

よって，求める軌跡は **楕円 $\dfrac{(x-1)^2}{9}+\dfrac{(y-2)^2}{25}=1$** 答

(2), (3) も同様にして求めることができる。

(2) 条件を満たす点を $\mathrm{P}(x,\ y)$ とすると

$$\sqrt{x^2+(y+1)^2}-\sqrt{(x-10)^2+(y+1)^2}=\pm 8$$

これを (1) と同様にして変形すると

双曲線 $\dfrac{(x-5)^2}{16}-\dfrac{(y+1)^2}{9}=1$ 答

(3) 条件を満たす点を $\mathrm{P}(x,\ y)$ とすると

$$\sqrt{(x-1)^2+(y-1)^2}=|x-3|$$

これを変形すると　**放物線 $(y-1)^2=-4(x-2)$** 答

教 p.142

4 楕円 $x^2+4y^2=1$ と直線 $y=x-1$ の 2 つの交点を結んだ線分の中点の座標と，その線分の長さを求めよ。

指針 **2次曲線の線分の中点**　与えられた 2 次曲線と直線の 2 つの交点を $\mathrm{P}(x_1,\ y_1)$，$\mathrm{Q}(x_2,\ y_2)$ とすると，これら 2 次曲線と直線の方程式から x または y を消去して得られる 2 次方程式の 2 つの解が，P，Q の y 座標または x 座標になる。実際に解を求めて，中点の座標と線分の長さを計算する。

解答 $x^2+4y^2=1$ …… ①，$y=x-1$ …… ② とする。

② を ① に代入すると

$$x^2+4(x-1)^2=1 \qquad \text{すなわち} \quad 5x^2-8x+3=0 \quad \cdots\cdots ③$$

2 次曲線 ① と直線 ② の交点を $\mathrm{P}(x_1,\ y_1)$，$\mathrm{Q}(x_2,\ y_2)$ とすると，x_1，x_2 は 2 次方程式 ③ の解である。

ここで，③ を解くと，$(x-1)(5x-3)=0$ より　$x=\dfrac{3}{5}$，1

これらを ② に代入して　$y=-\dfrac{2}{5}$，0

よって，$\mathrm{P}\left(\dfrac{3}{5},\ -\dfrac{2}{5}\right)$，$\mathrm{Q}(1,\ 0)$ としてよい。

ゆえに，線分 PQ の中点の座標は

$$\left(\frac{\frac{3}{5}+1}{2},\ \frac{-\frac{2}{5}+0}{2}\right) \qquad \text{すなわち} \quad \left(\boldsymbol{\frac{4}{5}},\ \boldsymbol{-\frac{1}{5}}\right) \ 答$$

また，線分 PQ の長さは

$$\sqrt{\left(\frac{3}{5}-1\right)^2+\left(-\frac{2}{5}-0\right)^2}=\boldsymbol{\frac{2\sqrt{2}}{5}} \ 答$$

別解 次のように，解と係数の関係を用いて解いてもよい。

2 次方程式 ③ で，解と係数の関係より　$x_1+x_2=\dfrac{8}{5}$，$x_1x_2=\dfrac{3}{5}$

よって，線分 PQ の中点について

x 座標は　$\dfrac{x_1+x_2}{2}=\dfrac{4}{5}$　② に代入して

y 座標は　$\frac{4}{5}-1=-\frac{1}{5}$

ゆえに，求める中点の座標は　$\left(\frac{4}{5},\ -\frac{1}{5}\right)$ 答

また，線分 PQ の長さは，PQ の傾きが 1 より，$\sqrt{2}\,|x_1-x_2|$ で

$$\sqrt{2}\,|x_1-x_2|=\sqrt{2}\sqrt{(x_1+x_2)^2-4x_1x_2}$$

$$=\sqrt{2}\sqrt{\left(\frac{8}{5}\right)^2-4\cdot\frac{3}{5}}=\frac{2\sqrt{2}}{5}$$ 答

教 p.142

5 放物線 $y^2=4px$ の焦点を F とする。点 Q がこの放物線上を動くとき，線分 FQ の中点 P の軌跡を求めよ。ただし，p は 0 でない定数とする。

指針 **放物線と軌跡**　放物線 $y^2=4px$ の焦点 F の座標は $(p,\ 0)$ である。点 Q の座標を $(s,\ t)$，点 P の座標を $(x,\ y)$ とし，与えられた条件から s，t を消去して，x と y の関係式を導く。

解答 放物線 $y^2=4px$ の焦点 F の座標は

$(p,\ 0)$

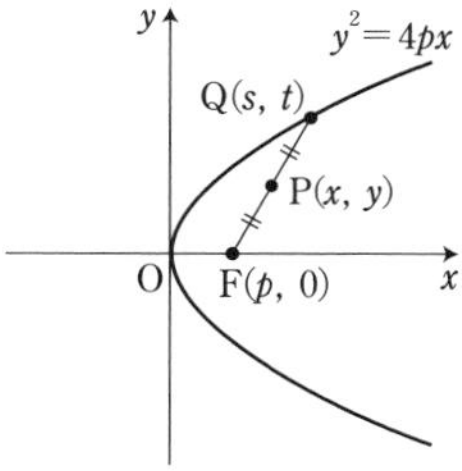

ここで，$Q(s,\ t)$，$P(x,\ y)$ とする。

Q は放物線 $y^2=4px$ 上にあるから

$t^2=4ps$　…… ①

P は線分 FQ の中点であるから

$$x=\frac{p+s}{2},\quad y=\frac{0+t}{2}$$

ゆえに　$s=2x-p$，$t=2y$

これを ① に代入すると　$(2y)^2=4p(2x-p)$

整理すると　$y^2=2p\left(x-\frac{1}{2}p\right)$　…… ②

ゆえに，条件を満たす点 P は，放物線 ② 上にある。

逆に，② を満たす点 $P(x,\ y)$ に対して，$s=2x-p$，$t=2y$ を満たす点 $Q'(s,\ t)$ を考えると，Q′ は放物線 $y^2=4px$ 上の点で，P は FQ′ の中点になることがわかる。

したがって，点 P の軌跡は　**放物線 $y^2=2p\left(x-\frac{1}{2}p\right)$** 答

教 p.142

6 x, y は正の実数とする。AB=1, BC=x, CA=y で ∠BAC が鈍角であるような三角形 ABC が存在するための必要十分条件を x, y を用いて表し，それを満たす点 $(x,\ y)$ の範囲を座標平面上に図示せよ。

指針 **鈍角三角形が存在する条件**　△ABC の ∠BAC が鈍角であるための必要十分条件は AB+AC>BC かつ cos∠BAC<0

解答 △ABC の最大の角は ∠BAC であるから，最大の辺は BC=x である。

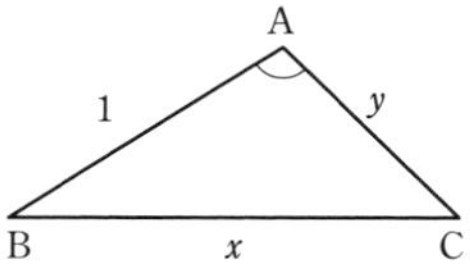

このとき，3 辺の長さが 1, x, y である三角形が存在するための条件は

$x<1+y$　すなわち　$y>x-1$　…… ①

∠BAC が鈍角であるから　$\cos\angle BAC<0$

よって　$\dfrac{y^2+1-x^2}{2y}<0$

$y>0$ であるから

$y^2+1-x^2<0$　すなわち　$x^2-y^2>1$　…… ②

①, ② より，この △ABC が存在するための必要十分条件は

$x>0,\ y>0,\ y>x-1,\ x^2-y^2>1$

したがって，点 $(x,\ y)$ の範囲を座標平面上に図示すると，右の図の斜線部分のようになる。ただし，境界線は含まない。

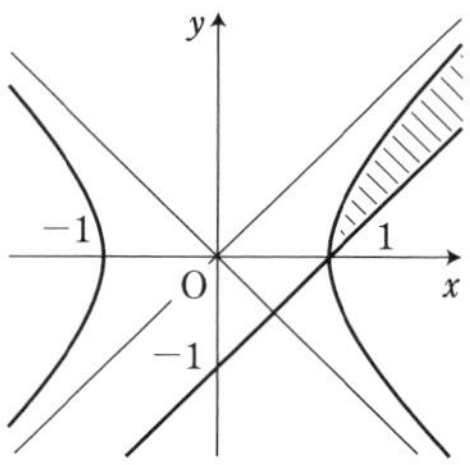

教科書 p.143～149

第2節　媒介変数表示と極座標

7　曲線の媒介変数表示

まとめ

1　媒介変数表示

①　平面上の曲線 C が1つの変数，例えば t によって

$$x=f(t),\ y=g(t)$$

の形に表されたとき，これを曲線 C の **媒介変数表示** または **パラメータ表示** という。また変数 t を **媒介変数** または **パラメータ** という。

注意 曲線 C の媒介変数による表示の仕方は，一通りではない。

2　直線との交点と媒介変数表示

①　直線 $y=2pt$ を考える。
t の値が変化するとき，これらの直線はそれぞれ x 軸に平行な直線を表す。各直線 $y=2pt$ と放物線の交点を $\mathrm{P}(x,\ y)$ とすると

$$x=pt^2,\ y=2pt$$

これは，放物線 $y^2=4px$ の媒介変数表示である。

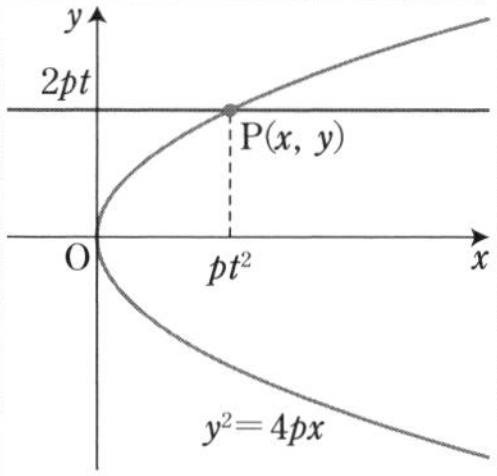

②　点 $\mathrm{A}(-1,\ 0)$ を通る傾き t の直線

$$y=t(x+1)\ \cdots\cdots\ Ⓐ$$

を考える。円 $x^2+y^2=1$ …… Ⓑ と直線 Ⓐ の，A と異なる交点を $\mathrm{P}(x,\ y)$ として，点 P の座標を t で表すと　$x=\dfrac{1-t^2}{1+t^2},\ y=\dfrac{2t}{1+t^2}$

これは，円 Ⓑ から点 A を除いた部分の媒介変数表示である。

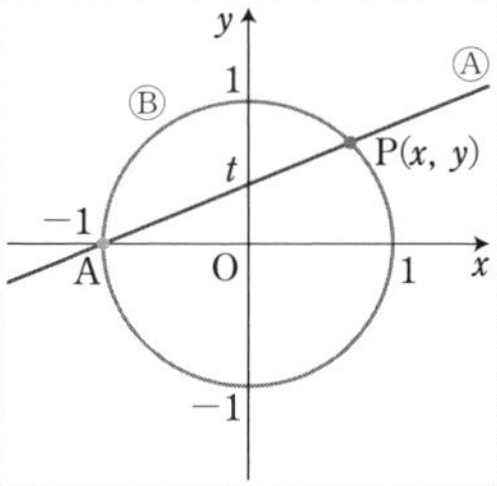

3　一般角 θ を用いた円の媒介変数表示

①　原点 O を中心とする半径 a の円

$$x^2+y^2=a^2\ \cdots\cdots\ Ⓐ$$

上の点を $\mathrm{P}(x,\ y)$ とし，動径 OP の表す一般角を θ とすると，三角関数の定義から

$$x=a\cos\theta,\ y=a\sin\theta$$

ただし，θ は弧度法で表した角とする。
これは円 Ⓐ の媒介変数表示である。

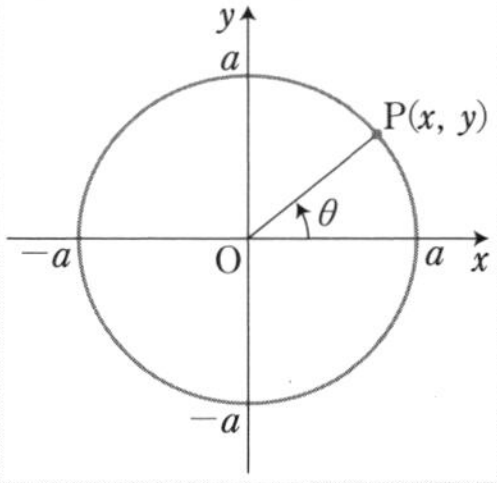

4　楕円の媒介変数表示

① 楕円 $\dfrac{x^2}{a^2}+\dfrac{y^2}{b^2}=1$ …… Ⓐ 上の点

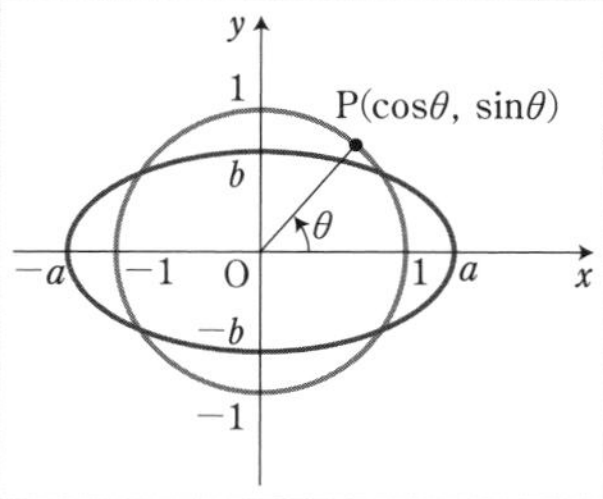

Q$(x,\ y)$ に対し，$X=\dfrac{x}{a}$，$Y=\dfrac{y}{b}$ とおくと P$(X,\ Y)$ は円 $X^2+Y^2=1$ 上にあるから，円 $x^2+y^2=1$ の媒介変数表示

$x=\cos\theta$，$y=\sin\theta$ を用いて

$$\frac{x}{a}=\cos\theta,\ \frac{y}{b}=\sin\theta$$

と表される。したがって，楕円 Ⓐ の媒介変数表示は次のようになる。

$$\boldsymbol{x=a\cos\theta,\ y=b\sin\theta}$$

5　双曲線の媒介変数表示

① 双曲線　$x^2-y^2=1$ …… Ⓐ

の媒介変数表示は次のようになる。

$$\boldsymbol{x=\frac{1}{\cos\theta},\ y=\tan\theta} \quad \text{……　Ⓑ}$$

解説　三角関数について

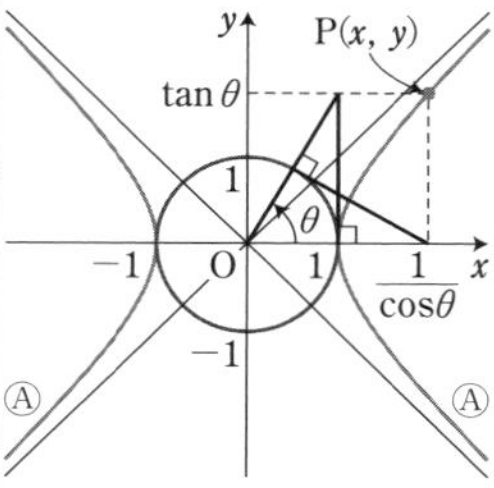

$$1+\tan^2\theta=\frac{1}{\cos^2\theta}$$

すなわち　$\dfrac{1}{\cos^2\theta}-\tan^2\theta=1$

が成り立つから

$$x=\frac{1}{\cos\theta},\ y=\tan\theta$$

とおくと，点 P$(x,\ y)$ は双曲線 Ⓐ 上にある。

$-1\leqq\cos\theta\leqq1$ であるから　$\dfrac{1}{\cos\theta}\leqq-1$，$1\leqq\dfrac{1}{\cos\theta}$

また，$\tan\theta$ は任意の実数値をとる。よって，角 θ が動くと，Ⓑ で与えられる点 P$(x,\ y)$ は双曲線 Ⓐ 上の点すべてを動く。

したがって，双曲線 Ⓐ の媒介変数表示は，Ⓑ で与えられる。

② 双曲線　$\dfrac{x^2}{a^2}-\dfrac{y^2}{b^2}=1$ …… Ⓒ　の媒介変数表示は次のようになる。

$$\boldsymbol{x=\frac{a}{\cos\theta},\ y=b\tan\theta} \quad \text{……　Ⓓ}$$

解説　双曲線 Ⓒ 上の点 Q$(x,\ y)$ に対し，$X=\dfrac{x}{a}$，$Y=\dfrac{y}{b}$ とおくと，

P$(X,\ Y)$ は双曲線 $X^2-Y^2=1$ 上にあるから，双曲線 Ⓐ の媒介変数表示 Ⓑ を用いて

$$\frac{x}{a}=\frac{1}{\cos\theta},\quad \frac{y}{b}=\tan\theta$$

と表される。したがって，双曲線 Ⓒ の媒介変数表示は，Ⓓ で与えられる。

6　媒介変数で表された曲線の平行移動

① **曲線 $x=f(t)$，$y=g(t)$ の平行移動**

曲線 $x=f(t)$，$y=g(t)$ を，x 軸方向に p，y 軸方向に q だけ平行移動した曲線の媒介変数表示は

$$x=f(t)+p,\quad y=g(t)+q$$

7　サイクロイド

① 円が定直線に接しながら，すべることなく回転するとき，円周上の定点 P が描く曲線を **サイクロイド** という。

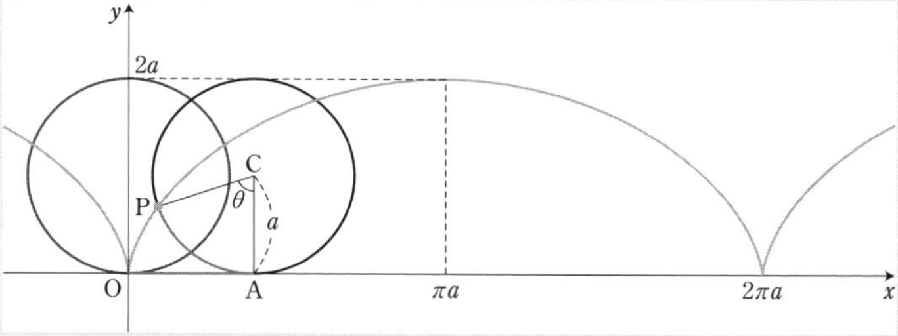

② サイクロイドの媒介変数表示は，次のようになる。

$$x=a(\theta-\sin\theta),\quad y=a(1-\cos\theta)$$

A 媒介変数表示

教 p.143

練習 23

次の式で表される点 P$(x,\ y)$ は，どのような曲線を描くか。

(1)　$x=t-2$，$y=t^2+t$　　　(2)　$x=\sqrt{t}$，$y=t+1$

指針　**曲線の媒介変数表示**　与えられた 2 つの式から t を消去して，x と y の関係式を求める。(2) では，x の変域に注意すること。

解答　(1)　$x=t-2$　…… ①

$y=t^2+t$　…… ②

とする。

① より　$t=x+2$

これを ② に代入すると

$y=(x+2)^2+(x+2)$

よって　$y=x^2+5x+6$

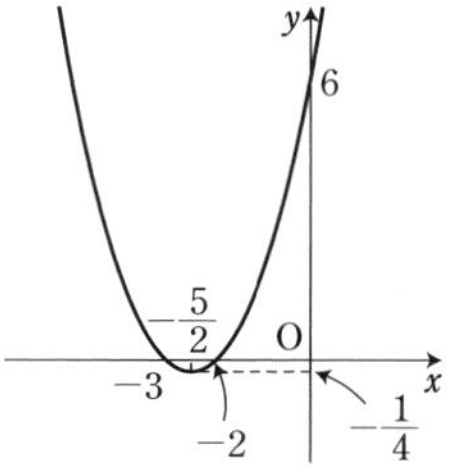

したがって，点 P は

放物線 $y=x^2+5x+6$

を描く。 答

(2) $x=\sqrt{t}$ …… ①，$y=t+1$ …… ②

とする。

① より，$x \geqq 0$ で　$t=x^2$

$t=x^2$ を ② に代入すると

$y=x^2+1$

よって，点 P は

放物線 $y=x^2+1$ の $x \geqq 0$ の部分

を描く。 答

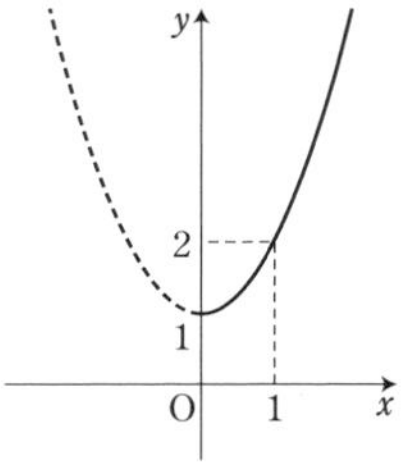

深める 教 p.143

$x=t-2$，$y=t^2-6t+8$ で表される曲線は，$x=t-1$，$y=t^2-4t+3$ で表される曲線と同じであることを確かめよう。

指針 **曲線の媒介変数表示**　$x=t-2$，$y=t^2-6t+8$ から t を消去して，x，y の方程式を求めて比較する。

解答 $x=t-2$ から　　$t=x+2$

これを $y=t^2-6t+8$ に代入すると

$y=(x+2)^2-6(x+2)+8$

よって　$y=x^2-2x$

したがって，$x=t-1$，$y=t^2-4t+3$ で表される曲線と同じである。 終

練習 24 教 p.144

放物線 $y=-x^2+4tx+2t$ の頂点は，t の値が変化するとき，どのような曲線を描くか。

指針 **放物線の頂点と媒介変数表示**　与えられた放物線の方程式を $y=a(x-p)^2+q$ の形に変形して，頂点の座標 $(p,\ q)$ を t を用いて表す。頂点の描く曲線の媒介変数表示が得られるから，t を消去して，この曲線の表す x，y の方程式を求めることができる。

解答 放物線の方程式 $y=-x^2+4tx+2t$ を変形すると

$$y=-(x-2t)^2+4t^2+2t$$

よって，頂点を $\mathrm{P}(x,\ y)$ とすると

$$\mathrm{P}(2t,\ 4t^2+2t)$$

これより，点 P が描く曲線は，t を媒介変数として

$$x=2t,\ y=4t^2+2t$$

と表される。

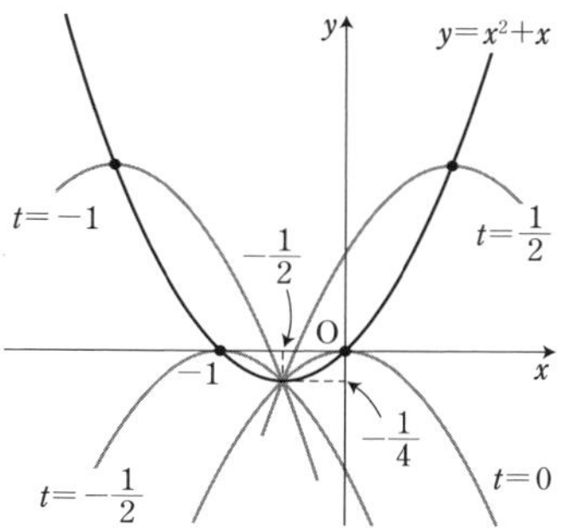

これから t を消去すると

$$y=4\left(\frac{x}{2}\right)^2+2\cdot\frac{x}{2} \quad すなわち \quad y=x^2+x$$

ここで，t が実数のとき，$x=2t$ より，x はすべての実数の範囲を動く。

したがって，頂点は **放物線 $\boldsymbol{y=x^2+x}$** を描く。 答

注意 媒介変数表示 $x=f(t)$，$y=g(t)$ で表された曲線の形を調べる方法は，点の軌跡の求め方と同様，次のようにすればよい。

① $x=f(t)$，$y=g(t)$ から t を消去し，x，y の関係式にする。

② t の変域に対する x，y の変域を調べる。

B 直線との交点と媒介変数表示

練習 25 教 p.144

次の放物線を媒介変数 t を用いて表せ。

(1) $y^2=4x$　　　(2) $y^2=-8x$

指針 **直線との交点と媒介変数表示**　放物線 $y^2=4px$ に対して，x 軸に平行な直線 $y=k$ とこの放物線はただ 1 つの交点をもち，その交点を $\mathrm{P}(x,\ y)$ とすると，

$k^2=4px$ より　$x=\dfrac{k^2}{4p}$，$y=k$　…… Ⓐ

ここで，k の代わりに $2pt$ とすると

$$x=pt^2,\ y=2pt \quad \cdots\cdots Ⓑ$$

となり，分数形でない式を用いて放物線を媒介変数表示できる。

このように，媒介変数による表示の仕方は Ⓐ でも Ⓑ でもよく，1 通りではないが，ここでは，Ⓑ のように，分数形でない表示を考える。

解答 (1) 放物線 $y^2=4x$ に対して，t を実数として，直線 $y=2t$ を考える。放物線とこの直線との交点を $\mathrm{P}(x,\ y)$ とすると

$(2t)^2=4x$ より　$x=t^2$

よって　　**$\boldsymbol{x=t^2,\ y=2t}$**

これは放物線 $y^2=4x$ の媒介変数表示である。 答

(2) 放物線 $y^2=-8x$ に対して，t を実数として，直線 $y=-4t$ を考える。
放物線とこの直線との交点を P$(x,\ y)$ とすると

$$\boldsymbol{x=-2t^2,\ \ y=-4t}$$

これは放物線 $y^2=-8x$ の媒介変数表示である。 答

教 p.145

練習 26

放物線 $y^2=4px$ と直線 $y=tx$ との交点について考え，この放物線から原点を除いた部分を，t を媒介変数として表せ。

指針 **定点を通る直線との交点と媒介変数表示**　放物線 $y^2=4px$ の原点を除いた部分に対して，原点を通る直線 $y=tx$ $(t\neq 0)$ とこの放物線はただ 1 つの交点をもつ。その交点の x 座標と y 座標をそれぞれ t の式で表すと，それがこの放物線の媒介変数表示である。

解答 放物線 $y^2=4px$ …… ①，原点を通る直線 $y=tx$ …… ② を考える。
放物線 ① と直線 ② の，原点 O と異なる交点を P$(x,\ y)$ とする。
① と ② から y を消去すると　$(tx)^2=4px$
ゆえに　$x(t^2x-4p)=0$
点 P は原点と異なるから　$x\neq 0$
よって　$t^2x-4p=0$ …… ③
ここで，$t=0$ のとき，放物線 ① と直線 ② は原点以外の交点をもたないから，原点と異なる交点 P$(x,\ y)$ に対して　$t\neq 0$
ゆえに，③ より　$x=\dfrac{4p}{t^2}$　　② より　$y=tx=t\cdot\dfrac{4p}{t^2}=\dfrac{4p}{t}$
したがって，この放物線から原点を除いた部分を媒介変数で表すと

$$\boldsymbol{x=\frac{4p}{t^2},\ \ y=\frac{4p}{t}}$$ 答

C 一般角 θ を用いた円の媒介変数表示

教 p.146

練習 27

角 θ を媒介変数として，次の円を表せ。
(1) $x^2+y^2=1$　　(2) $x^2+y^2=3$

指針 **角 θ を用いた円の媒介変数表示**　円 $x^2+y^2=a^2$ は，媒介変数 θ を用いて，$x=a\cos\theta,\ y=a\sin\theta$ と表される。
(1)，(2) において，それぞれ a にあたる値を考える。

解答 (1) $x^2+y^2=1^2$ より　$\boldsymbol{x=\cos\theta,\ y=\sin\theta}$ 答
(2) $x^2+y^2=(\sqrt{3})^2$ より　$\boldsymbol{x=\sqrt{3}\cos\theta,\ y=\sqrt{3}\sin\theta}$ 答

D 楕円の媒介変数表示

問7 教 p.146

角 θ を媒介変数として，楕円 $\dfrac{x^2}{9}+\dfrac{y^2}{4}=1$ を表せ。

指針 **角 θ を用いた楕円の媒介変数表示**　楕円 $\dfrac{x^2}{a^2}+\dfrac{y^2}{b^2}=1$ は，媒介変数 θ を用いて，$x=a\cos\theta$，$y=b\sin\theta$ と表される。
a，b にあたる値をそれぞれ考える。

解答 $\dfrac{x^2}{3^2}+\dfrac{y^2}{2^2}=1$ より　$\boldsymbol{x=3\cos\theta,\ y=2\sin\theta}$ 答

練習 28 教 p.146

角 θ を媒介変数として，次の楕円を表せ。

(1) $\dfrac{x^2}{16}+\dfrac{y^2}{9}=1$　　(2) $25x^2+4y^2=100$

指針 **楕円の媒介変数表示**　$x=a\cos\theta$，$y=b\sin\theta$ とすると，これは楕円 $\dfrac{x^2}{a^2}+\dfrac{y^2}{b^2}=1$ の媒介変数表示になっている。
(1)，(2) において，それぞれ a，b にあたる値を考える。

解答 (1) $\dfrac{x^2}{4^2}+\dfrac{y^2}{3^2}=1$ より

$\boldsymbol{x=4\cos\theta,\ y=3\sin\theta}$ 答

(2) $25x^2+4y^2=100$ の両辺を 100 で割ると

$\dfrac{x^2}{4}+\dfrac{y^2}{25}=1$　すなわち　$\dfrac{x^2}{2^2}+\dfrac{y^2}{5^2}=1$

よって　$\boldsymbol{x=2\cos\theta,\ y=5\sin\theta}$ 答

E 双曲線の媒介変数表示

練習 29 教 p.147

角 θ を媒介変数として，次の双曲線を表せ。

(1) $\dfrac{x^2}{9}-\dfrac{y^2}{4}=1$　　(2) $3x^2-4y^2=12$

指針 **双曲線の媒介変数表示**　双曲線 $\dfrac{x^2}{a^2}-\dfrac{y^2}{b^2}=1$ は，媒介変数 θ を用いて，

$x=\dfrac{a}{\cos\theta}$，$y=b\tan\theta$ と表される。

解答 (1)　$\dfrac{x^2}{3^2}-\dfrac{y^2}{2^2}=1$ より　$\boldsymbol{x=\dfrac{3}{\cos\theta},\ y=2\tan\theta}$　答

(2)　$3x^2-4y^2=12$ の両辺を 12 で割ると

$$\frac{x^2}{4}-\frac{y^2}{3}=1 \quad すなわち \quad \frac{x^2}{2^2}-\frac{y^2}{(\sqrt{3})^2}=1$$

よって　$\boldsymbol{x=\dfrac{2}{\cos\theta},\ y=\sqrt{3}\tan\theta}$　答

注意 双曲線の媒介変数表示は，次のようにして導かれる。

双曲線 $\dfrac{x^2}{a^2}-\dfrac{y^2}{b^2}=1$　(ただし，$a>0$，$b>0$)　…… ① とする。

$1+\tan^2\theta=\dfrac{1}{\cos^2\theta}$ より

$$\frac{1}{\cos^2\theta}-\tan^2\theta=1 \qquad \cdots\cdots ②$$

ゆえに　$x=\dfrac{a}{\cos\theta}$，$y=b\tan\theta$　…… ③

とおくと，② より，点 $\mathrm{P}(x,\ y)$ は双曲線 ① 上にある。

ここで，$-1\leqq\cos\theta\leqq1$ より

$$\frac{1}{\cos\theta}\leqq-1,\ 1\leqq\frac{1}{\cos\theta}$$

したがって，$x=\dfrac{a}{\cos\theta}$ より

$$x\leqq-a,\ a\leqq x \quad \cdots\cdots ④$$

すなわち，角 θ が動くと，x は ④ の範囲のすべての値をとり，④ は双曲線 ① の定義域と一致する。

これより，③ で与えられる点 $\mathrm{P}(x,\ y)$ は，双曲線 ① 上の点すべてを動くことがわかるから，③ は双曲線 ① の媒介変数表示であるといえる。

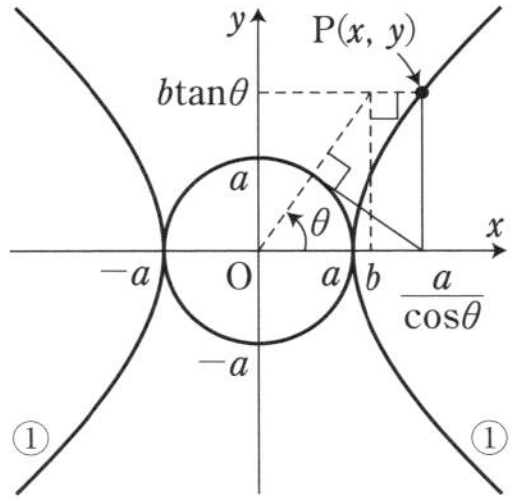

F 媒介変数で表された曲線の平行移動

教 p.148

練習 30

次の媒介変数表示は，どのような曲線を表すか。

(1)　$x=2\cos\theta-3$，$y=3\sin\theta+2$

(2)　$x=\dfrac{3}{\cos\theta}+3$，$y=2\tan\theta+1$

教科書 p.148

指針 **媒介変数表示の曲線の平行移動**　(1), (2) とも，曲線 $x=f(t)+p$, $y=g(t)+q$ の形をしていて，これは曲線 $x=f(t)$, $y=g(t)$ を平行移動したものである。よって，曲線 $x=f(t)$, $y=g(t)$ がどのような曲線を表すかを調べ，その曲線を平行移動する。

解答 (1)　求める曲線は，曲線 $x=2\cos\theta$, $y=3\sin\theta$　…… ①

を，x 軸方向に -3, y 軸方向に 2 だけ平行移動した曲線である。

曲線 ① は，楕円 $\dfrac{x^2}{2^2}+\dfrac{y^2}{3^2}=1$ を表す。

よって，求める曲線は

$$\textbf{楕円}\ \frac{(x+3)^2}{4}+\frac{(y-2)^2}{9}=1 \quad \text{答}$$

(2)　求める曲線は，曲線 $x=\dfrac{3}{\cos\theta}$, $y=2\tan\theta$　…… ②

を，x 軸方向に 3, y 軸方向に 1 だけ平行移動した曲線である。

曲線 ② は，双曲線 $\dfrac{x^2}{3^2}-\dfrac{y^2}{2^2}=1$ を表す。

よって，求める曲線は

$$\textbf{双曲線}\ \frac{(x-3)^2}{9}-\frac{(y-1)^2}{4}=1 \quad \text{答}$$

別解 (1)　$\cos\theta=\dfrac{x+3}{2}$, $\sin\theta=\dfrac{y-2}{3}$ であるから

$\cos^2\theta+\sin^2\theta=1$ に代入して

$$\left(\frac{x+3}{2}\right)^2+\left(\frac{y-2}{3}\right)^2=1$$

よって，求める曲線は

$$\textbf{楕円}\ \frac{(x+3)^2}{4}+\frac{(y-2)^2}{9}=1 \quad \text{答}$$

(2)　$\dfrac{1}{\cos\theta}=\dfrac{x-3}{3}$, $\tan\theta=\dfrac{y-1}{2}$ であるから

$1+\tan^2\theta=\dfrac{1}{\cos^2\theta}$ に代入して

$$1+\left(\frac{y-1}{2}\right)^2=\left(\frac{x-3}{3}\right)^2$$

よって，求める曲線は

$$\textbf{双曲線}\ \frac{(x-3)^2}{9}-\frac{(y-1)^2}{4}=1 \quad \text{答}$$

G サイクロイド

教 p.149

練習 31

サイクロイド $x=2(\theta-\sin\theta)$, $y=2(1-\cos\theta)$ において，θ が次の値をとったときの点の座標を求めよ。

(1) $\theta=\dfrac{\pi}{3}$　(2) $\theta=\pi$　(3) $\theta=\dfrac{3}{2}\pi$　(4) $\theta=2\pi$

指針 **サイクロイド** 与えられた式に θ の値を代入して，(x, y) を求める。

解答 (1)

$$x=2\left(\frac{\pi}{3}-\sin\frac{\pi}{3}\right)=2\left(\frac{\pi}{3}-\frac{\sqrt{3}}{2}\right)=\frac{2}{3}\pi-\sqrt{3}$$

$$y=2\left(1-\cos\frac{\pi}{3}\right)=2\left(1-\frac{1}{2}\right)=1$$

よって $\left(\boldsymbol{\frac{2}{3}\pi-\sqrt{3},\ 1}\right)$ 答

(2)

$$x=2(\pi-\sin\pi)=2\pi$$
$$y=2(1-\cos\pi)=2(1+1)=4$$

よって **$(2\pi,\ 4)$** 答

(3)

$$x=2\left(\frac{3}{2}\pi-\sin\frac{3}{2}\pi\right)=2\left(\frac{3}{2}\pi+1\right)=3\pi+2$$

$$y=2\left(1-\cos\frac{3}{2}\pi\right)=2$$

よって **$(3\pi+2,\ 2)$** 答

(4)

$$x=2(2\pi-\sin 2\pi)=4\pi$$
$$y=2(1-\cos 2\pi)=2(1-1)=0$$

よって **$(4\pi,\ 0)$** 答

解説 練習 31 で求めた座標を $\pi\fallingdotseq3.14$, $\sqrt{3}\fallingdotseq1.73$ として近似値で表すと，それぞれ (0.36, 1), (6.28, 4), (11.42, 2), (12.56, 0) となる。
これらの点をなめらかな曲線で結ぶと，図のようになる。

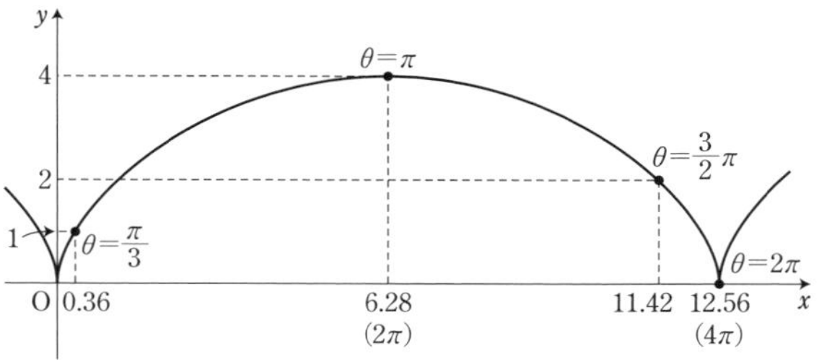

教科書 p.150

研究 いろいろな曲線の媒介変数表示

まとめ

1　アステロイド

① 中心が原点Oで半径が a の定円 C_1 上を，半径 $\dfrac{a}{4}$ の円 C_2 が内接しながらすべることなく回転するとき，円 C_2 上の定点Pの初めの位置を点 $(a,\ 0)$ とすると，Pは右の図のような曲線を描く。この曲線の媒介変数表示は，次のようになる。

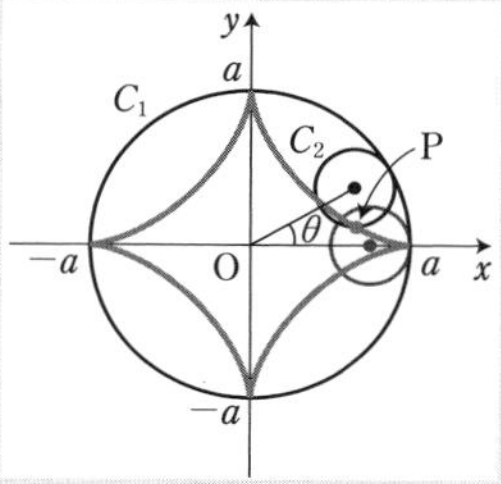

$$x=a\cos^3\theta,\ \ y=a\sin^3\theta$$

② 上のようにして描かれる曲線を **アステロイド** または **星芒形** という。

2　カージオイド

① 中心が原点Oで半径が a の定円 C_1 上を，半径 a の円 C_2 が外接しながらすべることなく回転するとき，円 C_2 上の定点Pの初めの位置を点 $(a,\ 0)$ とすると，Pは右の図のような曲線を描く。この曲線の媒介変数表示は，次のようになる。

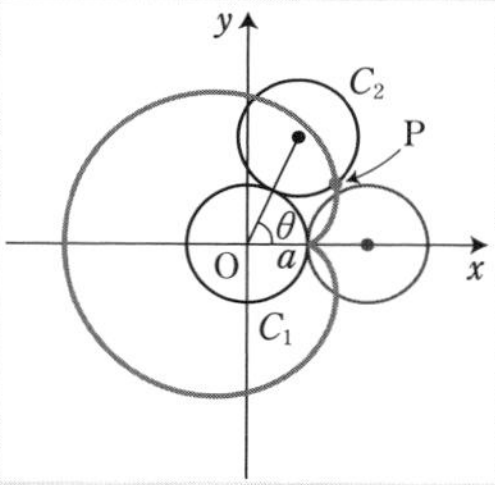

$$x=a(2\cos\theta-\cos 2\theta),\ \ y=a(2\sin\theta-\sin 2\theta)$$

② 上のようにして描かれる曲線を **カージオイド** または **心臓形** という。

8 極座標と極方程式

まとめ

1 極座標

① 平面上に点 O と半直線 OX を定めると，この平面上の任意の点 P の位置は，OP の長さ r と，OX から半直線 OP へ測った角 θ で決まる。このとき，2 つの数の組 $(r,\ \theta)$ を点 P の **極座標** といい，定点 O を **極**，半直線 OX を **始線**，角 θ を **偏角** という。極座標 $(0,\ \theta)$ は，極 O を表すものとする。なお，θ は弧度法で表した一般角である。

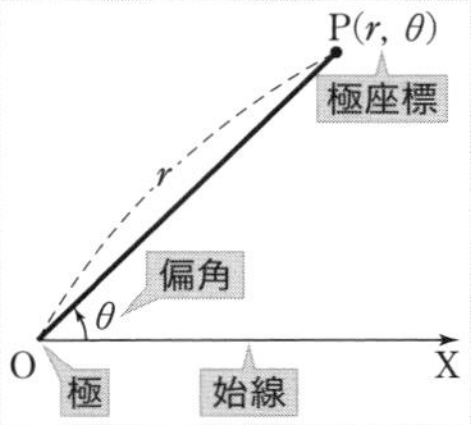

② 極座標では，n を整数とするとき，$(r,\ \theta)$ と $(r,\ \theta+2n\pi)$ は同じ点を表すから，ある点 P の極座標は 1 通りには定まらない。
しかし，極 O と異なる点 P の極座標 $(r,\ \theta)$ は，例えば，θ の値の範囲を $0 \leqq \theta < 2\pi$ と制限すると，ただ 1 通りに定まる。

2 極座標と直交座標の関係

① 極座標に対し，これまで用いてきた x 座標，y 座標の組 $(x,\ y)$ で表した座標を **直交座標** という。

② 原点 O を極，x 軸の正の部分を始線とすると，点 P の極座標 $(r,\ \theta)$ と直交座標 $(x,\ y)$ の間には，次の関係がある。

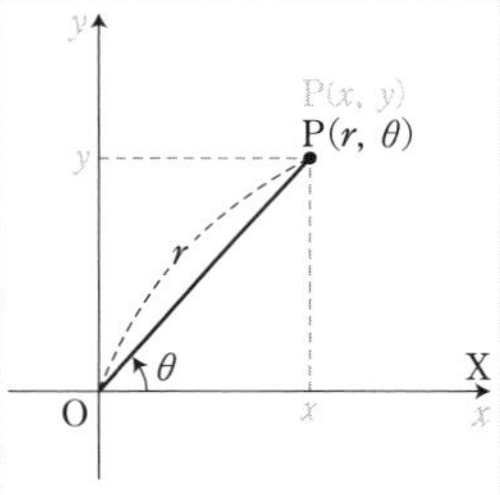

極座標と直交座標

1 $\boldsymbol{x=r\cos\theta,\ y=r\sin\theta}$

2 $\boldsymbol{r=\sqrt{x^2+y^2}}$

$r \neq 0$ のとき　$\boldsymbol{\cos\theta=\dfrac{x}{r},\ \sin\theta=\dfrac{y}{r}}$

3 極方程式

① ある曲線が極座標 $(r,\ \theta)$ に関する方程式 $r=f(\theta)$ や $F(r,\ \theta)=0$ で表されるとき，この方程式を曲線の **極方程式** という。

② 一般に極座標 $(r,\ \theta)$ の r は $r \geqq 0$ であるが，極方程式においては，$r<0$ の極座標の点も考えることがある。すなわち，$r>0$ のとき，極座標が $(-r,\ \theta)$ である点は，極座標が $(r,\ \theta+\pi)$ である点と考える。

例えば，$(-2,\ \theta)$ と $(2,\ \theta+\pi)$ は同じ点を表し，この点は点 $(2,\ \theta)$ と極 O に関して対称である。

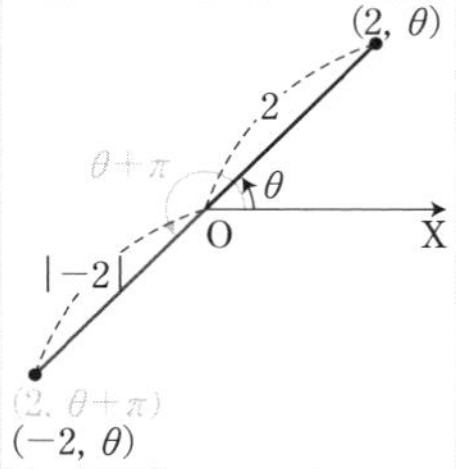

③　極方程式で表された曲線を，次の関係をもとにして，直交座標に関する方程式で表すことができる。

$$r^2=x^2+y^2,\quad r\cos\theta=x,\quad r\sin\theta=y$$

④　直交座標に関する方程式で表された曲線を，次の関係をもとにして，極方程式で表すことができる。

$$x=r\cos\theta,\ y=r\sin\theta$$

4　2次曲線の極方程式

2次曲線の極方程式は，$r=\dfrac{ea}{1+e\cos\theta}$ で与えられ，e の値によって次の2次曲線を表す。

$0<e<1$ のとき　O を焦点の1つとする楕円
$e=1$　のとき　O を焦点，ℓ を準線とする放物線
$e>1$　のとき　O を焦点の1つとする双曲線

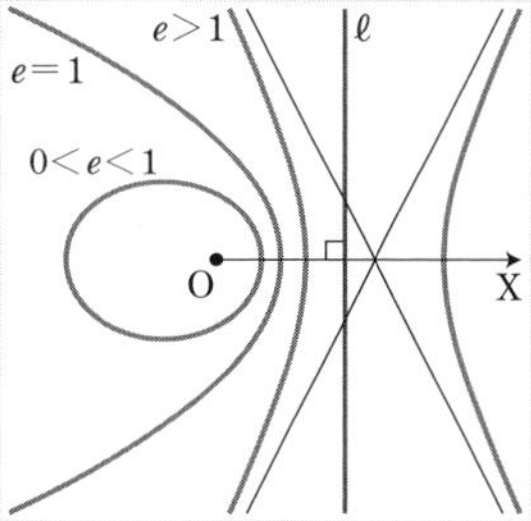

解説　定点 O と，A$(a,\ 0)$ を通り，始線 OX に垂直な直線 ℓ に対して，点 P$(r,\ \theta)$ から ℓ に下ろした垂線を PH とする。
このとき，2次曲線は OP：PH$=e$：1 である点 P の軌跡である。
ここで

$$\text{OP}=r,\quad \text{PH}=a-r\cos\theta$$

より　$r:(a-r\cos\theta)=e:1$

これより　$r=\dfrac{ea}{1+e\cos\theta}$

A 極座標

練習 32　　教 p.151

極座標で表された次の点の位置を教科書 $p.151$ の例 8 の図に記せ。

(1)　E$\left(2,\ \dfrac{\pi}{6}\right)$　(2)　F$\left(1,\ \dfrac{5}{3}\pi\right)$　(3)　G$\left(5,\ \dfrac{5}{4}\pi\right)$

(4)　H$\left(4,\ \dfrac{11}{12}\pi\right)$　(5)　I$(3,\ -\pi)$　(6)　J$\left(2,\ \dfrac{5}{2}\pi\right)$

指針　**極座標**　極座標 $(r,\ \theta)$ で表された点 P は，極 O からの長さ OP が r であるから，O を中心とする半径 r の円周上にあり，始線 OX とのなす角が θ であるような半直線上にある。よって，このような円と半直線との交点を P とする。

解答 図のようになる。

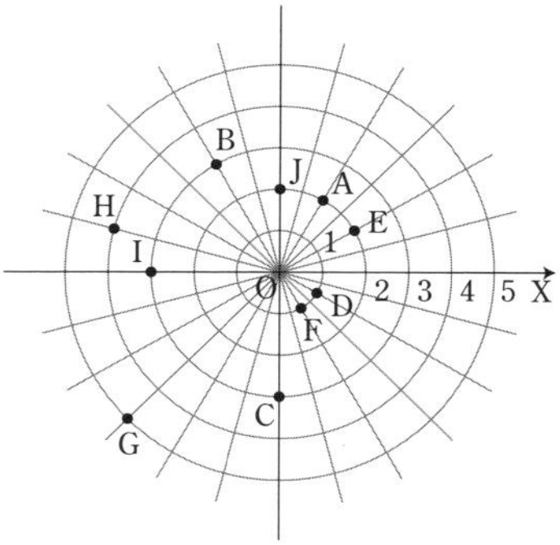

注意 極座標が与えられると，その点はただ1つに決まるが，逆に，n を整数とするとき，例えば $(r,\ \theta)$ と $(r,\ \theta+2n\pi)$ は同じ点を表すから，点Pの極座標は1通りには定まらない。
しかし，極O以外の点Pについては，点Pの極座標 $(r,\ \theta)$ は，例えば $0\leqq\theta<2\pi$ とすると，ただ1通りに定まる。

B 極座標と直交座標の関係

練習 33 教 p.153

極座標が次のような点の直交座標を求めよ。

(1) $\left(4,\ \dfrac{\pi}{6}\right)$　(2) $\left(2,\ \dfrac{4}{3}\pi\right)$　(3) $\left(3,\ -\dfrac{\pi}{4}\right)$

指針 **極座標から直交座標を求める**　極座標 $(r,\ \theta)$ と直交座標 $(x,\ y)$ の間には，$x=r\cos\theta$，$y=r\sin\theta$ の関係がある。この関係を用いて，与えられた r，θ から，x，y の値を求める。

解答 (1) $r=4$，$\theta=\dfrac{\pi}{6}$ であるから

$$x=4\cos\frac{\pi}{6}=4\cdot\frac{\sqrt{3}}{2}=2\sqrt{3}$$

$$y=4\sin\frac{\pi}{6}=4\cdot\frac{1}{2}=2$$

よって，直交座標は **$(2\sqrt{3},\ 2)$** 答

(2) $r=2$，$\theta=\dfrac{4}{3}\pi$ であるから

$$x=2\cos\frac{4}{3}\pi=2\cdot\left(-\frac{1}{2}\right)=-1$$

$$y=2\sin\frac{4}{3}\pi=2\cdot\left(-\frac{\sqrt{3}}{2}\right)=-\sqrt{3}$$

よって，直交座標は **$(-1,\ -\sqrt{3})$** 答

(3) $r=3$，$\theta=-\dfrac{\pi}{4}$ であるから

$$x=3\cos\left(-\frac{\pi}{4}\right)=3\cdot\frac{1}{\sqrt{2}}=\frac{3}{\sqrt{2}}$$

$$y=3\sin\left(-\frac{\pi}{4}\right)=3\cdot\left(-\frac{1}{\sqrt{2}}\right)=-\frac{3}{\sqrt{2}}$$

よって，直交座標は $\left(\dfrac{3}{\sqrt{2}},\ -\dfrac{3}{\sqrt{2}}\right)$ 答

練習 34 教 p.153

直交座標が次のような点の極座標 $(r,\ \theta)$ を求めよ。ただし，$0 \leqq \theta < 2\pi$ とする。

(1) $(1,\ 1)$　　(2) $(-3,\ 0)$　　(3) $(-\sqrt{3},\ -1)$

指針 **直交座標から極座標を求める**　極座標 $(r,\ \theta)$ と直交座標 $(x,\ y)$ の関係 $r=\sqrt{x^2+y^2}$，$\cos\theta=\dfrac{x}{r}$，$\sin\theta=\dfrac{y}{r}$ から，x，y が与えられたときの r，θ の値を求める。$0 \leqq \theta < 2\pi$ より，θ の値は定まる。

解答 (1) $x=1$，$y=1$ であるから

$$r=\sqrt{1^2+1^2}=\sqrt{2}$$

$$\cos\theta=\frac{x}{r}=\frac{1}{\sqrt{2}}$$

$$\sin\theta=\frac{y}{r}=\frac{1}{\sqrt{2}}$$

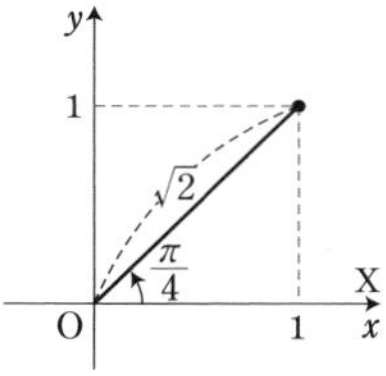

$0 \leqq \theta < 2\pi$ より　$\theta=\dfrac{\pi}{4}$

よって，極座標は $\left(\sqrt{2},\ \dfrac{\pi}{4}\right)$ 答

(2) $x=-3$，$y=0$ であるから

$$r=\sqrt{(-3)^2+0^2}=3$$

$$\cos\theta=\frac{x}{r}=-1$$

$$\sin\theta=\frac{y}{r}=0$$

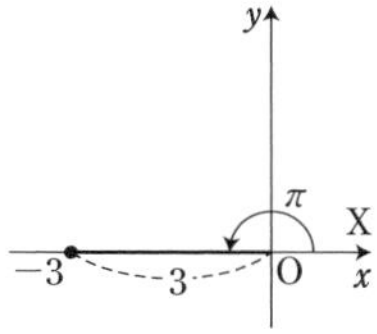

$0 \leqq \theta < 2\pi$ より　$\theta=\pi$

よって，極座標は $(3,\ \pi)$ 答

(3) $x=-\sqrt{3}$，$y=-1$ であるから

$$r=\sqrt{(-\sqrt{3})^2+(-1)^2}=2$$

$$\cos\theta=\frac{x}{r}=-\frac{\sqrt{3}}{2}$$

$$\sin\theta=\frac{y}{r}=-\frac{1}{2}$$

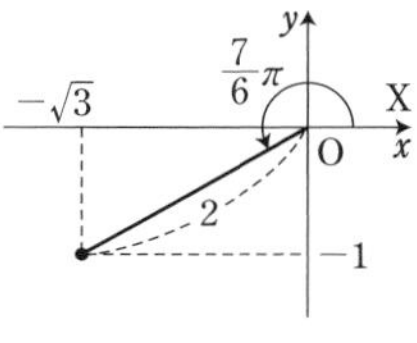

$0 \leqq \theta < 2\pi$ より　$\theta=\dfrac{7}{6}\pi$

よって，極座標は $\left(2,\ \dfrac{7}{6}\pi\right)$ 答

4章 式と曲線

C 極方程式

教 p.155

練習 35

次の極方程式で表される曲線を図示せよ。

(1)　$r=1$　　(2)　$\theta=\dfrac{\pi}{6}$　　(3)　$r=2\cos\theta$

指針　**極方程式で表される曲線**　曲線上の点 P の極座標を $(r,\ \theta)$ として，与えられた極方程式を満たす点 P はどのような図形になるかを考える。

解答　曲線上の点 P の極座標を $(r,\ \theta)$ とする。

(1)　$r=1$ のとき，$\mathrm{OP}=1$ で一定である。
また，θ は任意の値である。
よって，極 O を中心とする半径 1 の円を表す。
図示すると図のようになる。

(2)　$\theta=\dfrac{\pi}{6}$ のとき，$\angle\mathrm{XOP}=\dfrac{\pi}{6}$ で一定である。
また，r は任意の値である。
よって，極 O を通り，始線 OX とのなす角が $\dfrac{\pi}{6}$ の直線を表す。
図示すると図のようになる。

(3)　極座標が $(2,\ 0)$ である点を B とし，B から直線 OP に垂線 BP′ を下ろすと　　$\mathrm{OP}'=\mathrm{OB}\cos\theta=2\cos\theta$
$r=2\cos\theta$ のとき，P′ は P と一致する。
$\angle\mathrm{OPB}$ は直角であるから，点 P は OB を直径とする円上にある。
また，θ は任意の値である。
よって，極座標 $(1,\ 0)$ である点 A を中心とする半径 1 の円を表す。
図示すると図のようになる。

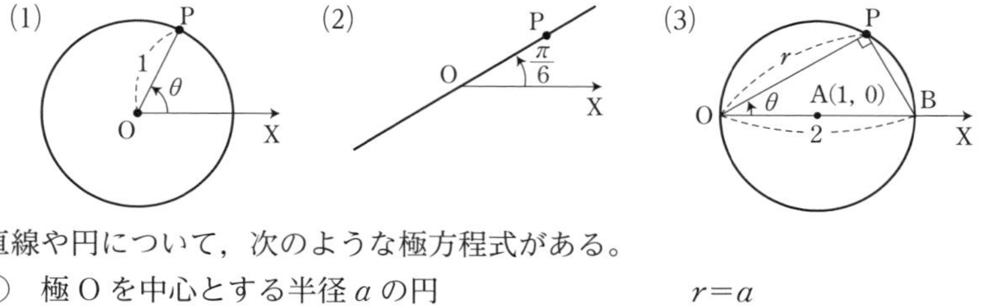

注意　直線や円について，次のような極方程式がある。

①　極 O を中心とする半径 a の円　　$r=a$
②　極 O を通り，始線とのなす角が α の直線　　$\theta=\alpha$
③　中心 A の極座標が $(a,\ 0)$ で，半径が a の円　　$r=2a\cos\theta$

教 p.155

練習 36

次の極方程式で表される曲線を図示せよ。

(1) $r\cos\left(\theta-\frac{\pi}{3}\right)=2$　　(2) $r\cos\theta=3$

指針 **極方程式で表される曲線** (1), (2) の極方程式は，どちらも $r\cos\alpha=$(定数) の形をしている。図の直角三角形 POA において，$\mathrm{OA}=r\cos\alpha$ であるから，OA の長さが一定のとき，点 P は線分 OA の点 A における垂線上にあるといえる。この関係をもとにして考える。

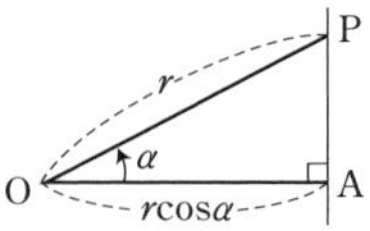

解答 曲線上の点 P の極座標を $(r,\ \theta)$ とする。

(1) 極座標が $\left(2,\ \frac{\pi}{3}\right)$ である点を A とする。

点 P から直線 OA に下ろした垂線を PA′ とすると

$$\mathrm{OA}'=r\cos\left(\theta-\frac{\pi}{3}\right)$$

よって，$\mathrm{OA}'=2$ のとき，点 A′ は A と一致する。

また，θ は任意の値である。

よって，A を通り OA に垂直な直線を表す。

図示すると，図の直線 PA になる。

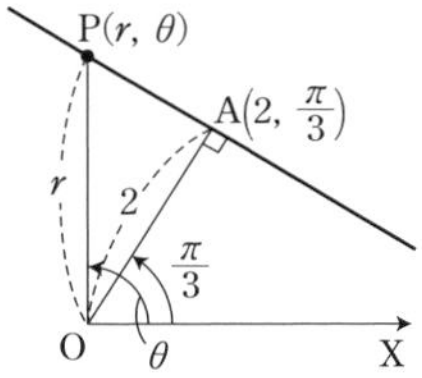

(2) 極座標が $(3,\ 0)$ である点を B とする。

点 P から始線 OX に下ろした垂線を PB′ とすると

$\mathrm{OB}'=r\cos\theta$

よって，$\mathrm{OB}'=3$ のとき，点 B′ は B と一致する。

また，θ は任意の値である。

よって，B を通り始線 OX に垂直な直線を表す。

図示すると，図の直線 PB になる。

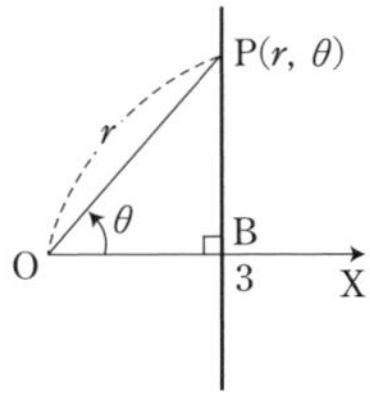

注意 直線について，次のような極方程式がある。

④ 極座標が極 O と異なる $(a,\ \alpha)$ である点 A を通り，OA に垂直な直線

$$r\cos(\theta-\alpha)=a$$

⑤ 極座標が $(a,\ 0)$ である点を通り，始線 OX に垂直な直線

$$r\cos\theta=a$$

教 p.156

練習 37

次の極方程式の表す曲線を，直交座標に関する方程式で表せ。

(1) $r^2\sin 2\theta=2$　　(2) $r=2\sin\theta$

(3) $r(\sin\theta-\cos\theta)=1$

4章 式と曲線

指針 **極方程式を直交座標で表す**　極座標 $(r,\ \theta)$ の点が直交座標 $(x,\ y)$ で表されるとき　$r^2=x^2+y^2$，$r\cos\theta=x$，$r\sin\theta=y$

この関係を用いて，与えられた極方程式を x，y の方程式で表す。

解答 曲線上の点Pの極座標を $(r,\ \theta)$，直交座標を $(x,\ y)$ とすると

$$r^2=x^2+y^2 \quad \cdots\cdots ① \quad r\cos\theta=x,\ r\sin\theta=y \quad \cdots\cdots ②$$

(1)　三角関数の2倍角の公式により，$r^2\sin 2\theta=2$ は

$$r^2\cdot 2\sin\theta\cos\theta=2 \quad すなわち \quad 2\cdot r\sin\theta\cdot r\cos\theta=2$$

これに ② を代入すると　$2yx=2$　すなわち　$xy=1$

よって，求める方程式は　$\boldsymbol{xy=1}$　答

(2)　$r=2\sin\theta$ の両辺に r を掛けると　$r^2=2r\sin\theta$

これに ①，② を代入すると　$x^2+y^2=2y$

よって，求める方程式は　$\boldsymbol{x^2+y^2-2y=0}$　答

(3)　$r(\sin\theta-\cos\theta)=1$ を変形すると

$$r\sin\theta-r\cos\theta=1$$

これに ② を代入すると　$y-x=1$

よって，求める方程式は　$\boldsymbol{y=x+1}$　答

練習 38　教 p.157

次の曲線を極方程式で表せ。

(1)　$x^2+2y^2=4$　　　(2)　$x^2+y^2-2x=0$

指針 **直交座標と極方程式**　与えられた x，y についての方程式に対して，$x=r\cos\theta$，$y=r\sin\theta$ を代入すると，極方程式が得られる。

解答 (1)　$x^2+2y^2=4$ に $x=r\cos\theta$，$y=r\sin\theta$ を代入すると

$$r^2(\cos^2\theta+2\sin^2\theta)=4$$

$\sin^2\theta=1-\cos^2\theta$ であるから

$$r^2\{\cos^2\theta+2(1-\cos^2\theta)\}=4$$

すなわち　$r^2(2-\cos^2\theta)=4$

$2-\cos^2\theta\neq 0$ より　$\boldsymbol{r^2=\dfrac{4}{2-\cos^2\theta}}$　答

(2)　$x^2+y^2-2x=0$ に $x=r\cos\theta$，$y=r\sin\theta$ を代入すると

$$r^2(\cos^2\theta+\sin^2\theta)-2r\cos\theta=0$$

$\cos^2\theta+\sin^2\theta=1$ であるから

$$r^2-2r\cos\theta=0$$

すなわち　$r(r-2\cos\theta)=0$

よって　$r=0$　$\cdots\cdots$ ①　または　$r=2\cos\theta$　$\cdots\cdots$ ②

ところで，① が表す図形は極Oであるが，極Oは ② も満たす。

ゆえに，求める極方程式は　$\boldsymbol{r=2\cos\theta}$　答

D 2次曲線の極方程式

教 p.157

練習 39

極座標が $\left(2,\ \frac{3}{2}\pi\right)$ である点Aを通り，始線に平行な直線を ℓ とする。極Oを焦点，ℓ を準線とする放物線の極方程式を求めよ。

指針 **放物線の極方程式** 放物線上の点を $\mathrm{P}(r,\ \theta)$，Pから準線に下ろした垂線をPHとすると　$\mathrm{OP}=\mathrm{PH}$
よって，OP，PHをそれぞれ r，θ で表して，r，θ の方程式を導く。

解答 放物線上の点Pの極座標を $(r,\ \theta)$ とし，点Pから準線 ℓ に下ろした垂線をPHとすると，放物線の定義から

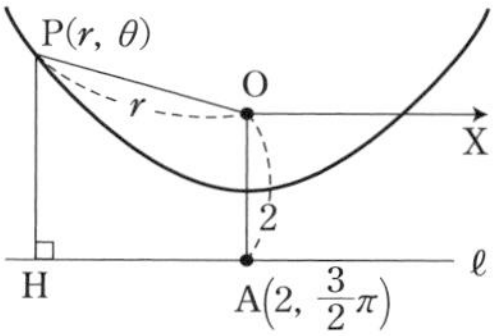

$\mathrm{OP}=\mathrm{PH}$

ここで　$\mathrm{OP}=r$，$\mathrm{PH}=2+r\sin\theta$

であるから　$r=2+r\sin\theta$

すなわち　$r(1-\sin\theta)=2$

この式で，$1-\sin\theta \neq 0$ であるから，両辺を $1-\sin\theta$ で割ると，求める極方程式は　$\boldsymbol{r=\dfrac{2}{1-\sin\theta}}$ 答

教 p.158

問 8

極方程式 $r=\dfrac{2}{1+2\cos\theta}$ を直交座標に関する方程式で表せ。

指針 **2次曲線の極方程式** 極座標 $(r,\ \theta)$ と直交座標 $(x,\ y)$ の関係式 $r^2=x^2+y^2$，$r\cos\theta=x$，$r\sin\theta=y$ を用いる。

解答 $r=\dfrac{2}{1+2\cos\theta}$ の分母を払うと　$r+2r\cos\theta=2$ ……①

①に $r\cos\theta=x$ を代入すると　$r=2(1-x)$

両辺を2乗すると　$r^2=4(1-x)^2$

$r^2=x^2+y^2$ を代入すると　$x^2+y^2=4(1-x)^2$

式を整理すると　$\boldsymbol{3x^2-8x-y^2=-4}$ 答

注意 $r=\dfrac{ea}{1+e\cos\theta}$ において $e=2$，$a=1$ とすると　$r=\dfrac{2}{1+2\cos\theta}$

よって，$e>1$ であるから，この曲線は双曲線である。

$3x^2-8x-y^2=-4$ を変形すると　$\dfrac{9}{4}\left(x-\dfrac{4}{3}\right)^2-\dfrac{3}{4}y^2=1$

教 p.158

練習 40

次の極方程式の表す曲線を，直交座標に関する方程式で表せ。

(1) $r=\dfrac{4}{1+\cos\theta}$　　(2) $r=\dfrac{1}{2+\cos\theta}$

指針 **2次曲線の極方程式**　$r^2=x^2+y^2$，$r\cos\theta=x$，$r\sin\theta=y$ の関係式を用いて，r，θ を x，y の式で表す。

解答 (1) $r=\dfrac{4}{1+\cos\theta}$ の分母を払うと　$r+r\cos\theta=4$

$r\cos\theta=x$ を代入すると　$r=4-x$

両辺を2乗すると　$r^2=(4-x)^2$

$r^2=x^2+y^2$ を代入すると　$x^2+y^2=(4-x)^2$

式を整理すると　$\boldsymbol{y^2+8x-16=0}$　答

(2) $r=\dfrac{1}{2+\cos\theta}$ の分母を払うと　$2r+r\cos\theta=1$

$r\cos\theta=x$ を代入すると　$2r=1-x$

両辺を2乗すると　$4r^2=(1-x)^2$

$r^2=x^2+y^2$ を代入すると　$4(x^2+y^2)=(1-x)^2$

式を整理すると　$\boldsymbol{3x^2+2x+4y^2=1}$　答

注意 (1) $y^2+8x-16=0$ を変形すると $y^2=-8(x-2)$ となり，放物線を表すことがわかる。

(2) $3x^2+2x+4y^2=1$ を変形すると $\dfrac{9}{4}\left(x+\dfrac{1}{3}\right)^2+3y^2=1$ となり，楕円を表すことがわかる。

9 コンピュータといろいろな曲線

まとめ

1　媒介変数で表された曲線

① 有理数 a，b に対して，媒介変数表示

$$x=\sin at,\quad y=\sin bt$$

で表される曲線を **リサージュ曲線** という。

2　極方程式で表された曲線

① $a>0$ のとき，極方程式

$$r=a\theta \quad (\theta \geqq 0)$$

で表される曲線を **アルキメデスの渦巻線** という。

例　$a=\dfrac{1}{2}$ のとき，図のようになる。

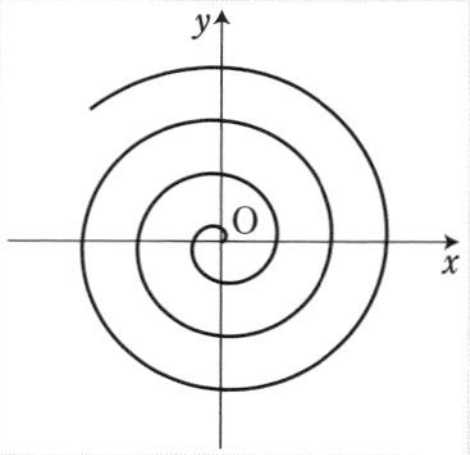

A 媒介変数で表された曲線

教 p.159

練習 41

次の媒介変数で表される曲線を，コンピュータで描け。

(1) $\begin{cases} x=\sin 3t \\ y=\sin 5t \end{cases}$　(2) $\begin{cases} x=\cos t \\ y=\sin^2 t \end{cases}$　(3) $\begin{cases} x=\sin 2t \\ y=\sin^2 t \end{cases}$

(4) $\begin{cases} x=\sin t-\cos t \\ y=\sin t+\cos t \end{cases}$　(5) $\begin{cases} x=t-\sin t \\ y=1-\cos t \end{cases}$

指針　**コンピュータによる媒介変数表示の曲線**　関数の種類として「媒介変数」を選択し，関数の式と変数の変域を入力する。変域は，例えば

(1)〜(4)　$0 \leqq t \leqq 2\pi$　(5)　$-\pi \leqq t \leqq \pi$　を入力する。

解答 (1)

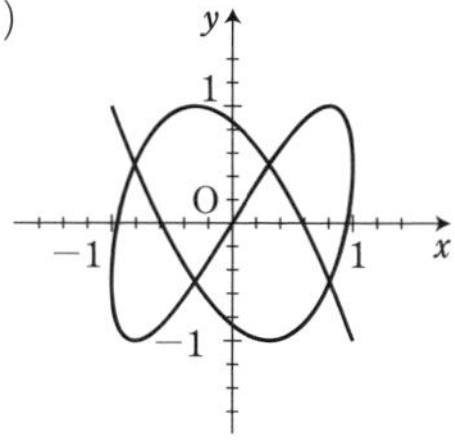

(2)

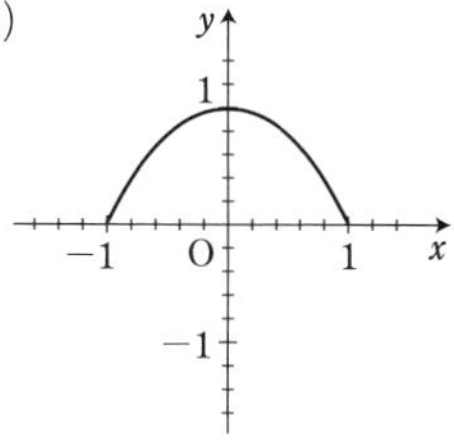

(3)

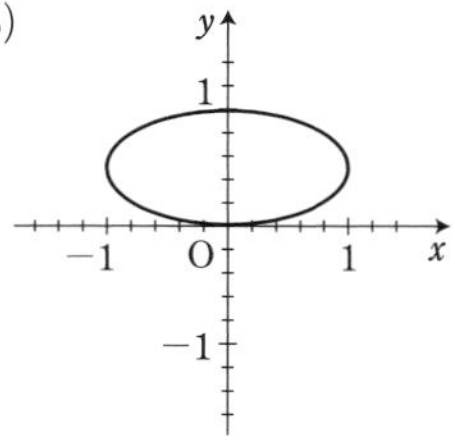

(4)

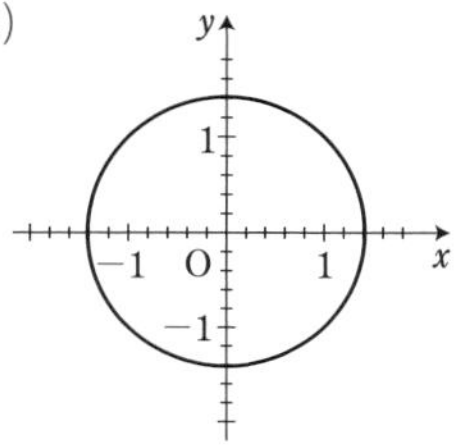

(5)

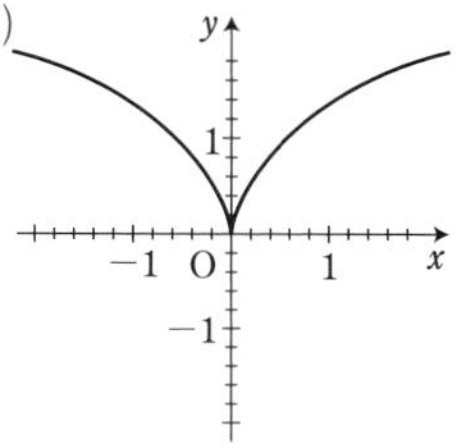

教科書 p.160

B 極方程式で表された曲線

練習 42 教 p.160

アルキメデスの渦巻線 $r=\theta$ $(\theta \geqq 0)$ をコンピュータで描け。

指針 **コンピュータによるアルキメデスの渦巻線** 関数の種類として「極座標」を選択し，関数の式と変数の変域を入力する。
変域は，例えば $0 \leqq \theta \leqq 20$ を入力する。

解答

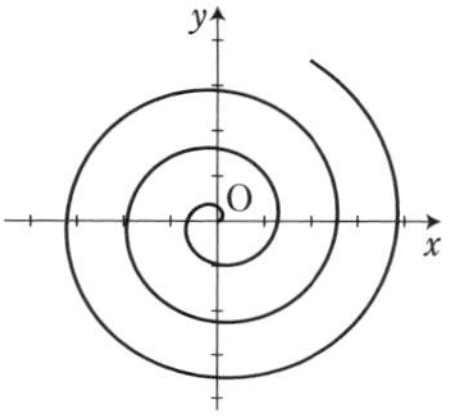

第4章 第2節　問　題

教 p.162

7 次の式で表される点 $P(x,\ y)$ は，どのような曲線を描くか。

(1) $x=2t^2+4$，$y=t+3$　(2) $x=2\sqrt{t}$，$y=\sqrt{t}-2t$

(3) $x=t+\dfrac{1}{t}$，$y=t^2+\dfrac{1}{t^2}$ $(t>0)$　(4) $x=\tan\theta$，$y=\dfrac{1}{\cos\theta}$

(5) $x=\cos\theta$，$y=\cos 2\theta$

指針 **媒介変数で表された曲線**　それぞれ与えられた式から媒介変数を消去して，x と y の関係式を求めると，どのような曲線を描くかがわかる。消去するとき，変数の変域に注意すること。

解答 (1) $x=2t^2+4$ …… ①，$y=t+3$ …… ② とする。

② より　$t=y-3$

これを ① に代入すると　$x=2(y-3)^2+4$

よって，描く曲線は

放物線 $(y-3)^2=\dfrac{1}{2}(x-4)$ 答

(2) $x=2\sqrt{t}$ …… ①，$y=\sqrt{t}-2t$ …… ② とする。

① より　$\sqrt{t}=\dfrac{x}{2}$

よって　$t=\dfrac{x^2}{4}$　　ただし，$x\geqq 0$ である。

これを ② に代入すると　$y=\dfrac{x}{2}-2\cdot\dfrac{x^2}{4}=-\dfrac{x^2}{2}+\dfrac{x}{2}$

ゆえに，描く曲線は

放物線の一部 $y=-\dfrac{x^2}{2}+\dfrac{x}{2}$ $(x\geqq 0)$ 答

(3) $x=t+\dfrac{1}{t}$ …… ①，$y=t^2+\dfrac{1}{t^2}$ …… ② とする。

$t>0$ であるから，相加平均と相乗平均の大小関係より

$$x=t+\frac{1}{t}\geqq 2\sqrt{t\cdot\frac{1}{t}}=2$$

また，① の両辺を 2 乗すると

$$x^2=t^2+2t\cdot\frac{1}{t}+\frac{1}{t^2}=t^2+\frac{1}{t^2}+2$$

② より　$y=x^2-2$

よって，描く曲線は　**放物線の一部 $y=x^2-2$ $(x\geqq 2)$** 答

(4) $x=\tan\theta$ …… ①，$y=\dfrac{1}{\cos\theta}$ …… ② とする。

ここで，$1+\tan^2\theta=\dfrac{1}{\cos^2\theta}$ が成り立つから，この式に ①，② を代入して

$1+x^2=y^2$

また，x は任意の値をとる。

よって，描く曲線は

双曲線 $x^2-y^2=-1$ 答

(5) $x=\cos\theta$ …… ①，$y=\cos 2\theta$ …… ② とする。

三角関数の 2 倍角の公式より　$\cos 2\theta=2\cos^2\theta-1$

これに ①，② を代入すると　$y=2x^2-1$

ここで，$-1\leqq\cos\theta\leqq 1$ より　$-1\leqq x\leqq 1$

よって，描く曲線は

放物線の一部 $y=2x^2-1$ $(-1\leqq x\leqq 1)$ 答

教 p.162

8 極座標が $(a,\ 0)$ である点 A を通り，始線とのなす角が α である直線の極方程式を求めよ。ただし，$a>0$ とする。

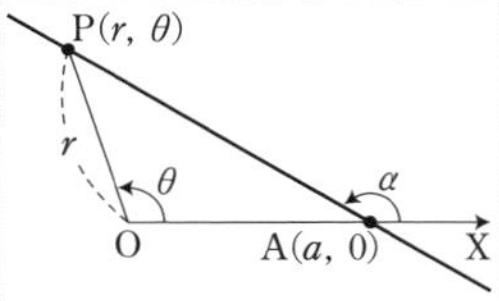

指針 **直線を表す極方程式**　△OAP に正弦定理を適用して，r と θ の関係を導く。ただし，3 点 O，A，P が三角形を作らない場合についても調べておく必要があるから注意すること。

解答 求める直線を ℓ とする。

ℓ が始線 OX と一致しないとき，ℓ 上に A と異なる点 P をとると，3 点 O，A，P によって，図 1 か図 2 のような三角形ができる。

図 1 の場合，

△OAP に正弦定理を適用すると

$$\frac{r}{\sin(\pi-\alpha)}=\frac{a}{\sin(\alpha-\theta)}$$

これより

$r\sin(\alpha-\theta)=a\sin\alpha$ …… ①

図 1

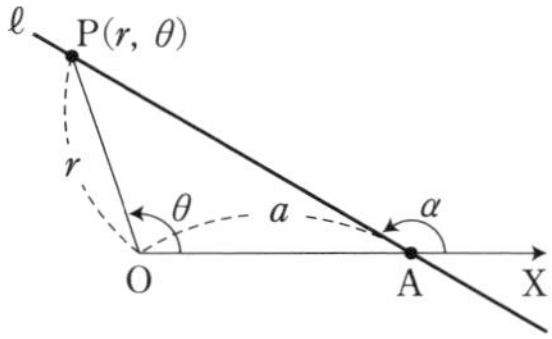

図 2 の場合，△OAP に正弦定理を適用すると

図 2

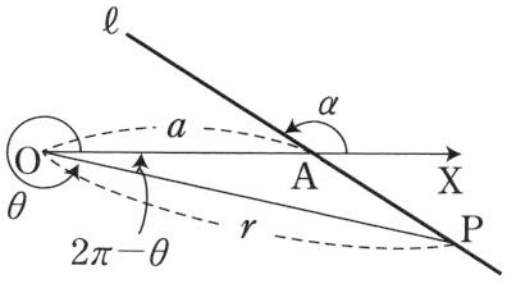

$$\angle APO=(\pi-\alpha)-(2\pi-\theta)$$
$$=-\{\pi-(\theta-\alpha)\}$$

より　$\dfrac{r}{\sin\alpha}=\dfrac{a}{\sin[-\{\pi-(\theta-\alpha)\}]}$

$$=\frac{a}{\sin(\alpha-\theta)}$$

これより，① が成り立つ。
また，点 P が A と一致するとき，① が成り立つ。
ゆえに，ℓ 上の点 P は ① を満たす。
逆に，① を満たす任意の点 P の極座標を $(r,\ \theta)$ とし，ℓ 上に偏角が θ である点 $P'(r',\ \theta)$ をとると，r'，θ は ① を満たすから $r'=r$ でなければならない。よって，① を満たすような点 P は ℓ 上にある。
更に，ℓ が始線 OX と一致するとき，α は 0 または π，ℓ 上の任意の点の偏角 θ も 0 または π であると考えてよいから，この点の極座標も ① を満たす。
したがって，求める直線の極方程式は　$\boldsymbol{r\sin(\alpha-\theta)=a\sin\alpha}$　答

教 p.162

9　中心 C の極座標が $(r_1,\ \theta_1)$，半径が a の円の極方程式は，次の式で与えられることを示せ。

$$r^2+r_1{}^2-2rr_1\cos(\theta-\theta_1)=a^2$$

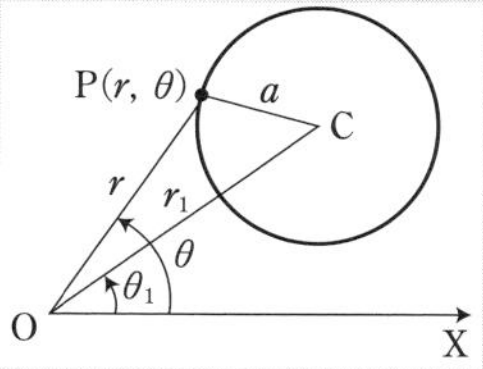

指針　**円の極方程式**　円上の点 P の極座標を $(r,\ \theta)$ として，△OCP に余弦定理を用いる。

解答　円の中心を $C(r_1,\ \theta_1)$ とし，円上に点 $P(r,\ \theta)$ をとる。
3 点 O，C，P によって △OCP ができるとき，
$\angle POC=|\theta-\theta_1|$ であるから，余弦定理により

$$r^2+r_1{}^2-2rr_1\cos(\theta-\theta_1)=a^2 \quad\cdots\cdots ①$$

点 C が極 O と一致したり，点 P が直線 OC 上にあるとき，3 点 O，C，P によって三角形はできないが，そのときも ① は成り立つ。
逆に，点 $P(r,\ \theta)$ が ① を満たすとき，$CP=a$ が成り立つから，P はこの円上の点であることがわかる。
よって，求める円の極方程式は ① で与えられる。 終

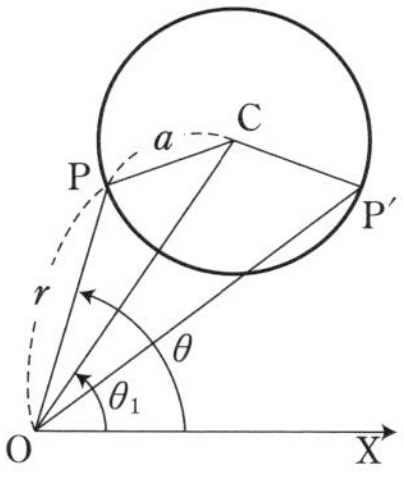

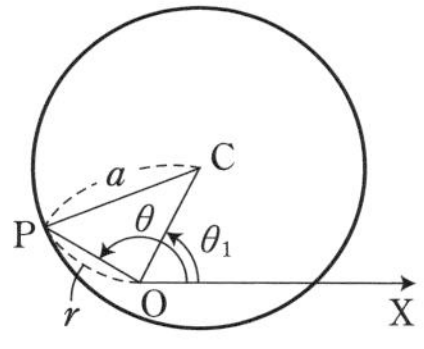

教 p.162

10 極方程式 $r=\dfrac{3}{1+2\cos\theta}$ の表す曲線を，直交座標に関する方程式で表し，座標平面にその概形をかけ。

指針 **2次曲線の極方程式**　極座標 $(r,\ \theta)$ と直交座標 $(x,\ y)$ の関係式 $r^2=x^2+y^2$，$r\cos\theta=x$，$r\sin\theta=y$ を用いる。

解答 $r=\dfrac{3}{1+2\cos\theta}$ の分母を払うと

$r+2r\cos\theta=3$　…… ①

① に $r\cos\theta=x$ を代入すると　$r=3-2x$

両辺を 2 乗すると　$r^2=(3-2x)^2$

$r^2=x^2+y^2$ を代入すると

$x^2+y^2=(3-2x)^2$

式を整理すると　$3x^2-12x+9-y^2=0$

よって　$3(x^2-4x+4)-y^2=3$

ゆえに，求める方程式は　$\boldsymbol{(x-2)^2-\dfrac{y^2}{3}=1}$　答

概形は図のようになる。

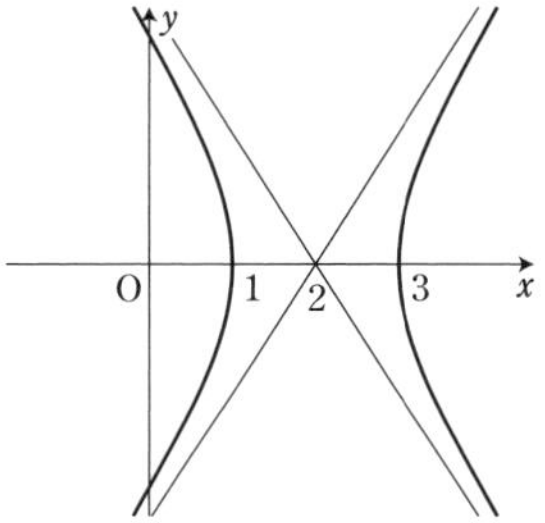

教 p.162

11 右の図のように，壁に立てかけてあった 5 m の棒が，上端は壁に，下端は床に接触しながらすべるように倒れるとき，壁と棒のなす角を θ として，棒の下から 2 m のところにある点 P が楕円の一部を描くことを証明せよ。

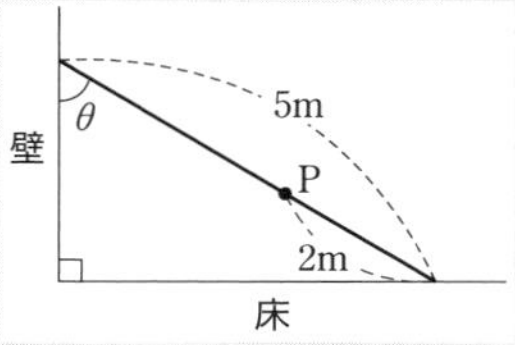

指針 **棒上の点の軌跡と2次曲線**　壁を y 軸，床を x 軸とする座標平面を考える。

解答 座標平面で考える。点 $\mathrm{P}(x,\ y)$ とすると

$x=5\sin\theta-2\sin\theta=3\sin\theta$，$y=2\cos\theta$

よって　$\sin\theta=\dfrac{x}{3}$，$\cos\theta=\dfrac{y}{2}$

これを $\sin^2\theta+\cos^2\theta=1$ に代入すると

$\left(\dfrac{x}{3}\right)^2+\left(\dfrac{y}{2}\right)^2=1$　すなわち　$\dfrac{x^2}{9}+\dfrac{y^2}{4}=1$

したがって，点 P は楕円 $\dfrac{x^2}{9}+\dfrac{y^2}{4}=1$ の $x\geqq 0$，$y\geqq 0$ の部分を描く。 終

第4章　演習問題A

教 p.163

1. 2つの直線 $y=3x$, $y=-3x$ が漸近線となる双曲線の中で，点 $(1,\ 4)$ を通るものを求め，その焦点の座標を示せ。

指針 **双曲線**　双曲線 $\dfrac{x^2}{a^2}-\dfrac{y^2}{b^2}=1$ または $\dfrac{x^2}{a^2}-\dfrac{y^2}{b^2}=-1$ の漸近線は $\dfrac{x}{a}-\dfrac{y}{b}=0$, $\dfrac{x}{a}+\dfrac{y}{b}=0$　これと条件より a, b を求める。

解答 $y=3x$, $y=-3x$ より，それぞれ　$x-\dfrac{y}{3}=0$, $x+\dfrac{y}{3}=0$

よって，これらが漸近線となる双曲線の方程式は

$$\frac{x^2}{a^2}-\frac{y^2}{b^2}=1 \quad \text{または} \quad \frac{x^2}{a^2}-\frac{y^2}{b^2}=-1 \quad (a>0,\ b>0)$$

とおくことができて　$a^2:b^2=1^2:3^2$　　すなわち　$b^2=9a^2$　…… ①

また，この双曲線は点 $(1,\ 4)$ を通るから

$$\frac{1^2}{a^2}-\frac{4^2}{b^2}=1 \quad \cdots\cdots ② \quad \text{または} \quad \frac{1^2}{a^2}-\frac{4^2}{b^2}=-1 \quad \cdots\cdots ③$$

①, ② より　$\dfrac{1}{a^2}-\dfrac{16}{9a^2}=1$

ゆえに，$a^2=-\dfrac{7}{9}$ となり，適さない。

①, ③ より　$\dfrac{1}{a^2}-\dfrac{16}{9a^2}=-1$

よって　$a^2=\dfrac{7}{9}$　　このとき　$b^2=7$

したがって，求める双曲線は　　$\boldsymbol{\dfrac{9}{7}x^2-\dfrac{y^2}{7}=-1}$　答

また，$\sqrt{a^2+b^2}=\sqrt{\dfrac{7}{9}+7}=\dfrac{\sqrt{70}}{3}$ であるから，焦点の座標は

$$\boldsymbol{\left(0,\ \frac{\sqrt{70}}{3}\right),\ \left(0,\ -\frac{\sqrt{70}}{3}\right)} \quad \text{答}$$

教 p.163

2. 楕円 $4x^2+y^2=4$ が，直線 $y=-x+k$ と異なる2点 $\mathrm{Q}(x_1,\ y_1)$, $\mathrm{R}(x_2,\ y_2)$ で交わるとき，定数 k の値の範囲を求めよ。また，線分 QR の中点 P の軌跡を求めよ。

指針 **楕円と中点の軌跡**　交点 Q，R の x 座標は，楕円の方程式と直線の方程式から y を消去して得られる x についての 2 次方程式の解である。2 点で交わるときの k の値の範囲は，この 2 次方程式の判別式を利用して求めることができる。また，中点 P の軌跡は，x_1+x_2 に着目して，解と係数の関係を利用して求める。

解答 楕円 $4x^2+y^2=4$ …… ①，直線 $y=-x+k$ …… ② とする。
② を ① に代入して y を消去すると

$4x^2+(-x+k)^2=4$　すなわち　$5x^2-2kx+k^2-4=0$ …… ③

② は y 軸に平行な直線ではないから，① と ② が異なる 2 点で交わるのは，x についての 2 次方程式 ③ が異なる 2 つの実数解をもつときである。
よって，③ の判別式を D とすると

$$\frac{D}{4}=(-k)^2-5(k^2-4)=-4(k^2-5)>0$$

よって　$k^2-5<0$
ゆえに，$(k+\sqrt{5})(k-\sqrt{5})<0$ より　$\boldsymbol{-\sqrt{5}<k<\sqrt{5}}$　答
また，このとき，2 点 Q，R の x 座標 x_1，x_2 は，2 次方程式 ③ の異なる 2 つの解であるから，解と係数の関係より　$x_1+x_2=\dfrac{2k}{5}$
ここで，QR の中点 P の座標を (x, y) とすると

$$x=\frac{x_1+x_2}{2}=\frac{k}{5}\qquad ② より\quad y=-\frac{k}{5}+k=\frac{4}{5}k$$

この 2 つの式から k を消去すると，$k=5x$ より

$$y=\frac{4}{5}\cdot 5x=4x$$

また，$-\sqrt{5}<k<\sqrt{5}$ より　$-\dfrac{\sqrt{5}}{5}<x<\dfrac{\sqrt{5}}{5}$
したがって，求める中点 P の軌跡は

直線の一部 $\boldsymbol{y=4x}$ $\left(-\dfrac{\sqrt{5}}{5}<x<\dfrac{\sqrt{5}}{5}\right)$　答

教 p.163

3. t を媒介変数として，$x=t+\dfrac{1}{t}$，$y=2\left(t-\dfrac{1}{t}\right)$ で表される曲線の方程式を求め，その概形をかけ。

指針 **媒介変数で表された曲線**　与えられた式から媒介変数を消去して，x と y の関係式を求める。

解答 $x=t+\dfrac{1}{t}$ …… ①　　$y=2\left(t-\dfrac{1}{t}\right)$ …… ② とする。

①＋②÷2 より　　$x+\dfrac{y}{2}=2t$ …… ③

①－②÷2 より　　$x-\dfrac{y}{2}=\dfrac{2}{t}$ …… ④

③，④ より　　$\left(x+\dfrac{y}{2}\right)\left(x-\dfrac{y}{2}\right)=4$

よって　　$x^2-\dfrac{y^2}{4}=4$

すなわち　　$\boldsymbol{\dfrac{x^2}{4}-\dfrac{y^2}{16}=1}$ 答

概形は図のようになる。

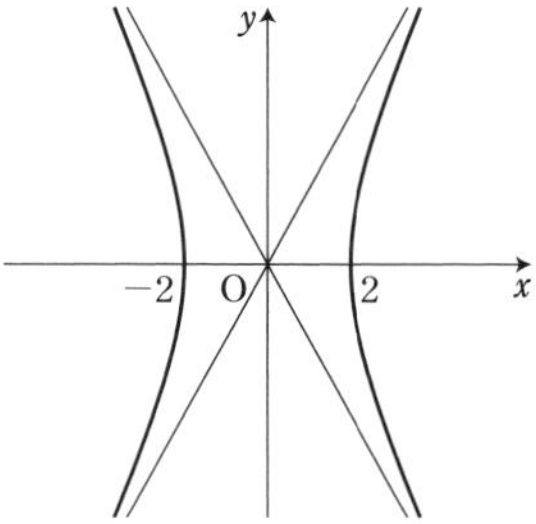

別解 $y^2=\left\{2\left(t-\dfrac{1}{t}\right)\right\}^2=4\left(t-\dfrac{1}{t}\right)^2=4\left\{\left(t+\dfrac{1}{t}\right)^2-4\right\}=4(x^2-4)$

よって　　$4x^2-y^2=16$

ゆえに，求める方程式は　　$\boldsymbol{\dfrac{x^2}{4}-\dfrac{y^2}{16}=1}$ 答　　概形は図のようになる。

教 p.163

4. 極 O と異なる定点 A をとり，その極座標を $(a,\ \alpha)$，$a>0$ とする。A を通り OA に垂直な直線 ℓ 上の点 P と O を結ぶ線分 OP を 1 辺として正三角形 OPQ を作るとき，点 Q の軌跡の極方程式を求めよ。

指針 **極方程式と軌跡**　直線 ℓ の極方程式をまず求める。P，Q の極座標を，それぞれ $(r_1,\ \theta_1)$，$(r,\ \theta)$ とすると，P は ℓ の方程式を満たす。また，△OPQ が正三角形であることから r と r_1，θ と θ_1 の関係を考え，これを r_1，θ_1 が満たす方程式に代入して，r と θ の極方程式を求める。

解答 直線 ℓ の極方程式を　$r\cos(\theta-\alpha)=a$，
P，Q の極座標をそれぞれ
　$(r_1,\ \theta_1)$，$(r,\ \theta)$
とすると，P は ℓ 上にあるから
　$r_1\cos(\theta_1-\alpha)=a$ …… ①
また，△OPQ は正三角形であるから

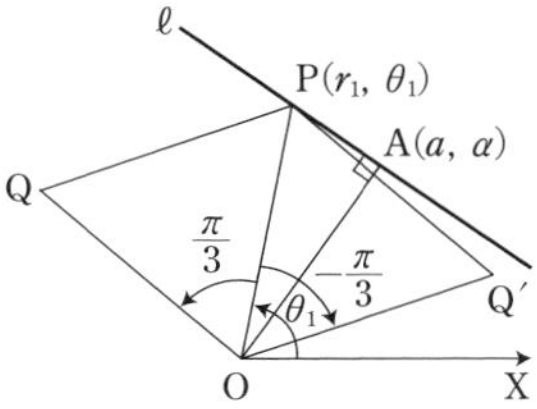

$r=r_1$，$\theta=\theta_1\pm\dfrac{\pi}{3}$　　よって　$r_1=r$，$\theta_1=\theta\pm\dfrac{\pi}{3}$

これらを ① に代入して　　$\boldsymbol{r\cos\left(\theta\pm\dfrac{\pi}{3}-\alpha\right)=a}$ 答

第4章　演習問題B

教 p.163

5. 放物線 $y^2=4px$ について，次の問いに答えよ。

(1) 傾きが m である接線の方程式を求めよ。ただし，$m \neq 0$ とする。

(2) 直交する2つの接線の交点Pの軌跡を求めよ。

指針　2次曲線の接線の交点の軌跡

(1) 接線の方程式を $y=mx+b$ とおくと，この式を放物線の式に代入して得られる2次方程式は重解をもつことから，2次方程式の判別式を利用して b の値を求める。

(2) 直交する2つの接線の傾きを m_1, m_2 として，その交点の座標を m_1, m_2, p を用いて表す。

解答 (1) 放物線 $y^2=4px$ …… ① に対して，傾きが m である接線の方程式を $y=mx+b$ …… ② とする。

② を ① に代入すると　$(mx+b)^2=4px$

整理して　$m^2x^2+2(mb-2p)x+b^2=0$ …… ③

② は接線であるから，x についての2次方程式 ③ は重解をもつ。

よって，$m \neq 0$ で，2次方程式 ③ の判別式を D とすると

$$\frac{D}{4}=(mb-2p)^2-m^2b^2=-4mbp+4p^2=-4p(mb-p)$$

$D=0$ から　$-4p(mb-p)=0$

$p \neq 0$ であるから　$mb-p=0$

ゆえに，$m \neq 0$ より　$b=\dfrac{p}{m}$

すなわち，求める接線の方程式は　$\boldsymbol{y=mx+\dfrac{p}{m}}$ 答

(2) 直交する2つの接線の方程式を

$$y=m_1x+\frac{p}{m_1} \quad \cdots\cdots ④ \qquad y=m_2x+\frac{p}{m_2} \quad \cdots\cdots ⑤$$

とすると，その交点は，④ と ⑤ の連立方程式の解である。

④ と ⑤ より　$m_1x+\dfrac{p}{m_1}=m_2x+\dfrac{p}{m_2}$

これより　$(m_1-m_2)x=-\dfrac{p}{m_1}+\dfrac{p}{m_2}=\dfrac{m_1-m_2}{m_1m_2}p$

ここで，④ と ⑤ は直交するから

$$m_1 \neq m_2, \qquad m_1m_2=-1$$

ゆえに　$x=\dfrac{1}{m_1m_2}p=-p$

すなわち，直交する接線の交点 P の x 座標は $x=-p$ である。
したがって，交点 P は直線 $x=-p$ 上にある。
逆に，直線 $x=-p$(準線)上の任意の点から放物線に対して 2 本の接線を引くことができて，その 2 本の接線は直交する。
よって，求める交点 P の軌跡は　**直線 $\boldsymbol{x=-p}$**　答

別解 (1)　放物線 $y^2=4px$ 上の点 $(x_1,\ y_1)$ における接線の方程式は

$$y_1y=2p(x+x_1)\quad\cdots\cdots\ ①$$

傾きが m であるから，$y_1\neq 0$ で　$m=\dfrac{2p}{y_1}$

ゆえに　　$y_1=\dfrac{2p}{m}$　$\cdots\cdots$ ②

点 $(x_1,\ y_1)$ は放物線上にあるから　$y_1{}^2=4px_1$

これと ② より　$\dfrac{4p^2}{m^2}=4px_1$　　$p\neq 0$ より　$x_1=\dfrac{p}{m^2}$　$\cdots\cdots$ ③

②，③ を ① に代入して，接線の方程式は　$\boldsymbol{y=mx+\dfrac{p}{m}}$　答

(2)　2 つの接点を $(x_1,\ y_1)$，$(x_2,\ y_2)$ とすると，それぞれの接線の方程式は

$$y_1y=2p(x+x_1)\quad\cdots\cdots\ ④\qquad y_2y=2p(x+x_2)\quad\cdots\cdots\ ⑤$$

また，接点は放物線 $y^2=4px$ 上にあるから

$$y_1{}^2=4px_1\quad\cdots\cdots\ ⑥\qquad y_2{}^2=4px_2\quad\cdots\cdots\ ⑦$$

④ と ⑤ が直交することより　$\dfrac{2p}{y_1}\cdot\dfrac{2p}{y_2}=-1$

よって　　$y_1y_2=-4p^2$　$\cdots\cdots$ ⑧

④$\times y_2-$⑤$\times y_1$ より　$(x+x_1)y_2=(x+x_2)y_1$

⑥，⑦ を代入して　$\left(x+\dfrac{y_1{}^2}{4p}\right)y_2=\left(x+\dfrac{y_2{}^2}{4p}\right)y_1$

ゆえに　　$(y_2-y_1)x=\dfrac{y_1y_2}{4p}(y_2-y_1)$

$y_1\neq y_2$ と ⑧ から　　$x=-p$

したがって，求める交点 P の軌跡は　**直線 $\boldsymbol{x=-p}$**　答

教 p.163

6. $a>0$ とする。2 定点 $A(-a,\ 0)$, $B(a,\ 0)$ からの距離の積が a^2 に等しい点 P の軌跡をレムニスケートという。
 (1) レムニスケートの方程式は，次の式で与えられることを示せ。
$$(x^2+y^2)^2=2a^2(x^2-y^2)$$
 (2) レムニスケートの極方程式を求め，$a=1$ のときの概形をコンピュータで描け。

指針 **いろいろな曲線とコンピュータ**

(1) $P(x,\ y)$ として，$PA\cdot PB=a^2$ の関係を x, y を用いて示す。

(2) $x^2+y^2=r^2$, $x=r\cos\theta$, $y=r\sin\theta$ の関係を (1) で求めた式に代入して，r, θ の式を導く。

解答 (1) 点 P の座標を $(x,\ y)$ とすると，$PA\cdot PB=a^2$ より
$$\sqrt{(x+a)^2+(y-0)^2}\cdot\sqrt{(x-a)^2+(y-0)^2}=a^2$$
両辺とも 0 または正であるから，両辺をそれぞれ 2 乗して
$$\{(x+a)^2+y^2\}\{(x-a)^2+y^2\}=a^4$$
ここで $\{(x^2+y^2+a^2)+2ax\}\{(x^2+y^2+a^2)-2ax\}-a^4$
$$=(x^2+y^2+a^2)^2-(2ax)^2-a^4$$
$$=(x^2+y^2)^2+2a^2(x^2+y^2)+a^4-4a^2x^2-a^4$$
$$=(x^2+y^2)^2-2a^2(x^2-y^2)$$
であるから $(x^2+y^2)^2=2a^2(x^2-y^2)$ …… ① 終

(2) 点 $(x,\ y)$ の極座標を $(r,\ \theta)$ とすると
$$x^2+y^2=r^2,\quad x=r\cos\theta,\quad y=r\sin\theta$$
これらを ① に代入すると $(r^2)^2=2a^2(r^2\cos^2\theta-r^2\sin^2\theta)$

ゆえに $r^4=2a^2r^2(\cos^2\theta-\sin^2\theta)$

すなわち $r^4=2a^2r^2\cos 2\theta$

$r^2(r^2-2a^2\cos 2\theta)=0$ から

$r=0$ …… ② または $r^2=2a^2\cos 2\theta$ …… ③

② は ③ に含まれるから，求める極方程式は $\boldsymbol{r^2=2a^2\cos 2\theta}$ 答

$a=1$ のときの概形は，極方程式を $r=\sqrt{2\cos 2\theta}$, $r=-\sqrt{2\cos 2\theta}$ に分解してその曲線を描くと図のようになる。

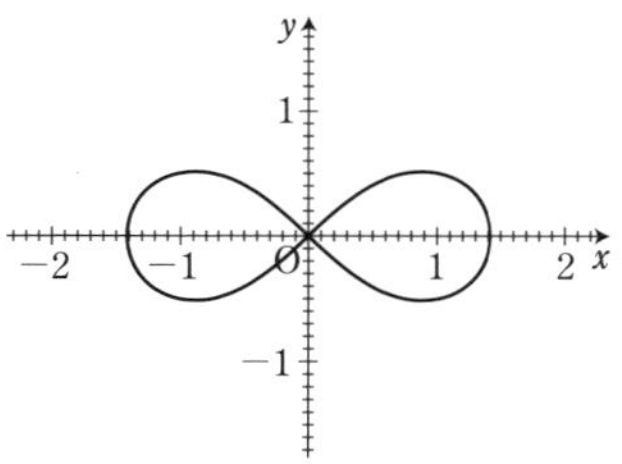

注意 このような曲線を **二葉形** ともいう。

教科書 p.167〜171

第5章 数学的な表現の工夫

1 データの表現方法の工夫

まとめ

1 パレート図

① 下のグラフは，右のデータを，支出金額の多い順に項目を並び替えてグラフに表し，そのグラフに，項目の累積度数の全体に対する割合を表す折れ線グラフを重ねたものである。グラフの右側の縦軸の目盛りは，累積度数の全体に対する割合(%)を表している。これを **累積比率** という。
このようなグラフを **パレート図** という。

項目	金額(円)
食料	75258
住居	17094
光熱・水道	21951
家具・家事用品	11486
被服・履物	10779
保健医療	13933
交通・通信	43632
教育	11492
教養娯楽	29343
その他	58412
計	293380

(総務省統計局ホームページより作成)

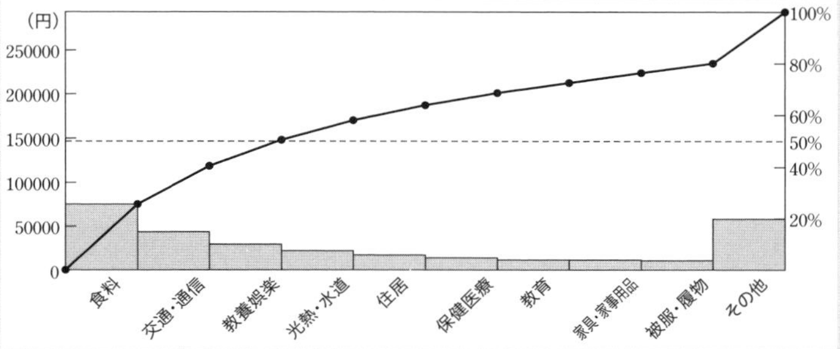

2 バブルチャート

① 次ページの表は，2016年(平成28年)の調査で得られたデータのうち，売上金額と付加価値額，付加価値率，企業等数について，産業分野別にまとめたものである。

付加価値率＝(付加価値額)÷(売上金額)

補足 付加価値額とは，売上金額から原材料費や仕入費などを引いた額で，日本の経済力を表す値の１つとされている。また，企業等数は，AからRのそれぞれの産業に属する企業などの数である。

企業産業小分類	売上金額(兆円)	付加価値額(兆円)	付加価値率	企業等数(千)
A	4.3	1.0	0.23	22.1
B	0.7	0.2	0.29	2.8
C	2.0	0.7	0.35	1.3
D	108.5	20.8	0.19	409.5
E	396.3	68.8	0.17	366.1
F	26.2	4.0	0.15	1.0
G	59.9	16.0	0.27	38.2
H	64.8	16.7	0.26	64.7
I	500.8	54.2	0.11	794.8

企業産業小分類	売上金額(兆円)	付加価値額(兆円)	付加価値率	企業等数(千)
J	125.1	19.2	0.15	27.4
K	46.1	9.5	0.21	278.7
L	41.5	15.2	0.37	173.9
M	25.5	9.6	0.38	446.5
N	45.7	7.7	0.17	341.6
O	15.4	7.2	0.47	105.8
P	111.5	20.7	0.19	276.2
Q	9.6	3.8	0.40	5.6
R	40.9	14.5	0.35	229.9

（総務省統計局ホームページより作成）

② ①のデータについて，付加価値額 x 兆円と付加価値率 y の散布図をかき，その散布図に３つ目の変量である企業等数を円の面積で表すと次のようになる。

注意 ３つ目の変量を円の直径の長さで表すこともある。

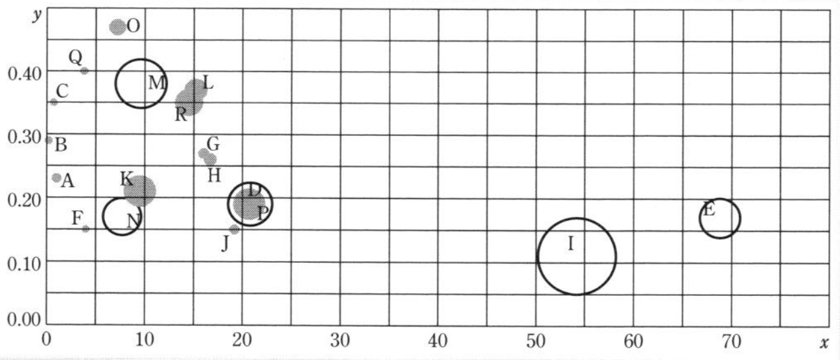

注意 企業等数が30万以上のデータは線の円，それ以外のデータは塗りの円で表している。

③ ②の図のように，３つの変量を横軸，縦軸，円の大きさで表すことで，３つの変量を１つの図で表すことができる。このような図を **バブルチャート** という。

A パレート図

練習 1 教 p.167

右のデータは，2020 年 9 月における日本の電気事業者について，発電方法とその発電量を調査した結果である。このデータについて，パレート図をかけ。

項　目	発電量(億 kWh)
火力発電	586.7
水力発電	67.5
原子力発電	27.1
新エネルギー等	18.8
その他	0.2
計	700.3

(資源エネルギー庁ホームページより作成)

指針 **パレート図の書き方**　左側の軸は発電量，右側の軸は累積比率となる。
累積比率は，発電量の合計 700.3(億 kWh)と発電量の累積和から求める。

解答

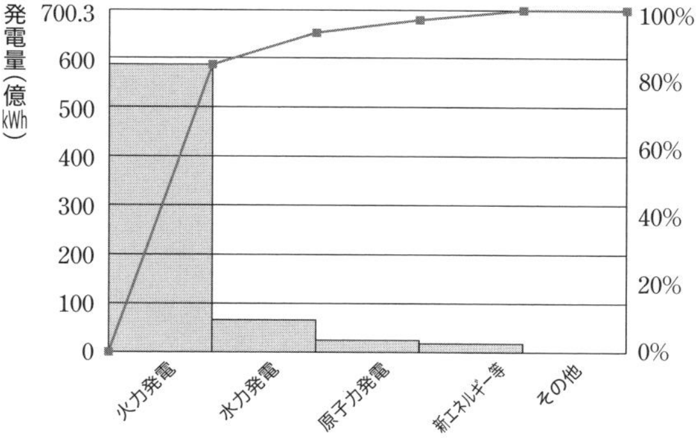

深める 教 p.167

パレート図は，経済学者ヴィルフレド・パレートが提唱したパレートの法則を図式化したものである。パレートの法則について調べてみよう。

指針 「パレートの法則」で調べるとよい。

解答 全体の数値の 8 割は，全体を構成する 2 割の要素が生み出しているという法則で，これは経験則である。
例えば，ある会社の売上の 8 割は，その会社の全商品のうちの 2 割の商品が生み出している，というような状況を表す。 終

B パレート図の活用　C バブルチャート

教 p.171

練習 2

右のバブルチャートは，2019 年における各都道府県の出生率を横軸，死亡率を縦軸，転入超過数(他都道府県からの転入者数から，他都道府県への転出者数を引いた数)の絶対値を円の面積で表したものである。ただし，転入超過数が正のデータは塗りの円，負のデータは線の円で表している。このバブルチャートから読み取れることとして，正しいものを，次の ①～③ からすべて選べ。

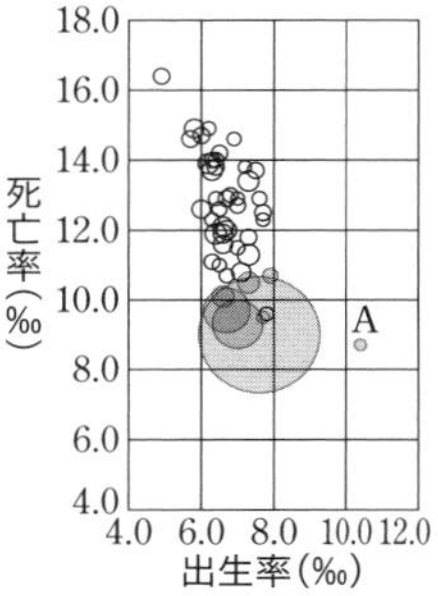

(総務省統計局ホームページより作成)

① 地区 A は，出生率が死亡率を上回っており，転入超過数も正の値をとるから，人口は増加している。

② 出生率が死亡率を上回っているのは，地区 A 以外にもある。

③ 死亡率が出生率を上回っている都道府県のすべてで人口が減少している。

指針 **バブルチャートの読み方**　死亡率と出生率はそれぞれ軸から読み取り，転入超過数は円の大きさや塗りか線かで読み取る。

③ 人口が減少したかは (出生率)−(死亡率) と転入超過数から考えることができるが，一方が正，もう一方が負の場合，与えられた条件からだけでは読み取ることはできない。

解答 ① 地区 A の出生率は 10 ‰ より大きく，死亡率は 10 ‰ 未満であるから，出生率が死亡率を上回っている。また，転入超過数も正の値をとるから，人口は増加していることがわかる。
よって，正しい。

② 地区 A 以外のすべての地区が，出生率は 8 ‰ 未満で，死亡率は 8 ‰ より大きい。
よって，出生率が死亡率を上回っているのは地区 A だけである。
よって，正しくない。

③ 死亡率が出生率を上回っている都道府県のうち，転入超過数が正の値をとる地区がある。このような地区については，人口が減少しているかをこのバブルチャートから読み取ることはできない。
よって，正しくない。

以上から，正しいものは　①　答

2 行列による表現

まとめ

1 行列

① $A=\begin{pmatrix} 55 & 61 & 21 & 13 \\ 78 & 64 & 32 & 18 \\ 43 & 45 & 20 & 9 \end{pmatrix}$, $B=\begin{pmatrix} 50 & 52 & 23 & 16 \\ 70 & 64 & 36 & 25 \\ 45 & 41 & 9 & 7 \end{pmatrix}$ のように，いくつかの数や文字を長方形状に書き並べ，両側を括弧で囲んだものを **行列** といい，括弧の中のそれぞれの数や文字を，この行列の **成分** という。

② 行列において，成分の横の並びを **行** といい，縦の並びを **列** という。

③ m 個の行と n 個の列からなる行列を **m 行 n 列の行列** または **$m\times n$ 行列** という。
特に，行と列の個数が等しい $n\times n$ 行列を **n 次の正方行列** という。
例えば，① の行列 A，B は，どちらも 3×4 行列である

	第1列 ↓	第2列 ↓	第3列 ↓	第4列 ↓
第1行 →	55	61	21	13
第2行 →	78	64	32	18
第3行 →	43	45	20	9

↑ (3, 2) 成分（45）

④ 第 i 行と第 j 列の交わるところにある成分を **$(i,\ j)$ 成分** という。
例えば，① の行列 A の (3, 2) 成分は 45 である。

⑤ 行が 1 行だけの行列や，列が 1 列だけの行列もある。
例えば，$(1,\ 0,\ -2)$ は行が 1 行だけの行列で，1×3 行列である。

2 行列の和と差

① 2 つの行列 A，B について，行数が等しく，列数も等しいとき，A と B は **同じ型** であるという。

② 行列 A，B が同じ型であり，かつ対応する成分がそれぞれ等しいとき，A と B は **等しい** といい，$\boldsymbol{A=B}$ と書く。

③ 同じ型の 2 つの行列 A，B の対応する成分の和を成分とする行列を A と B の **和** といい，$\boldsymbol{A+B}$ で表す。また，同じ型の 2 つの行列 A，B の対応する成分の差を成分とする行列を A と B の **差** といい，$\boldsymbol{A-B}$ で表す。

注意 同じ型でない 2 つの行列については，和や差は考えない。

④ 実数 x，y，z について，次のことが成り立つ。

1 $x+y=y+x$ **交換法則**

2 $(x+y)+z=x+(y+z)$ **結合法則**

⑤ $\begin{pmatrix} 0 & 0 \\ 0 & 0 \end{pmatrix}$, $(0\ \ 0)$, $\begin{pmatrix} 0 \\ 0 \end{pmatrix}$ のように，成分がすべて 0 である行列を **零行列** という。零行列は型と無関係に，記号 $\boldsymbol{O}$ を用いて表す。

⑥ 同じ型の行列の加法，減法について，次の計算法則が成り立つ。

行列の加法，減法についての性質

1 $\boldsymbol{A+B=B+A}$ **交換法則**

2 $\boldsymbol{(A+B)+C=A+(B+C)}$ **結合法則**

3 $\boldsymbol{A-A=O}$，$\boldsymbol{A+O=A}$

2 が成り立つので，行列 A，B，C の和を $A+B+C$ と書く。

3 行列の実数倍

① k を実数とするとき，行列 A の各成分の k 倍を成分とする行列を $\boldsymbol{kA}$ で表す。

注意 行列 kA に対して，$k=1$ のときは $1A=A$，$k=0$ のときは $0A=O$ である。$k=-1$ のとき，すなわち $(-1)A$ は，$\boldsymbol{-A}$ と書く。
また，$(-2)A=-(2A)$ が成り立つので，これらを単に $-2A$ と書く。

② 実数 x，y，z について，次のことが成り立つ。

1 $(xy)z=x(yz)$ **結合法則**

2 $(x+y)z=xz+yz$

3 $x(y+z)=xy+xz$ **分配法則**

③ 行列の実数倍については，次の計算法則が成り立つ。

行列の実数倍についての性質

k，l を実数とする。

1 $\boldsymbol{k(lA)=(kl)A}$

2 $\boldsymbol{(k+l)A=kA+lA}$

3 $\boldsymbol{k(A+B)=kA+kB}$

2 が成り立つので，$A+(-A)=1A+(-1)A=\{1+(-1)\}A=0A=O$ が成り立つ。

4 行列の積

① 行列 A と行列 X について，AX を行列 A と行列 X の **積** という。

② $1\times m$ 行列を $\boldsymbol{m}$ **次の行ベクトル**，$n\times1$ 行列を $\boldsymbol{n}$ **次の列ベクトル** という。

③ m 次の行ベクトル A と m 次の列ベクトル B に対して，次のように，その対応する成分の積の和を，**積** $\boldsymbol{AB}$ と定める。

$$AB=(a_1\ \ a_2\ \ \cdots\cdots\ \ a_m)\begin{pmatrix} b_1 \\ b_2 \\ \vdots \\ b_m \end{pmatrix}=a_1b_1+a_2b_2+\cdots\cdots+a_mb_m$$

④ 行列 A の列数と行列 B の行数が等しいとき，A の各行と B の各列の成分の個数が一致するから，これらの行列の積が考えられる。

⑤ A が $l\times m$ 行列，B が $m\times n$ 行列のとき，2 つの行列 A，B の**積 AB** を，A の第 i 行を取り出した行ベクトルと B の第 j 列を取り出した列ベクトルの積を $(i,\ j)$ 成分とする $l\times n$ 行列と定める。

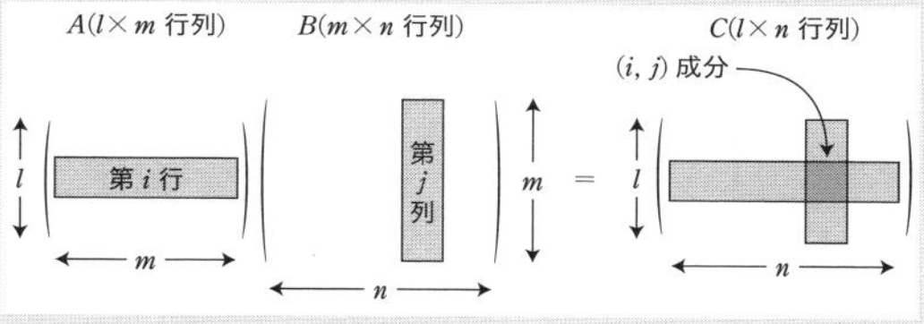

注意 A の列数と B の行数が異なるときについては，積 AB は考えない。

また，例えば，$(a\ \ b)\begin{pmatrix} x \\ y \end{pmatrix}=ax+by$ や $(a\ \ b\ \ c)\begin{pmatrix} x \\ y \\ z \end{pmatrix}=ax+by+cz$

では，積の結果は 1 つの数になるが，これは 1×1 行列とみることもできる。

⑥ 行列の乗法については，次の計算法則が成り立つ。

行列の乗法についての性質

1 $(kA)B=A(kB)=k(AB)$ k は実数

2 $(AB)C=A(BC)$ **結合法則**

3 $(A+B)C=AC+BC$，$A(B+C)=AB+AC$ **分配法則**

1 が成り立つので，$(kA)B$ と $k(AB)$ を区別せず，kAB と書く。また，**2** が成り立つので，行列 A，B，C の積を ABC と書く。

A 行列

練習 3 教 p.173

教科書 172 ページの 4 種類のボールペンの販売数について，次の問いに答えよ。

(1) 4 月において，3 つの店での合計販売数が最も多いのは，どの色のボールペンか。

(2) 4 種類のボールペンの合計販売数が，4 月より 5 月の方が多いのは，どの店か。

指針 **行列による表現の読み取り** (1) 列ごとに，3 つの店の本数を合計して比較する。

(2) 行ごとに，4 種類の本数を合計して 4 月と 5 月で比較する。

解答 (1) 4 種類のボールペンの，4 月における 3 つの店の合計販売数は，次のようになる。

黒：55＋78＋43＝176　　赤：61＋64＋45＝170

青：21＋32＋20＝73　　緑：13＋18＋9＝40

よって，合計販売数が最も多いのは，**黒のボールペン** である。 答

(2) 4 月，5 月における 4 種類のボールペンの 3 つの店での合計販売数は次のようになる。

店 X　4 月：55＋61＋21＋13＝150

　　　5 月：50＋52＋23＋16＝141

店 Y　4 月：78＋64＋32＋18＝192

　　　5 月：70＋64＋36＋25＝195

店 Z　4 月：43＋45＋20＋9＝117

　　　5 月：45＋41＋9＋7＝102

よって，4 月より 5 月の方が多いのは，**店 Y** である。 答

練習 4　教 p.173

次の行列は何行何列の行列か。

(1) $\begin{pmatrix} 1 & 3 & 0 \\ 4 & 2 & 1 \end{pmatrix}$　(2) $\begin{pmatrix} 2 & 4 & -7 \\ -3 & 5 & 0 \\ 1 & 6 & 9 \end{pmatrix}$　(3) $\begin{pmatrix} 3 & 7 \end{pmatrix}$　(4) $\begin{pmatrix} 1 \\ 4 \\ -2 \end{pmatrix}$

指針 **行列の形**　横の並びが行，縦の並びが列である。

解答 (1) **2 行 3 列** 答

(2) **3 行 3 列** 答

(3) **1 行 2 列** 答

(4) **3 行 1 列** 答

B 行列の和と差

練習 5　教 p.175

教科書 172 ページの各ボールペンの販売数について，4 月から 5 月で最も減ったもの，最も増えたものは，それぞれどの店のどの色のボールペンか。教科書 174 ページで計算をした $A-B$ を利用して答えよ。

指針 **行列の差**　$A-B$ の各成分は，4 月の販売数と比べて 5 月の販売数がどれくらい減ったかを表しているから，成分の値を比較する。

解答 $A-B=\begin{pmatrix} 5 & 9 & -2 & -3 \\ 8 & 0 & -4 & -7 \\ -2 & 4 & 11 & 2 \end{pmatrix}$ の各成分は，4 月から 5 月で販売数がどれだけ減ったかを表すから，正の値で最大値であるボールペンが最も減ったもの，負の値で最小値であるボールペンが最も増えたものである。

正の値で最大値は 11 であるから，**最も減ったものは店 Z の青のボールペン**である。 答

負の値で最小値は −7 であるから，**最も増えたものは店 Y の緑のボールペン**である。 答

練習 6 教 p.175

次の計算をせよ。

(1) $\begin{pmatrix} 7 & 4 \\ -3 & 1 \end{pmatrix}+\begin{pmatrix} -2 & 5 \\ 8 & -1 \end{pmatrix}$ (2) $\begin{pmatrix} 2 & 9 \\ -6 & 7 \end{pmatrix}-\begin{pmatrix} 5 & 6 \\ 4 & -2 \end{pmatrix}$

(3) $\begin{pmatrix} 6 & -5 & 2 \\ 0 & 4 & -3 \end{pmatrix}+\begin{pmatrix} -4 & 3 & -7 \\ 1 & 8 & 6 \end{pmatrix}$ (4) $\begin{pmatrix} 0 \\ 4 \end{pmatrix}-\begin{pmatrix} 3 \\ -1 \end{pmatrix}$

指針 **行列の和と差の計算** 対応する成分の和，差を計算する。

解答 (1) $\begin{pmatrix} 7 & 4 \\ -3 & 1 \end{pmatrix}+\begin{pmatrix} -2 & 5 \\ 8 & -1 \end{pmatrix}=\begin{pmatrix} \mathbf{5} & \mathbf{9} \\ \mathbf{5} & \mathbf{0} \end{pmatrix}$ 答

(2) $\begin{pmatrix} 2 & 9 \\ -6 & 7 \end{pmatrix}-\begin{pmatrix} 5 & 6 \\ 4 & -2 \end{pmatrix}=\begin{pmatrix} \mathbf{-3} & \mathbf{3} \\ \mathbf{-10} & \mathbf{9} \end{pmatrix}$ 答

(3) $\begin{pmatrix} 6 & -5 & 2 \\ 0 & 4 & -3 \end{pmatrix}+\begin{pmatrix} -4 & 3 & -7 \\ 1 & 8 & 6 \end{pmatrix}=\begin{pmatrix} \mathbf{2} & \mathbf{-2} & \mathbf{-5} \\ \mathbf{1} & \mathbf{12} & \mathbf{3} \end{pmatrix}$ 答

(4) $\begin{pmatrix} 0 \\ 4 \end{pmatrix}-\begin{pmatrix} 3 \\ -1 \end{pmatrix}=\begin{pmatrix} \mathbf{-3} \\ \mathbf{5} \end{pmatrix}$ 答

C 行列の実数倍

練習 7 教 p.176

教科書 172 ページのボールペンの販売数について，6 月の販売数を表す行列が

$$C=\begin{pmatrix} 45 & 50 & 22 & 13 \\ 81 & 73 & 39 & 25 \\ 40 & 40 & 13 & 10 \end{pmatrix}$$

であるとき，4〜6 月の平均値を表す行列を求めよ。

指針 **行列の実数倍** $A+B+C$ の各成分を $\frac{1}{3}$ 倍する。

5章 数学的な表現の工夫

解答 $Q=A+B+C$ とすると，求める行列は $\frac{1}{3}Q$ である。

$$Q=A+B+C$$
$$=\begin{pmatrix}55&61&21&13\\78&64&32&18\\43&45&20&9\end{pmatrix}+\begin{pmatrix}50&52&23&16\\70&64&36&25\\45&41&9&7\end{pmatrix}+\begin{pmatrix}45&50&22&13\\81&73&39&25\\40&40&13&10\end{pmatrix}$$
$$=\begin{pmatrix}150&163&66&42\\229&201&107&68\\128&126&42&26\end{pmatrix}$$

よって，求める行列は

$$\frac{1}{3}Q=\frac{1}{3}\begin{pmatrix}150&163&66&42\\229&201&107&68\\128&126&42&26\end{pmatrix}=\begin{pmatrix}\mathbf{50}&\mathbf{\frac{163}{3}}&\mathbf{22}&\mathbf{14}\\\mathbf{\frac{229}{3}}&\mathbf{67}&\mathbf{\frac{107}{3}}&\mathbf{\frac{68}{3}}\\\mathbf{\frac{128}{3}}&\mathbf{42}&\mathbf{14}&\mathbf{\frac{26}{3}}\end{pmatrix}$$ 答

練習 8 教 p.177

$P=\begin{pmatrix}2&-4\\-3&6\end{pmatrix}$ のとき，次の行列を求めよ。

(1) $2P$　(2) $\frac{1}{3}P$　(3) $(-2)P$　(4) $(-1)P$

指針 **行列の実数倍**　kP は行列 P の各成分を k 倍した行列である。

解答 (1) $2P=2\begin{pmatrix}2&-4\\-3&6\end{pmatrix}=\begin{pmatrix}\mathbf{4}&\mathbf{-8}\\\mathbf{-6}&\mathbf{12}\end{pmatrix}$ 答

(2) $\frac{1}{3}P=\frac{1}{3}\begin{pmatrix}2&-4\\-3&6\end{pmatrix}=\begin{pmatrix}\mathbf{\frac{2}{3}}&\mathbf{-\frac{4}{3}}\\\mathbf{-1}&\mathbf{2}\end{pmatrix}$ 答

(3) $(-2)P=(-2)\begin{pmatrix}2&-4\\-3&6\end{pmatrix}=\begin{pmatrix}\mathbf{-4}&\mathbf{8}\\\mathbf{6}&\mathbf{-12}\end{pmatrix}$ 答

(4) $(-1)P=(-1)\begin{pmatrix}2&-4\\-3&6\end{pmatrix}=\begin{pmatrix}\mathbf{-2}&\mathbf{4}\\\mathbf{3}&\mathbf{-6}\end{pmatrix}$ 答

D 行列の積

練習 9 教 p.179

教科書 178 ページ，179 ページにおいて，自動車 Y，自動車 Z の総得点を行列の積として表し，計算せよ。また，X，Y，Z のうち総得点が最大となる自動車はどれか。

指針 **行列の積**　教科書 179 ページで求めた AX と同様に，Y，Z の総得点 AY，AZ を計算する。

解答 **自動車 Y の総得点は**

$$AY=(5\ \ 2\ \ 4)\begin{pmatrix}4\\5\\2\end{pmatrix}=5\cdot4+2\cdot5+4\cdot2=\mathbf{38}$$ 答

自動車 Z の総得点は

$$AZ=(5\ \ 2\ \ 4)\begin{pmatrix}2\\4\\3\end{pmatrix}=5\cdot2+2\cdot4+4\cdot3=\mathbf{30}$$ 答

よって，X，Y，Z のうち総得点が最大となるのは **Y** である。 答

練習 10 教 p.180

教科書 178 ページの例で，各観点の重要度が右の表のようであるとする。3 つの自動車 X，Y，Z の評価は教科書 178 ページと同じであるとき，総得点が最小となる自動車はどれか。

観点	a	b	c
重要度	4	3	5

指針 **行列の積**　重要度を表す行列 $B=(4\ \ 3\ \ 5)$ と，X，Y，Z を並べた行列 W の積 BW は，3 つの自動車の総得点を表す行列である。

解答 観点の重要度を次の 1×3 行列 B で表す。

$$B=(4\ \ 3\ \ 5)$$

各自動車の評価を表す行列 X，Y，Z を並べた行列 $\begin{pmatrix}3&4&2\\1&5&4\\5&2&3\end{pmatrix}$ を W とすると，

各自動車の総得点は次のように求められる。

$$\begin{aligned}BW&=(4\ \ 3\ \ 5)\begin{pmatrix}3&4&2\\1&5&4\\5&2&3\end{pmatrix}\\&=(4\cdot3+3\cdot1+5\cdot5\ \ \ 4\cdot4+3\cdot5+5\cdot2\ \ \ 4\cdot2+3\cdot4+5\cdot3)\\&=(40\ \ 41\ \ 35)\end{aligned}$$

よって，X，Y，Z のうち総得点が最小となるのは **Z** である。 答

練習 11 教 p.181

次の行列の積を計算せよ。

(1)　$(2\ \ 3)\begin{pmatrix}5\\4\end{pmatrix}$　　(2)　$\begin{pmatrix}5&0\\-6&1\end{pmatrix}\begin{pmatrix}2\\3\end{pmatrix}$　　(3)　$\begin{pmatrix}1&2\\3&1\end{pmatrix}\begin{pmatrix}2&4\\3&1\end{pmatrix}$

指針 **行列の積**　行列の積の規則に沿って計算する。

解答 (1)　$(2\ \ 3)\begin{pmatrix}5\\4\end{pmatrix}=2\cdot5+3\cdot4=\mathbf{22}$ 答

(2)　$\begin{pmatrix}5&0\\-6&1\end{pmatrix}\begin{pmatrix}2\\3\end{pmatrix}=\begin{pmatrix}5\cdot2+0\cdot3\\-6\cdot2+1\cdot3\end{pmatrix}=\begin{pmatrix}\mathbf{10}\\\mathbf{-9}\end{pmatrix}$ 答

(3)　$\begin{pmatrix}1&2\\3&1\end{pmatrix}\begin{pmatrix}2&4\\3&1\end{pmatrix}=\begin{pmatrix}1\cdot2+2\cdot3&1\cdot4+2\cdot1\\3\cdot2+1\cdot3&3\cdot4+1\cdot1\end{pmatrix}=\begin{pmatrix}\mathbf{8}&\mathbf{6}\\\mathbf{9}&\mathbf{13}\end{pmatrix}$ 答

深める 教 p.181

行列の積について交換法則 $AB=BA$ は一般には成り立たない。行列 $A=\begin{pmatrix}1&3\\2&4\end{pmatrix}$, $B=\begin{pmatrix}2&-1\\0&3\end{pmatrix}$ について，積 AB と積 BA を求めてみよう。

指針 **行列の積**　教科書 180 ページで定められている通りに計算を行う。

解答 $AB=\begin{pmatrix}1&3\\2&4\end{pmatrix}\begin{pmatrix}2&-1\\0&3\end{pmatrix}=\begin{pmatrix}1\cdot2+3\cdot0&1\cdot(-1)+3\cdot3\\2\cdot2+4\cdot0&2\cdot(-1)+4\cdot3\end{pmatrix}=\begin{pmatrix}\mathbf{2}&\mathbf{8}\\\mathbf{4}&\mathbf{10}\end{pmatrix}$ 答

$BA=\begin{pmatrix}2&-1\\0&3\end{pmatrix}\begin{pmatrix}1&3\\2&4\end{pmatrix}=\begin{pmatrix}2\cdot1+(-1)\cdot2&2\cdot3+(-1)\cdot4\\0\cdot1+3\cdot2&0\cdot3+3\cdot4\end{pmatrix}=\begin{pmatrix}\mathbf{0}&\mathbf{2}\\\mathbf{6}&\mathbf{12}\end{pmatrix}$ 答

3　離散グラフによる表現

まとめ

1　一筆書き

① いくつかの点とそれらを結ぶ何本かの線で表された図を **離散グラフ** または単に **グラフ** という。

② 離散グラフの点を **頂点**，線を **辺** といい，頂点に集まる辺の本数を，その頂点の **次数** という。また，本書では，集まる辺の本数が奇数である頂点を **奇点**，偶数である頂点を **偶点** という。

③ 離散グラフのどの 2 頂点も，いくつかの辺をたどって一方から他方に行けるとき，離散グラフは **連結** であるという。連結である離散グラフについて，次のことが成り立つことが知られている。

一筆書きができるための必要十分条件は，奇点の個数が 0 または 2 であることである。

④ 奇点の個数が 0 のとき，離散グラフには偶点しかない。このとき，どの偶点を始点にしても一筆書きができて，始点と終点は必ず一致する。

2　最短経路の問題

①　それぞれの辺に数を与えた離散グラフを利用すると，ある頂点から別の頂点へ向かう最短経路を調べることができる。

②　右の図は，A，B，C，D，E の 5 駅と路線で，この離散グラフの辺に移動する際の所要時間(分)を与えたものである。この路線において，A から E まで移動するとき，所要時間が最も短い経路は A → C → E であることがわかる。

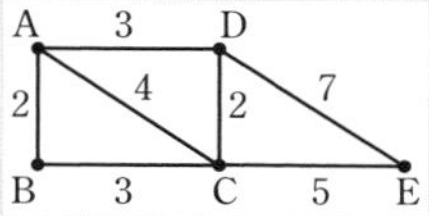

A 一筆書き

練習 12　教 p.183

次の図について，一筆書きの方法を見つけよ。

(1)

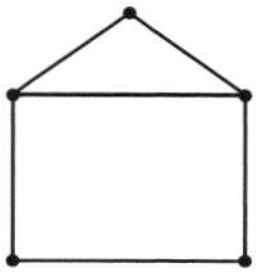

(2)

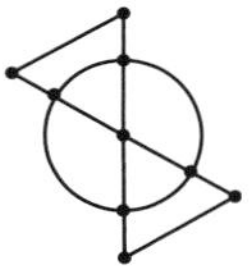

指針　**一筆書きの方法**　すべての辺を 1 回だけ通る方法を探す。書き方は 1 通りではない。

解答　例えば，次の矢印のように線をたどればよい。

(1)

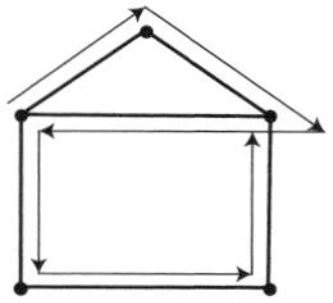

(2)

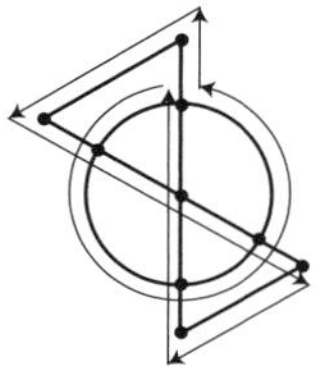

練習 13　教 p.184

教科書 183 ページの例 3，練習 12 の図について，奇点，偶点はそれぞれ何個あるか。

指針　**奇点と偶点**　頂点に集まる辺の本数を数える。

解答　(例 3)　(1)　**奇点は 2 個，偶点は 4 個**　答

(2)　**奇点は 0 個，偶点は 6 個**　答

(練習 12)　(1)　**奇点は 2 個，偶点は 3 個**　答

(2)　**奇点は 0 個，偶点は 9 個**　答

教 p.185

練習 14

教科書 184 ページ例 4 の図 [2] の離散グラフは，一筆書きができない。その理由を説明せよ。

指針 **一筆書きができるための必要十分条件**　奇点の個数が 0 または 2 でないと一筆書きすることはできない。

解答 一筆書きができるための必要十分条件は，奇点の個数が 0 または 2 である。図 [2] の離散グラフには奇点が 4 個あるから，一筆書きができない。 終

教 p.185

練習 15

次の離散グラフについて，一筆書きができるか判定せよ。また，一筆書きができる場合は，実際に一筆書きの方法を見つけよ。

(1)

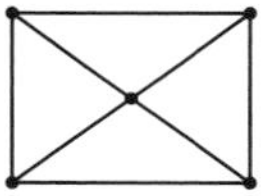

(2)

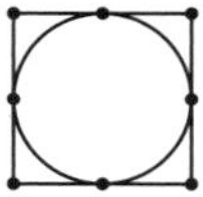

(3)

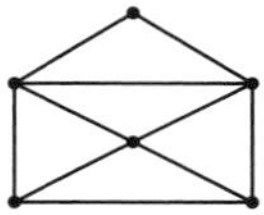

指針 **一筆書きができるための必要十分条件**　奇点の個数が 0 または 2 であるかどうかで判定する。

一筆書きの方法は，始点の決め方が重要である。奇点の個数が 0 の場合は始点をどこにとってもよい。奇点の個数が 2 の場合は奇点のうちどちらかを始点とする。このとき，もう一方の奇点が終点となる。

解答 (1)　奇点が 4 個あるから，**一筆書きはできない。** 答

(2)　奇点がないから，**一筆書きができる。** 答

(3)　奇点が 2 個であるから，**一筆書きができる。** 答

(2), (3) については，例えば，次の矢印のように線をたどればよい。

(2)

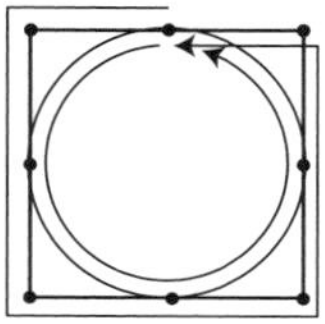

(3)

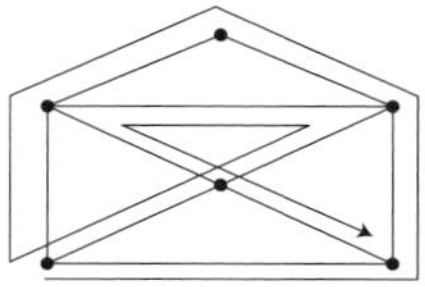

B 最短経路の問題

教 p.186

練習 16

A，B，C，D，E，F の 6 駅が右の図のような路線を構成している。この離散グラフの辺に隣接してかかれている数は移動する際の所要時間(分)である。この路線において，A から F まで移動するとき，所要時間が最も短くなる経路を見つけよ。

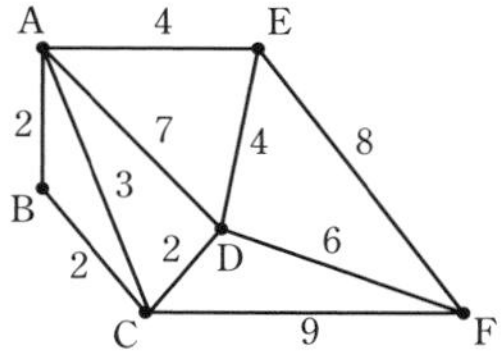

指針 **最短経路**　A から F への経路の所要時間を 1 つずつ調べ，最小のものを見つける。

解答 それぞれの経路の所要時間を調べると

A → B → C → D → E → F では 18 分
A → B → C → D → F では 12 分
A → B → C → F では 13 分
A → C → D → E → F では 17 分
A → C → D → F では 11 分
A → C → F では 12 分
A → D → C → F では 18 分
A → D → E → F では 19 分
A → D → F では 13 分
A → E → D → C → F では 19 分
A → E → D → F では 14 分
A → E → F では 12 分

であるから，最も短い所要時間は 11 分で，そのときの経路は

A → C → D → F　答

教 p.189

練習 17

A，B，C，D，E，F の 6 駅が右の図のような路線を構成している。この離散グラフの辺に隣接してかかれている数は移動する際の所要時間(分)である。この路線において，A から F まで移動するとき，所要時間が最も短くなる経路をダイクストラのアルゴリズムを利用して見つけよ。

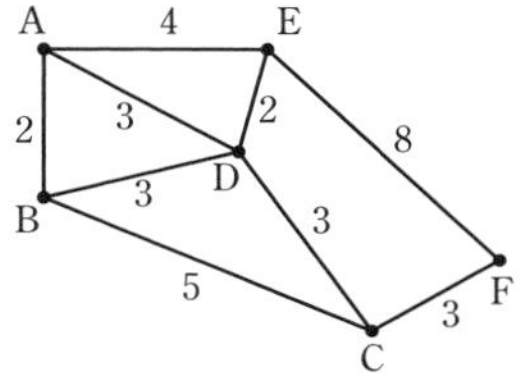

指針 **最短経路を効率よく調べる方法** 教科書 187〜189 ページの方法を参考にするとよい。A から順に所要時間の小さい頂点を調べて数値を確定させていく。

解答 まず，A に 0 を割り当てる。

① A の 0 を確定させる。

② B に 2，D に 3，E に 4 を割り当てる。

頂点 B について考える。

① B の 2 を確定させる。

② C に 7 を割り当てて，D は 3 のままとする。

頂点 D について考える。

① D の 3 を確定させる。

② C に 6 を割り当てて，E は 4 のままとする。

頂点 E について考える。

① E の 4 を確定させる。

② F に 12 を割り当てる。

頂点 C について考える。

① C の 6 を確定させる。

② F に 9 を割り当てる。

頂点 F について考える。

① F の 9 を確定させる。

以上から，頂点 A から頂点 F までの最小の所要時間は 9 分であることがわかる。

このときの経路は　**A → D → C → F**　答

4 離散グラフと行列の関連

まとめ

1 離散グラフの隣接行列

① 離散グラフを行列で表す方法がある。

例えば，下の離散グラフを，行列 A のように表す。

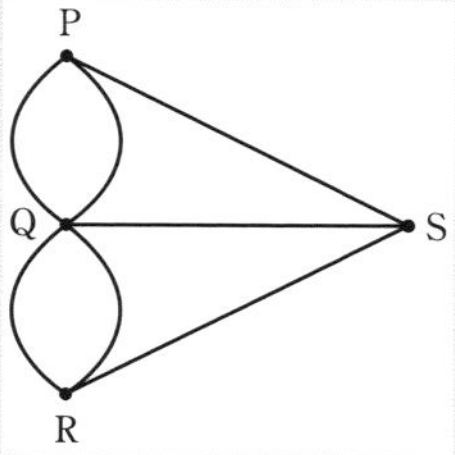

$$\begin{matrix} & \text{P} & \text{Q} & \text{R} & \text{S} & \\ & \vdots & \vdots & \vdots & \vdots & \\ A= & \begin{pmatrix} 0 & 2 & 0 & 1 \\ 2 & 0 & 2 & 1 \\ 0 & 2 & 0 & 1 \\ 1 & 1 & 1 & 0 \end{pmatrix} & & & & \begin{matrix} \cdots\text{P} \\ \cdots\text{Q} \\ \cdots\text{R} \\ \cdots\text{S} \end{matrix} \end{matrix}$$

行列 A の各行と各列が前ページに示したように頂点P，Q，R，Sに対応している。

例えば，第1行および第1列は，頂点Pと他の頂点を結ぶ辺の本数を表している。頂点Pと，頂点P，Q，R，Sを結ぶ辺の本数は順に0，2，0，1であるから，第1行および第1列には0　2　0　1が並ぶ。

また，PとPなど，同じ頂点どうしは辺では結ばれていないから，行列 A の(1，1)成分，(2，2)成分，(3，3)成分，(4，4)成分は0になり，行列 A には対角線状に0が並ぶ。

② n を自然数として，離散グラフの頂点を P_1，P_2，……，P_n とする。このとき，n 次の正方行列 A の $(i,\ j)$ 成分を，2つの頂点 P_i，P_j を結ぶ辺の本数とする。

このようにして定めた行列 A を離散グラフの**隣接行列**という。

2　経路の数え上げ

① 行列 A に A 自身を掛けた積 AA を $\boldsymbol{A^2}$ と書き，これを行列 A の**2乗**という。

② 行列 A について，A^2 に A を掛けた積 A^2A を A^3 と書き，A の3乗という。同様にして，自然数 n について $\boldsymbol{A^n}$ すなわち A の $\boldsymbol{n}$ **乗**を定義することができる。

A　離散グラフの隣接行列

練習 18　教 p.191

次の離散グラフの隣接行列を求めよ。

(1)

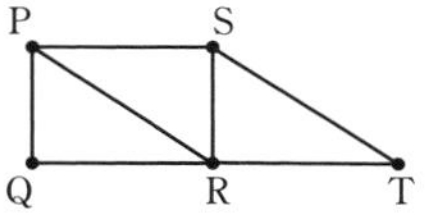

(2)

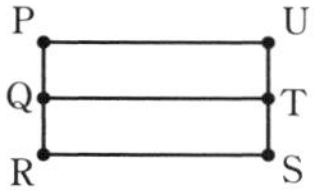

指針　**離散グラフの隣接行列**　隣接する2つの頂点を結ぶ辺の本数を読み取り，行列に表す。

解答 (1) $\begin{pmatrix} 0 & 1 & 1 & 1 & 0 \\ 1 & 0 & 1 & 0 & 0 \\ 1 & 1 & 0 & 1 & 1 \\ 1 & 0 & 1 & 0 & 1 \\ 0 & 0 & 1 & 1 & 0 \end{pmatrix}$ 答

(2) $\begin{pmatrix} 0 & 1 & 0 & 0 & 0 & 1 \\ 1 & 0 & 1 & 0 & 1 & 0 \\ 0 & 1 & 0 & 1 & 0 & 0 \\ 0 & 0 & 1 & 0 & 1 & 0 \\ 0 & 1 & 0 & 1 & 0 & 1 \\ 1 & 0 & 0 & 0 & 1 & 0 \end{pmatrix}$ 答

練習 19 教 p.191

次の隣接行列 A をもつ離散グラフを，右下の図に辺をかき入れて完成させよ。

$$A=\begin{array}{c} \begin{matrix} \mathrm{P} & \mathrm{Q} & \mathrm{R} & \mathrm{S} & \mathrm{T} \\ \vdots & \vdots & \vdots & \vdots & \vdots \end{matrix} \\ \begin{pmatrix} 0 & 0 & 1 & 0 & 1 \\ 0 & 0 & 0 & 0 & 1 \\ 1 & 0 & 0 & 1 & 0 \\ 0 & 0 & 1 & 0 & 0 \\ 1 & 1 & 0 & 0 & 0 \end{pmatrix} \end{array} \begin{array}{l} \\ \\ \cdots\mathrm{P} \\ \cdots\mathrm{Q} \\ \cdots\mathrm{R} \\ \cdots\mathrm{S} \\ \cdots\mathrm{T} \end{array}$$

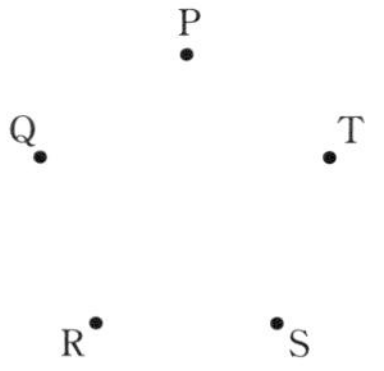

指針 **離散グラフの隣接行列**　頂点を結ぶ辺の本数を行列から読み取り，グラフに表す。

解答

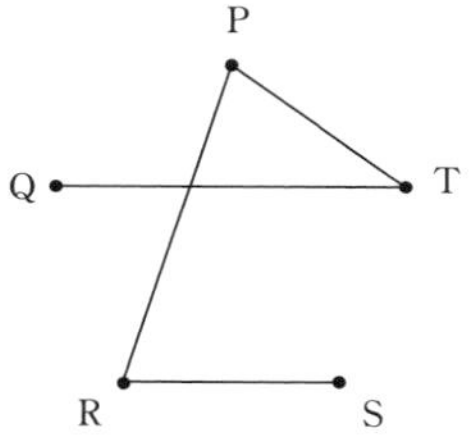

B 経路の数え上げ

練習 20 教 p.193

教科書 192 ページで考えた 4 つの都市とそれらを結ぶ 5 本の高速道路について，次の経路の総数を求めよ。ただし，(2) では Q → P → Q のように同じ高速道路を使う経路も考えることとする。

(1)　高速道路を 2 回使って，Q から R に行く経路

(2)　高速道路を 2 回使って，Q を出発して再び Q に戻る経路

指針 **経路の総数と行列**　A^2 の各成分は，高速道路を 2 回使ってある頂点からある頂点まで行く経路の総数を表している。

(1)　Q → R は (2, 3) 成分，(2)　Q → Q は (2, 2) 成分　である。

解答 $A^2=\begin{pmatrix} 2 & 0 & 0 & 3 \\ 0 & 5 & 3 & 0 \\ 0 & 3 & 2 & 0 \\ 3 & 0 & 0 & 5 \end{pmatrix}$ である。

(1) 求める経路の総数は行列 A^2 の (2, 3) 成分であるから　**3**　答

(2) 求める経路の総数は行列 A^2 の (2, 2) 成分であるから　**5**　答

教 p.193

練習 21

教科書 192 ページで考えた 4 つの都市とそれらを結ぶ 5 本の高速道路について，次の問いに答えよ。

(1) 隣接行列 A について，A^3 を求めよ。

(2) 高速道路を 3 回使って，P から R に行く経路の総数を求めよ。ただし，P → Q → P → R や，P → R → P → R のように同じ高速道路を複数回使う経路も考えることとする。

指針 **経路の総数と行列**　(2) A^2 のときと同様に，A^3 の成分から経路の総数を読み取る。

解答 (1) $A^3=A^2A=\begin{pmatrix}2&0&0&3\\0&5&3&0\\0&3&2&0\\3&0&0&5\end{pmatrix}\begin{pmatrix}0&1&1&0\\1&0&0&2\\1&0&0&1\\0&2&1&0\end{pmatrix}$

$=\begin{pmatrix}\mathbf{0}&\mathbf{8}&\mathbf{5}&\mathbf{0}\\\mathbf{8}&\mathbf{0}&\mathbf{0}&\mathbf{13}\\\mathbf{5}&\mathbf{0}&\mathbf{0}&\mathbf{8}\\\mathbf{0}&\mathbf{13}&\mathbf{8}&\mathbf{0}\end{pmatrix}$　答

(2) 求める経路の総数は行列 A^3 の (1, 3) 成分であるから　**5**　答

教 p.193

練習 22

右の図はある鉄道会社の主要 6 駅とその駅を結ぶ路線について，離散グラフに表したものである。例えば，P 駅から S 駅へは 2 つの路線が運行している。1 日に 1 路線のみを使えるとし，P → Q → P と移動するには 2 日かかるとする。

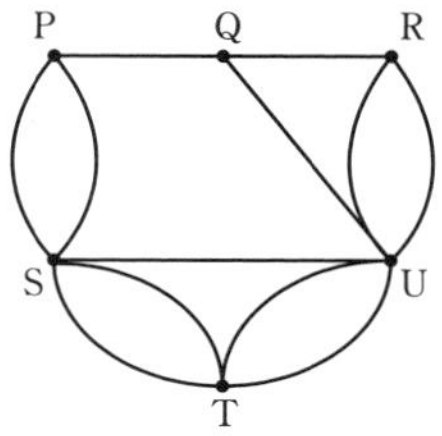

(1) P 駅から出発して，3 日目に U 駅に到着する経路の総数を求めよ。

(2) P 駅から出発して，4 日目に U 駅に到着する経路の総数を求めよ。

指針 **経路の総数と行列**　離散グラフの隣接行列 A について A^3，A^4 を求め，これらの成分から経路の総数を求める。

解答 離散グラフの隣接行列は

$$A=\begin{pmatrix}0&1&0&2&0&0\\1&0&1&0&0&1\\0&1&0&0&0&2\\2&0&0&0&2&1\\0&0&0&2&0&2\\0&1&2&1&2&0\end{pmatrix}$$

(1) $A^2=\begin{pmatrix}5&0&1&0&4&3\\0&3&2&3&2&2\\1&2&5&2&4&1\\0&3&2&9&2&4\\4&2&4&2&8&2\\3&2&1&4&2&10\end{pmatrix}$, $A^3=\begin{pmatrix}0&9&6&21&6&10\\9&4&7&6&10&14\\6&7&4&11&6&22\\21&6&11&8&26&20\\6&10&6&26&8&28\\10&14&22&20&28&12\end{pmatrix}$

求める経路の総数は行列 A^3 の (1, 6) 成分であるから **10** 答

(2) $A^4=\begin{pmatrix}51&16&29&22&62&54\\16&30&32&52&40&44\\29&32&51&46&66&38\\22&52&46&114&56&88\\62&40&66&56&108&64\\54&44&38&88&64&134\end{pmatrix}$

求める経路の総数は行列 A^4 の (1, 6) 成分であるから **54** 答

補足 行列の積 AB と BA

まとめ

① 実数の乗法では，交換法則が成り立つ。すなわち

$$\boldsymbol{xy=yx} \qquad x,\ y \text{ は実数}$$

である。

② **行列の乗法では，交換法則は一般には成り立たない。**

③ 行列 $\begin{pmatrix}1&0\\0&1\end{pmatrix}$, $\begin{pmatrix}1&0&0\\0&1&0\\0&0&1\end{pmatrix}$ のように，n 次の正方行列において，対角線状にある (1, 1) 成分，(2, 2) 成分，……，(n, n) 成分がすべて 1 で，他の成分がすべて 0 である行列を，n 次の **単位行列** という。ここでは，単位行列を $\boldsymbol{E}$ で表す。

④ 実数では，任意の実数 x について，次のことが成り立つ。

$$\boldsymbol{x\times1=1\times x=x,\ x\times0=0\times x=0}$$

⑤ 同様に，単位行列 E と零行列 O は，積に関して，次の性質をもつ。
A を n 次の正方行列，E を n 次の単位行列，O を n 次の零行列とする。
1 $\boldsymbol{AE=EA=A}$ **2** $\boldsymbol{AO=OA=O}$

⑥ 行列の乗法には，交換法則が一般には成り立たないこと以外にも，実数の乗法と異なる性質がある。
例えば，$A=\begin{pmatrix}2&1\\4&2\end{pmatrix}$，$B=\begin{pmatrix}1&-2\\-2&4\end{pmatrix}$ について

$$AB=\begin{pmatrix}2&1\\4&2\end{pmatrix}\begin{pmatrix}1&-2\\-2&4\end{pmatrix}=\begin{pmatrix}0&0\\0&0\end{pmatrix}=O$$

のように，行列では $A\neq O$ かつ $B\neq O$ であっても，$AB=O$ となることがある。

練習 1 教 p.194

教科書の例 1，2 の行列 A，B，C について，両辺をそれぞれ計算することにより，次のことを確かめよ。
(1) $(A+B)(A-B)\neq A^2-B^2$ (2) $(A+C)(A-C)=A^2-C^2$

指針 **行列の和と差の積**
(1) $A+B$，$A-B$ を求めてから積を計算する。(2) も同様。

解答 (1) $(A+B)(A-B)=\begin{pmatrix}1+1&1+2\\0+3&2+0\end{pmatrix}\begin{pmatrix}1-1&1-2\\0-3&2-0\end{pmatrix}=\begin{pmatrix}2&3\\3&2\end{pmatrix}\begin{pmatrix}0&-1\\-3&2\end{pmatrix}$

$$=\begin{pmatrix}-9&4\\-6&1\end{pmatrix}$$

$$A^2-B^2=\begin{pmatrix}1&1\\0&2\end{pmatrix}\begin{pmatrix}1&1\\0&2\end{pmatrix}-\begin{pmatrix}1&2\\3&0\end{pmatrix}\begin{pmatrix}1&2\\3&0\end{pmatrix}$$

$$=\begin{pmatrix}1&3\\0&4\end{pmatrix}-\begin{pmatrix}7&2\\3&6\end{pmatrix}=\begin{pmatrix}-6&1\\-3&-2\end{pmatrix}$$

よって $(A+B)(A-B)\neq A^2-B^2$ 終

(2) $(A+C)(A-C)=\begin{pmatrix}1+5&1+2\\0+0&2+7\end{pmatrix}\begin{pmatrix}1-5&1-2\\0-0&2-7\end{pmatrix}=\begin{pmatrix}6&3\\0&9\end{pmatrix}\begin{pmatrix}-4&-1\\0&-5\end{pmatrix}$

$$=\begin{pmatrix}-24&-21\\0&-45\end{pmatrix}$$

$$A^2-C^2=\begin{pmatrix}1&1\\0&2\end{pmatrix}\begin{pmatrix}1&1\\0&2\end{pmatrix}-\begin{pmatrix}5&2\\0&7\end{pmatrix}\begin{pmatrix}5&2\\0&7\end{pmatrix}$$

$$=\begin{pmatrix}1&3\\0&4\end{pmatrix}-\begin{pmatrix}25&24\\0&49\end{pmatrix}=\begin{pmatrix}-24&-21\\0&-45\end{pmatrix}$$

よって $(A+C)(A-C)=A^2-C^2$ 終

5章 数学的な表現の工夫

教 p.195

練習 2

2 次の正方行列について，教科書 195 ページの性質 **1**，**2** が成り立つことを確かめよ。

指針 **単位行列，零行列と積**　2 次の単位行列は $\begin{pmatrix}1&0\\0&1\end{pmatrix}$，2 次の零行列は $\begin{pmatrix}0&0\\0&0\end{pmatrix}$

$A=\begin{pmatrix}a&b\\c&d\end{pmatrix}$ として確かめる。

解答 $A=\begin{pmatrix}a&b\\c&d\end{pmatrix}$ とする。

$AE=\begin{pmatrix}a&b\\c&d\end{pmatrix}\begin{pmatrix}1&0\\0&1\end{pmatrix}=\begin{pmatrix}a&b\\c&d\end{pmatrix}=A$

$EA=\begin{pmatrix}1&0\\0&1\end{pmatrix}\begin{pmatrix}a&b\\c&d\end{pmatrix}=\begin{pmatrix}a&b\\c&d\end{pmatrix}=A$

$AO=\begin{pmatrix}a&b\\c&d\end{pmatrix}\begin{pmatrix}0&0\\0&0\end{pmatrix}=\begin{pmatrix}0&0\\0&0\end{pmatrix}=O$

$OA=\begin{pmatrix}0&0\\0&0\end{pmatrix}\begin{pmatrix}a&b\\c&d\end{pmatrix}=\begin{pmatrix}0&0\\0&0\end{pmatrix}=O$　終

教 p.195

練習 3

$\begin{pmatrix}4&2\\2&1\end{pmatrix}\begin{pmatrix}-1&a\\b&2\end{pmatrix}=O$ が成り立つように，a，b の値を定めよ。

指針 **積が零行列となる行列**　左辺の積を計算して求めた行列の成分がすべて 0 になるように a，b の値を定める。

解答

$\begin{pmatrix}4&2\\2&1\end{pmatrix}\begin{pmatrix}-1&a\\b&2\end{pmatrix}=\begin{pmatrix}-4+2b&4a+4\\-2+b&2a+2\end{pmatrix}$

よって　$\begin{cases}-4+2b=0\\4a+4=0\\-2+b=0\\2a+2=0\end{cases}$

したがって　$\boldsymbol{a=-1}$，$\boldsymbol{b=2}$　答

総合問題

1 ※問題文は，教科書 196 頁を参照

指針 **正射影ベクトル**

(1) $\dfrac{\vec{a}\cdot\vec{b}}{|\vec{a}|^2}\vec{a}=\dfrac{|\vec{a}||\vec{b}|\cos\theta}{|\vec{a}|^2}\vec{a}=\dfrac{|\vec{b}|\cos\theta}{|\vec{a}|}\vec{a}$ と変形できる。

(2) (1)と同様に考えると，$\overrightarrow{\mathrm{AH}}=\dfrac{\vec{n}\cdot\overrightarrow{\mathrm{AC}}}{|\vec{n}|^2}\vec{n}$ が導かれる。

(3) $\overrightarrow{\mathrm{OB}}$ の成分を求める。

解答 (1) $\overrightarrow{\mathrm{OH}}$ は，$\vec{a}$ と同じ向きの単位ベクトル $\dfrac{\vec{a}}{|\vec{a}|}$ を $|\vec{b}|\cos\theta$ 倍したベクトルである。　(ア) $\dfrac{\vec{\boldsymbol{a}}}{|\vec{\boldsymbol{a}}|}$ 答　(イ) $|\vec{\boldsymbol{b}}|\cos\boldsymbol{\theta}$ 答

(2) C(0, 1) より，$\overrightarrow{\mathrm{AC}}=\left(2,\ -\dfrac{7}{2}\right)$ であるから，$\overrightarrow{\mathrm{AH}}$ を $\overrightarrow{\mathrm{AC}}$ の $\vec{n}$ への正射影ベクトルとして求めると

$$\overrightarrow{\mathrm{AH}}=\frac{\vec{n}\cdot\overrightarrow{\mathrm{AC}}}{|\vec{n}|^2}\vec{n}=\frac{2\times2+(-1)\times\left(-\frac{7}{2}\right)}{2^2+(-1)^2}\vec{n}$$

$$=\frac{3}{2}\vec{n}=\frac{3}{2}(2,\ -1)=\left(\boldsymbol{3},\ -\frac{\boldsymbol{3}}{\boldsymbol{2}}\right)$$ 答

(3) $\overrightarrow{\mathrm{OB}}=\overrightarrow{\mathrm{OA}}+\overrightarrow{\mathrm{AB}}=\overrightarrow{\mathrm{OA}}+2\overrightarrow{\mathrm{AH}}$

$$=\left(-2,\ \frac{9}{2}\right)+2\left(3,\ -\frac{3}{2}\right)=\left(4,\ \frac{3}{2}\right)$$ 答 $\left(\boldsymbol{4},\ \dfrac{\boldsymbol{3}}{\boldsymbol{2}}\right)$

2 ※問題文は，教科書 197 頁を参照

指針 **球の半径**

(1) AH＝BH＝CH を示す。三平方の定理を利用する。

(2) 点 H は直角三角形 ABC の斜辺の中点である。

(3) $\overrightarrow{\mathrm{AB}}$ と $\overrightarrow{\mathrm{AD}}$ の内積から x を，$\overrightarrow{\mathrm{AC}}$ と $\overrightarrow{\mathrm{AD}}$ の内積から y をそれぞれ求める。更に，AD＝4 から z を求める。

(4) $\overrightarrow{\mathrm{AO}}=\overrightarrow{\mathrm{AH}}+\overrightarrow{\mathrm{HO}}$ から　$\mathrm{O}\left(\dfrac{1}{2},\ \dfrac{3}{2},\ k\right)$

また，OA＝OD から k の値を求める。

総合問題

解答 (1) OA＝OB＝OC＝r，∠OHA＝∠OHB＝∠OHC＝90° であるから

$$AH^2=OA^2-OH^2=r^2-OH^2$$
$$BH^2=OB^2-OH^2=r^2-OH^2$$
$$CH^2=OC^2-OH^2=r^2-OH^2$$

よって，$AH^2=BH^2=CH^2$ より　AH＝BH＝CH

したがって，H は △ABC の外心である。 終

(2) △ABC は ∠BAC＝90° の直角三角形であるから，BC を直径とする円が △ABC の外接円である。

よって，外心 H は BC の中点 $\left(\dfrac{1}{2},\ \dfrac{3}{2},\ 0\right)$ である。 答

(3) $\overrightarrow{AB}\cdot\overrightarrow{AD}=|\overrightarrow{AB}||\overrightarrow{AD}|\cos\angle BAD$ から

$$x=1\times4\times\cos60^\circ \qquad \text{よって}\quad x=2$$

$\overrightarrow{AC}\cdot\overrightarrow{AD}=|\overrightarrow{AC}||\overrightarrow{AD}|\cos\angle CAD$ から

$$3y=3\times4\times\cos60^\circ$$

よって，$3y=6$ より　$y=2$

AD＝4 から　$x^2+y^2+z^2=16$

$x=2$，$y=2$ を代入すると　$z^2=8$　　$z\geqq0$ より　$z=2\sqrt{2}$

したがって，点 D の座標は　$(2,\ 2,\ 2\sqrt{2})$ 答

(4) $\overrightarrow{AO}=\overrightarrow{AH}+\overrightarrow{HO}=\left(\dfrac{1}{2},\ \dfrac{3}{2},\ 0\right)+k(0,\ 0,\ 1)=\left(\dfrac{1}{2},\ \dfrac{3}{2},\ k\right)$

よって，$O\left(\dfrac{1}{2},\ \dfrac{3}{2},\ k\right)$ と表される。

OA＝OD から　$\left(\dfrac{1}{2}\right)^2+\left(\dfrac{3}{2}\right)^2+k^2=\left(2-\dfrac{1}{2}\right)^2+\left(2-\dfrac{3}{2}\right)^2+(2\sqrt{2}-k)^2$

整理すると　$8-4\sqrt{2}k=0$　　よって　$k=\sqrt{2}$

これより，**O の座標は** $\left(\dfrac{1}{2},\ \dfrac{3}{2},\ \sqrt{2}\right)$ であり，球の半径 r は

$$r=OA=\sqrt{\left(\frac{1}{2}\right)^2+\left(\frac{3}{2}\right)^2+(\sqrt{2})^2}=\frac{3\sqrt{2}}{2}$$ 答

3 ※問題文は，教科書 198 頁を参照

指針 **複素数と点の回転**

(1) 印 A，B の位置を表す複素数を求めて，線分 AB の中点の位置を複素数で表す。

(2) $\dfrac{\gamma-\delta}{\beta-\delta}$ の偏角と $\left|\dfrac{\gamma-\delta}{\beta-\delta}\right|$ を求める。

解答 (1) 印 A，B の位置を表す複素数を，それぞれ z_1，z_2 とする。

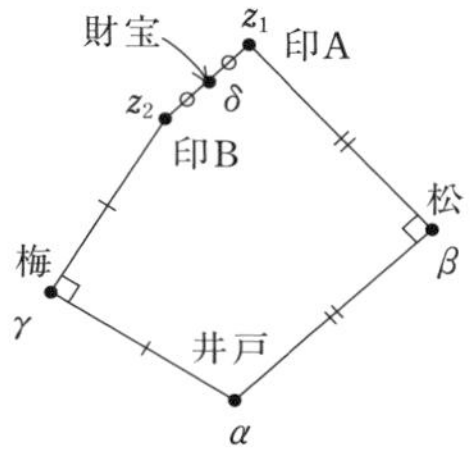

点 z_1 は，点 α を，点 β を中心として $-\frac{\pi}{2}$ だけ回転した点であるから

$$z_1-\beta$$
$$=\left\{\cos\left(-\frac{\pi}{2}\right)+i\sin\left(-\frac{\pi}{2}\right)\right\}(\alpha-\beta)$$

よって　　$z_1=\beta+(\beta-\alpha)i$

また，点 z_2 は，点 α を，点 γ を中心として $\frac{\pi}{2}$ だけ回転した点であるから

$$z_2-\gamma=\left(\cos\frac{\pi}{2}+i\sin\frac{\pi}{2}\right)(\alpha-\gamma)$$

よって　　$z_2=\gamma+(\alpha-\gamma)i$

点 δ は，2 点 z_1，z_2 を結んでできる線分の中点であるから

$$\delta=\frac{z_1+z_2}{2}=\frac{\beta+(\beta-\alpha)i+\gamma+(\alpha-\gamma)i}{2}=\frac{\beta+\gamma}{2}+\frac{\beta-\gamma}{2}i$$

したがって，δ は α を用いずに表すことができるから，(＊)は正しいと判断できる。 終

(2) $$\frac{\gamma-\delta}{\beta-\delta}=\frac{\gamma-\left(\frac{\beta+\gamma}{2}+\frac{\beta-\gamma}{2}i\right)}{\beta-\left(\frac{\beta+\gamma}{2}+\frac{\beta-\gamma}{2}i\right)}=\frac{i+1}{i-1}$$

$$=-i=\cos\left(-\frac{\pi}{2}\right)+i\sin\left(-\frac{\pi}{2}\right)$$

また，$\left|\frac{\gamma-\delta}{\beta-\delta}\right|=1$ から

$$|\gamma-\delta|=|\beta-\delta|$$

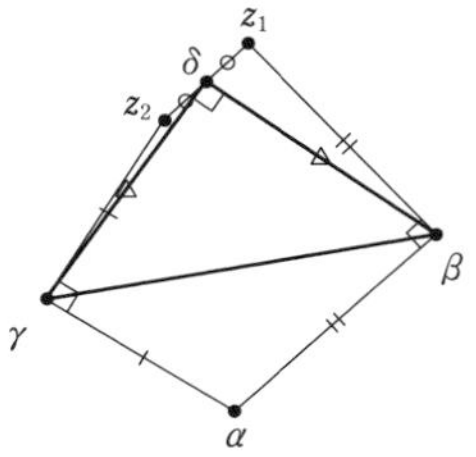

よって，3 点 β，γ，δ を結んでできる三角形は，2 点 β，γ を結んでできる線分を斜辺とする直角二等辺三角形である。

したがって，財宝は，2 点 β，γ を結んでできる線分を底辺とする直角二等辺三角形の頂点の位置にある。 終

総合問題

4 ※問題文は，教科書 199 頁を参照

指針 **条件を満たす複素数**

(1) $\alpha^2+\beta^2=-\alpha\beta$ から $\left(\dfrac{\beta}{\alpha}\right)^2+\dfrac{\beta}{\alpha}+1=0$ これを解く。

(2) (1) の結果と $|\alpha+\beta|=3$ を利用する。

(3) (1) から，2 通りの場合があることに注意する。

解答 (1) $\alpha=0$ のとき，$\alpha^2+\beta^2=-\alpha\beta$ から $\beta=0$

これは，$|\alpha+\beta|=3$ を満たさないから不適。

ゆえに，$\alpha\neq0$ であるから，$\alpha^2+\beta^2=-\alpha\beta$ の両辺を α^2 で割って整理すると $\left(\dfrac{\beta}{\alpha}\right)^2+\dfrac{\beta}{\alpha}+1=0$ よって $\dfrac{\beta}{\alpha}=\dfrac{-1\pm\sqrt{3}\,i}{2}$

また $\dfrac{-1+\sqrt{3}\,i}{2}=\cos\dfrac{2}{3}\pi+i\sin\dfrac{2}{3}\pi$，$\dfrac{-1-\sqrt{3}\,i}{2}=\cos\dfrac{4}{3}\pi+i\sin\dfrac{4}{3}\pi$

であるから $\boldsymbol{\theta=\dfrac{2}{3}\pi,\ \dfrac{4}{3}\pi}$ 答

(2) $\beta=\dfrac{-1\pm\sqrt{3}\,i}{2}\alpha$ を $|\alpha+\beta|=3$ に代入すると

$\left|\dfrac{1\pm\sqrt{3}\,i}{2}\alpha\right|=3$ よって $\left|\dfrac{1\pm\sqrt{3}\,i}{2}\right||\alpha|=3$

$\left|\dfrac{1\pm\sqrt{3}\,i}{2}\right|=1$ から $\boldsymbol{|\alpha|=3}$ 答

(3) $\left|\dfrac{\beta}{\alpha}\right|=\dfrac{|\beta|}{|\alpha|}=1$ より，$|\alpha|=|\beta|$ であるから $|\beta|=3$

よって $|\alpha|=|\beta|=|\alpha+\beta|=|-i\alpha|=|i\beta|=3$

ゆえに，5 つの点はすべて原点を中心とする半径 3 の円周上の点であり，位置関係は，(1) から下の図のような 2 つの場合が考えられる。

[1] $\theta=\dfrac{2}{3}\pi$ のとき

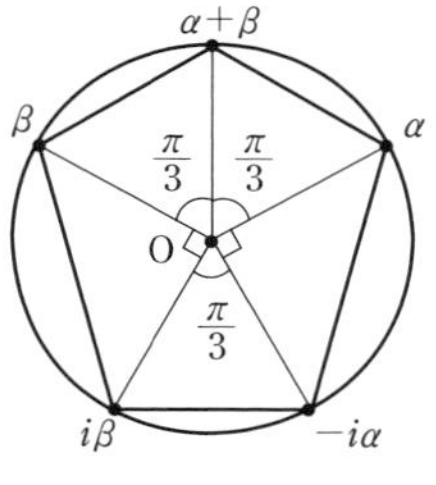

[2] $\theta=\dfrac{4}{3}\pi$ のとき

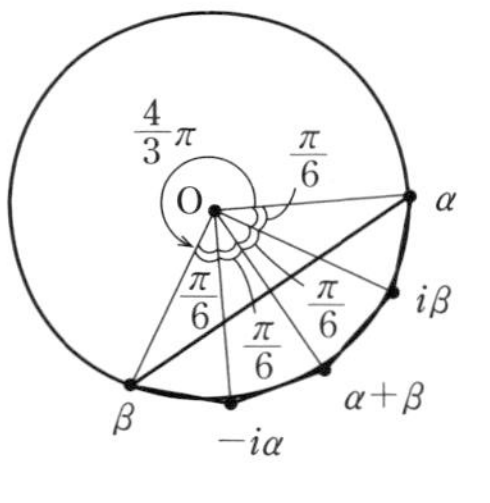

[1] のとき

$$S=\frac{1}{2}\cdot3\cdot3\times2+\frac{1}{2}\cdot3\cdot3\cdot\sin\frac{\pi}{3}\times3=\boldsymbol{\frac{36+27\sqrt{3}}{4}}$$ 答

[2] のとき

$$S=\frac{1}{2}\cdot 3\cdot 3\cdot \sin\frac{\pi}{6}\times 4-\frac{1}{2}\cdot 3\cdot 3\cdot \sin\frac{2}{3}\pi=\boldsymbol{\frac{36-9\sqrt{3}}{4}}$$ 答

5 ※問題文は，教科書 199 頁を参照

指針 **2次曲線**

(1) 楕円の焦点は，2 点 $(\sqrt{a^2-16},\ 0)$，$(-\sqrt{a^2-16},\ 0)$ また，双曲線の焦点は，2 点 $(\sqrt{4+b^2},\ 0)$，$(-\sqrt{4+b^2},\ 0)$

(2) $\dfrac{x_1{}^2}{a^2}+\dfrac{y_1{}^2}{16}=1$，$\dfrac{x_1{}^2}{4}-\dfrac{y_1{}^2}{b^2}=1$ を x_1，y_1 について解く。

(3) 点 P における C_1 の接線の方程式は $\dfrac{x_1x}{a^2}+\dfrac{y_1y}{16}=1$

点 P における C_2 の接線の方程式は $\dfrac{x_1x}{4}-\dfrac{y_1y}{b^2}=1$

2 つの接線の傾き $-\dfrac{16x_1}{a^2y_1}$，$\dfrac{b^2x_1}{4y_1}$ の積が -1 になることを示す。

(4) 点と直線の距離の公式を利用する。

(5) 2 つの漸近線の方程式は $y=\dfrac{b}{2}x$，$y=-\dfrac{b}{2}x$

解答 (1) C_1 の焦点の座標は $(\sqrt{a^2-16},\ 0)$，$(-\sqrt{a^2-16},\ 0)$

C_2 の焦点の座標は $(\sqrt{4+b^2},\ 0)$，$(-\sqrt{4+b^2},\ 0)$

C_1 と C_2 は 2 つの焦点を共有しているから

$a^2-16=4+b^2$ よって $\boldsymbol{b^2=a^2-20}$ 答

(2) (1) より，$\mathrm{P}(x_1,\ y_1)$ は次の ①，② を満たす。

$16x_1{}^2+a^2y_1{}^2=16a^2$ …… ①

$(a^2-20)x_1{}^2-4y_1{}^2=4(a^2-20)$ …… ②

①×4+②×a^2 より

$(a^4-20a^2+64)x_1{}^2=4a^2(a^2-20)+64a^2$

整理すると

$(a^2-4)(a^2-16)x_1{}^2=4a^2(a^2-4)$

$a>2\sqrt{5}$ より $a^2-4\neq 0$，$a^2-16\neq 0$ であるから

$x_1{}^2=\dfrac{4a^2}{a^2-16}$ …… ③

$x_1>0$ であるから $\boldsymbol{x_1=\dfrac{2a}{\sqrt{a^2-16}}}$ 答

また，③ を ① に代入して $\dfrac{64a^2}{a^2-16}+a^2y_1{}^2=16a^2$

総合問題

両辺を a^2 で割ると　$\dfrac{64}{a^2-16}+{y_1}^2=16$

よって　${y_1}^2=16-\dfrac{64}{a^2-16}=16\left(1-\dfrac{4}{a^2-16}\right)=\dfrac{16(a^2-20)}{a^2-16}$

$y_1>0$ であるから　$\boldsymbol{y_1=4\sqrt{\dfrac{a^2-20}{a^2-16}}}$ 答

(3)　点 P における C_1，C_2 の接線の傾きは，それぞれ $-\dfrac{16x_1}{a^2y_1}$，$\dfrac{b^2x_1}{4y_1}$ である。

(1)，(2) の結果を用いると

$$-\frac{16x_1}{a^2y_1}\cdot\frac{b^2x_1}{4y_1}=-4\cdot\frac{b^2}{a^2}\cdot{x_1}^2\cdot\frac{1}{{y_1}^2}$$

$$=-4\cdot\frac{a^2-20}{a^2}\cdot\frac{4a^2}{a^2-16}\cdot\frac{a^2-16}{16(a^2-20)}=-1$$

よって，2 つの接線は互いに直交する。 終

(4)　点 P における C_1 の接線の方程式は　$\dfrac{x_1x}{a^2}+\dfrac{y_1y}{16}-1=0$

また，$\mathrm{F}(c,\ 0)$，$\mathrm{F}'(-c,\ 0)$ $(c>0)$ とおくと　$c=\sqrt{a^2-16}$

このとき　$\mathrm{FH}=\dfrac{\left|\dfrac{x_1c}{a^2}-1\right|}{\sqrt{\left(\dfrac{x_1}{a^2}\right)^2+\left(\dfrac{y_1}{16}\right)^2}}$，$\mathrm{F'H'}=\dfrac{\left|-\dfrac{x_1c}{a^2}-1\right|}{\sqrt{\left(\dfrac{x_1}{a^2}\right)^2+\left(\dfrac{y_1}{16}\right)^2}}$

であるから

$$\mathrm{FH}\cdot\mathrm{F'H'}=\frac{\left|\dfrac{{x_1}^2c^2}{a^4}-1\right|}{\left(\dfrac{x_1}{a^2}\right)^2+\left(\dfrac{y_1}{16}\right)^2}=\frac{\left|\dfrac{4}{a^2}-1\right|}{\dfrac{4}{a^2(a^2-16)}+\dfrac{a^2-20}{16(a^2-16)}}$$

$$=\frac{16(a^2-16)|4-a^2|}{64+a^2(a^2-20)}=\frac{16(a^2-16)(a^2-4)}{(a^2-16)(a^2-4)}=16$$

よって，2 つの垂線の長さの積 $\mathrm{FH}\cdot\mathrm{F'H'}$ の値は一定である。 終

(5)　点 P における C_2 の接線の方程式は　$\dfrac{x_1x}{4}-\dfrac{y_1y}{b^2}=1$

2 つの漸近線の方程式は　$y=\dfrac{b}{2}x$，$y=-\dfrac{b}{2}x$

ここで，直線 $\dfrac{x_1x}{4}-\dfrac{y_1y}{b^2}=1$ と直線 $y=\dfrac{b}{2}x$ の交点 A の x 座標は，方程式

$\dfrac{x_1x}{4}-\dfrac{y_1x}{2b}=1$ ……① の解である。

① を変形すると $(bx_1-2y_1)x=4b$ 　よって　$x=\dfrac{4b}{bx_1-2y_1}$

これを $y=\dfrac{b}{2}x$ に代入すると　$y=\dfrac{2b^2}{bx_1-2y_1}$

よって　　$A\left(\dfrac{4b}{bx_1-2y_1},\ \dfrac{2b^2}{bx_1-2y_1}\right)$

同様に，直線 $y=-\dfrac{b}{2}x$ との交点Bの座標は

$$B\left(\frac{4b}{bx_1+2y_1},\ -\frac{2b^2}{bx_1+2y_1}\right)$$

ゆえに，線分ABの中点Mの座標を $(x',\ y')$ とすると

$$x'=\frac{1}{2}\left(\frac{4b}{bx_1-2y_1}+\frac{4b}{bx_1+2y_1}\right)$$
$$=\frac{1}{2}\cdot\frac{8b^2x_1}{b^2x_1{}^2-4y_1{}^2}=\frac{1}{2}\cdot\frac{8b^2x_1}{4b^2}=x_1$$
$$y'=\frac{1}{2}\left(\frac{2b^2}{bx_1-2y_1}-\frac{2b^2}{bx_1+2y_1}\right)$$
$$=\frac{1}{2}\cdot\frac{8b^2y_1}{b^2x_1{}^2-4y_1{}^2}=\frac{1}{2}\cdot\frac{8b^2y_1}{4b^2}=y_1$$

したがって，点Pは線分ABの中点である。 終

6 ※問題文は，教科書200頁を参照

指針 **円に外接する円の回転**

(1) $\overrightarrow{OP}=\overrightarrow{OC}+\overrightarrow{CP}$　　$\overrightarrow{CP}$ を r と θ で表すと

$\overrightarrow{CP}=r\left(\cos\left(\theta+\pi+\dfrac{\theta}{r}\right),\ \sin\left(\theta+\pi+\dfrac{\theta}{r}\right)\right)$ となる。

(2) 円 C_1 と円 C_2 の接点をSとする。点Aを出発した点Sが n 回転で点Aと一致するとき，点Sは円 C_1 上を $2\pi\times n$ だけ移動している。また，点Aを出発した点Pが点Cを中心として m 回転で点Sと一致するとき，点Pは円 C_2 上を $\dfrac{4}{3}\pi\times m$ だけ移動している。

(3) ある場合は証明し，ない場合は矛盾することを示す。

解答 円 C_1 と円 C_2 の接点をSとする。

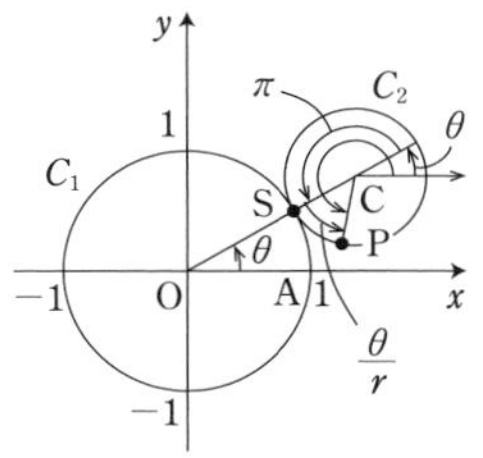

(1) $\angle SCP=\alpha_n$ とすると，円 C_2 がすべることなく回転するから

$$\overset{\frown}{AS}=\overset{\frown}{SP}$$

よって　　$\theta=r\cdot\alpha_n$

ゆえに　　$\alpha_n=\dfrac{\theta}{r}$

したがって

$$\overrightarrow{CP}=r\left(\cos\left(\theta+\pi+\frac{\theta}{r}\right),\ \sin\left(\theta+\pi+\frac{\theta}{r}\right)\right)$$
$$=-r\left(\cos\left(1+\frac{1}{r}\right)\theta,\ \sin\left(1+\frac{1}{r}\right)\theta\right)$$

よって

$$\overrightarrow{\mathrm{OP}}=\overrightarrow{\mathrm{OC}}+\overrightarrow{\mathrm{CP}}$$

$$=(1+r)(\cos\theta,\ \sin\theta)-r\left(\cos\left(1+\frac{1}{r}\right)\theta,\ \sin\left(1+\frac{1}{r}\right)\theta\right)$$

ゆえに　$\boldsymbol{x=(1+r)\cos\theta-r\cos\left(1+\frac{1}{r}\right)\theta}$,

$\boldsymbol{y=(1+r)\sin\theta-r\sin\left(1+\frac{1}{r}\right)\theta}$ 答

(2) 円 C_2 の中心Cが，原点Oを中心として回転する回数を n とする。

点Aを出発した点Sが n 回転で点Aと一致するとき，点Sは円 C_1 上を $2\pi\times n$ …… ① だけ移動したことになる。

また，点Aを出発した点Pが点Cを中心として m 回転で点Sと一致するとき，点Pは円 C_2 上を $\frac{2}{3}\times2\pi\times m$ すなわち $\frac{4}{3}\pi\times m$ …… ② だけ移動したことになる。

① と ② が一致するとき，点Pと点Aが一致することになるから

$$2n\pi=\frac{4}{3}m\pi \qquad \text{よって} \quad 3n=2m$$

これを満たす最小の自然数 n，m は　$(n,\ m)=(2,\ 3)$

したがって，点Aを出発した点Pが次にAに一致するまでに，点Cが原点を中心として回転した回数は　**2回** 答

(3) 点Aを出発した点Sが k 回転で点Aと一致するとき，点Sは円 C_1 上を $2\pi\times k$ …… ③ だけ移動したことになる。

また，点Aを出発した点Pが l 回転で点Sと一致するとき，点Pは円 C_2 上を $2r\pi\times l$ …… ④ だけ移動したことになる。

③ と ④ が一致するとき，点Pと点Aが一致することになるから

$$2k\pi=2rl\pi$$

これを r について解くと $r=\frac{k}{l}$ となるが，k，l は自然数であるから，$\frac{k}{l}$ は有理数である。これは，r が無理数であることに矛盾する。

したがって，r が無理数であるとき，点Aを出発した点Pは再度点Aに一致することはない。 終

7　※問題文は，教科書 200 頁を参照

指針　円に内接する円の回転

(1)　$\overrightarrow{OP_n}=\overrightarrow{OQ_n}+\overrightarrow{Q_nP_n}$　　$\overrightarrow{Q_nP_n}$ を n と θ で表すと

$\overrightarrow{Q_nP_n}=n\left(\cos\left(\theta-\dfrac{5\theta}{n}\right),\ \sin\left(\theta-\dfrac{5\theta}{n}\right)\right)$ となる。

(2)　$P_2\left(3\cos\theta+2\cos\dfrac{3}{2}\theta,\ 3\sin\theta-2\sin\dfrac{3}{2}\theta\right),\ 0\leqq\theta\leqq4\pi$

θ を別の媒介変数に置き換えて，P_3 と一致することを示す。

解答　(1)　円 C と円 C_n の接点を S_n とし，

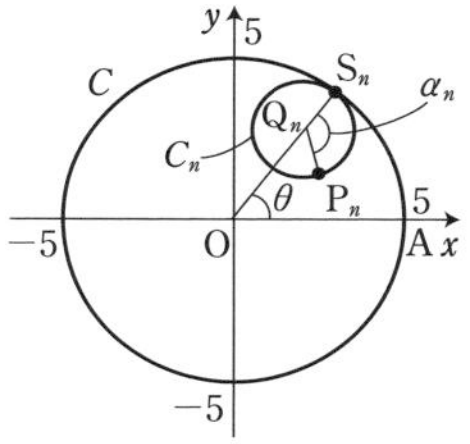

$\angle S_nQ_nP_n=\alpha_n$ とすると，円 C_n がすべることなく回転するから　　$\overset{\frown}{AS_n}=\overset{\frown}{P_nS_n}$

よって　　$5\theta=n\alpha_n$

ゆえに　　$\alpha_n=\dfrac{5\theta}{n}$

したがって

$$\overrightarrow{OP_n}=\overrightarrow{OQ_n}+\overrightarrow{Q_nP_n}$$
$$=((5-n)\cos\theta,\ (5-n)\sin\theta)+(n\cos(\theta-\alpha_n),\ n\sin(\theta-\alpha_n))$$
$$=\left((5-n)\cos\theta+n\cos\left(\theta-\frac{5\theta}{n}\right),\ (5-n)\sin\theta+n\sin\left(\theta-\frac{5\theta}{n}\right)\right)$$

よって　　$\boldsymbol{x=(5-n)\cos\theta+n\cos\left(1-\dfrac{5}{n}\right)\theta,}$

$\boldsymbol{y=(5-n)\sin\theta+n\sin\left(1-\dfrac{5}{n}\right)\theta}$　答

(2)　円 C_n の中心が円 C の内部を反時計回りに n 周するから

$n=2$ のとき

$$P_2\left(3\cos\theta+2\cos\frac{3}{2}\theta,\ 3\sin\theta-2\sin\frac{3}{2}\theta\right),\ 0\leqq\theta\leqq4\pi$$

$n=3$ のとき

$$P_3\left(2\cos\theta+3\cos\frac{2}{3}\theta,\ 2\sin\theta-3\sin\frac{2}{3}\theta\right),\ 0\leqq\theta\leqq6\pi$$

ここで，$n=2$ に対して $\theta=4\pi-\dfrac{2}{3}u$ とおくと

$$3\cos\left(4\pi-\frac{2}{3}u\right)+2\cos\frac{3}{2}\left(4\pi-\frac{2}{3}u\right)=3\cos\frac{2}{3}u+2\cos u,$$

$$3\sin\left(4\pi-\frac{2}{3}u\right)-2\sin\frac{3}{2}\left(4\pi-\frac{2}{3}u\right)=-3\sin\frac{2}{3}u+2\sin u$$

$0\leqq\theta\leqq4\pi$ のとき $0\leqq u\leqq6\pi$ であるから

$P_2\left(2\cos u+3\cos\dfrac{2}{3}u,\ 2\sin u-3\sin\dfrac{2}{3}u\right),\ 0\leqq u\leqq6\pi$　と表せる。

よって，点 P_2 の描く曲線と点 P_3 の描く曲線は一致する。　終

第1章　平面上のベクトル

1　平面上のベクトル

1　次の等式が成り立つことを示せ。

(1)　$\overrightarrow{AB}-\overrightarrow{CD}=\overrightarrow{AC}-\overrightarrow{BD}$　　(2)　$\overrightarrow{AB}+\overrightarrow{DC}+\overrightarrow{EF}=\overrightarrow{DB}+\overrightarrow{EC}+\overrightarrow{AF}$

教 p.12 練習 1

2　ベクトルの演算

2　右の図のベクトル $\vec{a}$，$\vec{b}$，$\vec{c}$ について，次のベクトルを点 O を始点とする有向線分で表せ。

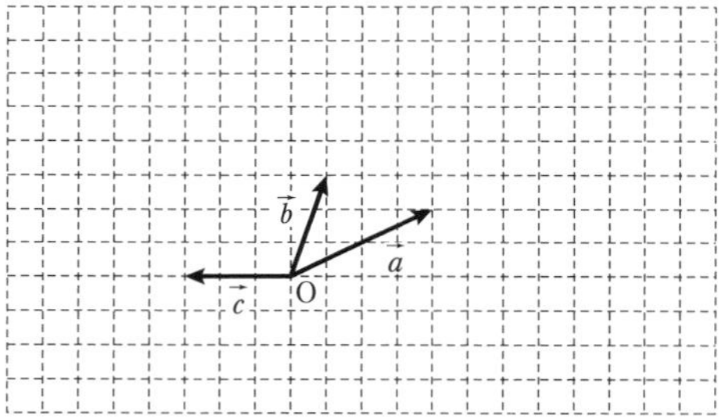

(1)　$\vec{a}+\vec{b}$　　(2)　$\vec{c}-\vec{a}$

(3)　$2\vec{b}$　　(4)　$-3\vec{c}$

(5)　$\dfrac{2}{3}\vec{c}$　　(6)　$-\dfrac{1}{2}\vec{a}$

(7)　$2\vec{b}+\vec{c}$　　(8)　$2\vec{b}-3\vec{c}$　　(9)　$\vec{a}+\vec{b}+\vec{c}$

教 p.13 練習 3

3　次の式を簡単にせよ。

(1)　$\vec{a}-3\vec{a}$　　(2)　$(\vec{a}-\vec{b})+(-\vec{a}+2\vec{b})$

(3)　$2(\vec{a}+\vec{b})-3(\vec{a}-2\vec{b})$　　(4)　$-3(2\vec{a}-3\vec{b})+4(-3\vec{a}+2\vec{b})$

(5)　$\dfrac{1}{2}(\vec{a}-2\vec{b}+\vec{c})-\dfrac{1}{3}(2\vec{a}-\vec{b}+3\vec{c})$

教 p.14 練習 4

4　次の等式を満たすベクトル $\vec{x}$ を $\vec{a}$，$\vec{b}$ を用いて表せ。

(1)　$2(\vec{a}-\vec{x})=3\vec{a}-4\vec{b}$　　(2)　$3(2\vec{a}+3\vec{b}-\vec{x})=\vec{a}+\vec{b}+3\vec{x}$

教 p.14 練習 5

5 AB＝8，AC＝6，∠A＝90° である直角三角形 ABC がある。$\overrightarrow{\mathrm{AB}}=\vec{b}$，$\overrightarrow{\mathrm{AC}}=\vec{c}$ とするとき，次のベクトルを $\vec{b}$，$\vec{c}$ を用いて表せ。

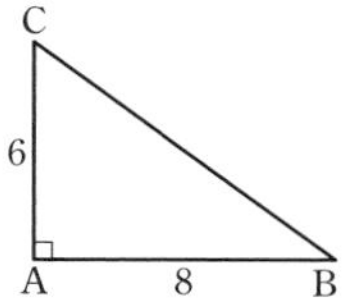

(1) $\overrightarrow{\mathrm{AB}}$ と同じ向きの単位ベクトル

(2) $\overrightarrow{\mathrm{BC}}$ と平行な単位ベクトル

教 p.15 練習 6

6 平行四辺形 ABCD の対角線の交点を O，辺 AB を 4 等分する点のうち B に最も近い点を E とし，$\overrightarrow{\mathrm{AB}}=\vec{b}$，$\overrightarrow{\mathrm{AD}}=\vec{d}$ とする。$\overrightarrow{\mathrm{OA}}$，$\overrightarrow{\mathrm{OB}}$，$\overrightarrow{\mathrm{OE}}$ を $\vec{b}$，$\vec{d}$ を用いて表せ。

教 p.16 練習 7

3 ベクトルの成分

7 右の図のベクトル $\vec{a}$，$\vec{b}$，$\vec{c}$，$\vec{d}$，$\vec{e}$ を成分で表し，それぞれの大きさを求めよ。

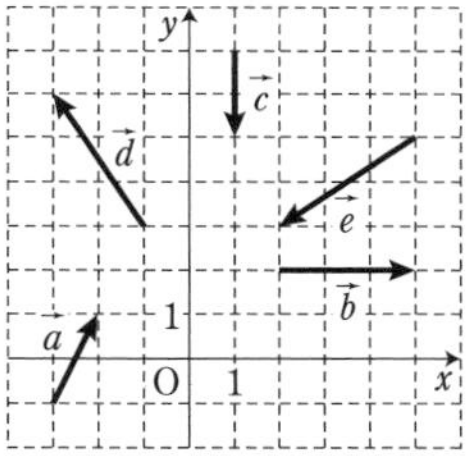

教 p.18 練習 8

8 $\vec{a}=(1,\ -2)$，$\vec{b}=(-3,\ 2)$ のとき，次のベクトルを成分で表せ。また，その大きさを求めよ。

(1) $3\vec{a}$　　(2) $-2\vec{a}$

(3) $\vec{a}+\vec{b}$　　(4) $\vec{b}-\vec{a}$

(5) $2\vec{a}-3\vec{b}$　　(6) $-3\vec{a}+4\vec{b}$

教 p.19 練習 9

9 $\vec{a}=(-2,\ 3)$，$\vec{b}=(1,\ -2)$ のとき，次のベクトルを $s\vec{a}+t\vec{b}$ の形に表せ。

(1) $\vec{p}=(1,\ -4)$　　(2) $\vec{q}=(-8,\ 13)$

教 p.19 練習 10

10 ベクトル $\vec{a}=(3,\ -1)$，$\vec{b}=(7-2x,\ -5+x)$ が平行になるように，x の値を定めよ。

教 p.20 練習 11

11 4 点 O(0, 0)，A(2, 0)，B(12, 5)，C(4, 4) について，次のベクトルを成分で表せ。また，その大きさを求めよ。

(1) $\overrightarrow{\mathrm{OB}}$　　(2) $\overrightarrow{\mathrm{AB}}$　　(3) $\overrightarrow{\mathrm{BC}}$　　(4) $\overrightarrow{\mathrm{AO}}$

教 p.21 練習 12

12 4点 A(2, 0), B(−1, 5), C(−3, 2), D を頂点とする四角形 ABCD が平行四辺形であるとする。頂点 D の座標を求めよ。

教 p.21 練習 13

4 ベクトルの内積

13 2つのベクトル $\vec{a}$, $\vec{b}$ について，大きさとなす角 θ が，それぞれ次のように与えられたとき，内積 $\vec{a}\cdot\vec{b}$ を求めよ。

(1) $|\vec{a}|=1$, $|\vec{b}|=2$, $\theta=45°$　　(2) $|\vec{a}|=4$, $|\vec{b}|=2$, $\theta=120°$

教 p.22 練習 14

14 1辺の長さが1である正方形 ABCD について，次の内積を求めよ。

(1) $\overrightarrow{AB}\cdot\overrightarrow{BC}$　　(2) $\overrightarrow{CB}\cdot\overrightarrow{DA}$

(3) $\overrightarrow{AD}\cdot\overrightarrow{AC}$　　(4) $\overrightarrow{CA}\cdot\overrightarrow{DC}$

教 p.23 練習 15

15 次の2つのベクトル $\vec{a}$, $\vec{b}$ の内積と，そのなす角 θ を求めよ。

(1) $\vec{a}=(2,\ 1)$, $\vec{b}=(3,\ -6)$　　(2) $\vec{a}=(2,\ -3)$, $\vec{b}=(-4,\ 6)$

(3) $\vec{a}=(1,\ 1)$, $\vec{b}=(1-\sqrt{3},\ 1+\sqrt{3})$

(4) $\vec{a}=(-3,\ 1)$, $\vec{b}=(3+\sqrt{3},\ 3\sqrt{3}-1)$　教 p.24, 25 練習 16, 17

16 ベクトル $\vec{a}=(1,\ -\sqrt{3})$ に垂直な単位ベクトル $\vec{e}$ を求めよ。

教 p.26 練習 18

17 次の等式を証明せよ。

(1) $(\vec{p}-\vec{a})\cdot(\vec{p}+2\vec{b})=|\vec{p}|^2-(\vec{a}-2\vec{b})\cdot\vec{p}-2\vec{a}\cdot\vec{b}$

(2) $(3\vec{a}-4\vec{b})\cdot(3\vec{a}+4\vec{b})=9|\vec{a}|^2-16|\vec{b}|^2$

(3) $\vec{p}\cdot\vec{p}-2(\vec{a}+\vec{b})\cdot\vec{p}+4\vec{a}\cdot\vec{b}=|\vec{p}-(\vec{a}+\vec{b})|^2-|\vec{a}-\vec{b}|^2$　教 p.27 練習 20

18 $|\vec{a}|=4$, $|\vec{b}|=5$ で，$\vec{a}$ と $\vec{b}$ のなす角が 60° であるとき，ベクトル $2\vec{a}-3\vec{b}$ の大きさを求めよ。

教 p.28 練習 21

19 次の条件を満たす2つのベクトル $\vec{a}$, $\vec{b}$ の内積と，そのなす角 θ を求めよ。

(1) $|\vec{a}|=2$, $|\vec{b}|=1$, $|3\vec{a}+2\vec{b}|=2\sqrt{7}$

(2) $|\vec{a}|=4$, $|2\vec{a}-\vec{b}|=7$, $(\vec{a}+\vec{b})\cdot(\vec{b}-3\vec{a})=-43$

教 p.28 練習 22

研究 三角形の面積

20 次の 3 点を頂点とする三角形の面積 S を求めよ。

(1) O(0, 0), A(2, −3), B(−1, 2)

(2) A(1, 2), B($2+\sqrt{3}$, $1+\sqrt{3}$), C(2, $2+\sqrt{3}$)

(3) A($1+\sqrt{3}$, 2), B($\sqrt{3}$, 5), C($4+\sqrt{3}$, 1)

≫ 教 p.29 練習 1

5 位置ベクトル

21 (1) 右の図のような六角形 ABCDEF の各辺の中点を順に L, M, N, P, Q, R とするとき, △LNQ の重心と △MPR の重心は一致することを証明せよ。

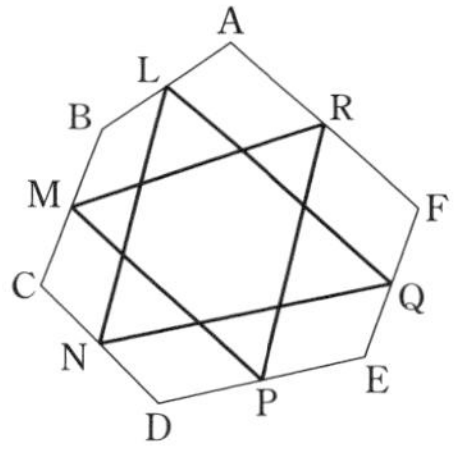

(2) △ABC の重心を G とするとき, この平面上の任意の点 P に対して, 等式
$\overrightarrow{AP}+\overrightarrow{BP}-2\overrightarrow{CP}=3\overrightarrow{GC}$ が成り立つことを証明せよ。

≫ 教 p.34 練習 24

6 ベクトルと図形

22 △ABC において, 辺 BC を 2 : 1 に外分する点を P, 辺 AB を 1 : 2 に内分する点を Q, 辺 CA の中点を R とする。

(1) 3 点 P, Q, R は一直線上にあることを証明せよ。

(2) QR : QP を求めよ。

≫ 教 p.35 練習 25

23 △ABC において, 辺 AB を 1 : 2 に内分する点を D, 辺 AC を 3 : 1 に内分する点を E とし, 線分 CD, BE の交点を P とする。$\overrightarrow{AB}=\vec{b}$, $\overrightarrow{AC}=\vec{c}$ とするとき, $\overrightarrow{AP}$ を $\vec{b}$, $\vec{c}$ を用いて表せ。

≫ 教 p.36 練習 26

24 OA=3, OC=2 である長方形 OABC がある。辺 OA を 1 : 2 に内分する点を D, 辺 AB を 3 : 1 に内分する点を E とするとき, CD⊥OE であることを証明せよ。

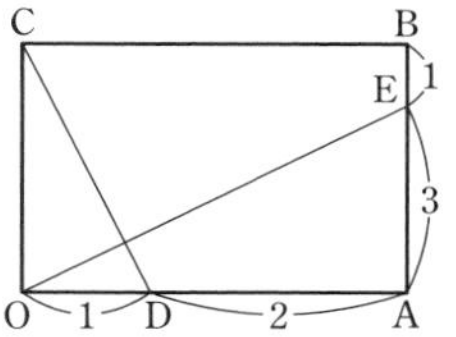

≫ 教 p.37 練習 27

演習

演習編

7 ベクトル方程式

25 次の点 A を通り，$\vec{d}$ が方向ベクトルである直線の媒介変数表示を，媒介変数を t として求めよ。また，t を消去した式で表せ。

(1) A(3, 5)，$\vec{d}=(1,\ 2)$　　(2) A(4, −2)，$\vec{d}=(2,\ -1)$

(3) A(0, 2)，$\vec{d}=(3,\ 1)$

教 p.39 練習 28

26 △OAB に対して，点 P が次の条件を満たしながら動くとき，点 P の存在範囲を求めよ。

(1) $\overrightarrow{OP}=s\overrightarrow{OA}+t\overrightarrow{OB}$，$s+t=4$，$s\geqq0$，$t\geqq0$

(2) $\overrightarrow{OP}=s\overrightarrow{OA}+t\overrightarrow{OB}$，$0\leqq s+t\leqq4$，$s\geqq0$，$t\geqq0$

教 p.41 練習 29，p.42 練習 30

27 次の点 A を通り，$\vec{n}$ が法線ベクトルである直線の方程式を求めよ。

(1) A(3, 2)，$\vec{n}=(4,\ 5)$　　(2) A(3, −2)，$\vec{n}=(-4,\ 1)$

(3) A(2, −1)，$\vec{n}=(-1,\ 0)$

教 p.44 練習 31

28 次の 2 直線のなす鋭角 α を求めよ。

(1) $\sqrt{3}\,x+3y-1=0$，$-x+\sqrt{3}\,y-2=0$

(2) $2x+4y+1=0$，$x-3y+7=0$

教 p.44 練習 32

研究 点の存在範囲の図示

29 O(0, 0)，A(2, 0)，B(1, 2) に対して，点 P が次の条件を満たしながら動くとき，点 P の存在範囲を図示せよ。

(1) $\overrightarrow{OP}=s\overrightarrow{OA}+t\overrightarrow{OB}$，$0\leqq s\leqq1$，$1\leqq t\leqq3$

(2) $\overrightarrow{OP}=s\overrightarrow{OA}+t\overrightarrow{OB}$，$1\leqq s+t\leqq3$

(3) $\overrightarrow{OP}=s\overrightarrow{OA}+t\overrightarrow{OB}$，$0\leqq 2s+3t\leqq6$，$s\geqq0$，$t\geqq0$

教 p.49 練習 1

定期考査対策問題

1 (1) $3(2\vec{a}+\vec{b})+5(\vec{a}-7\vec{b})$ を簡単にせよ。

(2) 次の等式を満たすベクトル $\vec{x}$ を $\vec{a}$，$\vec{b}$ で表せ。

$$2(\vec{a}-\vec{b}+\vec{x})+\vec{a}=5\vec{a}-4\vec{b}$$

2 △ABC において，$2\overrightarrow{BP}=\overrightarrow{BC}$，$2\overrightarrow{AQ}+\overrightarrow{AB}=\overrightarrow{AC}$ のとき，四角形 ABPQ はどのような形か。

3 正六角形 ABCDEF において，$\overrightarrow{AB}=\vec{a}$，$\overrightarrow{AF}=\vec{b}$，$\overrightarrow{AD}=\vec{u}$，$\overrightarrow{BD}=\vec{v}$ とするとき，$\vec{a}$，$\vec{b}$ を $\vec{u}$，$\vec{v}$ で表せ。

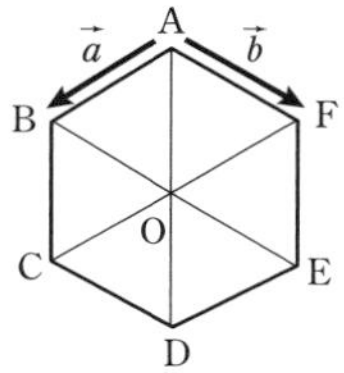

4 原点を O とし，A$(-2, 3)$，B$(-4, -1)$，C$(4, 2)$ とする。

(1) $\overrightarrow{OA}$，$\overrightarrow{AB}$ を成分で表せ。また，その大きさを求めよ。

(2) 四角形 ABCD が平行四辺形のとき，D の座標を求めよ。

5 $\vec{p}=(5, 1)$，$\vec{q}=(-3, 2)$，$\vec{r}=(1, -1)$ とする。

(1) $\vec{p}+t\vec{q}$ と $\vec{r}$ が平行になるように，実数 t の値を定めよ。

(2) $|\vec{p}+t\vec{q}|$ の最小値と，そのときの t の値を求めよ。

6 $\vec{a}=(1, -3)$，$\vec{b}=(2, x)$ が次のようになるとき，定数 x の値を求めよ。

(1) 垂直　　(2) 平行

7 $\vec{a}=(1, -2)$ とのなす角が 45° で，大きさが $\sqrt{10}$ のベクトルを求めよ。

8 次の等式を証明せよ。

(1) $(\vec{a}-2\vec{b}+\vec{c})\cdot(\vec{a}-\vec{c})=|\vec{a}|^2-|\vec{c}|^2+2\vec{b}\cdot\vec{c}-2\vec{a}\cdot\vec{b}$

(2) $12|\vec{a}|^2+4|\vec{b}|^2=|3\vec{a}+\vec{b}|^2+3|\vec{b}-\vec{a}|^2$

9 $|\vec{a}|=2$，$|\vec{b}|=\sqrt{3}$，$|\vec{a}-\vec{b}|=1$ であるとき，次の問いに答えよ。

(1) $\vec{a}$ と $\vec{b}$ のなす角 θ を求めよ。

(2) $|3\vec{a}-\vec{b}|$ の値を求めよ。

10 $|\vec{a}|=|\vec{b}|=2$，$\vec{a}\cdot\vec{b}=-2$ のとき，$\vec{a}+\vec{b}$ と $\vec{a}+t\vec{b}$ が垂直になるように，実数 t の値を定めよ。

11 △ABC の重心を G とするとき，任意の点 P に対して，等式
$\overrightarrow{AP}-3\overrightarrow{BP}+2\overrightarrow{CP}=3\overrightarrow{GB}+\overrightarrow{CB}$ が成り立つことを証明せよ。

12 平行四辺形 ABCD において，辺 AB を 3：2 に内分する点を E，対角線 BD を 2：5 に内分する点を F とする。このとき，3 点 E，F，C は一直線上にあることを証明せよ。

13 $OA=2\sqrt{2}$，$OB=\sqrt{3}$，$\overrightarrow{OA}\cdot\overrightarrow{OB}=2$ である △OAB の垂心を H とするとき，$\overrightarrow{OH}$ を $\overrightarrow{OA}$，$\overrightarrow{OB}$ で表せ。

14 (1) 点 A(5, −1) を通り，$\vec{n}=(1,\ -3)$ に垂直な直線の方程式を，ベクトルを用いて求めよ。

(2) 2 直線 $2x-4y+11=0$，$x+3y-12=0$ のなす鋭角 α を求めよ。

15 △OAB に対して，点 P が次の条件を満たしながら動くとき，点 P の存在範囲を求めよ。

(1) $\overrightarrow{OP}=s\overrightarrow{OA}+t\overrightarrow{OB}$，$s+t=3$，$s\geqq 0$，$t\geqq 0$

(2) $\overrightarrow{OP}=s\overrightarrow{OA}+t\overrightarrow{OB}$，$0\leqq s+t\leqq \dfrac{1}{3}$，$s\geqq 0$，$t\geqq 0$

第2章 空間のベクトル

1 空間の座標

30 点 $P(2,\ 7,\ -1)$ から，xy 平面，yz 平面，zx 平面に下ろした垂線をそれぞれ PL，PM，PN とするとき，3 点 L，M，N の座標を求めよ。

教 p.53 練習 1

31 点 $P(4,\ 2,\ -1)$ に対して，次の点の座標を求めよ。

(1) xy 平面に関して対称な点 A
(2) yz 平面に関して対称な点 B
(3) zx 平面に関して対称な点 C
(4) x 軸に関して対称な点 D
(5) y 軸に関して対称な点 E
(6) z 軸に関して対称な点 F
(7) 原点に関して対称な点 G

教 p.53 練習 2

32 次の 2 点間の距離を求めよ。

(1) $O(0,\ 0,\ 0)$，$A(2,\ -1,\ 4)$
(2) $A(5,\ -1,\ -3)$，$B(-2,\ 0,\ -1)$

教 p.55 練習 3

33 次の 3 点を頂点とする三角形はどのような三角形か。

(1) $A(1,\ 1,\ 5)$，$B(4,\ 3,\ -1)$，$C(-2,\ 1,\ 2)$
(2) $A(1,\ 2,\ 3)$，$B(3,\ 1,\ 5)$，$C(2,\ 4,\ 3)$

教 p.55 練習 4

34 (1) 2 点 $A(-1,\ 2,\ -3)$，$B(2,\ 3,\ 4)$ から等距離にある y 軸上の点 P の座標を求めよ。

(2) 3 点 $A(1,\ 2,\ 3)$，$B(3,\ 2,\ -1)$，$C(-1,\ 1,\ 2)$ から等距離にある zx 平面上の点 P の座標を求めよ。

教 p.55 練習 5

35 正四面体の 3 つの頂点が $A(0,\ 1,\ -2)$，$B(2,\ 3,\ -2)$，$C(0,\ 3,\ 0)$ のとき，第 4 の頂点 D の座標を求めよ。

教 p.55 練習 6

2 空間のベクトル

36 平行六面体 ABCD-EFGH において，$\overrightarrow{\mathrm{AB}}=\vec{a}$，$\overrightarrow{\mathrm{AD}}=\vec{b}$，$\overrightarrow{\mathrm{AE}}=\vec{c}$ とする。次のベクトルを $\vec{a}$，$\vec{b}$，$\vec{c}$ を用いて表せ。

(1) $\overrightarrow{\mathrm{BH}}$　(2) $\overrightarrow{\mathrm{CE}}$　(3) $\overrightarrow{\mathrm{FD}}$　(4) $\overrightarrow{\mathrm{GA}}$

教 p.57 練習 7

3 ベクトルの成分

37 $\vec{a}=(1,\ -1,\ 2)$，$\vec{b}=(0,\ 2,\ 1)$，$\vec{c}=(2,\ -1,\ -2)$ のとき，次のベクトルを成分で表せ。また，その大きさを求めよ。

(1) $2\vec{a}$　(2) $3\vec{b}$　(3) $-\vec{a}$

(4) $-4\vec{b}$　(5) $\vec{a}+\vec{b}$　(6) $\vec{b}-\vec{a}$

(7) $2\vec{a}+3\vec{b}$　(8) $2\vec{a}-3\vec{b}+\vec{c}$　(9) $-2\vec{a}-(\vec{c}-4\vec{b})$

教 p.60 練習 10

38 $\vec{a}=(1,\ 2,\ 3)$，$\vec{b}=(0,\ 2,\ 5)$，$\vec{c}=(1,\ 3,\ 1)$ のとき，次のベクトルを $s\vec{a}+t\vec{b}+u\vec{c}$ の形に表せ。

(1) $\vec{p}=(0,\ 3,\ 12)$　(2) $\vec{q}=(-2,\ 2,\ 9)$

教 p.61 練習 11

39 4 点 O(0, 0, 0)，A(0, 1, 2)，B(1, −1, 1)，C(2, 1, −1) について，次のベクトルを成分で表せ。また，その大きさを求めよ。

(1) $\overrightarrow{\mathrm{OA}}$　(2) $\overrightarrow{\mathrm{OC}}$　(3) $\overrightarrow{\mathrm{AB}}$　(4) $\overrightarrow{\mathrm{AC}}$　(5) $\overrightarrow{\mathrm{BC}}$

教 p.61 練習 12

40 座標空間に平行四辺形 ABCD があり，A(3, 4, 1)，B(4, 2, 4)，C(−1, 0, 2) であるとする。頂点 D の座標を求めよ。

教 p.61 練習 13

4 ベクトルの内積

41 次の 2 つのベクトル $\vec{a}$，$\vec{b}$ について，内積とそのなす角 θ を求めよ。

(1) $\vec{a}=(2,\ 2,\ 1)$，$\vec{b}=(4,\ 4,\ 2)$

(2) $\vec{a}=(3,\ 5,\ 2)$，$\vec{b}=(-3,\ 1,\ 2)$

(3) $\vec{a}=(2,\ 1,\ 3)$，$\vec{b}=(-4,\ -2,\ -6)$

(4) $\vec{a}=(1,\ -1,\ 1)$，$\vec{b}=(1,\ \sqrt{6},\ -1)$

教 p.63 練習 14

42 次の3点A，B，Cを頂点とする△ABCの3つの内角の大きさを求めよ。

(1) A(0, 2, 1)，B(0, −1, 4)，C(2, 1, 0)

(2) A($\sqrt{6}$, 0, $-3\sqrt{6}$)，B($3\sqrt{6}$, $-2\sqrt{6}$, $-\sqrt{6}$)，C($3+\sqrt{6}$, $3\sqrt{6}$, $-3-3\sqrt{6}$)

教 p.63 練習 15

43 (1) 2つのベクトル $\vec{a}=(2,\ 1,\ -3)$，$\vec{b}=(1,\ -2,\ 1)$ の両方に垂直な単位ベクトル $\vec{e}$ を求めよ。

(2) 2つのベクトル $\vec{a}=(0,\ 2,\ 1)$，$\vec{b}=(2,\ -2,\ 1)$ の両方に垂直で，大きさが3であるベクトル $\vec{p}$ を求めよ。

教 p.64 練習 16

5 位置ベクトル

44 4点 A($\vec{a}$)，B($\vec{b}$)，C($\vec{c}$)，D($\vec{d}$) を頂点とする四面体において，△ABC，△ACD，△ADB，△BCDの重心をそれぞれG，H，I，Jとする。このとき，4つの線分DG，BH，CI，AJを，それぞれ3：1に内分する点は一致することを証明せよ。

教 p.66 練習 17

6 ベクトルと図形

45 線分OA，OB，OCを3辺とする平行六面体OADB-CEGFにおいて，線分OA，OB，GE，GF，OCの中点を，それぞれP，Q，R，S，Tとし，△ABCの重心をHとする。

教 p.67 練習 18

(1) PQ∥RSであることを示せ。

(2) 3点T，H，Dは一直線上にあることを示し，TH：HDを求めよ。

46 次の4点が同じ平面上にあるように，x，z の値を定めよ。

(1) O(0, 0, 0)，A(1, 2, 3)，B(−1, 3, −2)，C(x, 12, 5)

(2) A(3, 1, 2)，B(4, 2, 3)，C(5, 2, 5)，D(−2, −1, z)

教 p.68 練習 19

47 四面体OABCの辺OAの中点をM，辺BCを2：1に内分する点をQ，線分MQの中点をRとし，直線ORと平面ABCの交点をPとする。$\overrightarrow{OA}=\vec{a}$，$\overrightarrow{OB}=\vec{b}$，$\overrightarrow{OC}=\vec{c}$ とするとき，$\overrightarrow{OP}$ を $\vec{a}$，$\vec{b}$，$\vec{c}$ を用いて表せ。

教 p.69 練習 20

演習
演習編

48 四面体OABCにおいて，OA=OB，$\overrightarrow{\mathrm{OC}}\perp\overrightarrow{\mathrm{AB}}$ とする。

(1) AC=BCであることを証明せよ。

(2) △ABCの重心をGとするとき，$\overrightarrow{\mathrm{OG}}\perp\overrightarrow{\mathrm{AB}}$ であることを証明せよ。

教 p.71 練習 21

49 (1) 2点A(5，−2，−3)，B(8，0，−4)を通る直線に，原点Oから垂線OHを下ろす。このとき，点Hの座標と線分OHの長さを求めよ。

(2) 2点A(0，−2，−3)，B(8，4，7)を通る直線に，点P(3，−1，4)から垂線PHを下ろす。このとき，点Hの座標と線分PHの長さを求めよ。

教 p.72 練習 22

7 座標空間における図形

50 (1) 2点A(−1，4，5)，B(7，3，−6)を結ぶ線分の中点，および4：3に内分する点，外分する点の座標を，それぞれ求めよ。

(2) 3点A(2，−1，0)，B(1，2，6)，C(3，1，6)と原点Oに対して，次の各点の座標を求めよ。

(ア) △ABCの重心G　　(イ) 線分OGを3：1に内分する点H

教 p.73 練習 23

51 点A(3，−2，5)を通る，次のような平面の方程式を求めよ。

(1) x 軸に垂直　　(2) y 軸に垂直

(3) xy 平面に平行　　(4) zx 平面に平行

教 p.74 練習 24

52 次のような球面の方程式を求めよ。

(1) 中心が点(1，−3，5)，半径が2の球面

(2) 原点を中心とし，点A(3，−6，−2)を通る球面

(3) 2点A(2，−1，3)，B(4，5，−7)を直径の両端とする球面

教 p.75 練習 25

53 球面 $(x-6)^2+(y-7)^2+(z-8)^2=169$ が各座標平面と交わってできる図形の方程式を，それぞれ求めよ。

教 p.76 練習 26

54 中心が点 $(-2,\ 1,\ a)$，半径が 6 の球面が，xy 平面と交わってできる円の半径が $4\sqrt{2}$ であるという。a の値を求めよ。

教 p.76 練習 27

発展 平面の方程式

55 次の点 A を通り，$\vec{n}$ に垂直な平面の方程式を求めよ。

(1) A$(1,\ -3,\ 4)$，$\vec{n}=(2,\ 5,\ 1)$　(2) A$(-2,\ 1,\ 0)$，$\vec{n}=(1,\ -2,\ 4)$

(3) A$(0,\ -1,\ -3)$，$\vec{n}=(3,\ 0,\ -2)$

(4) A$(\sqrt{2},\ 2,\ 0)$，$\vec{n}=(0,\ 0,\ 1)$

教 p.77 練習 1

56 点 $(2,\ -4,\ 1)$ と平面 $5x+3y-2z-8=0$ の距離を求めよ。

教 p.78 練習 2

定期考査対策問題

1 (1) 2点 $A(1,\ 2,\ 3)$, $B(-1,\ 1,\ 2)$ から等距離にある y 軸上の点Pの座標を求めよ。

(2) 3点 $A(3,\ -1,\ 2)$, $B(1,\ 4,\ -1)$, $C(2,\ -3,\ 1)$ から等距離にある xy 平面上の点Qの座標を求めよ。

(3) $A(6,\ 0,\ 0)$, $B(0,\ 6,\ 0)$, $C(0,\ 0,\ 6)$ とする。正四面体ABCDの頂点Dの座標を求めよ。

2 $\vec{a}=(0,\ -1,\ 2)$, $\vec{b}=(2,\ 1,\ 1)$, $\vec{c}=(1,\ 3,\ -2)$ のとき, $\vec{d}=(7,\ 8,\ -3)$ を $s\vec{a}+t\vec{b}+u\vec{c}$ の形に表せ。

3 $A(3,\ 2,\ 4)$, $B(3,\ -1,\ 1)$, $C(5,\ 3,\ -3)$ とする。△ABCにおいて, 次のものを求めよ。

(1) $\overrightarrow{AB}\cdot\overrightarrow{AC}$　　(2) $\cos A$　　(3) △ABCの面積

4 平行六面体ABCD-EFGHにおいて, 線分CFを2：1に内分する点をP, 線分APを3：1に内分する点をQとする。$\overrightarrow{AB}=\vec{b}$, $\overrightarrow{AD}=\vec{d}$, $\overrightarrow{AE}=\vec{e}$ とするとき, $\overrightarrow{AP}$, $\overrightarrow{AQ}$, $\overrightarrow{CQ}$ を $\vec{b}$, $\vec{d}$, $\vec{e}$ で表せ。

5 四面体ABCDの辺AB, CD, AC, BDの中点を, それぞれK, L, M, Nとし, 更に線分KLの中点をPとするとき, 3点M, N, Pは一直線上にあることを証明せよ。

6 四面体OABCの辺OA, OB, OCをそれぞれ1：2, 1：1, 2：1に内分する点を順にD, E, Fとする。頂点Oと△DEFの重心Gを通る直線が, 3点A, B, Cの定める平面ABCと交わる点をPとするとき, $\overrightarrow{OP}$ を $\overrightarrow{OA}$, $\overrightarrow{OB}$, $\overrightarrow{OC}$ で表せ。

7 $A(1,\ 2,\ -3)$, $B(2,\ 3,\ 4)$, $C(5,\ -2,\ 8)$ とする。次の点の座標を求めよ。

(1) 線分ABを3：1に内分する点D

(2) 線分BCを2：3に外分する点E

(3) △ABCの重心G

(4) 点Bに関して, 点Cと対称な点F

8 中心が点 $A(1,\ 4,\ -3)$ で, xy 平面に接する球面の方程式を求めよ。

第3章 複素数平面

1 複素数平面

57 次の点を複素数平面上に記せ。

$A(2-3i)$, $B(-3+i)$, $C(-2-2i)$, $D(3)$, $E(-4i)$

教 p.84 練習 1

58 (1) $\alpha=a+2i$, $\beta=6-4i$ とする。3 点 0, α, β が一直線上にあるとき，実数 a の値を求めよ。

(2) $\alpha=3-2i$, $\beta=b+6i$, $\gamma=5+ci$ とする。4 点 0, α, β, γ が一直線上にあるとき，実数 b, c の値を求めよ。

教 p.85 練習 2

59 $\alpha=3+i$, $\beta=2-2i$ であるとき，次の複素数を表す点を図示せよ。

(1) $\alpha+\beta$　(2) $\alpha-\beta$　(3) $2\alpha+\beta$

(4) $\alpha-2\beta$　(5) $-2\alpha+\beta$

教 p.86 練習 3

60 次の複素数の絶対値を求めよ。

(1) $-3+4i$　(2) $8i$　(3) $(1-2i)^2$　(4) $\dfrac{2+3i}{5-i}$

教 p.89 練習 5

61 次の 2 点 α, β 間の距離を求めよ。

(1) $\alpha=3+4i$, $\beta=7+5i$　(2) $\alpha=3(1-2i)$, $\beta=-3+4i$

(3) $\alpha=-1+3i$, $\beta=-1-2i$　(4) $\alpha=-3i$, $\beta=5$

教 p.89 練習 6

2 複素数の極形式と乗法，除法

62 次の複素数を極形式で表せ。ただし，偏角 θ の範囲は $0 \leqq \theta < 2\pi$ とする。

(1) $-1+i$　(2) $2-2i$　(3) $-\sqrt{3}-i$

(4) $2+2\sqrt{3}\,i$　(5) -3　(6) $4i$

教 p.91 練習 7

63 次の 2 つの複素数 α，β について，$\alpha\beta$，$\dfrac{\alpha}{\beta}$ をそれぞれ極形式で表せ。ただし，偏角 θ の範囲は $0 \leqq \theta < 2\pi$ とする。

(1) $\alpha=1+\sqrt{3}\,i$，$\beta=2+2i$　　(2) $\alpha=-2\sqrt{3}+2i$，$\beta=-1+i$

≫ 教 p.93 練習 8

64 $\alpha=1+2\sqrt{2}\,i$，$\beta=4-3i$ のとき，次の値を求めよ。

(1) $|\alpha^4|$　　(2) $|\alpha\beta^2|$　　(3) $\left|\dfrac{1}{\alpha\beta}\right|$　　(4) $\left|\dfrac{\beta^2}{\alpha^3}\right|$

≫ 教 p.93 練習 9

65 次の各点は，点 z をどのように移動した点であるか。

(1) $\dfrac{-1+\sqrt{3}\,i}{2}z$　　(2) $(1+i)z$　　(3) $-i\overline{z}$

≫ 教 p.95 練習 10

66 複素数平面上の 3 点 O(0)，A$(2-i)$，B について，次の条件を満たしているとき，点 B を表す複素数を求めよ。

(1) △OAB が正三角形となる。

(2) △OAB が B を直角の頂点とする直角二等辺三角形となる。

≫ 教 p.96 練習 11

3 ド・モアブルの定理

67 次の式を計算せよ。

(1) $(1+i)^{12}$　(2) $\left(\dfrac{1}{2}-\dfrac{\sqrt{3}}{2}i\right)^{-5}$　(3) $\left(\dfrac{3-\sqrt{3}\,i}{2}\right)^{8}$　(4) $(-\sqrt{3}+i)^{-4}$

≫ 教 p.98 練習 12

68 次の方程式の解を求めよ。ただし，(5) は極形式のままでよい。

(1) $z^3=-i$　　(2) $z^4=-16$　　(3) $z^6=-1$

(4) $z^4=32(-1+\sqrt{3}\,i)$　　(5) $z^3=-2+2i$　≫ 教 p.101 練習 14

69 $\alpha=\cos\dfrac{\pi}{13}+i\sin\dfrac{\pi}{13}$ のとき，次の式の値を求めよ。

(1) $1+\alpha+\alpha^2+\cdots\cdots+\alpha^{25}$　　(2) $\alpha\cdot\alpha^2\cdot\cdots\cdots\cdot\alpha^{25}$

≫ 教 p.102 練習 15

4 複素数と図形

70 2点A$(-3+2i)$，B$(4-8i)$を結ぶ線分ABに対して，次の点を表す複素数を求めよ。

(1) 中点　　(2) 3：1および1：3に内分する点

(3) 3：1および1：3に外分する点

≫ 教 p.103 練習 16

71 次の方程式を満たす点z全体の集合は，どのような図形か。

(1) $|z+2i|=3$　　(2) $|z+3-2i|=1$　　(3) $|\overline{z}-i|=1$

≫ 教 p.104 練習 17

72 次の方程式を満たす点z全体の集合は，どのような図形か。

(1) $|z-3|=|z-i|$　　(2) $|z|=|z+4|$　　(3) $|z-3+i|=|z+1|$

≫ 教 p.104 練習 18

73 次の方程式を満たす点z全体の集合は，どのような図形か。

(1) $|z+1|=2|z-2|$　　(2) $3|z|=|z-8i|$　　(3) $|z-i|=2|z-1|$

≫ 教 p.105 練習 19

74 点zが，原点Oを中心とする半径1の円上を動くとき，次の等式を満たす点wはどのような図形を描くか。

(1) $w=z+i$　　(2) $w=\dfrac{iz+4}{2}$

≫ 教 p.106 練習 20

75 次の複素数α，βと角θについて，点βを，点αを中心としてθだけ回転した点を表す複素数γを求めよ。

(1) $\alpha=3-i$，$\beta=2+3i$，$\theta=\dfrac{\pi}{6}$　　(2) $\alpha=4+i$，$\beta=-1+2i$，$\theta=\dfrac{3}{4}\pi$

≫ 教 p.107 練習 21

76 複素数平面上の次の3点A，B，Cについて，∠BACの大きさを求めよ。

(1) A(0)，B$(2+i)$，C$(1+3i)$

(2) A(i)，B$(2\sqrt{3}+3i)$，C$(\sqrt{3}+4i)$

≫ 教 p.108 練習 22

演習
演習編

77 c，d は実数の定数とする。複素数平面上の 4 点 A$(3+2i)$，B$(6-i)$，C$(c+6i)$，D$(d-4i)$ について，次の問いに答えよ。

(1) 3 点 A，B，C が一直線上にあるように，c の値を定めよ。

(2) (1) で求めた c の値に対して，2 直線 BC，BD が垂直に交わるように，d の値を定めよ。

≫ 教 p.109 練習 23

78 異なる 3 つの複素数 α，β，γ の間に，次の等式が成り立つとき，3 点 A(α)，B(β)，C(γ) を頂点とする △ABC の 3 つの角の大きさを求めよ。

(1) $\dfrac{\gamma-\alpha}{\beta-\alpha}=\sqrt{3}\,i$　　　(2) $\alpha+i\beta=(1+i)\gamma$

≫ 教 p.110 練習 24

研究　$w=\dfrac{1}{z}$ が描く図形

79 点 z が，原点 O を中心とする半径 1 の円上を動くとき，次の点 w はどのような図形を描くか。

(1) $w=\dfrac{1+i}{z}$　　　(2) $w=\dfrac{6z-1}{2z-1}$

≫ 教 p.111 練習 1

定期考査対策問題

1 複素数 z が $3z+2\overline{z}=5-2i$ を満たすとき，次の問いに答えよ。

(1) $3\overline{z}+2z$ を求めよ。　　(2) z を求めよ。

2 次の複素数を極形式で表せ。偏角 θ の範囲は $0 \leqq \theta < 2\pi$ とする。

(1) $\dfrac{3+2i}{1+5i}$　　(2) $-4\left(\cos\dfrac{\pi}{5}+i\sin\dfrac{\pi}{5}\right)$　　(3) $\sin\dfrac{\pi}{6}+i\cos\dfrac{\pi}{6}$

3 (1) 点 $(1+\sqrt{3}\,i)z$ は，点 z をどのように移動した点であるか。

(2) 複素数平面上の 3 点 O(0)，A$(3+2i)$，B について，△OAB が正三角形となるとき，点 B を表す複素数を求めよ。

4 (1) n が自然数のとき，$\left(\dfrac{-1+\sqrt{3}\,i}{2}\right)^n+\left(\dfrac{-1-\sqrt{3}\,i}{2}\right)^n$ の値を求めよ。

(2) 方程式 $z^3=-8i$ の解を求めよ。

5 次の方程式を満たす点 z 全体は，どのような図形か。

(1) $|z+2i|=|z-3|$　　(2) $|\overline{z}-i|=3$

6 点 z が原点 O を中心とする半径 2 の円上を動くとき，$w=\dfrac{z+2}{z-1}$ で与えられる点 w はどのような図形を描くか。

7 複素数平面上の 3 点 A$(3-3i)$，B$(3+\sqrt{3}-2i)$，C$(3+i)$ について，∠BAC の大きさと △ABC の面積を求めよ。

8 複素数平面上の異なる 2 点 A，B を表す複素数をそれぞれ α，β とするとき，線分 AB を 1 辺とする正方形 ABCD の頂点 C，D を表す複素数を α，β で表せ。

演習

演習編

第4章　式と曲線

1 放物線

80 次の放物線の焦点と準線を求めよ。また，その放物線の概形をかけ。

(1)　$y^2=6x$　　(2)　$y^2=-12x$　　(3)　$x^2=6y$　　(4)　$y=-3x^2$

教 p.117 練習 1，3

81 次のような放物線の方程式を求めよ。

(1)　焦点 $(5,\ 0)$，準線 $x=-5$　　(2)　焦点 $(0,\ -2)$，準線 $y=2$

教 p.117 練習 2

2 楕円

82 次の楕円の長軸の長さ，短軸の長さ，焦点，頂点，楕円上の任意の点から2つの焦点までの距離の和を求めよ。また，その概形をかけ。

(1)　$\dfrac{x^2}{16}+\dfrac{y^2}{9}=1$　　(2)　$4x^2+25y^2=100$

(3)　$\dfrac{x^2}{9}+\dfrac{y^2}{25}=1$　　(4)　$4x^2+y^2=4$

教 p.120，121 練習 4，6

83 次のような楕円の方程式を求めよ。

(1)　2点 $(4,\ 0)$，$(-4,\ 0)$ を焦点とし，焦点からの距離の和が 10

(2)　2点 $(0,\ 2)$，$(0,\ -2)$ を焦点とし，焦点からの距離の和が 6

教 p.120 練習 5

84 円 $x^2+y^2=25$ を，(1) は x 軸をもとに，(2) は y 軸をもとにして，次のように縮小または拡大すると，どのような曲線になるか。

(1)　y 軸方向に $\dfrac{3}{5}$ 倍　　(2)　x 軸方向に 2 倍

教 p.122 練習 7

85 長さが 8 の線分 AB の端点 A は x 軸上を，端点 B は y 軸上を動くとする。

(1) 線分 AB を 5：3 に内分する点 P の軌跡を求めよ。

(2) 線分 AB を 5：3 に外分する点 Q の軌跡を求めよ。

» 教 p.123 練習 8，9

3 双曲線

86 次の双曲線の頂点，焦点，漸近線，双曲線上の任意の点から 2 つの焦点までの距離の差を求めよ。また，その概形をかけ。

(1) $\dfrac{x^2}{25}-\dfrac{y^2}{4}=1$　　(2) $25x^2-9y^2=225$

(3) $\dfrac{x^2}{4}-\dfrac{y^2}{8}=-1$　　(4) $y^2-x^2=4$

» 教 p.126，127 練習 10，12

87 2 点 $(4,\ 0)$，$(-4,\ 0)$ を焦点とし，焦点からの距離の差が 4 である双曲線の方程式を求めよ。

» 教 p.126 練習 11

4 2 次曲線の平行移動

88 次の 2 次曲線を，(　) 内のように平行移動して得られる曲線の方程式を求めよ。また，その焦点を求めよ。ただし，$(a,\ b)$ は x 軸方向に a，y 軸方向に b だけの平行移動を表す。

(1) $\dfrac{x^2}{16}+\dfrac{y^2}{9}=1$　$(2,\ 3)$　　(2) $x^2-y^2=1$　$(-1,\ 5)$

(3) $y^2=x$　$(3,\ -2)$

» 教 p.130 練習 14

89 次の方程式はどのような図形を表すか。また，その概形をかけ。

(1) $y^2=4x+8$　　(2) $y^2+2x-2y-3=0$

(3) $x^2+4y^2-4x+8y+4=0$

(4) $9x^2+4y^2+36x-16y+16=0$

(5) $x^2-y^2+4x+6y-6=0$

(6) $4y^2-9x^2-18x-24y-9=0$

» 教 p.131 練習 15，16

5 2次曲線と直線

90 次の曲線と直線の共有点の座標を求めよ。

(1) $\dfrac{x^2}{9}+\dfrac{y^2}{4}=1,\ 2x-3y=0$　　(2) $\dfrac{x^2}{4}-y^2=1,\ x+2y=1$

(3) $y^2=4x,\ x+y=1$　　(4) $y^2=6x,\ 2y-x=6$

教 p.133 練習 17

91 k は定数とする。次の曲線と直線の共有点の個数を調べよ。

(1) $4x^2-9y^2=36,\ x+y=k$　　(2) $y^2=-4x,\ y=2x+k$

(3) $x^2-y^2=2,\ y=kx+2$

教 p.134 練習 18

92 次の 2 次曲線と直線の 2 つの交点を結んだ線分の中点の座標を求めよ。

(1) $x^2-y^2=1,\ 2x+y=3$　　(2) $x^2+9y^2=9,\ x+3y=1$

教 p.135 練習 19

93 次の方程式を求めよ。

(1) 点 $(3,\ 0)$ から楕円 $x^2+4y^2=4$ に引いた接線

(2) 傾きが 1 で双曲線 $2x^2-y^2=-2$ に接する直線

教 p.136 練習 20

94 放物線 $y^2=4px\ (p\neq 0)$ について，焦点 F から任意の接線へ下ろした垂線を FQ とすると，点 Q は y 軸上にあることを証明せよ。

教 p.137 練習 21

研究 接線の方程式の一般形

95 次の曲線上の与えられた点における接線の方程式を求めよ。

(1) $\dfrac{x^2}{9}+\dfrac{y^2}{4}=1\quad\left(\dfrac{3}{2},\ \sqrt{3}\right)$　　(2) $\dfrac{x^2}{4}+y^2=1\quad\left(\sqrt{3},\ -\dfrac{1}{2}\right)$

(3) $\dfrac{x^2}{16}-\dfrac{y^2}{4}=1\quad(-2\sqrt{5},\ 1)$　　(4) $y^2=4x\quad(1,\ -2)$

教 p.138 練習 1

6 2次曲線の性質

96 点 F(2, 0) からの距離と，直線 $x=-1$ からの距離の比が次のような点 P の軌跡を求めよ。

教 p.141 練習 22

(1) 2：1　(2) 1：1　(3) $\frac{1}{2}$：1

7 曲線の媒介変数表示

97 次の式で表される点 $\mathrm{P}(x, y)$ は，どのような曲線を描くか。

(1) $x=t+1$，$y=2t-3$　(2) $x=t-1$，$y=t^2+2$

(3) $x=2t-1$，$y=3t^2-2t+1$　(4) $x=t+1$，$y=\sqrt{t}$

(5) $x=\sqrt{t}$，$y=\sqrt{1-t}$　(6) $x=\sqrt{1-t^2}$，$y=t^2+1$

教 p.143 練習 23

98 次の放物線の頂点は，t の値が変化するとき，どのような曲線を描くか。

(1) $y=x^2+4tx+4t$　(2) $y=-x^2+2tx+(t-1)^2$

教 p.144 練習 24

99 双曲線 $x^2-y^2=1$ と直線 $y=x+t$ との交点について考え，この双曲線を，t を媒介変数として表せ。

教 p.145 練習 26

100 次の円，楕円，双曲線を，角 θ を媒介変数として表せ。

(1) $x^2+y^2=16$　(2) $x^2+y^2=5$

(3) $\dfrac{x^2}{25}+\dfrac{y^2}{9}=1$　(4) $\dfrac{x^2}{4}-y^2=1$

(5) $9x^2+6y^2=36$　(6) $9x^2-16y^2=-144$

教 p.146，147 練習 27〜29

101 次の媒介変数表示は，どのような曲線を表すか。

教 p.148 練習 30

(1) $x=2\cos\theta$，$y=2\sin\theta$　(2) $x=3\cos\theta$，$y=2\sin\theta$

(3) $x=\dfrac{2}{\cos\theta}$，$y=3\tan\theta$　(4) $x=2\cos\theta-1$，$y=2\sin\theta+2$

(5) $x=4\cos\theta+1$，$y=3\sin\theta-1$　(6) $x=\dfrac{1}{\cos\theta}-2$，$y=2\tan\theta+3$

102 サイクロイド $x=\theta-\sin\theta$，$y=1-\cos\theta$ について，θ の次の値に対応する点の座標を求めよ。

(1) $\theta=0$　(2) $\theta=\dfrac{\pi}{2}$　(3) $\theta=\pi$　(4) $\theta=\dfrac{3}{2}\pi$　(5) $\theta=2\pi$

教 p.149 練習 31

8 極座標と極方程式

103 極座標で表された次の点の位置を図示せよ。 教 p.151 練習 32

(1) $A\left(4,\ \dfrac{\pi}{6}\right)$ (2) $B\left(3,\ -\dfrac{\pi}{3}\right)$ (3) $C\left(1,\ \dfrac{2}{3}\pi\right)$ (4) $D\left(2,\ \dfrac{4}{3}\pi\right)$

104 極座標が次のような点の直交座標を求めよ。 教 p.153 練習 33

(1) $(5,\ \pi)$ (2) $\left(2,\ \dfrac{2}{3}\pi\right)$ (3) $\left(\sqrt{2},\ -\dfrac{\pi}{4}\right)$ (4) $\left(1,\ -\dfrac{5}{6}\pi\right)$

105 直交座標が次のような点の極座標 $(r,\ \theta)$ $(0 \leqq \theta < 2\pi)$ を求めよ。

(1) $(0,\ 2)$ (2) $(\sqrt{3},\ 1)$ (3) $(-1,\ -1)$ (4) $(-\sqrt{3},\ 3)$

教 p.153 練習 34

106 次の極方程式はどのような曲線を表すか。また，その曲線を図示せよ。

(1) $r=3$ (2) $\theta=\dfrac{\pi}{3}$ (3) $r=6\cos\theta$

(4) $r\cos\theta=2$ (5) $r\cos\left(\theta-\dfrac{5}{6}\pi\right)=1$ (6) $r\sin\theta=3$

教 p.155 練習 35，36

107 次の極方程式の表す曲線を，直交座標に関する方程式で表せ。

(1) $r\sin\theta=-1$ (2) $r=-4\sin\theta$ (3) $r\sin\left(\theta-\dfrac{2}{3}\pi\right)=2$

(4) $r\cos^2\theta=\sin\theta$ (5) $r^2\cos 2\theta=-1$ (6) $r^2(4-3\cos^2\theta)=4$

教 p.156 練習 37

108 次の曲線を極方程式で表せ。 教 p.157 練習 38

(1) $x=5$ (2) $y=-\sqrt{3}\,x$ (3) $x+y-4=0$

(4) $x^2+y^2=4x$ (5) $y^2=-4x$ (6) $x^2-y^2=9$

109 極座標に関して，次の円の極方程式を求めよ。 教 p.157 練習 39

(1) 中心が $\left(5,\ \dfrac{\pi}{2}\right)$，半径が 5 (2) 中心が $\left(a,\ -\dfrac{\pi}{4}\right)$，半径が a

110 次の極方程式はどのような曲線を表すか。直交座標の方程式に直して答えよ。 教 p.158 練習 40

(1) $r=\dfrac{1}{\sqrt{2}+\cos\theta}$ (2) $r=\dfrac{3}{1+2\cos\theta}$ (3) $r=\dfrac{2}{1+\cos\theta}$

定期考査対策問題

1 直線 $x=1$ に接し，円 $(x+2)^2+y^2=1$ と外接する円の中心Pの軌跡を求めよ。

2 次のような楕円の方程式を求めよ。

(1) 2つの焦点 $(2,\ 0)$，$(-2,\ 0)$ からの距離の和が8

(2) 長軸の長さが12，短軸の長さが8，中心は原点で，長軸は y 軸上にある。

3 焦点が2点 $(3,\ 0)$，$(-3,\ 0)$ で，点 $(5,\ 4)$ を通る双曲線の方程式を求めよ。

4 次の曲線の概形をかき，放物線なら頂点，楕円なら中心，双曲線なら漸近線を求めよ。また，焦点も求めよ。

(1) $4y^2-8y-3x+1=0$　(2) $9x^2+y^2-18x+4y+4=0$

(3) $4x^2-9y^2+24x-54y-9=0$

5 放物線 $y^2=-4x$ を次の直線または点に関して対称移動して得られる曲線の方程式を求めよ。

(1) y 軸　(2) 直線 $x=-1$　(3) 点 $(2,\ 1)$

6 双曲線 $x^2-3y^2=3$ と直線 $y=x+2$ が交わってできる弦の中点の座標と，弦の長さを求めよ。

7 放物線 $y^2=4\sqrt{2}x$ と円 $x^2+y^2=1$ の共通接線の方程式を求めよ。

8 点 $(3,\ 4)$ から楕円 $9x^2+16y^2=144$ に引いた2本の接線は直交することを示せ。

9 点 $F(1,\ 0)$ からの距離と，直線 $x=-1$ からの距離の比が $\sqrt{2}:1$ である点Pの軌跡を求めよ。

10 次の式で表される点 $P(x,\ y)$ は，どのような曲線を描くか。

(1) $x=t+2$，$y=t^2+3t-1$

(2) $x=3\cos\theta-2$，$y=4\sin\theta+1$

11 双曲線 $x^2-\frac{y^2}{4}=1$ と直線 $y=t(x+1)$ との交点について考え，点 $(-1,\ 0)$ を除くこの双曲線を，t を媒介変数として表せ。

12 次の式で表される点 $\mathrm{P}(x,\ y)$ は，どのような曲線を描くか。

$$x=\frac{2}{1+t^2},\quad y=\frac{2t}{1+t^2}$$

13 (1) 極座標が $\left(4,\ \frac{\pi}{3}\right)$ である点の直交座標を求めよ。

(2) 直交座標が $(-\sqrt{3},\ -3)$ である点の極座標 $(r,\ \theta)$ を求めよ。ただし，$0\leqq\theta<2\pi$ とする。

14 極座標に関して，次の図形の極方程式を求めよ。

(1) 中心が $(5,\ 0)$ で半径が 5 の円

(2) 点 $\mathrm{A}\left(2,\ \frac{\pi}{4}\right)$ を通り，OA に垂直な直線(O は極)

15 次の曲線を極方程式で表せ。

(1) $x=5$　　(2) $y^2=-4x$　　(3) $x^2-y^2=9$

16 次の極方程式はどのような曲線を表すか。直交座標の方程式に直して答えよ。

(1) $r=\frac{2}{\sqrt{2}+\cos\theta}$　　(2) $r=\frac{9}{1+2\cos\theta}$　　(3) $r=\frac{3}{1+\cos\theta}$

第5章 数学的な表現の工夫

1 データの表現方法の工夫

111 右のデータは，2020年10月における日本の電気事業者について，発電方法とその発電量を調査した結果である。このデータについて，次の問いに答えよ。

(1) 空欄に当てはまる数値を答えよ。

(2) 各項目の累積比率を求めよ。ただし，小数第5位を四捨五入して，%で答えよ。

項目	発電量(億 kWh)
火力発電	547.4
水力発電	55.6
新エネルギー等	□
原子力発電	18.2
その他	0.2
計	641.3

（資源エネルギー庁ホームページより作成）

≫ 教 p.167 練習1

112 (1) 次の空欄に当てはまる言葉を答えよ。

バブルチャートは ア□ つの異なる変量を1つの図で表すことができる。例えば，散布図は縦軸と横軸の イ□ つのデータによる表現となるが，バブルチャートは縦軸と横軸に加えて ウ□ でもデータを表現することが可能である。

(2) バブルチャートは，データの状態によってはその長所を活かしきれない場合がある。そのようなデータの特徴を2つ，理由をつけて述べよ。

≫ 教 p.171 練習2

2 行列による表現

113 教科書 172 ページと同様に，その年の 7 月における 3 つの店 X，Y，Z での，4 種類のボールペンの販売数を表と行列で次のように表した。

	黒	赤	青	緑
X	60	31	15	14
Y	49	32	17	10
Z	37	40	25	7

$$D=\begin{pmatrix} 60 & 31 & 15 & 14 \\ 49 & 32 & 17 & 10 \\ 37 & 40 & 25 & 7 \end{pmatrix}$$

(1) 3 つの店での合計販売数が最も少ないのは，どの色のボールペンか。

(2) ボールペンの合計販売数が最も少ないのはどの店か。

教 p.173 練習 3

114 次の行列は何行何列の行列か。

(1) $\begin{pmatrix} 3 & 2 \end{pmatrix}$　(2) $\begin{pmatrix} 3 & 0 \\ 5 & 6 \end{pmatrix}$　(3) $\begin{pmatrix} 4 \\ -1 \\ 3 \end{pmatrix}$　(4) $\begin{pmatrix} 2 & 7 & -8 \\ 4 & -5 & -3 \\ -1 & 6 & 7 \end{pmatrix}$

教 p.173 練習 4

115 教科書 172 ページの各ボールペンの販売数について，教科書 174 ページの行列の和 $A+B$ を用いて，4 月と 5 月の販売数の合計が最も多かったもの，最も少なかったものは，それぞれどの店のどの色のボールペンか答えよ。

教 p.175 練習 5

116 次の計算をせよ。

(1) $\begin{pmatrix} 2 & 5 \\ -1 & 3 \end{pmatrix}+\begin{pmatrix} 4 & -2 \\ 7 & 5 \end{pmatrix}$　(2) $\begin{pmatrix} 1 & 2 & 3 \\ -4 & 5 & -6 \end{pmatrix}+\begin{pmatrix} 3 & -5 & 9 \\ 6 & 2 & -7 \end{pmatrix}$

(3) $\begin{pmatrix} -1 & -2 \\ 2 & 1 \end{pmatrix}-\begin{pmatrix} 1 & 1 \\ -1 & 1 \end{pmatrix}$　(4) $\begin{pmatrix} 7 \\ -3 \end{pmatrix}-\begin{pmatrix} 5 \\ -1 \end{pmatrix}$

教 p.175 練習 6

117 教科書 176 ページの練習 7 の行列 C と，本書の演習編 113 の行列 D を利用して，6，7 月の販売数の平均値を表す行列を求めよ。

教 p.176 練習 7

118 $A=\begin{pmatrix}1 & -2\\ 0 & 3\end{pmatrix}$ のとき，次の行列を求めよ。

(1) $2A$　　(2) $\dfrac{1}{3}A$　　(3) $(-1)A$　　(4) $(-3)A$

》教 p.177 練習 8

119 教科書 178 ページの自動車購入の例について，各観点の重要度は右の表のようであるとする。3 つの自動車 X，Y，Z の評価は教科書 178 ページと同じであるとき，総得点が最大になる自動車はどれか。

観点	a	b	c
重要度	5	2	2

》教 p.180 練習 10

120 次の行列の積を計算せよ。

(1) $\begin{pmatrix}5 & 2\\ 3 & 3\end{pmatrix}\begin{pmatrix}2\\ 4\end{pmatrix}$　　(2) $\begin{pmatrix}1 & 3\\ 2 & 4\end{pmatrix}\begin{pmatrix}4 & 1\\ 3 & 2\end{pmatrix}$　　(3) $\begin{pmatrix}-1 & 2\\ 2 & 1\end{pmatrix}\begin{pmatrix}0 & 1\\ 1 & 2\end{pmatrix}$

》教 p.181 練習 11

3 離散グラフによる表現

121 次の離散グラフについて，一筆書きができるか判定せよ。また，一筆書きができる場合は，実際に一筆書きの方法を見つけよ。

(1)

(2)

》教 p.185 練習 15

122 A，B，C，D，E，F，G，H が右のような経路で結ばれている。この離散グラフの辺に隣接して書かれている数は移動する際の所要時間(分)である。この図において，A から H まで移動するとき，所要時間が最も短くなる経路をダイクストラのアルゴリズムを利用して見つけよ。

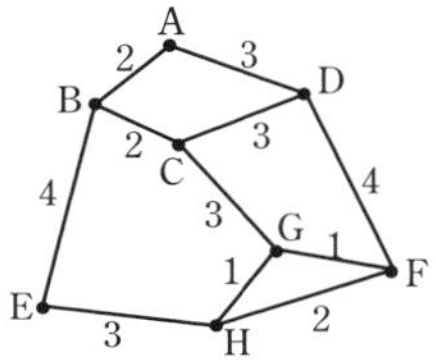

》教 p.189 練習 17

4 離散グラフと行列の関連

123 次の行列 A について，A^2，A^3 をそれぞれ求めよ。

(1) $A=\begin{pmatrix} 1 & 1 \\ 0 & 1 \end{pmatrix}$　　(2) $A=\begin{pmatrix} 1 & 0 & 5 \\ 2 & -1 & 4 \\ 3 & -2 & 0 \end{pmatrix}$

教 p.193 練習 21

124 右の図は，ある鉄道会社の主要 5 駅とその駅を結ぶ路線について，離散グラフに表したものである。例えば，P 駅から S 駅へは 2 つの路線が運行している。1 日に 1 路線のみ使えるとし，P → Q → P と移動するには 2 日かかるとする。

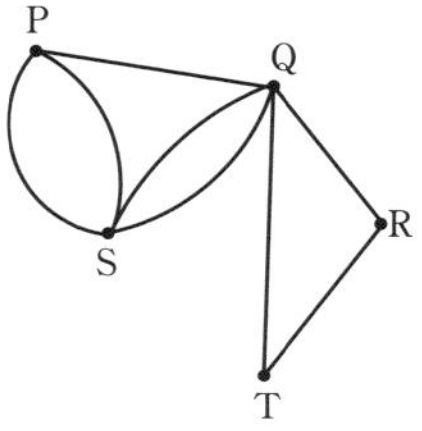

(1) P 駅から出発して，3 日目に T 駅に到着する経路の総数を求めよ。

(2) 3 日目に T 駅に到着する経路の総数が最も大きい出発地点はどこか。出発地点の駅を経路の総数とともに答えよ。

教 p.193 練習 22

演習編の答と略解

原則として，問題の要求している答の数値・図などをあげ，[　]には略解やヒントを付した。

第１章　平面上のベクトル

1　[(1)，(2) 左辺－右辺$=\vec{0}$ を示す]

2　(1)～(4)［図］

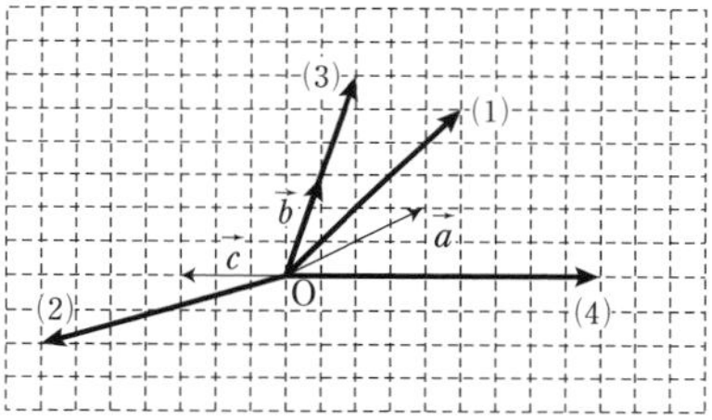

(5)～(9)［図］

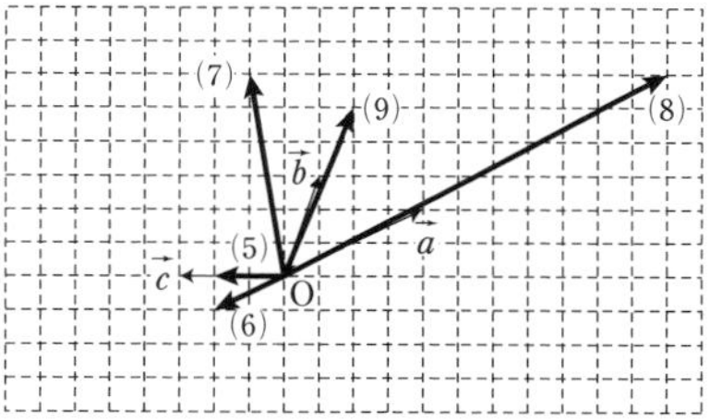

3　(1) $-2\vec{a}$　(2) $\vec{b}$　(3) $-\vec{a}+8\vec{b}$

(4) $-18\vec{a}+17\vec{b}$　(5) $-\dfrac{1}{6}\vec{a}-\dfrac{2}{3}\vec{b}-\dfrac{1}{2}\vec{c}$

4　(1) $\vec{x}=-\dfrac{1}{2}\vec{a}+2\vec{b}$　(2) $\vec{x}=\dfrac{5}{6}\vec{a}+\dfrac{4}{3}\vec{b}$

5　(1) $\dfrac{1}{8}\vec{b}$　(2) $-\dfrac{1}{10}\vec{b}+\dfrac{1}{10}\vec{c}$，$\dfrac{1}{10}\vec{b}-\dfrac{1}{10}\vec{c}$

6　$\overrightarrow{\mathrm{OA}}=-\dfrac{1}{2}\vec{b}-\dfrac{1}{2}\vec{d}$，$\overrightarrow{\mathrm{OB}}=\dfrac{1}{2}\vec{b}-\dfrac{1}{2}\vec{d}$，

$\overrightarrow{\mathrm{OE}}=\dfrac{1}{4}\vec{b}-\dfrac{1}{2}\vec{d}$

7　$\vec{a}=(1,\ 2)$，$|\vec{a}|=\sqrt{5}$；
$\vec{b}=(3,\ 0)$，$|\vec{b}|=3$；$\vec{c}=(0,\ -2)$，$|\vec{c}|=2$；
$\vec{d}=(-2,\ 3)$，$|\vec{d}|=\sqrt{13}$；
$\vec{e}=(-3,\ -2)$，$|\vec{e}|=\sqrt{13}$

8　順に
(1) $(3,\ -6)$，$3\sqrt{5}$　(2) $(-2,\ 4)$，$2\sqrt{5}$
(3) $(-2,\ 0)$，2　(4) $(-4,\ 4)$，$4\sqrt{2}$
(5) $(11,\ -10)$，$\sqrt{221}$　(6) $(-15,\ 14)$，$\sqrt{421}$

9　(1) $\vec{p}=2\vec{a}+5\vec{b}$　(2) $\vec{q}=3\vec{a}-2\vec{b}$

10　$x=8$

11　順に
(1) $(12,\ 5)$，13　(2) $(10,\ 5)$，$5\sqrt{5}$
(3) $(-8,\ -1)$，$\sqrt{65}$　(4) $(-2,\ 0)$，2

12　$(0,\ -3)$

13　(1) $\sqrt{2}$　(2) -4

14　(1) 0　(2) 1　(3) 1　(4) -1

15　順に
(1) 0，$\theta=90^\circ$　(2) -26，$\theta=180^\circ$
(3) 2，$\theta=60^\circ$　(4) -10，$\theta=120^\circ$

16　$\vec{e}=\left(\dfrac{\sqrt{3}}{2},\ \dfrac{1}{2}\right)$，$\left(-\dfrac{\sqrt{3}}{2},\ -\dfrac{1}{2}\right)$

17　[(1) 左辺$=\vec{p}\cdot\vec{p}+\vec{p}\cdot2\vec{b}-\vec{a}\cdot\vec{p}-\vec{a}\cdot2\vec{b}$
(2) 左辺$=3\vec{a}\cdot3\vec{a}+3\vec{a}\cdot4\vec{b}-4\vec{b}\cdot3\vec{a}-4\vec{b}\cdot4\vec{b}$
(3) 左辺$=|\vec{p}|^2-2(\vec{a}+\vec{b})\cdot\vec{p}+4\vec{a}\cdot\vec{b}=$右辺]

18　$|2\vec{a}-3\vec{b}|=13$

19　順に　(1) -1，$\theta=120^\circ$　(2) 10，$\theta=60^\circ$

20　(1) $\dfrac{1}{2}$　(2) 2　(3) 4

21　[(1) 各点の位置ベクトルを，それぞれ $\vec{a}$，$\vec{b}$，$\vec{c}$，$\vec{d}$，$\vec{e}$，$\vec{f}$ とすると，重心の位置ベクトルはともに $\dfrac{1}{6}(\vec{a}+\vec{b}+\vec{c}+\vec{d}+\vec{e}+\vec{f})$
(2) 左辺－右辺$=\vec{0}$ を示す]

22　(2) 1：4　[(1) $\overrightarrow{\mathrm{AB}}=\vec{b}$，$\overrightarrow{\mathrm{AC}}=\vec{c}$ とすると，
$\overrightarrow{\mathrm{AP}}=-\vec{b}+2\vec{c}$，$\overrightarrow{\mathrm{AQ}}=\dfrac{1}{3}\vec{b}$，$\overrightarrow{\mathrm{AR}}=\dfrac{1}{2}\vec{c}$ から
$\overrightarrow{\mathrm{QP}}=4\overrightarrow{\mathrm{QR}}$]

23　$\overrightarrow{\mathrm{AP}}=\dfrac{1}{9}\vec{b}+\dfrac{2}{3}\vec{c}$

24　[$\overrightarrow{\mathrm{OA}}=\vec{a}$，$\overrightarrow{\mathrm{OC}}=\vec{c}$ とすると，
$\overrightarrow{\mathrm{CD}}=\dfrac{1}{3}\vec{a}-\vec{c}$，$\overrightarrow{\mathrm{OE}}=\vec{a}+\dfrac{3}{4}\vec{c}$，$\vec{a}\cdot\vec{c}=0$
$\overrightarrow{\mathrm{CD}}\cdot\overrightarrow{\mathrm{OE}}=0$ を示す]

25　(1) $\begin{cases} x=3+t \\ y=5+2t \end{cases}$；$2x-y-1=0$

(2) $\begin{cases} x=4+2t \\ y=-2-t \end{cases}$；$x+2y=0$

(3) $\begin{cases} x=3t \\ y=2+t \end{cases}$；$x-3y+6=0$

26 $\overrightarrow{\mathrm{OA'}}=4\overrightarrow{\mathrm{OA}}$，$\overrightarrow{\mathrm{OB'}}=4\overrightarrow{\mathrm{OB}}$ を満たす点 A′，B′ をとると

(1) 線分 A′B′　(2) △OA′B′ の周および内部

27 (1) $4x+5y-22=0$　(2) $4x-y-14=0$

(3) $x=2$

28 (1) $\alpha=60°$　(2) $\alpha=45°$

29 (1)～(3)［図］ ただし，境界線を含む

(1)

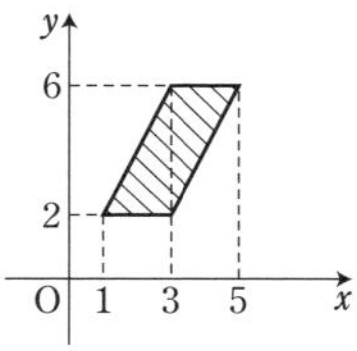

(2)

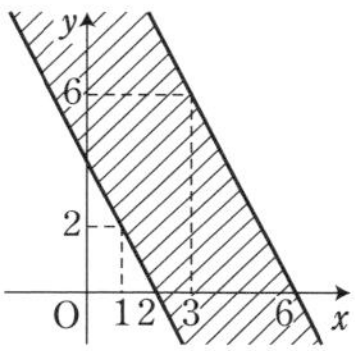

(3)

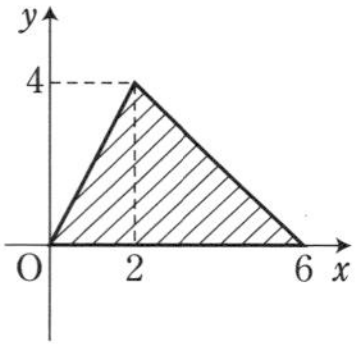

第 2 章　空間のベクトル

30 L(2, 7, 0)，M(0, 7, −1)，N(2, 0, −1)

31 (1) (4, 2, 1)　(2) (−4, 2, −1)

(3) (4, −2, −1)　(4) (4, −2, 1)

(5) (−4, 2, 1)　(6) (−4, −2, −1)

(7) (−4, −2, 1)

32 (1) $\sqrt{21}$　(2) $3\sqrt{6}$

33 (1) BA＝BC の二等辺三角形

(2) ∠A＝90° の直角三角形

34 (1) $\left(0,\ \frac{15}{2},\ 0\right)$　(2) $\left(\frac{8}{5},\ 0,\ \frac{4}{5}\right)$

35 (2, 1, 0)　または　$\left(-\frac{2}{3},\ \frac{11}{3},\ -\frac{8}{3}\right)$

36 (1) $\overrightarrow{\mathrm{BH}}=-\vec{a}+\vec{b}+\vec{c}$

(2) $\overrightarrow{\mathrm{CE}}=-\vec{a}-\vec{b}+\vec{c}$　(3) $\overrightarrow{\mathrm{FD}}=-\vec{a}+\vec{b}-\vec{c}$

(4) $\overrightarrow{\mathrm{GA}}=-\vec{a}-\vec{b}-\vec{c}$

37 順に

(1) (2, −2, 4)，$2\sqrt{6}$　(2) (0, 6, 3)，$3\sqrt{5}$

(3) (−1, 1, −2)，$\sqrt{6}$

(4) (0, −8, −4)，$4\sqrt{5}$　(5) (1, 1, 3)，$\sqrt{11}$

(6) (−1, 3, −1)，$\sqrt{11}$　(7) (2, 4, 7)，$\sqrt{69}$

(8) (4, −9, −1)，$7\sqrt{2}$

(9) (−4, 11, 2)，$\sqrt{141}$

38 (1) $\vec{p}=\vec{a}+2\vec{b}-\vec{c}$　(2) $\vec{q}=-2\vec{a}+3\vec{b}$

39 順に

(1) (0, 1, 2)，$\sqrt{5}$　(2) (2, 1, −1)，$\sqrt{6}$

(3) (1, −2, −1)，$\sqrt{6}$　(4) (2, 0, −3)，$\sqrt{13}$

(5) (1, 2, −2)，3

40 (−2, 2, −1)

41 順に

(1) 18，0°　(2) 0，90°　(3) −28，180°

(4) $-\sqrt{6}$，120°

42 (1) ∠A＝90°，∠B＝30°，∠C＝60°

(2) ∠A＝120°，∠B＝30°，∠C＝30°

43 (1) $\left(\frac{1}{\sqrt{3}},\ \frac{1}{\sqrt{3}},\ \frac{1}{\sqrt{3}}\right)$，

$\left(-\frac{1}{\sqrt{3}},\ -\frac{1}{\sqrt{3}},\ -\frac{1}{\sqrt{3}}\right)$

(2) (−2, −1, 2)，(2, 1, −2)

44 ［点 G，H，I，J の位置ベクトルを，それぞれ $\vec{g}$，$\vec{h}$，$\vec{i}$，$\vec{j}$ とすると

$\vec{g}=\frac{\vec{a}+\vec{b}+\vec{c}}{3}$，$\vec{h}=\frac{\vec{a}+\vec{c}+\vec{d}}{3}$，$\vec{i}=\frac{\vec{a}+\vec{b}+\vec{d}}{3}$，

$\vec{j}=\frac{\vec{b}+\vec{c}+\vec{d}}{3}$］

45 (2) 1：2　［(1) $\overrightarrow{\mathrm{OA}}=\vec{a}$，$\overrightarrow{\mathrm{OB}}=\vec{b}$，$\overrightarrow{\mathrm{OC}}=\vec{c}$ とすると

$\overrightarrow{\mathrm{OR}}=\vec{a}+\vec{c}+\frac{1}{2}\vec{b}$，$\overrightarrow{\mathrm{OS}}=\vec{b}+\vec{c}+\frac{1}{2}\vec{a}$ から

$\overrightarrow{\mathrm{RS}}=\frac{1}{2}\vec{b}-\frac{1}{2}\vec{a}$］

46 (1) $x=1$　(2) $z=-6$

47 $\overrightarrow{\mathrm{OP}}=\frac{1}{3}\vec{a}+\frac{2}{9}\vec{b}+\frac{4}{9}\vec{c}$

48 ［(1) $\overrightarrow{\mathrm{OA}}=\vec{a}$，$\overrightarrow{\mathrm{OB}}=\vec{b}$，$\overrightarrow{\mathrm{OC}}=\vec{c}$ とする。

$|\vec{a}|=|\vec{b}|$，$\vec{b}\cdot\vec{c}=\vec{c}\cdot\vec{a}$ から $|\overrightarrow{\mathrm{AC}}|^2-|\overrightarrow{\mathrm{BC}}|^2=0$

(2) $\overrightarrow{\mathrm{OG}}\cdot\overrightarrow{\mathrm{AB}}=\frac{|\vec{b}|^2-|\vec{a}|^2+\vec{b}\cdot\vec{c}-\vec{c}\cdot\vec{a}}{3}=0$］

49 (1) H(2, −4, −2)，OH＝$2\sqrt{6}$

(2) H(4, 1, 2), PH$=3$

50 (1) 中点，内分点，外分点の順に

$\left(3,\ \dfrac{7}{2},\ -\dfrac{1}{2}\right)$, $\left(\dfrac{25}{7},\ \dfrac{24}{7},\ -\dfrac{9}{7}\right)$,

$(31,\ 0,\ -39)$

(2) (ア) $G\left(2,\ \dfrac{2}{3},\ 4\right)$ (イ) $H\left(\dfrac{3}{2},\ \dfrac{1}{2},\ 3\right)$

51 (1) $x=3$ (2) $y=-2$ (3) $z=5$

(4) $y=-2$

52 (1) $(x-1)^2+(y+3)^2+(z-5)^2=4$

(2) $x^2+y^2+z^2=49$

(3) $(x-3)^2+(y-2)^2+(z+2)^2=35$

53 yz 平面，zx 平面，xy 平面の順に

$(y-7)^2+(z-8)^2=133,\ x=0$;

$(x-6)^2+(z-8)^2=120,\ y=0$;

$(x-6)^2+(y-7)^2=105,\ z=0$

54 $a=\pm 2$

55 (1) $2x+5y+z+9=0$

(2) $x-2y+4z+4=0$ (3) $3x-2z-6=0$

(4) $z=0$

56 $\dfrac{6\sqrt{38}}{19}$

第３章　複素数平面

57 〔図〕

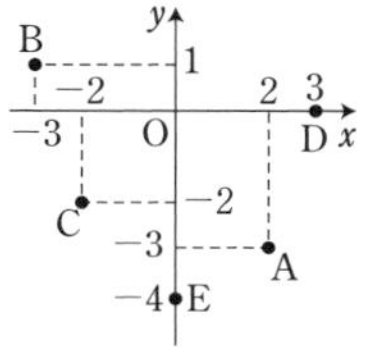

58 (1) $a=-3$ (2) $b=-9,\ c=-\dfrac{10}{3}$

59 〔図〕

(1)~(3)　　(4), (5)

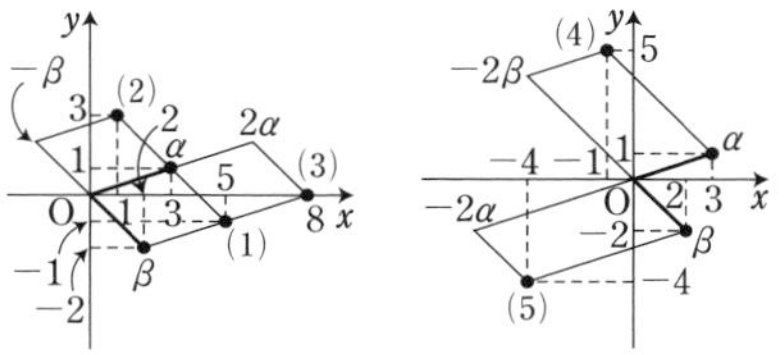

60 (1) 5 (2) 8 (3) 5 (4) $\dfrac{\sqrt{2}}{2}$

61 (1) $\sqrt{17}$ (2) $2\sqrt{34}$ (3) 5 (4) $\sqrt{34}$

62 (1) $\sqrt{2}\left(\cos\dfrac{3}{4}\pi+i\sin\dfrac{3}{4}\pi\right)$

(2) $2\sqrt{2}\left(\cos\dfrac{7}{4}\pi+i\sin\dfrac{7}{4}\pi\right)$

(3) $2\left(\cos\dfrac{7}{6}\pi+i\sin\dfrac{7}{6}\pi\right)$

(4) $4\left(\cos\dfrac{\pi}{3}+i\sin\dfrac{\pi}{3}\right)$ (5) $3(\cos\pi+i\sin\pi)$

(6) $4\left(\cos\dfrac{\pi}{2}+i\sin\dfrac{\pi}{2}\right)$

63 $\alpha\beta$, $\dfrac{\alpha}{\beta}$ の順に

(1) $4\sqrt{2}\left(\cos\dfrac{7}{12}\pi+i\sin\dfrac{7}{12}\pi\right)$,

$\dfrac{1}{\sqrt{2}}\left(\cos\dfrac{\pi}{12}+i\sin\dfrac{\pi}{12}\right)$

(2) $4\sqrt{2}\left(\cos\dfrac{19}{12}\pi+i\sin\dfrac{19}{12}\pi\right)$,

$2\sqrt{2}\left(\cos\dfrac{\pi}{12}+i\sin\dfrac{\pi}{12}\right)$

64 (1) 81 (2) 75 (3) $\dfrac{1}{15}$ (4) $\dfrac{25}{27}$

65 (1) 原点を中心として $\dfrac{2}{3}\pi$ だけ回転した点

(2) 原点を中心として $\dfrac{\pi}{4}$ だけ回転し，原点からの距離を $\sqrt{2}$ 倍した点

(3) 実軸に関して対称移動し，原点を中心として $-\dfrac{\pi}{2}$ だけ回転した点

66 (1) $\dfrac{2+\sqrt{3}}{2}+\dfrac{2\sqrt{3}-1}{2}i$ または

$\dfrac{2-\sqrt{3}}{2}-\dfrac{2\sqrt{3}+1}{2}i$

(2) $\dfrac{3}{2}+\dfrac{1}{2}i$ または $\dfrac{1}{2}-\dfrac{3}{2}i$

67 (1) -64 (2) $\dfrac{1}{2}-\dfrac{\sqrt{3}}{2}i$

(3) $-\dfrac{81}{2}+\dfrac{81\sqrt{3}}{2}i$ (4) $-\dfrac{1}{32}+\dfrac{\sqrt{3}}{32}i$

68 (1) $z=i,\ -\dfrac{\sqrt{3}}{2}-\dfrac{1}{2}i,\ \dfrac{\sqrt{3}}{2}-\dfrac{1}{2}i$

(2) $z=\sqrt{2}+\sqrt{2}\,i,\ -\sqrt{2}+\sqrt{2}\,i,$

$-\sqrt{2}-\sqrt{2}\,i,\ \sqrt{2}-\sqrt{2}\,i$

(3) $z=\dfrac{\sqrt{3}}{2}+\dfrac{1}{2}i,\ i,\ -\dfrac{\sqrt{3}}{2}+\dfrac{1}{2}i,$

$-\dfrac{\sqrt{3}}{2}-\dfrac{1}{2}i,\ -i,\ \dfrac{\sqrt{3}}{2}-\dfrac{1}{2}i$

(4) $z=\sqrt{6}+\sqrt{2}\,i,\ -\sqrt{2}+\sqrt{6}\,i,$
$-\sqrt{6}-\sqrt{2}\,i,\ \sqrt{2}-\sqrt{6}\,i$

(5) $z=\sqrt{2}\left(\cos\frac{\pi}{4}+i\sin\frac{\pi}{4}\right),$

$\sqrt{2}\left(\cos\frac{11}{12}\pi+i\sin\frac{11}{12}\pi\right),$

$\sqrt{2}\left(\cos\frac{19}{12}\pi+i\sin\frac{19}{12}\pi\right)$

69 (1) 0 (2) -1

70 (1) $\frac{1}{2}-3i$

(2) 順に $\frac{9}{4}-\frac{11}{2}i,\ -\frac{5}{4}-\frac{1}{2}i$

(3) 順に $\frac{15}{2}-13i,\ -\frac{13}{2}+7i$

71 (1) 点 $-2i$ を中心とする半径 3 の円
(2) 点 $-3+2i$ を中心とする半径 1 の円
(3) 点 $-i$ を中心とする半径 1 の円

72 (1) 2 点 3, i を結ぶ線分の垂直二等分線
(2) 2 点 0, -4 を結ぶ線分の垂直二等分線
(3) 2 点 $3-i$, -1 を結ぶ線分の垂直二等分線

73 (1) 点 3 を中心とする半径 2 の円
(2) 点 $-i$ を中心とする半径 3 の円
(3) 点 $\frac{4}{3}-\frac{1}{3}i$ を中心とする半径 $\frac{2\sqrt{2}}{3}$ の円

74 (1) 点 i を中心とする半径 1 の円
(2) 点 2 を中心とする半径 $\frac{1}{2}$ の円

75 (1) $\frac{2-\sqrt{3}}{2}+\frac{4\sqrt{3}-3}{2}i$
(2) $(4+2\sqrt{2})+(1-3\sqrt{2})i$

76 (1) $\frac{\pi}{4}$ (2) $\frac{\pi}{6}$

77 (1) $c=-1$ (2) $d=3$

78 (1) $\angle A=\frac{\pi}{2},\ \angle B=\frac{\pi}{3},\ \angle C=\frac{\pi}{6}$
(2) $\angle A=\frac{\pi}{4},\ \angle B=\frac{\pi}{4},\ \angle C=\frac{\pi}{2}$

79 (1) 原点を中心とする半径 $\sqrt{2}$ の円
(2) 点 $\frac{11}{3}$ を中心とする半径 $\frac{4}{3}$ の円

第 4 章　式と曲線

80 (1) $\left(\frac{3}{2},\ 0\right),\ x=-\frac{3}{2}$, 〔図〕
(2) $(-3,\ 0),\ x=3$, 〔図〕
(3) $\left(0,\ \frac{3}{2}\right),\ y=-\frac{3}{2}$, 〔図〕
(4) $\left(0,\ -\frac{1}{12}\right),\ y=\frac{1}{12}$, 〔図〕

(1)

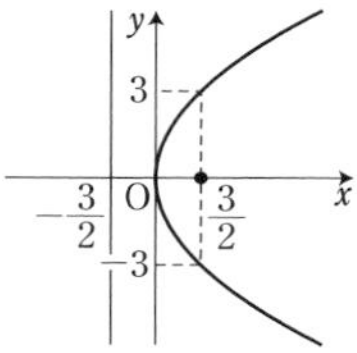

(2)

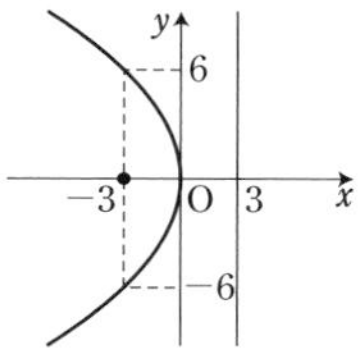

(3)

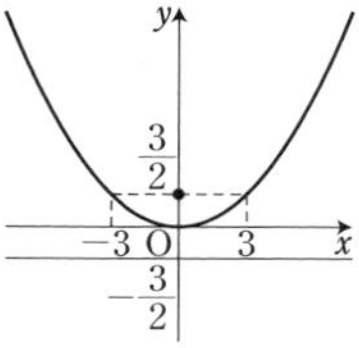

(4)

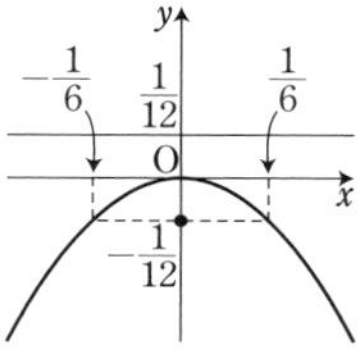

81 (1) $y^2=20x$ (2) $x^2=-8y$

82 長軸；短軸；焦点；頂点；距離の和の順に

(1) 8；6；$(\sqrt{7},\ 0),\ (-\sqrt{7},\ 0)$；
$(4,\ 0),\ (-4,\ 0),\ (0,\ 3),\ (0,\ -3)$；8；〔図〕
(2) 10；4；$(\sqrt{21},\ 0),\ (-\sqrt{21},\ 0)$；
$(5,\ 0),\ (-5,\ 0),\ (0,\ 2),\ (0,\ -2)$；10；〔図〕
(3) 10；6；$(0,\ 4),\ (0,\ -4)$；
$(3,\ 0),\ (-3,\ 0),\ (0,\ 5),\ (0,\ -5)$；10；〔図〕
(4) 4；2；$(0,\ \sqrt{3}),\ (0,\ -\sqrt{3})$；
$(1,\ 0),\ (-1,\ 0),\ (0,\ 2),\ (0,\ -2)$；4；〔図〕

(1)

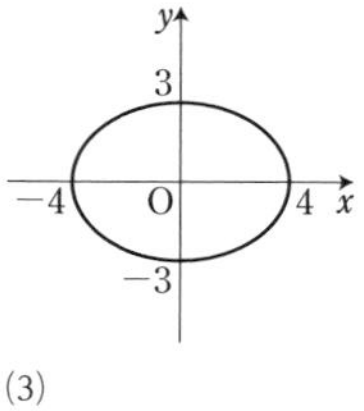

(2)

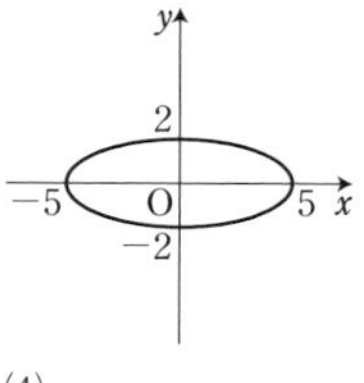

(3)

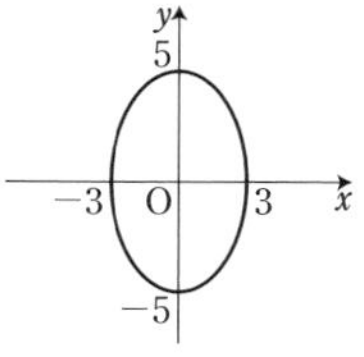

(4)

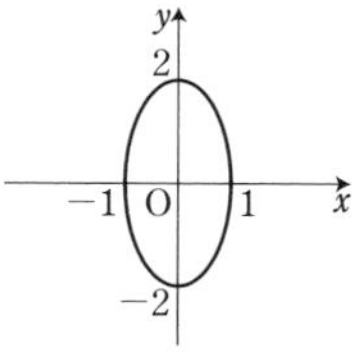

83　(1) $\dfrac{x^2}{25}+\dfrac{y^2}{9}=1$　(2) $\dfrac{x^2}{5}+\dfrac{y^2}{9}=1$

84　(1) 楕円 $\dfrac{x^2}{25}+\dfrac{y^2}{9}=1$

(2) 楕円 $\dfrac{x^2}{100}+\dfrac{y^2}{25}=1$

85　(1) 楕円 $\dfrac{x^2}{9}+\dfrac{y^2}{25}=1$

(2) 楕円 $\dfrac{x^2}{144}+\dfrac{y^2}{400}=1$

86　頂点；焦点；漸近線；距離の差の順に

(1) $(5,\ 0)$, $(-5,\ 0)$；

$(\sqrt{29},\ 0)$, $(-\sqrt{29},\ 0)$；

$\dfrac{x}{5}-\dfrac{y}{2}=0$, $\dfrac{x}{5}+\dfrac{y}{2}=0$；10；〔図〕

(2) $(3,\ 0)$, $(-3,\ 0)$；

$(\sqrt{34},\ 0)$, $(-\sqrt{34},\ 0)$；

$\dfrac{x}{3}-\dfrac{y}{5}=0$, $\dfrac{x}{3}+\dfrac{y}{5}=0$；6；〔図〕

(3) $(0,\ 2\sqrt{2})$, $(0,\ -2\sqrt{2})$；

$(0,\ 2\sqrt{3})$, $(0,\ -2\sqrt{3})$；

$\sqrt{2}x-y=0$, $\sqrt{2}x+y=0$；$4\sqrt{2}$；〔図〕

(4) $(0,\ 2)$, $(0,\ -2)$；

$(0,\ 2\sqrt{2})$, $(0,\ -2\sqrt{2})$；$x-y=0$, $x+y=0$；4；〔図〕

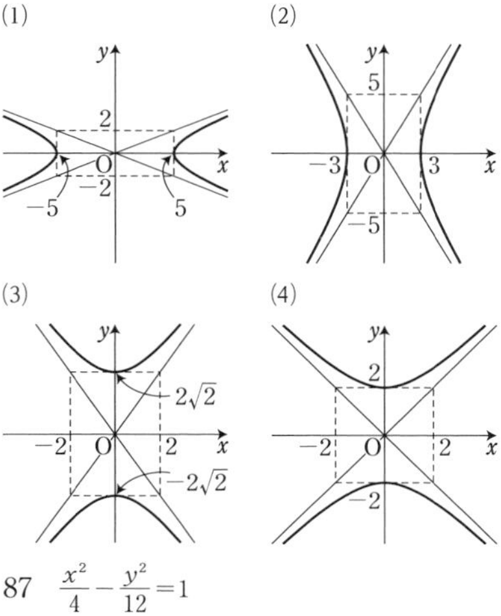

87　$\dfrac{x^2}{4}-\dfrac{y^2}{12}=1$

88　(1) $\dfrac{(x-2)^2}{16}+\dfrac{(y-3)^2}{9}=1$；

$(\sqrt{7}+2,\ 3)$, $(-\sqrt{7}+2,\ 3)$

(2) $(x+1)^2-(y-5)^2=1$；

$(\sqrt{2}-1,\ 5)$, $(-\sqrt{2}-1,\ 5)$

(3) $(y+2)^2=x-3$；$\left(\dfrac{13}{4},\ -2\right)$

89　(1) 放物線 $y^2=4x$ を x 軸方向に -2 だけ平行移動した放物線，〔図〕

(2) 放物線 $y^2=-2x$ を x 軸方向に 2，y 軸方向に 1 だけ平行移動した放物線，〔図〕

(3) 楕円 $\dfrac{x^2}{4}+y^2=1$ を x 軸方向に 2，y 軸方向に -1 だけ平行移動した楕円，〔図〕

(4) 楕円 $\dfrac{x^2}{4}+\dfrac{y^2}{9}=1$ を x 軸方向に -2，y 軸方向に 2 だけ平行移動した楕円，〔図〕

(5) 双曲線 $x^2-y^2=1$ を x 軸方向に -2，y 軸方向に 3 だけ平行移動した双曲線，〔図〕

(6) 双曲線 $\dfrac{x^2}{4}-\dfrac{y^2}{9}=-1$ を x 軸方向に -1，y 軸方向に 3 だけ平行移動した双曲線，〔図〕

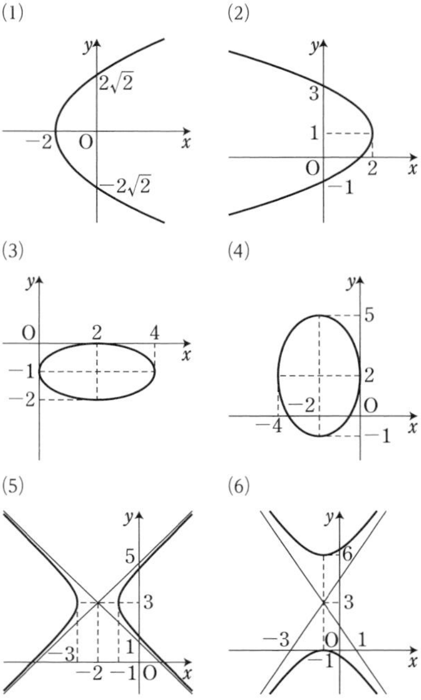

90　(1) $\left(\dfrac{3\sqrt{2}}{2},\ \sqrt{2}\right)$, $\left(-\dfrac{3\sqrt{2}}{2},\ -\sqrt{2}\right)$

(2) $\left(\dfrac{5}{2},\ -\dfrac{3}{4}\right)$

(3) $(3-2\sqrt{2},\ -2+2\sqrt{2})$,
$(3+2\sqrt{2},\ -2-2\sqrt{2})$
(4) $(6,\ 6)$

91 (1) $k<-\sqrt{5}$，$\sqrt{5}<k$ のとき 2 個；
$k=\pm\sqrt{5}$ のとき 1 個；
$-\sqrt{5}<k<\sqrt{5}$ のとき 0 個
(2) $k>-\dfrac{1}{2}$ のとき 2 個，$k=-\dfrac{1}{2}$ のとき 1 個，
$k<-\dfrac{1}{2}$ のとき 0 個
(3) $-\sqrt{3}<k<-1$，$-1<k<1$，$1<k<\sqrt{3}$ のとき 2 個；$k=\pm 1$，$\pm\sqrt{3}$ のとき 1 個；
$k<-\sqrt{3}$，$\sqrt{3}<k$ のとき 0 個

92 (1) $(2,\ -1)$ (2) $\left(\dfrac{1}{2},\ \dfrac{1}{6}\right)$

93 (1) $y=\dfrac{1}{\sqrt{5}}x-\dfrac{3}{\sqrt{5}}$，$y=-\dfrac{1}{\sqrt{5}}x+\dfrac{3}{\sqrt{5}}$
(2) $y=x+1$，$y=x-1$

94 [接点の座標を $(x_1,\ y_1)$ とすると，点 Q の座標は，$y_1 \neq 0$ のとき $\left(0,\ \dfrac{2px_1}{y_1}\right)$，$y_1=0$ のとき $(0,\ 0)$]

95 (1) $2x+3\sqrt{3}\,y=12$ (2) $\sqrt{3}\,x-2y=4$
(3) $\sqrt{5}\,x+2y+8=0$ (4) $x+y+1=0$

96 (1) 双曲線 $\dfrac{(x+2)^2}{4}-\dfrac{y^2}{12}=1$
(2) 放物線 $y^2=6\left(x-\dfrac{1}{2}\right)$
(3) 楕円 $\dfrac{(x-3)^2}{4}+\dfrac{y^2}{3}=1$

97 (1) 直線 $y=2x-5$
(2) 放物線 $y=x^2+2x+3$
(3) 放物線 $y=\dfrac{3}{4}\left(x+\dfrac{1}{3}\right)^2+\dfrac{2}{3}$
(4) 放物線 $x=y^2+1$ の $y \geqq 0$ の部分
(5) 円 $x^2+y^2=1$ の $x \geqq 0$，$y \geqq 0$ の部分
(6) 放物線 $y=-x^2+2$ の $0 \leqq x \leqq 1$ の部分

98 (1) 放物線 $y=-x^2-2x$
(2) 放物線 $y=2x^2-2x+1$

99 $x=-\dfrac{t^2+1}{2t}$，$y=\dfrac{t^2-1}{2t}$

100 (1) $x=4\cos\theta$，$y=4\sin\theta$
(2) $x=\sqrt{5}\cos\theta$，$y=\sqrt{5}\sin\theta$
(3) $x=5\cos\theta$，$y=3\sin\theta$
(4) $x=\dfrac{2}{\cos\theta}$，$y=\tan\theta$
(5) $x=2\cos\theta$，$y=\sqrt{6}\sin\theta$
(6) $x=4\tan\theta$，$y=\dfrac{3}{\cos\theta}$

101 (1) 円 $x^2+y^2=4$ (2) 楕円 $\dfrac{x^2}{9}+\dfrac{y^2}{4}=1$
(3) 双曲線 $\dfrac{x^2}{4}-\dfrac{y^2}{9}=1$
(4) 円 $(x+1)^2+(y-2)^2=4$
(5) 楕円 $\dfrac{(x-1)^2}{16}+\dfrac{(y+1)^2}{9}=1$
(6) 双曲線 $(x+2)^2-\dfrac{(y-3)^2}{4}=1$

102 (1) $(0,\ 0)$ (2) $\left(\dfrac{\pi}{2}-1,\ 1\right)$ (3) $(\pi,\ 2)$
(4) $\left(\dfrac{3}{2}\pi+1,\ 1\right)$ (5) $(2\pi,\ 0)$

103 (1)〜(4)［図］
(1)，(2)　　(3)，(4)

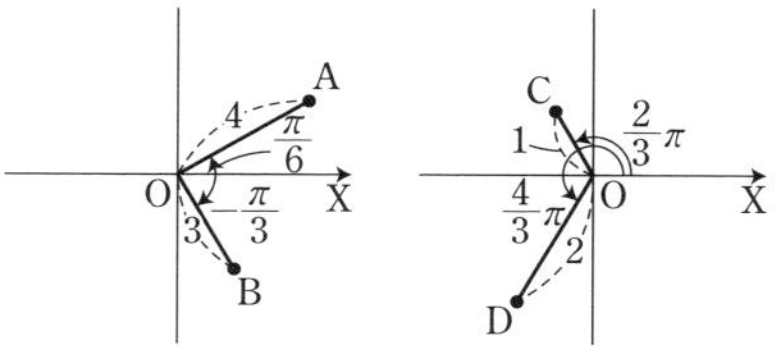

104 (1) $(-5,\ 0)$ (2) $(-1,\ \sqrt{3})$
(3) $(1,\ -1)$ (4) $\left(-\dfrac{\sqrt{3}}{2},\ -\dfrac{1}{2}\right)$

105 (1) $\left(2,\ \dfrac{\pi}{2}\right)$ (2) $\left(2,\ \dfrac{\pi}{6}\right)$
(3) $\left(\sqrt{2},\ \dfrac{5}{4}\pi\right)$ (4) $\left(2\sqrt{3},\ \dfrac{2}{3}\pi\right)$

106 (1) 中心が極，半径が 3 の円 ［図］
(2) 極を通り，始線とのなす角が $\dfrac{\pi}{3}$ の直線［図］
(3) 中心の極座標が $(3,\ 0)$，半径が 3 の円［図］
(4) 極座標が $(2,\ 0)$ である点を通り，始線に垂直な直線 ［図］
(5) 極座標が $\left(1,\ \dfrac{5}{6}\pi\right)$ である点 A を通り，OA に垂直な直線(O は極) ［図］
(6) 極座標が $\left(3,\ \dfrac{\pi}{2}\right)$ である点を通り，始線に

平行な直線 〔図〕

(1)

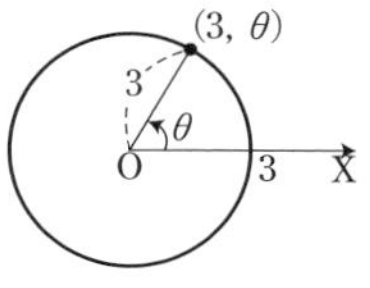

(2)

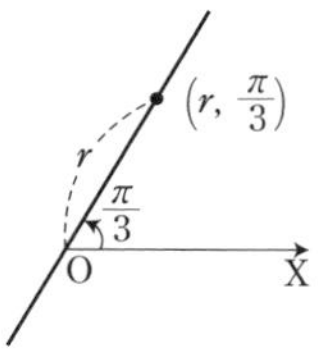

(3)

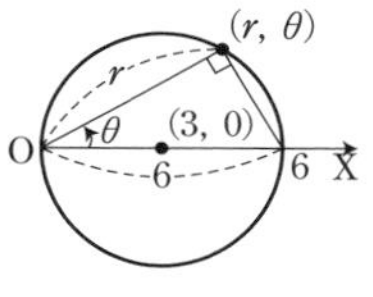

(4)

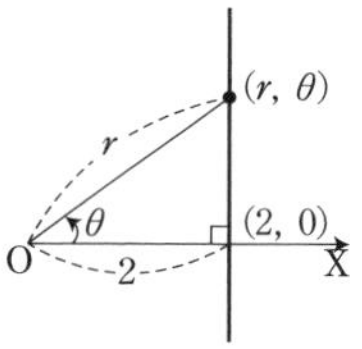

(5)

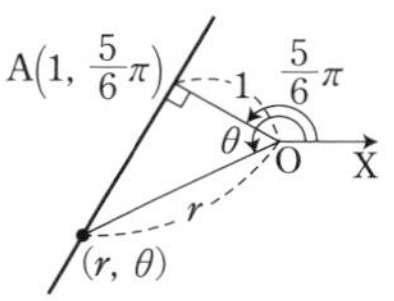

(6)

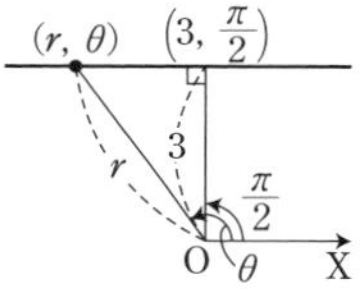

107 (1) $y=-1$ (2) $x^2+y^2+4y=0$

(3) $\sqrt{3}\,x+y+4=0$ (4) $x^2=y$

(5) $x^2-y^2=-1$ (6) $x^2+4y^2=4$

108 (1) $r\cos\theta=5$

(2) $\theta=\dfrac{2}{3}\pi$ $\left(\text{または } \theta=-\dfrac{\pi}{3} \text{ など}\right)$

(3) $r\cos\left(\theta-\dfrac{\pi}{4}\right)=2\sqrt{2}$ (4) $r=4\cos\theta$

(5) $r\sin^2\theta=-4\cos\theta$ (6) $r^2\cos 2\theta=9$

109 (1) $r=10\cos\left(\theta-\dfrac{\pi}{2}\right)$

(2) $r=2a\cos\left(\theta+\dfrac{\pi}{4}\right)$

110 (1) 楕円 $\dfrac{(x+1)^2}{2}+y^2=1$

(2) 双曲線 $(x-2)^2-\dfrac{y^2}{3}=1$

(3) 放物線 $y^2=-4(x-1)$

第 5 章 数学的な表現の工夫

111 (1) 19.9

(2) 順に

85.36 %, 94.03 %, 97.13 %, 99.97 %, 100 %

112 (1) (ア) 3 (イ) 2 (ウ) 円の大きさ

(2) (1 つめ)データの数が大きくなり過ぎると，円が重なり読み取りにくいことがある。

(2 つめ)円の大きさで表すデータの値に差がないと，大きさの細かな読み取りが難しく比較しづらいことがある。

113 (1) 緑 (2) Y

114 (1) 1 行 2 列 (2) 2 行 2 列 (3) 3 行 1 列

(4) 3 行 3 列

115 順に，店 Y の黒のボールペン，店 Z の緑のボールペン

116 (1) $\begin{pmatrix} 6 & 3 \\ 6 & 8 \end{pmatrix}$ (2) $\begin{pmatrix} 4 & -3 & 12 \\ 2 & 7 & -13 \end{pmatrix}$

(3) $\begin{pmatrix} -2 & -3 \\ 3 & 0 \end{pmatrix}$ (4) $\begin{pmatrix} 2 \\ -2 \end{pmatrix}$

117 $\begin{pmatrix} \dfrac{105}{2} & \dfrac{81}{2} & \dfrac{37}{2} & \dfrac{27}{2} \\ 65 & \dfrac{105}{2} & 28 & \dfrac{35}{2} \\ \dfrac{77}{2} & 40 & 19 & \dfrac{17}{2} \end{pmatrix}$

118 (1) $\begin{pmatrix} 2 & -4 \\ 0 & 6 \end{pmatrix}$ (2) $\begin{pmatrix} \dfrac{1}{3} & -\dfrac{2}{3} \\ 0 & 1 \end{pmatrix}$

(3) $\begin{pmatrix} -1 & 2 \\ 0 & -3 \end{pmatrix}$ (4) $\begin{pmatrix} -3 & 6 \\ 0 & -9 \end{pmatrix}$

119 Y

120 (1) $\begin{pmatrix} 18 \\ 18 \end{pmatrix}$ (2) $\begin{pmatrix} 13 & 7 \\ 20 & 10 \end{pmatrix}$ (3) $\begin{pmatrix} 2 & 3 \\ 1 & 4 \end{pmatrix}$

121 (1) 一筆書きができない。

(2) 一筆書きができる。

(2)

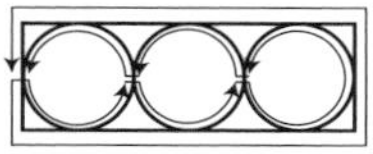

122 A → B → C → G → H

123 (1) $A^2=\begin{pmatrix} 1 & 2 \\ 0 & 1 \end{pmatrix}$, $A^3=\begin{pmatrix} 1 & 3 \\ 0 & 1 \end{pmatrix}$

(2) $A^2=\begin{pmatrix} 16 & -10 & 5 \\ 12 & -7 & 6 \\ -1 & 2 & 7 \end{pmatrix}$, $A^3=\begin{pmatrix} 11 & 0 & 40 \\ 16 & -5 & 32 \\ 24 & -16 & 3 \end{pmatrix}$

124 (1) 5 (2) Q 駅，総数は 8

定期考査対策問題(第 1 章)

1 (1) $11\vec{a}-32\vec{b}$ (2) $\vec{x}=\vec{a}-\vec{b}$

2 平行四辺形

3 $\vec{a}=\vec{u}-\vec{v}$, $\vec{b}=-\frac{1}{2}\vec{u}+\vec{v}$

4 (1) $\overrightarrow{OA}=(-2,\ 3)$, $|\overrightarrow{OA}|=\sqrt{13}$, $\overrightarrow{AB}=(-2,\ -4)$, $|\overrightarrow{AB}|=2\sqrt{5}$
(2) $(6,\ 6)$

5 (1) $t=6$ (2) $t=1$ で最小値 $\sqrt{13}$

6 (1) $x=\frac{2}{3}$ (2) $x=-6$

7 $(3,\ -1)$, $(-1,\ -3)$

8 [(1) 左辺$=\vec{a}\cdot\vec{a}-(2\vec{b})\cdot\vec{a}+\vec{c}\cdot\vec{a}-\vec{a}\cdot\vec{c}+(2\vec{b})\cdot\vec{c}-\vec{c}\cdot\vec{c}$
(2) 右辺$=9|\vec{a}|^2+6\vec{a}\cdot\vec{b}+|\vec{b}|^2+3(|\vec{b}|^2-2\vec{a}\cdot\vec{b}+|\vec{a}|^2)$]

9 (1) $\theta=30°$ (2) $\sqrt{21}$

10 $t=-1$

11 [各点の位置ベクトルを，それぞれ $\vec{a}$, $\vec{b}$, $\vec{c}$, $\vec{g}$, $\vec{p}$ とすると，
$\overrightarrow{AP}-3\overrightarrow{BP}+2\overrightarrow{CP}=-\vec{a}+3\vec{b}-2\vec{c}=3\overrightarrow{GB}+\overrightarrow{CB}$]

12 [$\overrightarrow{AB}=\vec{b}$, $\overrightarrow{AD}=\vec{d}$ とすると，$\overrightarrow{AE}=\frac{3}{5}\vec{b}$, $\overrightarrow{AF}=\frac{5\vec{b}+2\vec{d}}{7}$, $\overrightarrow{AC}=\vec{b}+\vec{d}$]

13 $\overrightarrow{OH}=\frac{1}{10}\overrightarrow{OA}+\frac{3}{5}\overrightarrow{OB}$

14 (1) $x-3y-8=0$ (2) $\alpha=45°$

15 (1) $3\overrightarrow{OA}=\overrightarrow{OA'}$, $3\overrightarrow{OB}=\overrightarrow{OB'}$ を満たす点 A′, B′ をとると，P の存在範囲は線分 A′B′
(2) $\frac{1}{3}\overrightarrow{OA}=\overrightarrow{OA'}$, $\frac{1}{3}\overrightarrow{OB}=\overrightarrow{OB'}$ を満たす点 A′, B′ をとると，P の存在範囲は △OA′B′ の周および内部

定期考査対策問題（第 2 章）

1 (1) $(0,\ 4,\ 0)$ (2) $\left(-\frac{4}{9},\ \frac{2}{9},\ 0\right)$
(3) $(-2,\ -2,\ -2)$, $(6,\ 6,\ 6)$

2 $\vec{d}=-2\vec{a}+3\vec{b}+\vec{c}$

3 (1) 18 (2) $\frac{1}{\sqrt{3}}$ (3) $9\sqrt{2}$

4 $\overrightarrow{AP}=\frac{3\vec{b}+\vec{d}+2\vec{e}}{3}$, $\overrightarrow{AQ}=\frac{3\vec{b}+\vec{d}+2\vec{e}}{4}$, $\overrightarrow{CQ}=\frac{-\vec{b}-3\vec{d}+2\vec{e}}{4}$

5 [$\overrightarrow{MN}=2\overrightarrow{MP}$]

6 $\overrightarrow{OP}=\frac{2}{9}\overrightarrow{OA}+\frac{1}{3}\overrightarrow{OB}+\frac{4}{9}\overrightarrow{OC}$

7 (1) $\left(\frac{7}{4},\ \frac{11}{4},\ \frac{9}{4}\right)$ (2) $(-4,\ 13,\ -4)$
(3) $\left(\frac{8}{3},\ 1,\ 3\right)$ (4) $(-1,\ 8,\ 0)$

8 $(x-1)^2+(y-4)^2+(z+3)^2=9$

定期考査対策問題（第 3 章）

1 (1) $5+2i$ (2) $1-2i$

2 (1) $\frac{1}{\sqrt{2}}\left(\cos\frac{7}{4}\pi+i\sin\frac{7}{4}\pi\right)$
(2) $4\left(\cos\frac{6}{5}\pi+i\sin\frac{6}{5}\pi\right)$
(3) $\cos\frac{\pi}{3}+i\sin\frac{\pi}{3}$

3 (1) 原点を中心として $\frac{\pi}{3}$ だけ回転し，原点からの距離を 2 倍した点
(2) $\frac{3-2\sqrt{3}}{2}+\frac{2+3\sqrt{3}}{2}i$ または $\frac{3+2\sqrt{3}}{2}+\frac{2-3\sqrt{3}}{2}i$

4 (1) m を自然数とすると
$n=3m$ のとき 2,
$n=3m-1$, $3m-2$ のとき -1
(2) $z=2i$, $-\sqrt{3}-i$, $\sqrt{3}-i$

5 (1) 2 点 $-2i$, 3 を結ぶ線分の垂直二等分線
(2) 点 $-i$ を中心とする半径 3 の円

6 点 2 を中心とする半径 2 の円

7 $\angle BAC=\frac{\pi}{3}$, 面積 $2\sqrt{3}$

8 $C(\beta+(\alpha-\beta)i)$, $D(\alpha+(\alpha-\beta)i)$ または $C(\beta-(\alpha-\beta)i)$, $D(\alpha-(\alpha-\beta)i)$

定期考査対策問題（第 4 章）

1 放物線 $y^2=-8x$

2 (1) $\frac{x^2}{16}+\frac{y^2}{12}=1$ (2) $\frac{x^2}{16}+\frac{y^2}{36}=1$

3 $\frac{x^2}{5}-\frac{y^2}{4}=1$

4 (1)〔図〕 頂点は点 $(-1,\ 1)$；焦点は点 $\left(-\frac{13}{16},\ 1\right)$
(2)〔図〕 中心は点 $(1,\ -2)$；

焦点は 2 点 $(1,\ 2\sqrt{2}-2)$，$(1,\ -2\sqrt{2}-2)$

(3)［図］ 漸近線は 2 直線 $2x-3y-3=0$，$2x+3y+15=0$；

焦点は 2 点 $(-3,\ \sqrt{13}-3)$，$(-3,\ -\sqrt{13}-3)$

(1)

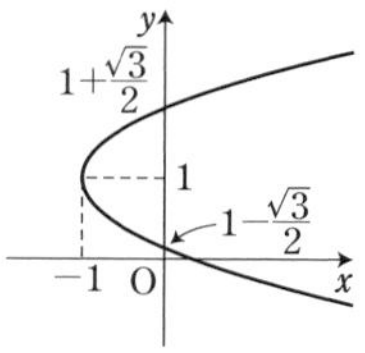

(2)

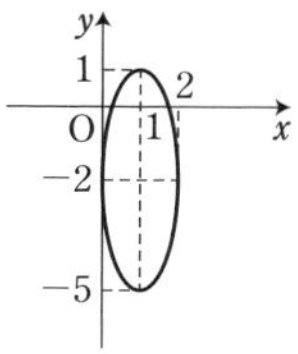

(3)

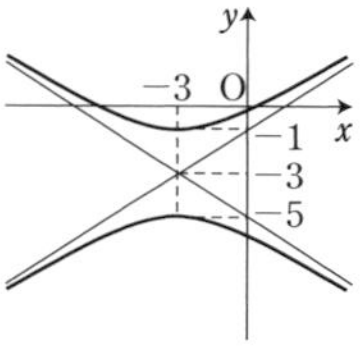

5 (1) $y^2=4x$ (2) $y^2=4(x+2)$

(3) $(y-2)^2=4(x-4)$

6 順に $(-3,\ -1)$，$2\sqrt{3}$

7 $y=x+\sqrt{2}$，$y=-x-\sqrt{2}$

8 ［点 $(3,\ 4)$ を通る接線の方程式は，$y=m(x-3)+4$ とおける。楕円の方程式に代入して，y を消去してできる x の 2 次方程式の判別式を利用する］

9 双曲線 $\dfrac{(x+3)^2}{8}-\dfrac{y^2}{8}=1$

10 (1) 放物線 $y=x^2-x-3$

(2) 楕円 $\dfrac{(x+2)^2}{9}+\dfrac{(y-1)^2}{16}=1$

11 $x=\dfrac{4+t^2}{4-t^2}$，$y=\dfrac{8t}{4-t^2}$

12 円 $(x-1)^2+y^2=1$ ただし，点 $(0,\ 0)$ を除く

13 (1) $(2,\ 2\sqrt{3})$ (2) $\left(2\sqrt{3},\ \dfrac{4}{3}\pi\right)$

14 (1) $r=10\cos\theta$ (2) $r\cos\left(\theta-\dfrac{\pi}{4}\right)=2$

15 (1) $r\cos\theta=5$ (2) $r\sin^2\theta+4\cos\theta=0$

(3) $r^2\cos 2\theta=9$

16 (1) 楕円 $\dfrac{(x+2)^2}{8}+\dfrac{y^2}{4}=1$

(2) 双曲線 $\dfrac{(x-6)^2}{9}-\dfrac{y^2}{27}=1$

(3) 放物線 $y^2=-6\left(x-\dfrac{3}{2}\right)$

●表紙デザイン
株式会社リーブルテック

初版
第1刷　2023年 5 月 1 日　発行

教科書ガイド
数研出版 版
数学 C

ISBN978-4-87740-165-8

制　作　株式会社チャート研究所
発行所　**数研図書株式会社**
〒604-0861　京都市中京区烏丸通竹屋町上る
大倉町205番地
〔電話〕 075(254)3001

乱丁本・落丁本はお取り替えいたします。　230301